Network Embedding with Its Applications

网络表示学习技术与应用

礼欣 著

北京理工大学出版社
BEIJING INSTITUTE OF TECHNOLOGY PRESS

内 容 简 介

本书对网络嵌入表示学习技术进行梳理和总结，介绍了表示学习的基础理论及其在网络对齐、电子健康记录挖掘、兴趣点推荐等应用方面的前沿技术。具体包括：单/多关系网络表示理论与技术、基于单关系表示的网络对齐、基于多关系表示学习的知识图谱对齐、基于表示学习的电子健康记录挖掘、兴趣点推荐。

本书可供计算机、软件工程、人工智能等专业的教师及相关领域的技术开发人员参考，也可作为相关专业的高年级本科生和研究生的辅助教材。

图书在版编目（CIP）数据

网络表示学习技术与应用／礼欣著. -- 北京：北京理工大学出版社，2021.4

ISBN 978-7-5682-9704-2

Ⅰ. ①网… Ⅱ. ①礼… Ⅲ. ①机器学习-研究 Ⅳ. ①TP181

中国版本图书馆 CIP 数据核字（2021）第 062017 号

出版发行／北京理工大学出版社有限责任公司
社　　址／北京市海淀区中关村南大街 5 号
邮　　编／100081
电　　话／（010）68914775（总编室）
　　　　　（010）82562903（教材售后服务热线）
　　　　　（010）68944723（其他图书服务热线）
网　　址／http：//www.bitpress.com.cn
经　　销／全国各地新华书店
印　　刷／三河市华骏印务包装有限公司
开　　本／710 毫米×1000 毫米　1/16
印　　张／18.75
彩　　插／10
字　　数／329 千字
版　　次／2021 年 4 月第 1 版　2021 年 4 月第 1 次印刷
定　　价／72.00 元

责任编辑／曾　仙
文案编辑／曾　仙
责任校对／周瑞红
责任印制／李志强

前　言

近年来，得益于深度学习、表示学习、大数据等技术的发展和计算条件的进步，人工智能在图像、语音识别等领域得到了越来越广泛的应用，随之进入公众视野。其中，表示学习技术被认为是推动本轮人工智能浪潮的核心技术之一，吸引着大量科研人员投身其中。

表示学习可被认为是学习数据特征的技术集合，该方法能够将原始数据转换成被模型、算法接受的有效输入形式。本书所涉及的表示学习技术主要关注关系型网络（图）数据。根据其中网络节点间关系类型数量的多寡，表示学习模型可以划分为单关系网络表示学习模型与多关系网络表示学习模型。早期的单/多关系网络表示学习模型（如 DeepWalk、Node2vec、TransE、矩阵分解等）基本属于浅层模型。此类模型虽然在特定规模问题上取得了一定的成功，但面对稀疏性与高度非线性问题时，其表示能力仍有待提升。近年来，受深度神经网络具备强大特征提取能力的启发，许多研究者致力于将深度神经网络应用于表示学习，并研究出诸如 GCN、GAT、R-GCN、GATNE 等一系列神经网络表示模型。众多表示学习浅层模型与深度模型共同丰富了网络（图）表示学习理论，并为基于网络表示学习的各类学术研究与工业应用开辟了道路。

对不同形态的海量数据开发能够被计算机理解，并可辅助自动推理的表示学习算法已经成为近年来工业界与学术界共同关注的研究问题，且应用众多，如兴趣点（POI）推荐、社交网络用户对齐、知识图谱对齐融合、精准广告投放、问答系统、电子医疗数据挖掘、心电图异常数据检测等。本书第 4~7 章将对其中一些研究问题进行详细介绍。例如，社交网络可以被认为是一种存储社交网络用户关系的数据结构，当仅考虑“好友关系”这一种社交关系时，我们可以将社交网络描述为一幅单关系的图，图中的节点为社交网络用户，用户之间的好友关系定义了这幅图中的边，锚链接则代表了不同网络中节点的对应关系。对社交网络中的锚链接进行精准预测（即网络对齐），不仅可以有效地提升跨网络推荐等应用的服务性，而且可以有效地整合用户信息、缓解个体网络分析的稀疏性问题，从而便于用户的社交关系维护与新社交关系的建立。此外，为更好地拟合多关系网络，基于多关系表示的知识图谱对齐技术也在不断发展进步，并在各类实验验证中取得了较好的效果。研究人员相继利用网络表示学习技术对电子健康记录（EHR）与位置社交网络（LBSN）等信息进行分析挖掘，提出了基于有效信息表示的疾病预测、药物推荐、兴趣点（POI）推荐等一系列网络表示学习应用技术。总而言之，对网络（图）数据的处理，需要研究人员合理地以数值的形式表示这些网络（图），以更好地结合下游应用任务。

本书主要依据笔者在表示学习领域近年的研究经验，从表示学习的技术理论及其应用成果两条脉络，阐述笔者课题组在这一领域的理解并介绍相关工作。本书共有7章，分为三部分。其中，第一部分为网络表示学习概述，简要介绍网络表示学习兴起的背景、代表性方法和主要应用场景；第二部分重点阐述表示学习的基础理论和代表性算法，主要包括基于深/浅层模型的单/多关系网络表示模型，如LINE、SDNE、TransFamily模型、基于GCN的表示学习模型等；第三部分聚焦应用任务驱动的表示学习方法，包括：基于单关系表示的网络对齐、基于多关系表示的知识图谱对齐、基于表示学习的电子健康记录挖掘，以及基于表示学习的兴趣点（POI）推荐。本书可供计算机、人工智能、软件工程等专业的教师、相关领域的技术开发人员，以及对网络表示学习技术与应用感兴趣的人员阅读参考，也可作为相关专业的高年级本科生和研究生的辅助教材。本书内容的前后联系相对紧密，建议无相关知识基础的读者按顺序阅读。

在本书撰写过程中，笔者尽可能从关系型数据表示的角度涵盖网络表示学习的各方面内容，在此感谢何景、刘立、洪辉婷、李盛楠、叶蕊、苏海萍、江明明、张振、谭小焱、何亮丽、刘晓雨、袁野为本书所做的贡献，特别感谢廖乐健教授和郭宇航老师的帮助和支持。

由于笔者水平有限，书中难免存在不足之处，恳请广大读者批评指正。

目　录

第1部分　网络表示学习概述

第1章　绪论 …… 003
1.1　引言 …… 004
1.2　网络表示学习 …… 006
1.3　本书的主要内容 …… 008

第2部分　基础理论

第2章　单关系网络表示理论与技术 …… 013
2.1　引言 …… 014
2.2　经典模型 …… 017
2.2.1　LINE模型 …… 017
2.2.2　DeepWalk模型 …… 019
2.3　深度表示模型 …… 021
2.3.1　SDNE模型 …… 021
2.3.2　图神经网络 …… 023
2.3.3　时间卷积网络 …… 027
2.4　小结 …… 030

第 3 章　多关系网络表示理论与技术 …… 031

3.1　引言 …… 032
3.2　经典模型 …… 038
3.2.1　结构化嵌入模型 …… 038
3.2.2　神经张量模型 …… 040
3.2.3　TransFamily 模型 …… 043
3.2.4　高斯嵌入模型 …… 048
3.2.5　复数嵌入模型 …… 052
3.2.6　其他早期经典模型 …… 054
3.3　深度模型 …… 054
3.3.1　R-GCN 模型 …… 055
3.3.2　CompGCN 模型 …… 057
3.3.3　RSN 模型 …… 060
3.3.4　GATNE 模型 …… 062
3.3.5　MNE 模型 …… 066
3.4　小结 …… 081

第 3 部分　应用驱动的网络表示学习

第 4 章　基于单关系表示的网络对齐 …… 085
4.1　引言 …… 086
4.2　基于出入度表示的社交网络节点对齐 …… 087
4.3　基于生成对抗模型的节点对齐 …… 096
4.3.1　GANE 针对链接预测任务的网络嵌入表示模型 …… 096
4.3.2　DANA 针对实体对齐任务的网络嵌入表示模型 …… 115
4.4　小结 …… 131

第 5 章　基于多关系表示的知识图谱对齐 …… 133

5.1　引言 …… 134
5.2　MNE …… 136
5.3　基于 MNE 的对齐 …… 138
5.3.1　基于概率空间乘法规则的非翻译方法对齐模型 …… 139
5.3.2　基于概率空间加法规则的非翻译方法对齐模型 …… 142

5.3.3　算法模型的推导 …… 149
5.4　基于关系向量化的图神经网络模型 …… 158
5.4.1　目的与动机 …… 158
5.4.2　模型设计 …… 160
5.5　基于 VR-GCN 的知识图谱对齐 …… 162
5.6　知识图谱对齐实验设计 …… 165
5.6.1　知识图谱对齐 …… 165
5.6.2　实体对齐 …… 168
5.6.3　关系对齐 …… 170
5.6.4　链接预测 …… 171
5.7　基于关系卷积的注意力图神经网络模型 …… 173
5.7.1　目的与动机 …… 173
5.7.2　模型设计 …… 176
5.7.3　实验设计 …… 180
5.8　小结 …… 182

第6章　基于表示学习的电子健康记录挖掘 …… 185

6.1　引言 …… 186
6.2　基于医疗知识的疾病预测模型 …… 188
6.2.1　问题定义 …… 189
6.2.2　模型总体框架 …… 190
6.2.3　医疗码嵌入式表示 …… 192
6.2.4　时序诊疗信息嵌入式表示 …… 194
6.2.5　疾病序列预测 …… 196
6.2.6　实验设计 …… 198
6.2.7　实验结果及分析 …… 201
6.2.8　可解释性评估 …… 203
6.3　融合时间卷积网络和通道注意力机制的医疗预测模型 …… 204
6.3.1　整体架构 …… 204
6.3.2　医疗时间卷积网络 …… 205
6.3.3　面向医疗领域的通道注意力机制 …… 210
6.3.4　测试与评估 …… 214
6.4　小结 …… 227

第7章　兴趣点（POI）推荐 …… 229

7.1　引言 …… 230
7.2　基于隐模式挖掘的POI预测 …… 232
7.2.1　隐模式 …… 232
7.2.2　问题描述 …… 233
7.2.3　基于隐模式挖掘的连续兴趣点推荐模型 …… 235
7.2.4　融合隐模式级的用户偏好 …… 236
7.2.5　实验分析 …… 241
7.3　基于签到时间间隔模式的连续兴趣点推荐 …… 245
7.3.1　引言 …… 245
7.3.2　问题描述 …… 248
7.3.3　基于签到时间间隔模式的连续兴趣点推荐模型 …… 248
7.3.4　实验 …… 254
7.4　基于深度表示的POI预测 …… 259
7.4.1　模型概述与符号定义 …… 260
7.4.2　引入时间衰减因子的LSTM序列模型 …… 261
7.4.3　兴趣点序列与时间属性序列处理 …… 262
7.4.4　时空注意力 …… 263
7.4.5　周期注意力 …… 265
7.4.6　评分函数与损失函数 …… 267
7.4.7　实验分析 …… 268
7.5　小结 …… 274

参考文献 …… 277

第1部分

网络表示学习概述

第1章

绪　论

1.1 引　言

网络数据无疑是当今社会中最普遍的数据形式，从千万个页面构成的网页链接网络，到人类社会往来交际形成的社交网络（图 1.1（a）），再到无数条交通道路交织而成的物流网络（图 1.1（b）），网络数据作为复杂、丰富信息的载体，是挖掘事物之间联系、规律的重要依据。因此，网络数据的分析与挖掘具有非常高的学术价值和实际应用价值。

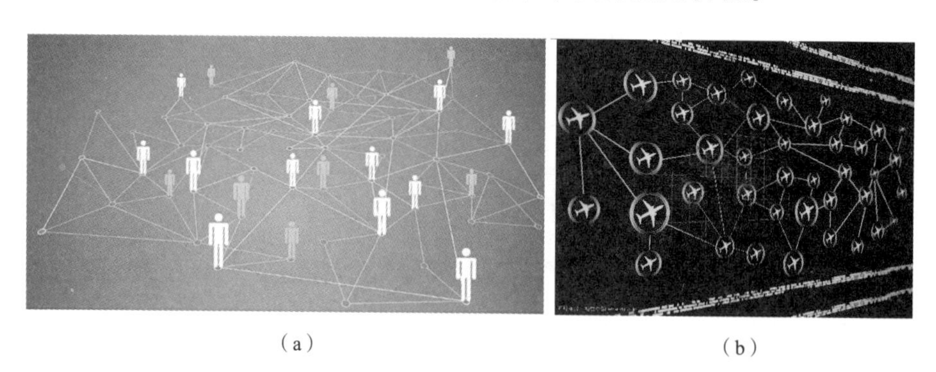

（a）　（b）

图 1.1　网络结构示意图

（a）社交网络；（b）交通网络

人们对网络的研究可以追溯到早期的图论研究，七桥问题是图论中的经典问题，而后基于社会科学理论的六度分隔理论（在社会网络中任意两个人之间的距离是6）、邓巴数（能与某个人维持紧密人际关系的人数上限为150人）以及结构洞结构等图理论被提出。基于社会科学理论的图理论需要经过大规模的社会调研、分析与验证，极耗时耗力。随后，一些科学家开始研究网络的物理结构，提出了幂率分布、无标度网络、影响力最大化等相关理论。随着互联网的发展，网络规模呈爆炸式增长，人们对网络的应用需求（好友推荐、路线规划等）也日益渐长，然而传统的网络分析方法依靠人工对网络结构进行分析，其分析能力与成果有限，已无法满足网络数据的应用需求。

另一方面，随着互联网对日常生活和传统行业的渗透不断深入，海量数据的存储和检索方式产生了深刻变革，简单的关系型数据库模式不再能满足应用需求，而基于实体与关系的关系型数据（甚至多标签网络）存储模式逐渐崭露头角。互联网迫切需要从简单的网页集合以及包含网页之间的超链接关系的文档万维网（document web）转变为更细小粒度的实体和实体之间多标签的数据万维网（data web），简称多标签网络。通常，我们可以认为多标签网络指的是现实世界中普遍存在的多关系网络，即由代表现实中个体对象的实体（entity）和实体之间的多元关系链接（relationship）组成的网络。基于多标签网络的知识存储模式正在成为互联网领域不可逆转的一股潮流，对国家安全和社会发展都产生深远的影响。多标签网络的本质是一种普适的对复杂信息和实体关系的编码方式，它能很好地适应大数据背景下的高效信息检索需要，让沉睡在冗余数据中的知识和模式充分得到挖掘和探索，从而提高整个社会对数据的使用效率。

近年来，人工智能与深度学习为网络数据分析提供了新的思路：利用机器学习算法将网络进行数值化编码，使其成为可被计算机计算、理解甚至推理的数据，从而实现了网络数据更加广泛而深入的应用。这种意义下的编码即我们常说的表示学习（representation learning）范畴。

因此，对海量的数据形态开发设计可以被计算机理解并进行自动推理的表示学习算法，成为近年来工业界和学术界关注的共同问题。尤其是本书第三部分涉及的面向应用的任务（如社交网络节点对齐、知识图谱对齐、社交网络兴趣点推荐、医疗数据分析等），都需要对这些存储为单/多关系网络形式的数据进行表示建模，最后完成相应的任务需求，这种表示建模既可以是无监督的，也可以是端到端的。

1.2 网络表示学习

表示学习能成为研究热点，归功于文本、序列的嵌入式表示在自然语言信息处理中的成功应用。序列数据在这里被定义为一种数据集，其每个数据项是一些实体序列。文本语料库中的每个文档是单词序列的示例。Word2vec[1]是目前最流行的一种用来学习文档中的词向量表示（又称词嵌入）的算法，通过考虑其邻近词作为词的上下文，可以使用具有负采样的随机梯度下降来有效地学习每个词的向量表示。Paragraph2vec[2]是Word2vec的扩展，能够同时学习单词和段落的向量表示。为了处理多义词（每个词的多语义）的情况，可采用SENSEMBED[3]模型为每个词推断多个向量表示。除了文本数据，表示学习方法还可应用于其他类型的顺序数据，如通过社交网络收集的人类轨迹数据[4]、电子健康记录中的临床事件序列[5]等。

网络、图数据也可以嵌入连续向量空间。通过使用一些局部接近度作为标准来优化、学习网络中每个节点的向量表示，链接预测[6-7]、社区发现[8]等工作已经证明了网络表示学习的优点。图分解（graph factorization，GF）[9]模型是近年来解决网络嵌入式问题的模型之一。GF将无向图的亲和矩阵进行矩阵分解，推导出图的低维嵌入式表示。图分解方法只保留网络一阶相似性（即节点间的关系强度），一阶相似性确保了密切联系的网络节点在投射空间中的相近度。深度游走（DeepWalk）[6]模型采用了自然语言处理词分布的思想，利用网络结构中节点度的分布，并结合随机游走（random walk）和Skip-gram模型来推导网络的嵌入式表示。然而，实验表明深度游走模型只能保持共享多个邻居节点的网络节点在投射空间中的相近度，我们称其为二阶相似性。在此基础上，LINE（large-scale information network embedding）[7]模型因能同时保持一阶相似性和二阶相似性，成为当前较先进的应用于巨型网络的嵌入式表示模型。文献［10］提出了一种半监督的深度学习框架——SDNE（structural deep network embedding），用于解决网络的表示学习问题，在这个框架中，网络的一阶相似性、二阶相似性得以共同存留。然而，上述模型方法都只能针对单一关系的网络，未能有效解决多标签网络的嵌入式表示问题。

知识图谱是一个典型的多标签网络，它可以表示为(头,关系,尾)三元组的集合，每个三元组对应头部和尾部实体之间特定的二元关系。要确保大型知识图谱的完整性和准确性是非常困难的[11]。使用已有的知识图谱嵌入方法[12-15]可以发现嵌入空间中的语义关系，进而可通过语义来进行多标签网络的自动完备。自 TransE[12]最早成功应用在多标签网络的嵌入式表示以来，多标签网络的嵌入式表示学习引起了工业界和学术界的广泛关注。TransE 模型将两个实体的关系表示为在向量空间的转换操作，虽然 TransE 的嵌入式表示方法能保留实体及实体之间的关系，但仍然不足以解决一些关系的映射属性问题，如自反性、一对多、多对一、多对多等。为此，TransH[16]被提出，其将实体映射到特定的关系子空间（超平面）中，使得三元组（头实体,关系,尾实体）在对应的特定关系子空间中满足该关系的转换操作，因此 TransH 允许实体拥有多种标签，实体在不同的标签所对应的关系子空间中有不同的表示。在此基础上，清华大学的刘知远团队提出了 TransR[16]，进一步将实体与关系分别投射到不同的空间，使多标签网络的嵌入式表示获得更高的自由度。Lin 等[17]认为关系路径预示着实体之间的转移关系，因此多步关系路径也包含了实体之间丰富的信息，并为此提出了一种基于路径的表示学习模型。此外，研究者们还尝试将表示学习与概率模型相结合，提出了 Probabilistic-TransE[15]模型，通过最大化已存在的三元组的条件概率来构建多标签网络的嵌入式表示。本书将这些基于 TransE 的思想进行扩展的多标签网络嵌入式方法统称为 TransFamily，这些 TransFamily 模型在继承 TransE 的高效率的同时继承了 TransE 的缺陷。笔者课题组的研究工作表明，强约束在 TransFamily 中的运用，导致 TransFamily 在处理多标签网络中的三角结构时遇到了问题（这一点将在 3.2.6 节及 5.2 节中详细说明），而统计数据表明三角结构是多标签网络的重要局部结构特征，笔者课题组也通过实验验证了当三角结构所占的比例在整个多标签网络中上升时，TransFamily 的性能将显著下降。基于该重要观察，笔者课题组提出了一种脱离 TransFamily 基本框架的、全新的、适用于以知识图谱为代表的多标签网络的嵌入式表示方法，并将其成功应用到跨语言知识图谱对齐、推荐等其他下游应用中，获得了较好的效果。

除知识图谱数据外，社交网络数据和电子健康记录也被认为是典型的、复杂的、网络式的非结构化数据，对这两类数据进行合理的表示，以结合任务驱动的机器学习、深度学习模型，将有利于解决众多关系国计民生的需求与问题，如社交网络推荐、出行大数据分析与预警、智能医疗辅助、健康监测等。目前面向这些应用场景的方法主要包括两类——两（多）阶段法、端到端的方法。在两（多）阶段法中，首先以无监督的方法获得复杂网络的嵌入式表示；然后，将获得的网络嵌入式表示作为机器学习模型的输入，通过训练的方式获得任务预测模型。在端到端的方法中，网络表示学习和模型任务的输出预测以强耦合的方式在训练过程中同时进行迭代学习，最终的模型将获得具有任务倾向性的网络表示和模型预测输出。针对任务实现效果而言，端到端的方法往往得到更准确的预测模型。这是因为，在表示学习的过程中通常会摒弃与任务无关的表示特征，使得网络特征的学习朝着任务效果优的方向演化。例如，4.3.2 节提到的 DANA 模型就是利用鉴别器进行对抗学习，使得网络表示学习的特征尽量不包括那些用于区分网络来源的网络个体特征（这种特征对于社交网络对齐任务而言显然是毫无用处的），进而引导表示学习部分获取对于对齐任务而言更重要的特征，从而获得更好的网络对齐效果。

归根结底，人工智能的技术手段需要利用计算机的数据处理能力，而各类数据输入最终都需要转化为数值数据，因此有效的表示学习（尤其是对非结构化的网络数据进行合理的数值表示）是众多机器学习、人工智能技术的工作基础，理解并掌握（网络）表示学习理论技术对于更好地设计人工智能算法、驾驭人工智能技术具有重要的现实意义。

1.3 本书的主要内容

本书根据笔者近年来在网络表示学习理论及其应用任务的研究成果，对近年来网络表示学习技术与应用进行梳理和总结。全书将深入浅出地介绍网络表示学习的基础理论，以及其在网络对齐、地点推荐、医疗数据挖掘等应用方面的前沿技术。本书不仅介绍相关方法、技术和实验结果，还分析国内外相关的研究工作，可供读者学习和参考，并理解相关方法与技术的原理与应用。

具体章节安排：第 2 章介绍单关系网络表示理论与技术，包括多种经典的非监督模型（LINE、DeepWalk）、半监督模型（GCN）、深度模型（SDNE）等；第 3 章介绍多关系网络表示理论与技术，包括以 TransE 为代表的非深度 Trans 系列模型，以及一些代表性深度模型，如 R-GCN、MNE 等；第 4 章介绍基于单关系表示的网络对齐技术，包括基于出入度表示的

IONE 模型、基于生成对抗思想的 GANE 模型和 DANA 模型；第5章介绍基于多关系表示的知识图谱对齐技术，包括基于 MNE 的知识图谱对齐方法、基于 VR-GCN 的知识图谱对齐方法；第6章介绍基于表示学习的电子健康记录挖掘，包括基于医疗知识表示、融合时间卷积神经网络和多通道注意力机制的疾病预测模型；第7章介绍兴趣点（POI）推荐方法，包括多种基于隐模式挖掘、基于签到时间间隔模式、基于深度表示方法的 POI 预测模型。

第2部分

基础理论

第2章

单关系网络表示理论与技术

2.1 引　　言

表示学习（representation learning）是学习特征的技术的集合，其将数据转换为能被机器学习有效开发的一种形式。表示学习为将数据整合到一个低维的向量空间中提供了理论与方法，主要包括文本的特征描述、图像的特征表示、网络结构的表示、自动学习到的隐含特征表示等方面。然而，基于文本或图像的特征描述工程（简称“特征工程”）需要耗费大量人力、物力，且对特征设计者的专业领域知识要求较高，成为机器学习算法应用的壁垒。网络结构的直接表示方法（如邻接矩阵）除了存在令人诟病的高空间复杂度问题之外，对于长尾分布下的大部分网络来说，不但网络的表示稀疏，而且其不具有语义关系，需要耗费大量运行时间和巨大的计算空间。

为了应对这一挑战，网络表示学习被广大科研工作者提出并演化应用，网络表示学习（network embedding）的目的是将网络空间转换成低维向量空间。在网络的嵌入式空间中，节点之间的关系（最初由图结构中的边或其他高阶拓扑度量表示）由向量空间中节点之间的距离捕获，网络表示学习对节点的拓扑和结构特征进行编码，得到其嵌入向量。网络表示学习专注于以更直观、更高效的方式将网络数值化到低维、稠密、实值的向量空间中，网络节点的表示不再依靠手动提取的特征，转而成为含有语义的低

维向量表示，使原本复杂的网络数据更易于分析和推理，并能够将节点表示应用到实际应用中。网络表示学习流程可以由图 2.1[18] 表示。其中，网络 G 经过网络表示学习算法后，得到网络中每个节点的向量表示（节点数量为 $|V|$，每个节点的向量维度为 k），之后这些节点表示就可应用于节点分类（vertex classification）、链接预测（link prediction）等任务。

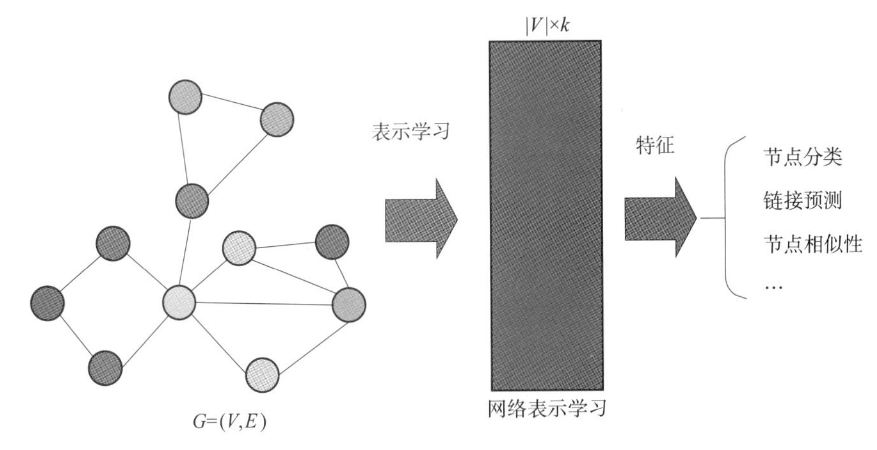

图 2.1 网络表示学习流程图（附彩图）

按照网络节点之间的关系类型的数量，网络表示学习方法可分为单关系网络表示学习、多关系网络表示学习。

单关系网络表示学习的主流研究模型都以保留网络结构作为目标函数。本质上，网络的嵌入式表示的一个核心要点就是尽可能保留网络的结构和属性。深度游走（DeepWalk）[6] 模型是典型的保留网络结构的嵌入式模型。该模型发现，在短的随机游走（random walk）中，节点的分布与自然语言处理中词的分布一致，其结合目前广泛使用的在词表示模型 Word2vec[19] 中提出的 Skip-Gram 模型来学习节点的上下文，以获得节点的表示。Node2vec[20] 模型证明 DeepWalk 模型的表现力不足以捕捉网络中连接模式的多样性，并为此设计了一个灵活的邻域采样策略——使用二阶随机游走策略来取样邻居节点，该游走策略可以在广度优先采样（BFS）和深度优先采样（DFS）之间平滑地插值，并且 Node2vec 能够让相同社区的节点表示相近，共享相似角色的节点有相似的嵌入式表示。Tang 等[7] 提出了保留大规模网络的一阶相似度和二阶相似度的模型 LINE，一阶相似度是指观察到的网络中节点对的临近度，二阶相似度是指两个节点之间共享相同邻居的数量。文献［21］证明 K-step 的相似度可以被保留，给定邻接矩

阵 $\boldsymbol{A}$，K-step的转移概率矩阵可以通过计算得到，结合 Skip-gram 模型和矩阵分解方法，可以获得全局的网络表示。M-NMF[22] 模型基于一个节点的表示，如果节点表示相似于一个社区的节点表示，那么这个节点存在于这个社区中的概率就会很高，从而在嵌入式表示中保留该社区结构的信息。

上面提到的主要都采用浅层模型，Wang 等[10] 提出了一个深度模型 SDNE，以解决网络表示中的高度非线性和稀疏性问题。这个框架采用了多层的自动编码器保留节点的邻域结构，在此框架中，一阶相似度和二阶相似度得以共同存留。为了构建网络嵌入式表示的通用框架，Chen 等[23] 提出了一个网络嵌入框架，统一了一些以前的算法，如 LE[24]、DeepWalk[6]、Node2vec[20]。

近年来，受深度神经网络强大的特征提取能力的影响，很多学者致力于将神经网络应用在网络的表示学习上。第一代基于图谱理论的图卷积网络（graph convolutional network，GCN）模型提出了基于图谱理论的图的卷积公式，将常规的 CNN 扩展到非欧几里得空间，使得卷积操作也可以应用于复杂的网络结构，提取网络结构的信息。但是第一代卷积公式需要进行矩阵的特征分解[25]。第二代图神经网络[26] 应用切比雪夫不等式来降低模型的时间复杂度，第三代图神经网络[27] 扩展了这一想法并简化操作，用图卷积网络处理网络结构数据，得到了广泛应用。此后，学者们对 GCN 进行了一系列改进和扩展，如应用于推荐领域的图神经网络[28] 和图注意力网络 GAT[29] 等，GAT 将注意力机制应用于 GCN，为不同的邻居节点分配相应的权重，从而为节点提供更富表达性的表示。许多网络的嵌入式表示方法都专注于在低维空间表示节点的局部结构，包含邻居结构、社区结构和网络的高阶相似度，并且尝试了线性和非线性的模型，证明了网络表示学习的巨大潜力。此外，对于处理时间序列的网络结构(即时序问题的建模)，通常采用循环神经网络（recurrent neural network，RNN）及其相关变种，如长短期记忆网络（long short-term memory，LSTM）[30]、门控循环单元（gated recurrent unit，GRU）[31] 等，而将卷积神经网络通过膨胀卷积来达到抓取长时依赖信息的效果，时间卷积网络（temporal convolutional network，TCN）[32] 在一些任务上甚至能超过 RNN 相关模型。

在多关系网络中有多种关系类型，相对于单关系网络通常具有更丰富和复杂的结构信息，知识图谱就是一种典型的多关系网络。知识图谱可以表示为(头实体,关系,尾实体) 三元组的集合，符号化表示为（h,r,t），三元组代表头部和尾部实体之间的关系。多关系网络的表示学习方法不仅需要考虑网络的拓扑结构信息，而且需要将关系的类型信息涵盖在内，这为表示学习增加了挑战。目前主流的多关系网络表示学习方法可以划分为三类：基于平移的表示学习方法，其主要包括基于 TransE[12] 的思想进行扩展的多关系网络嵌入式方法，如 TransH[16]、TransR[17] 等，在本书中将其统称为 TransFamily；基于概率的表示学习方法，其代表模型为 MNE[33]；基于图神经网络的表示学习方法，其代表模型为 R-GCN[34] 和 VR-GCN[35]。这些多关系网络表示学习方法将在第 3 章具体进行阐述。

受上述经典模型的启发，当前许多前沿工作在其具体的应用任务上对这些模型进行了研究与改进。为便于读者快速把握当前研究方向，同时更好地理解本书第三部分——应用驱动的表示学习技术，接下来将具体介绍上述单关系网络表示学习的经典模型。

2.2　经典模型

本节将以 LINE 模型和 DeepWalk 模型为例介绍单关系网络表示学习，其中 LINE 模型定义了网络结构的一阶相似度和二阶相似度，而 DeepWalk 模型定义了更高阶的群体结构。

2.2.1　LINE 模型

LINE（large-scale information network embedding）模型提出了网络的一阶相似性和二阶相似性，用于对网络的结构进行建模。如图 2.2[7] 所示，顶点 6、顶点 7 互为邻接点，具有一阶相似性；顶点 5 与顶点 6 之间虽然没有链接关系(即它们之间不具有一阶相似性)，但顶点 5 与顶点 6 具有众多的共同邻居（它们都与顶点 1、顶点 2、顶点 3、顶点 4 相连)，因此顶点 6 实际上与顶点 5 更相似，即顶点 5 与顶点 6 具有二阶相似性。

对于一阶相似性，LINE 采用 KL 散度（Kullback-Leibler divergence)[36] 来拟合最小化网络的权重分布以及模型拟合的顶点对的联合概率分布之间的距离，得到：

$$O_1 = -\sum_{(v_i,v_j)\in E} w_{ij}\log p_1(v_i,v_j) \tag{2.1}$$

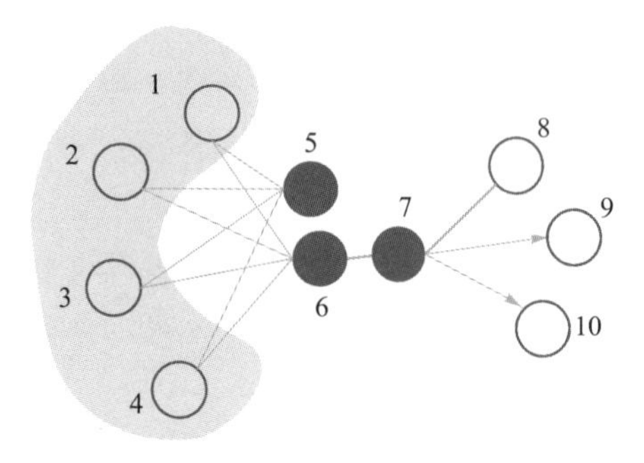

图 2.2　一阶相似性和二阶相似性示例图

式中，E——网络中所有链接的集合；

w_{ij}——网络中顶点 v_i 和顶点 v_j 的链接的权重；

$p_1(v_i,v_j)$——模型对顶点 v_i 和顶点 v_j 链接拟合的联合概率分布，其定义为顶点 v_i 的低维向量化表示 $\boldsymbol{u}_i$ 和顶点 v_j 的低维向量化表示 $\boldsymbol{u}_j$ 内积的正相关函数：

$$p_1(v_i,v_j)=\frac{1}{1+\exp(-\boldsymbol{u}_i^{\mathrm{T}}\cdot\boldsymbol{u}_j)} \tag{2.2}$$

如上所述，二阶相似度假设具有相似的上下文中分布的顶点彼此相似。因此，LINE 通过模拟经验条件概率分布 $\hat{p}_2(v_j \mid v_i)=\dfrac{w_{ij}}{d_i}$ 将二阶相似性结构嵌入低维向量空间，其中 d_i 为顶点 v_i 的出度，即 $d_i=\sum_{v_k\in N(i)} w_{ik}$，$N(i)$ 表示顶点 v_i 的邻居节点集。与之类似，LINE 最小化模型的条件概率分布 p_2 和经验条件概率分布 $\hat{p}_2$ 的 KL 散度为

$$\begin{aligned}O_2 &= \sum_{v_i\in V}\lambda_i d(\hat{p}_2(\cdot \mid v_i),p_2(\cdot \mid v_i)) \\ &= -\sum_{(v_i,v_j)\in E}\lambda_i\frac{w_{ij}}{d_i}\log p_2(v_j \mid v_i)\end{aligned} \tag{2.3}$$

式中，V——网络中的节点集；

$d(\cdot,\cdot)$——KL 散度。

由于网络中顶点的重要性可能不同，LINE 在目标函数(式(2.3))中引入 $\lambda_i=d_i$ 来表示顶点在网络中的权重（重要性），则式（2.3）可简化为

$$O_2=-\sum_{(v_i,v_j)\in E} w_{ij}\log p_2(v_j \mid v_i) \tag{2.4}$$

$p_2(v_j \mid v_i)$ 被定义为关于顶点 v_i 的低维向量化表示 $\boldsymbol{u}_i$ 和顶点 v_j 的低维向量化表示 $\boldsymbol{u}_j$ 的 Softmax 函数：

$$p_2(v_j \mid v_i) = \frac{\exp(\boldsymbol{u}_j^{\mathrm{T}} \cdot \boldsymbol{u}_i)}{\sum_{k=1}^{|V|} \exp(\boldsymbol{u}_k^{\mathrm{T}} \cdot \boldsymbol{u}_i)} \tag{2.5}$$

式中，$|V|$——网络的顶点个数。

通常，网络的顶点个数$|V|$比较大，导致式（2.4）的计算非常耗时，因此 LINE 采用负采样来近似目标函数：

$$\begin{aligned} O_2 &= -\sum_{(v_i,v_j)\in E} w_{ij}\log p_2(v_j \mid v_i) \\ &= -\sum_{(v_i,v_j)\in E} w_{ij}[\log \sigma(\boldsymbol{u}_j^{\mathrm{T}} \cdot \boldsymbol{u}_i) + \\ &\quad \sum_{i=1}^{K} E_{v_n \sim P_n(v)}(\log \sigma(-\boldsymbol{u}_n^{\mathrm{T}} \cdot \boldsymbol{u}_i))] \end{aligned} \tag{2.6}$$

然后，优化一阶相似度的目标函数（式（2.1））和二阶相似度的目标函数（式（2.6）），即可分别获得顶点在一阶相似度和二阶相似度空间中的低维向量表示。最后，将两个低维向量表示拼接成顶点最终的低维向量表示。由此，该向量表示既保留了网络中的一阶相似度，又保留了网络中的二阶相似度。

2.2.2 DeepWalk 模型

DeepWalk 模型是近年来网络表示学习方法的基础，该模型将自然语言处理领域中的 Word2vec 模型中上下文共现的思想应用到网络表示学习中，实现了无须矩阵分解就可表示网络中的节点关系。该模型将图网络作为输入，学习该网络的隐含信息，并能将图中的节点表示为一个包含潜在信息的向量输出，从而可以更加直观地看到该模型的目标，如图 2.3[6] 所示。

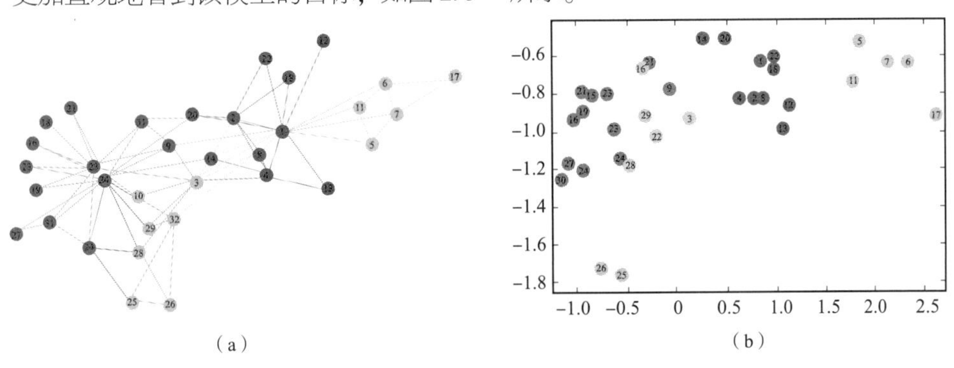

图 2.3　DeepWalk 模型目标问题（附彩图）

（a）输入：Karate 图网络；（b）输出：节点表示

DeepWalk 模型先通过在网络结构中随机游走的方式得到类似句子的节点序列，然后将最大化序列中节点的上下文共现概率作为目标函数，得到节点的嵌入式表示。这里所提到的随机游走是指在整个图网络上不断地随机选择游走路径，最终形成一条贯穿网络的路径。从某个特定的节点开始，游走的每一步都从与当前节点相连的边中随机选择一条，再沿着选定的边移动到下一个顶点，重复此过程。

该算法由两部分组成，分别是随机游走生成器和节点表示更新器。随机游走生成器将整个图网络作为输入，然后均匀采样一个节点作为随机游走的根节点，并将其作为随机序列的初始节点，之后对于游走序列中最后一个节点的邻居进行采样，将采样结果加入游走序列，不断重复此过程，直到随机游走序列长度达到设定的最大长度。随机游走生成器包含两重循环：外层循环，对整个图迭代 Y 次，即对于每个节点产生 Y 条序列；内层循环，循环遍历图中的每个节点，使得图中的每个节点都会产生游走序列。接下来，将产生的随机游走序列传递给节点表示更新器，节点表示更新器采用 Skip-gram[19] 算法更新节点的表示。

首先，对于随机游走生成器，需要根据当前随机游走路径中包含的节点来估计下一个节点出现的概率，即需要优化的目标函数：

$$\Pr(v_i \mid (v_1, v_2, \cdots, v_{i-1})) \tag{2.7}$$

式中，v_i——随机游走的下一个节点。

由于节点 v_i 本身无法计算，所以引入一个映射函数，将网络中的每个节点映射为一个 d 维的向量 $\boldsymbol{\Phi}$：$v \in V \to \mathbf{R}^{|V| \times d}$。将式（2.7）转换为

$$\Pr(v_i \mid (\boldsymbol{\Phi}(v_1), \boldsymbol{\Phi}(v_2), \cdots, \boldsymbol{\Phi}(v_{i-1}))) \tag{2.8}$$

由于随机游走的长度会越来越大，所以在计算式（2.7）或式（2.8）的条件概率时会比较困难。针对这个问题，该模型对其进行了改进，即学习该节点的上下文关系，从而得到该节点的节点表示，并最大化其在游走序列中的邻居的概率，将目标函数转化为

$$\underset{\phi}{\text{Minimize}} - \log \Pr(\{v_{i-w}, \cdots, v_{i+w}\} \backslash v_i \mid \boldsymbol{\Phi}(v_i)) \tag{2.9}$$

式中，w——邻居窗口的大小。

节点表示更新器采用 Skip-gram 算法更新节点的表示。Skip-gram 算法通过如下的独立假设来接近条件概率：

$$\Pr(\{v_{i-w}, \cdots, v_{i+w}\} \backslash v_i \mid \boldsymbol{\Phi}(v_i)) = \prod_{\substack{j=i-w \\ j \neq i}}^{i+w} \Pr(v_j \mid \boldsymbol{\Phi}(v_i)) \tag{2.10}$$

由于给定节点 $u_k \in V$，计算归一化因子的代价是极其大的，因此计算概率函数 $\Pr(u_k \mid \boldsymbol{\Phi}(v_j))$ 是不可行的。改进方式是采用层次 Softmax（hierarchical Softmax）对条件概率进行因式分解，将每个节点视为二叉树的叶子，到节点 u_k

的路径就由树节点的序列（$b_0, b_1, \cdots, b_{\lceil \log|V| \rceil}$）表示，其中 b_0 是根节点，$b_{\lceil \log|V| \rceil}$就是节点 u_k，那么预测问题就转换成树中一条特定路径的概率，可以写为

$$\Pr(u_k \mid \Phi(v_j)) = \prod_{l=1}^{\lceil \log|V| \rceil} \Pr(b_l \mid \Phi(v_j)) \tag{2.11}$$

然后，通过层次 Softmax 将计算概率的时间复杂度从原始的 $O(N)$ 转换为 $O(\log N)$。整个模型的流程框架图如图 2.4[6] 所示。

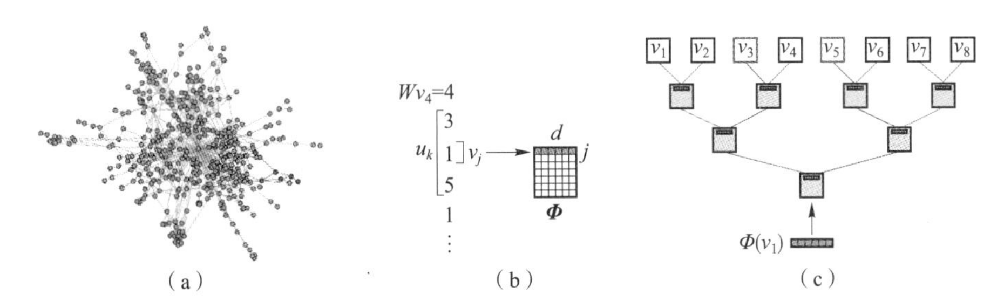

图 2.4　DeepWalk 模型框架示意图（附彩图）

（a）随机游走生成器；（b）表示映射；（c）层次 Softmax

2.3　深度表示模型

与 2.2 节所述的浅层模型不同，本节所要介绍的深度表示模型主要解决网络表示中的稀疏性、高度非线性等问题，主要包括基于多层自动编码器的 SDNE 模型、基于任务驱动的图卷积网络算法，以及可以处理时间序列的时间卷积网络。

2.3.1　SDNE 模型

SDNE（structural deep network embedding）模型提出了基于多层自动编码器的深度模型来解决网络表示中的稀疏性、高度非线性等问题。该模型可以同时用监督学习方式优化一阶相似度和无监督学习方式优化二阶相似度，使得可以同时保留局部和全局结构特征，而 LINE 模型是分别优化的。SDNE 模型的相似度定义与 LINE 模型的一致，即一阶相似度衡量相邻节点的相似性、二阶相似度衡量两个节点的邻居集合的相似度。

SDNE 模型提出了一种基于深度学习的框架，对输入的网络结构进行多个非线性映射函数学习，进而得到保留了原始网络结构的低维非线性空间，如图 2.5[10] 所示。

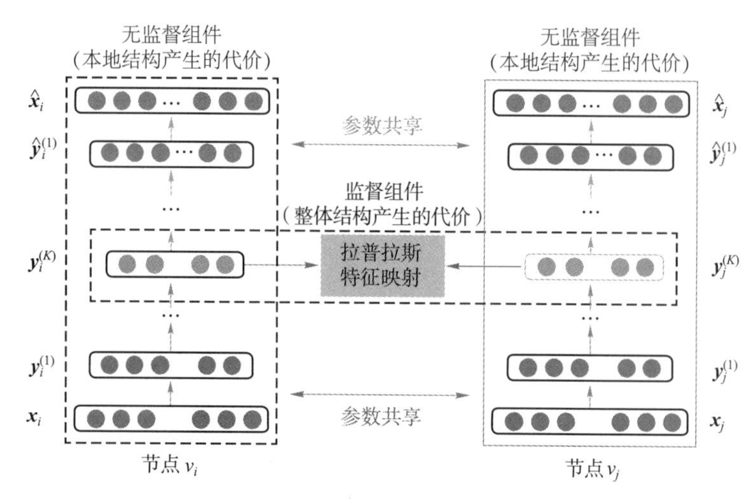

图 2.5　SDNE 模型的整体框架图（附彩图）

图 2.5 中，$\boldsymbol{X}=\{\boldsymbol{x}_i\}_{i=1}^n$和 $\hat{\boldsymbol{X}}=\{\hat{\boldsymbol{x}}_i\}_{i=1}^n$分别为输入数据和重构数据，$\boldsymbol{Y}^{(k)}=\{\boldsymbol{y}_i^{(k)}\}_{i=1}^n$是第 k 层的隐含表示。SDNE 模型采用自编码的思路，通过无监督学习的方式重构每个节点的邻居结构，从而保留二阶相似度，以提取全局的特征，即 $\boldsymbol{y}_i^{(K)}$ 到 $\hat{\boldsymbol{x}}_i$ 的过程。在监督学习部分，让相邻节点在表示空间中尽量相近，从而保留一阶相似度，以提取局部特征。

首先，SDNE 模型通过保留二阶相似度来提取全局网络结构，自编码器是一个无监督的模型，主要包括编码器（decoder）和解码器（encoder）两部分。其中，编码器由多个将输入数据映射到表示空间的非线性函数组成，解码器由将表示空间中的表示映射到重构空间的多个非线性函数组成。对于给定的输入数据 $\boldsymbol{x}_i$，其在各个隐含层的表示为

$$\begin{cases}\boldsymbol{y}_i^{(1)}=\sigma(\boldsymbol{W}^{(1)}\boldsymbol{x}_i+\boldsymbol{b}^{(1)})\\\boldsymbol{y}_i^{(k)}=\sigma(\boldsymbol{W}^{(k)}\boldsymbol{y}_i^{(k-1)}+\boldsymbol{b}^{(k)}),k=2,3,\cdots,K\end{cases}\tag{2.12}$$

式中，$\boldsymbol{W}^{(k)}$——第 k 层的权重矩阵；

$\boldsymbol{b}^{(k)}$——第 k 层的偏差。

该目标是最小化输入和输出之间的重构误差，其损失函数为

$$L=\sum_{i=1}^{n}\|\hat{\boldsymbol{x}}_i-\boldsymbol{x}_i\|_2^2\tag{2.13}$$

若 $\boldsymbol{x}_i=\boldsymbol{s}_i$，即将节点 v_i 的邻接矩阵 $\boldsymbol{s}_i=\{s_{i,j}\}_{j=1}^n$作为输入数据，使重构过程中有相似邻域结构的节点有相似的潜在表示。但由于网络的稀疏性，若直接将邻接矩阵 $\boldsymbol{S}$ 作为输入数据，就会更容易重构 $\boldsymbol{S}$ 中的零元素。为此，SDNE 模型通过加大对非零元素的重构误差的惩罚来解决此问题。改进后的损失函数为

$$L_{2nd} = \sum_{i=1}^{n} \|(\hat{\boldsymbol{x}}_i - \boldsymbol{x}_i) \odot \boldsymbol{b}_i\|_2^2$$
$$= \|(\hat{\boldsymbol{X}} - \boldsymbol{X}) \odot \boldsymbol{B}\|_F^2 \tag{2.14}$$

式中，$\odot$表示逐元素积；$\boldsymbol{b}_i = \{b_{i,j}\}_{j=1}^{n}$，若 $s_{i,j}=0$，则 $b_{i,j}=1$，否则 $b_{i,j}>1$；$\boldsymbol{B}$ 为 $\boldsymbol{b}_i$ 的矩阵形式。

然后，SDNE 模型在监督学习过程中保留一阶相似度，以提取局部特征。因此，对于一阶相似度，其损失函数为

$$L_{1st} = \sum_{i,j=1}^{n} s_{i,j} \|\boldsymbol{y}_i^{(K)} - \boldsymbol{y}_j^{(K)}\|_2^2$$
$$= \sum_{i,j=1}^{n} s_{i,j} \|\boldsymbol{y}_i - \boldsymbol{y}_j\|_2^2 \tag{2.15}$$

该损失函数借鉴了拉普拉斯特征映射（Laplacian eigenmaps），使相邻节点在映射到嵌入空间后依然很接近。

将上述无监督学习和监督学习过程综合，SDNE 模型采用一种半监督学习的方法，使损失函数最小化：

$$L_{mix} = L_{2nd} + \alpha L_{1st} + \nu L_{reg}$$
$$= \|(\hat{\boldsymbol{X}} - \boldsymbol{X}) \odot \boldsymbol{B}\|_F^2 + \alpha \sum_{i,j=1}^{n} s_{i,j} \|\boldsymbol{y}_i - \boldsymbol{y}_j\|_2^2 + \nu L_{reg} \tag{2.16}$$

式中，α, ν——控制一阶相似度损失和控制正则化项的参数；

L_{reg}——L_2 范数正则化项，为防止过度拟合，定义为

$$L_{reg} = \frac{1}{2} \sum_{k=1}^{K} (\|\boldsymbol{W}^{(k)}\|_F^2 + \|\hat{\boldsymbol{W}}^{(k)}\|_F^2) \tag{2.17}$$

2.3.2　图神经网络

卷积神经网络（convolutional neural network，CNN）[37] 凭借局部连接和权重共享机制，在语音识别、文档分析、图像检测等领域取得了卓越的成效。受 CNN 强大的特征提取能力的影响，人们开始将目光转向图网络结构，试图将 CNN 应用于图网络结构。CNN 处理的是规则的格子网络，但是图网络结构是不规则的，为非欧氏结构，无法使得结构在平移过程中保持不变性，这导致其无法直接应用 CNN。在此趋势下，国内外研究人员掀起了探索适合图网络结构的深度神经网络的热潮。最初对图卷积网络的尝试是为图中的每个节点构造固定的感受野，类比于 CNN 的过程。如图2.6[25] 所示，在第一阶段，对图中的每个节点决定它的邻居；在第二阶段，决定邻居的序列；在第三阶段，将节点映射为向量化表示。

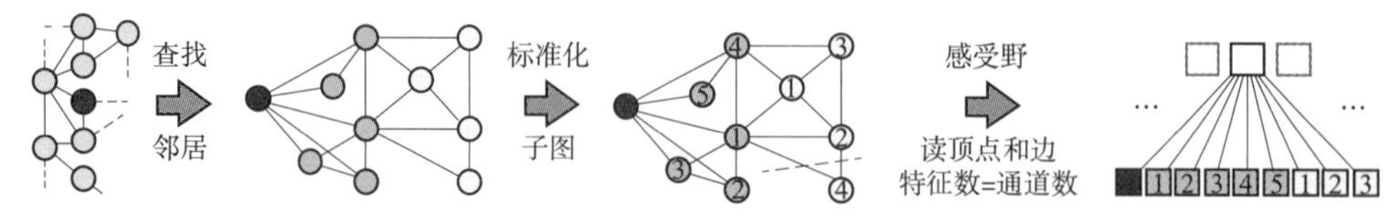

图 2.6　类比于 CNN 的图神经网络构建流程（附彩图）

然而，每个节点的邻居数目都是不确定的，因此直接类比于 CNN 的复杂度比较高。目前，图卷积网络有两种构造方法：一种是基于图谱理论，在图谱维度上进行；另一种是基于空间构造，在节点维度上进行。前者具有较强的理论基础，后者灵活度高且更直观。基于图谱理论的图神经网络经历了三代的发展，最终形成了广泛应用的图卷积网络（graph convolutional network，GCN）模型。第一代，根据图谱领域[38]中的拉普拉斯矩阵、图傅里叶变换、卷积定理等理论基础，构造了如下卷积公式：

$$(f*h)_G = \boldsymbol{U}\begin{bmatrix} \hat{h}(\lambda_1) & & & \\ & \hat{h}(\lambda_2) & & \\ & & \ddots & \\ & & & \hat{h}(\lambda_n) \end{bmatrix}\boldsymbol{U}^{\mathrm{T}}f \tag{2.18}$$

式中，f,h——两个可积的函数；

$\boldsymbol{U}$——拉普拉斯矩阵 $\boldsymbol{L}$ 的特征向量；

λ_i——对应的特征值，$i=1,2,\cdots,n$。

第一代模型名为 SCNN，该模型直接将卷积核 $\hat{h}(\lambda_i)$ 设计成可训练的参数 θ，但每次计算都需要对拉普拉斯矩阵进行特征分解，计算代价大，且缺乏对于网络结构的局部特征的获取能力。因此在第一代的基础上，第二代应用了切比雪夫的思想，将卷积核设计成关于特征值的函数：

$$(f*h)_G = \boldsymbol{U}\begin{bmatrix} \sum_{j=0}^{K}\alpha_j\lambda_1^j & & & \\ & \sum_{j=0}^{K}\alpha_j\lambda_2^j & & \\ & & \ddots & \\ & & & \sum_{j=0}^{K}\alpha_j\lambda_n^j \end{bmatrix}\boldsymbol{U}^{\mathrm{T}}f \tag{2.19}$$

经过化简，最终的卷积公式为

$$\boldsymbol{y}_{\text{output}} = \sigma\left(\sum_{j=0}^{K} \alpha_j \boldsymbol{L}^j \boldsymbol{x}\right) \tag{2.20}$$

式中，$\boldsymbol{y}_{\text{output}}$——卷积后的输出结果；

$\sigma(\cdot)$ ——激活函数；

K——表示保留的结构为 K 阶；

α_j——第 j 阶对应的系数（可训练的参数）；

$\boldsymbol{x}$——输入特征。

通过这种改进方式，就不再需要进行特征向量分解，从而减少计算量，同时具有很好的局部空间能力。第三代模型将第二代模型进行了简化，将 K 取值为 1，卷积公式为

$$\boldsymbol{H}^{l+1} = \sigma(\tilde{\boldsymbol{D}}^{-\frac{1}{2}} \tilde{\boldsymbol{A}} \tilde{\boldsymbol{D}}^{-\frac{1}{2}} \boldsymbol{H}^l \boldsymbol{W}^l) \tag{2.21}$$

式中，$\boldsymbol{H}^{l+1}$——第 $l+1$ 层的表示；

$\boldsymbol{D},\boldsymbol{A}$——图网络的度矩阵与邻接矩阵，$\tilde{\boldsymbol{A}} = \boldsymbol{A}+\boldsymbol{I}$；

$\boldsymbol{W}^l$——可训练权重向量。

虽然式（2.21）的结构简单，但是基于该卷积法则的图卷积网络非常强大，而且可以通过叠加多层来保留高阶相似度，目前已经被学术界和工业界广泛应用。以 Zachary 的空手道俱乐部网络[39]为例，如图 2.7[27]所示，俱乐部的成员大致可分成为 4 类阵营（不同阵营标记为不同颜色）。

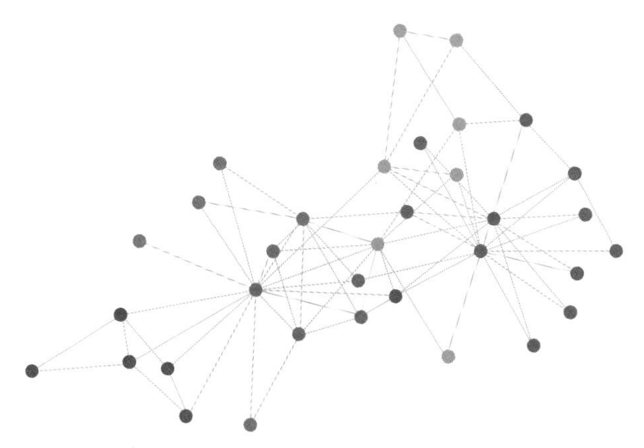

图 2.7　Zachary 的空手道俱乐部网络可视化图（附彩图）

利用单位矩阵 $\boldsymbol{I}$ 代替缺少的节点初始化特征，即 $\boldsymbol{H}^{(0)} = \boldsymbol{I}$，在初始权重状态下（即图卷积网络还未经过训练），对该网络通过三层卷积，得到顶点嵌入式表示 $\boldsymbol{R} = \boldsymbol{H}^{(3)}$ 的可视化视图，如图 2.8[27]所示。出乎意料地，

GCN 在未进行任何训练的状态下，仅依靠图卷积操作就可以捕捉到节点的类别（阵营、社区）信息。由此可见，图卷积网络对网络结构信息具有强大的处理能力。

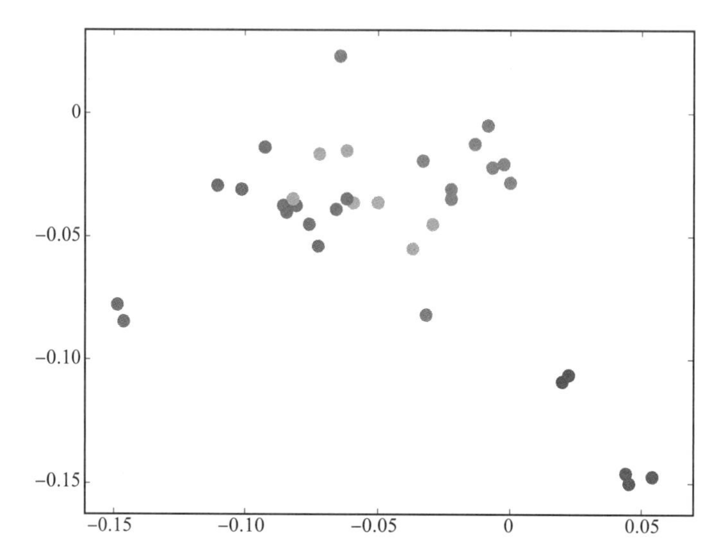

图 2.8　GCN 在随机初始化状态下顶点的嵌入式表示可视化视图（附彩图）

最后，以节点 v_i 所属的阵营 $c \in C=\{c_1, c_2, c_3, c_4\}$ 作为类别标签 Y_{ic}，每个类别抽取一个节点作为训练样本（即一共只有 4 个训练样本），对上述的图卷积网络进行半监督学习，即最小化交叉熵损失：

$$L = -\sum_{v_i \in V} \sum_{c \in C} Y_{ic} \ln Z_{ic} \tag{2.22}$$

式中，Z_{ic}——图卷积网络预测的分类标签。

如图 2.9 所示，观察图卷积网络训练过程中顶点嵌入式表示的演变过程[27]。在第 75 次迭代时，网络节点基本可以正确分类为 4 类；在第 300 次迭代时，该模型成功实现了对网络社区的线性分离，再次印证了图卷积网络的强大能力。

基于空间的构造方法的核心是确定顶点的邻居以及邻居信息的聚合模式。文献［40］提出了不同的整合方式，包含取均值、拼接、池化、LSTM 等。如图 2.10[29] 所示，GAT 模型将注意力机制[41] 应用于 GCN，由于每个邻居对自己的影响程度是不同的，因此通过注意力机制来计算每个节点的重要程度评分。

对于节点 v_i，其邻居节点 v_j 对其的影响权重 α_{ij} 的计算公式为

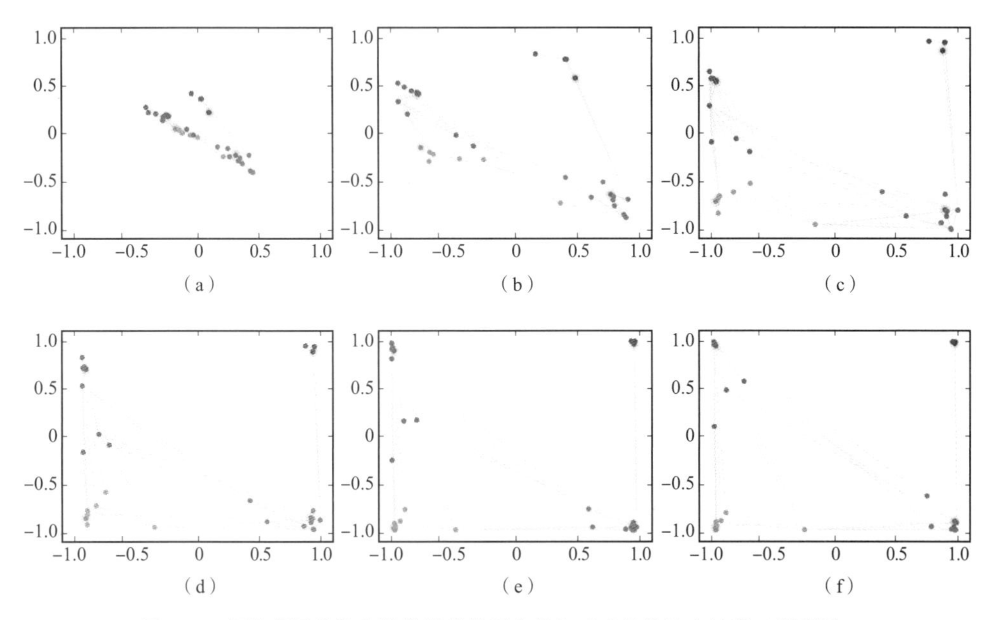

图 2.9　图卷积网络随着迭代训练的顶点嵌入式表示的演变过程（附彩图）

(a) 第 25 次迭代；(b) 第 50 次迭代；(c) 第 75 次迭代；

(d) 第 100 次迭代；(e) 第 200 次迭代；(f) 第 300 次迭代；

$$\alpha_{ij} = \frac{\exp(\text{LeakyReLU}(\boldsymbol{a}^{\mathrm{T}}[\boldsymbol{W}\boldsymbol{h}_i \parallel \boldsymbol{W}\boldsymbol{h}_j]))}{\sum_{v_k \in N_i} \exp(\text{LeakyReLU}(\boldsymbol{a}^{\mathrm{T}}[\boldsymbol{W}\boldsymbol{h}_i \parallel \boldsymbol{W}\boldsymbol{h}_k]))} \tag{2.23}$$

式中，$\boldsymbol{a}^{\mathrm{T}}, \boldsymbol{W}$——参数；

$[\cdot \parallel \cdot]$——拼接操作；

N_i——节点 v_i 的邻居集合。

将具有不同影响权重的邻居节点表示进行整合的公式为

$$\boldsymbol{h}'_i = \sigma\left(\sum_{v_j \in N_i} \alpha_{ij} \boldsymbol{W}\boldsymbol{h}_j^l\right) \tag{2.24}$$

GAT 模型通过加入注意力机制，为节点提供更富表达性的表示。

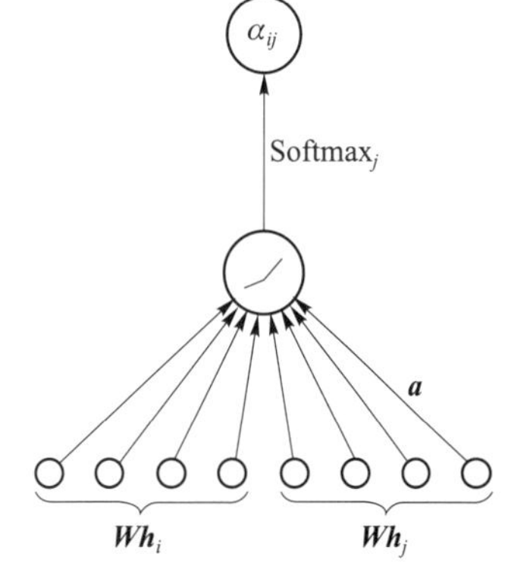

图 2.10　GAT 模型

2.3.3　时间卷积网络

时间卷积网络（temporal convolutional network，TCN），是一种能够处理

时间序列数据的网络结构。TCN 的最大亮点就是：可以根据一个已知序列出现的先后顺序，评判在未来的时间点 t 上出现什么数据更合适。给定两个基本假设：输入的序列为 $\boldsymbol{x}_0,\boldsymbol{x}_1,\boldsymbol{x}_2,\cdots,\boldsymbol{x}_T$，输出的序列为$\boldsymbol{y}_0,\boldsymbol{y}_1,\boldsymbol{y}_2,\cdots,\boldsymbol{y}_T$，为保证网络的输入、输出序列长度一样，TCN 使用了一维卷积神经网络的框架，使得每个隐含层的长度都与输入层的长度相同。输入的序列即历史信息，整个机制就是创造一个体系，该体系能够根据历史信息去推断新的可能信息：$\boldsymbol{y}_0,\boldsymbol{y}_1,\boldsymbol{y}_2,\cdots,\boldsymbol{y}_T=f(\boldsymbol{x}_0,\boldsymbol{x}_1,\boldsymbol{x}_2,\cdots,\boldsymbol{x}_T)$，该时序预测要求对时间点 t 的预测 $\boldsymbol{y}_t$ 只能通过 t 时刻之前的输入（从 $\boldsymbol{x}_0$ 到 $\boldsymbol{x}_{t-1}$）来判断。因此，TCN 采用因果卷积（causal convolutions）来实现，从而保证从未来到过去不会有信息被泄露，其公式表示为

$$\text{TCN}=\text{1D FCN}+\text{causal convolutions} \tag{2.25}$$

式中，1DFCN——一维全卷积网络。

在进行时序预测后，就需要通过评判机制来评价预测结果的好坏，并基于损失函数训练整个模型。损失函数即最小化 $L(\boldsymbol{y}_0,\boldsymbol{y}_1,\boldsymbol{y}_2,\cdots,\boldsymbol{y}_T,f(\boldsymbol{x}_0,\boldsymbol{x}_1,\boldsymbol{x}_2,\cdots,\boldsymbol{x}_T))$，其训练方法是梯度下降法和反向传播。

简单的因果卷积只能回顾线性大小深度的网络，这使得在序列任务中应用因果卷积会有很大的挑战性，TCN 在应用因果卷积时扩大了感受野，即使用了膨胀卷积（dilated convolutions），它与一维卷积的不同就是越到上层其卷积窗口越大，卷积窗口中的“空孔”就会越多，其膨胀卷积操作如图 2.11[32] 所示。

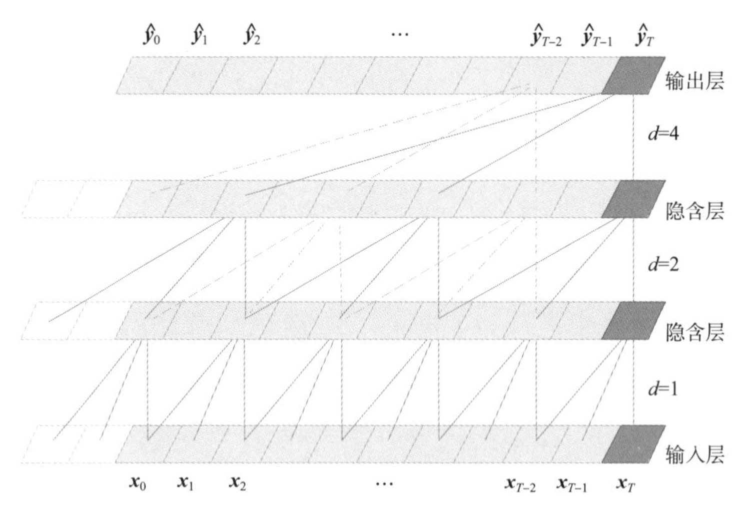

图 2.11　TCN 膨胀卷积（附彩图）

图 2.11 中，d 表示膨胀卷积的扩张因子，$d=1,2,4$，而图中的滤波器大小（即 k）为 3。膨胀卷积即在每两个相邻的卷积滤波器之间引入一个固定的步长，同一层引入的步长相同，步长即扩张因子 d。当 d 为 1 时，膨胀卷积就变成了规则的卷积操作。TCN 每一层的有效历史为 $(k-1)d$，因此可以通过增大滤波器大小 k 或增大扩张因子 d 来增加 TCN 的接受范围。随着网络的深度增加，d 呈指数型增长（图 2.11 中的 d 为 2^i）。这既能保证每个有效历史的输入都有过滤器，又能使用深层的网络来获取非常多的有效历史信息。膨胀卷积的计算公式表示如下：

$$F(s) = (\boldsymbol{x} *_d \boldsymbol{f})(s) = \sum_{i=0}^{k-1} f(i) \cdot \boldsymbol{x}_{s-d\cdot i} \tag{2.26}$$

要想 TCN 模型能记录非常多的历史信息，就要求模型最后的感受野足够大。感受野大小依赖于网络深度、滤波器大小及膨胀因子，而深层网络容易出现梯度消失或爆炸的问题，所以此处引入残差网络结构来进行优化，其结构如图 2.12[32] 所示。

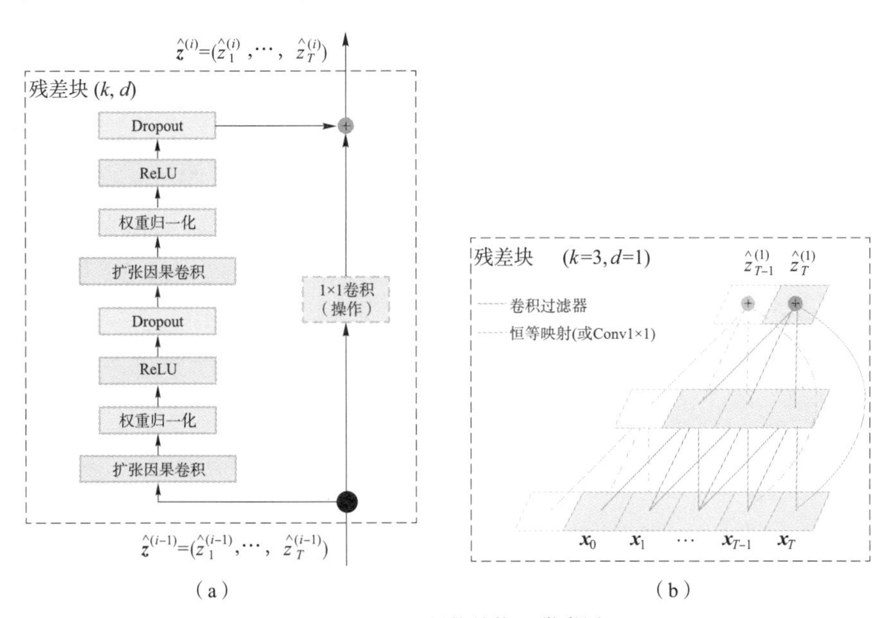

图 2.12　TCN 网络结构（附彩图）

（a）TCN 残差块；（b）TCN 残差连接

如图 2.12（a）所示，TCN 残差块内有两层膨胀卷积和 ReLU 函数，且卷积核的权重都进行了权重归一化；此外，TCN 在残差块内的每个膨胀卷积后都添加了 Dropout，以实现正则化。图 2.12（b）所示的残差连接其实是跳层连接，即直接将下层的特征图跳层连接到上层，由于这会导致对应的通道数不一致，所以不能直接做求和操作。为了两个层在求和时特征图的数量（即通道数量）相同，此处使用了1×1卷积进行元素合并，以保证两个张量的形状相同。

TCN解决了RNN的许多问题：TCN的并行性使其处理速度很快，因此不需要像RNN那样一个接一个地顺序处理；TCN的架构使其可根据输出的需要调整成任何长度，十分灵活，并采取零填充方法使输出层保持一样的长和宽；TCN的反向传播与输入序列的时间方向是不同的，从而可避免RNN因共用参数导致的梯度消失与爆炸问题；TCN共享卷积层，不需要像RNN那样保存每一步的信息，因此占用内存少；TCN的因果卷积使卷积网络层具有因果关系，因此不会有漏接的历史信息或未来的数据，但即使LSTM有记忆门，也无法记住所有历史信息。

2.4 小结

本章主要介绍了在网络表示学习中单关系网络表示学习的一些理论知识，并对经典模型和深度表示模型进行举例说明。首先，本章介绍了最具代表性的经典模型LINE模型和DeepWalk模型，其中LINE模型是较流行的一种网络表示学习方法，它提出了网络中的一阶相似度、二阶相似度，并最小化一阶相似度经验分布和后验分布之间的KL散度，最小化二阶相似度经验分布和后验分布之间的KL散度，然后将两者相结合来获取网络的嵌入式表示。DeepWalk模型是最早提出的基于随机游走的嵌入式表示方法，其先通过在网络上随机游走将网络结构信息转化为一系列顶点的序列集合，再利用Skip-gram模型来学习网络的嵌入式表示。然后，本章对SDNE模型以及图神经网络所代表的深度学习模型进行了详细介绍，SDNE模型采用了一种半监督的深度学习框架，在这个框架中，自动编码器用于维护节点之间在低维向量空间中的二阶相似性，而一阶相似性则通过惩罚一阶邻居节点之间在低维空间中的距离来拉近。基于任务驱动的图卷积网络（GCN）依靠图卷积操作获取节点的类别信息，对网络结构信息进行处理，并使用GAT模型将注意力机制应用于GCN，从而可为节点提供更富表达性的表示。TCN既融合了时域上的建模能力又具有卷积的低参数量下的特征提取能力，它使得以往基于RNN进行时序建模的局面被打破。这些理论知识能为后续章节提供单关系网络表示学习的理论和技术支持。

第3章

多关系网络表示理论与技术

3.1 引　　言

相较于第2章介绍的单关系网络，多关系网络存储的信息更丰富且更复杂，应用范围更广泛。多关系网络的广泛应用离不开语义网（Semantic Web）的提出与发展。语义网的概念自2001年提出至今，其发展主要分为两个阶段。第一阶段致力于从弱语义到强语义的尝试，主要通过制定各种技术标准来达到在逻辑上接近强语义的效果。第二阶段从2006年开始，致力于将逻辑上的强语义实现到工程中，使其在工程中得以应用。在此阶段，对于语义网的研究更加深入本质，即着重于数据互连的实现。在此背景下，大规模的信息知识库被抽象成便于存储与应用的多关系网络结构，实现了异构数据的互连，得到了大规模的知识图谱。目前最知名的四个大规模知识库为Freebase、Wikipedia、DBpedia和YAGO。有很多公司通过商业项目建立了自己的通用知识库或者垂直领域的知识库，如谷歌公司的KnowledgeGraph、微软公司的Bing、百度的“知心”、搜狗的“知立方”等。大量知识库为多关系网络的现实应用提供了更多可用数据和更大可能性。多关系网络使数据的互连应用成为可能，更优化的搜索引擎、更精准的购物推荐及更智能的语音助手等特点不但丰富了人们的生活内容、提升了人们的使用体验，而且推动着多关系网络应用的持续发展。可以说，多关系网络逐步实现了信息检索从单纯的字符串匹配到能够完成智能理解的迈进。多关系网络不仅包含实体和关系的语义信息，还承载语义信息所不能完全概括的丰富的结构信息。

在互联网中，简单的网页集合和包含网页之间超链接关系的文档——万维网（Document Web），转变成了更细小粒度的数据万维网（Data Web），该网络由于包含实体与实体之间的多关系，故简称多关系网络。我们一般可以认为多关系网络是指由现实中个体对象的实体（entity）和实体之间多元链接关系（relation）组成的网络。在实际操作中，抽象地表示多关系网络往往有助于各种技术对数据的处理。通常，将多关系网络中的数据表示成三元组(h,r,t)的形式，其中 h 为头实体、r 为关系、t 为尾实体，两个实体在三元组中位置的不同体现了边的有向性。图 3.1 展示了一个多关系网络的实例。在这个多关系网络中，节点表示一个具体概念（一个电影名称或一个具有意义的属性等），即网络中的实体（entity）；这些实体之间存在着的边，即多关系网络中的关系（relation），这些关系并不是单一的，而是存在多种名称，如“国籍”“出生年份”“性别”等，这便是多关系网络名称的由来。在多关系网络中，关系具有丰富的实际意义，如图 3.1 中所标出的“类型”“制片地区”和“导演”等。该示意图中虽未在边上标出有向箭头，但实际上多关系网络大多是有向的。多关系网络的这一特点是由其表示的数据的实际语义所赋予的，因为每一条边连接的两个实体节点都会组成一个有实际意义的三元组，如(战狼,导演,吴京)，该三元组表示的是“《战狼》的导演是吴京”这一客观事实，也正是因为这个三元组所蕴含的语义决定了这个三元组是有方向的。换言之，因为三元组(吴京,导演,战狼)所对应的客观事实不存在，所以多关系网络中并不是所有的三元组都能简单地被抽象为无向图。因此，对于同一个三元组，需要区分其中两个实体的角色。以三元组(战狼,导演,吴京)为例，称“战狼”为该三元组的头实体；“导演”为该三元组的关系；“吴京”为该三元组的尾实体。当然，一个实体节点的角色是根据它所在的三元组变化的。以“吴京”这个实体为例，它在三元组(战狼,导演,吴京)中为尾实体，而它在三元组(吴京,国籍,中国)中为头实体。虽然该示意图中的两个实体中只示意一种关系，但实际上很多实体间的关系并不是单一的。就“战狼”和“吴京”这两个实体来说，除了存在“《战狼》的导演是吴京”这样的客观事实外，二者之间还存在编剧关系、演员关系等。总而言之，多关系网络包含丰富且复杂的信息，值得去探索和应用。

基于多关系网络的知识存储及表示模式已经成为互联网领域不可逆转的一股

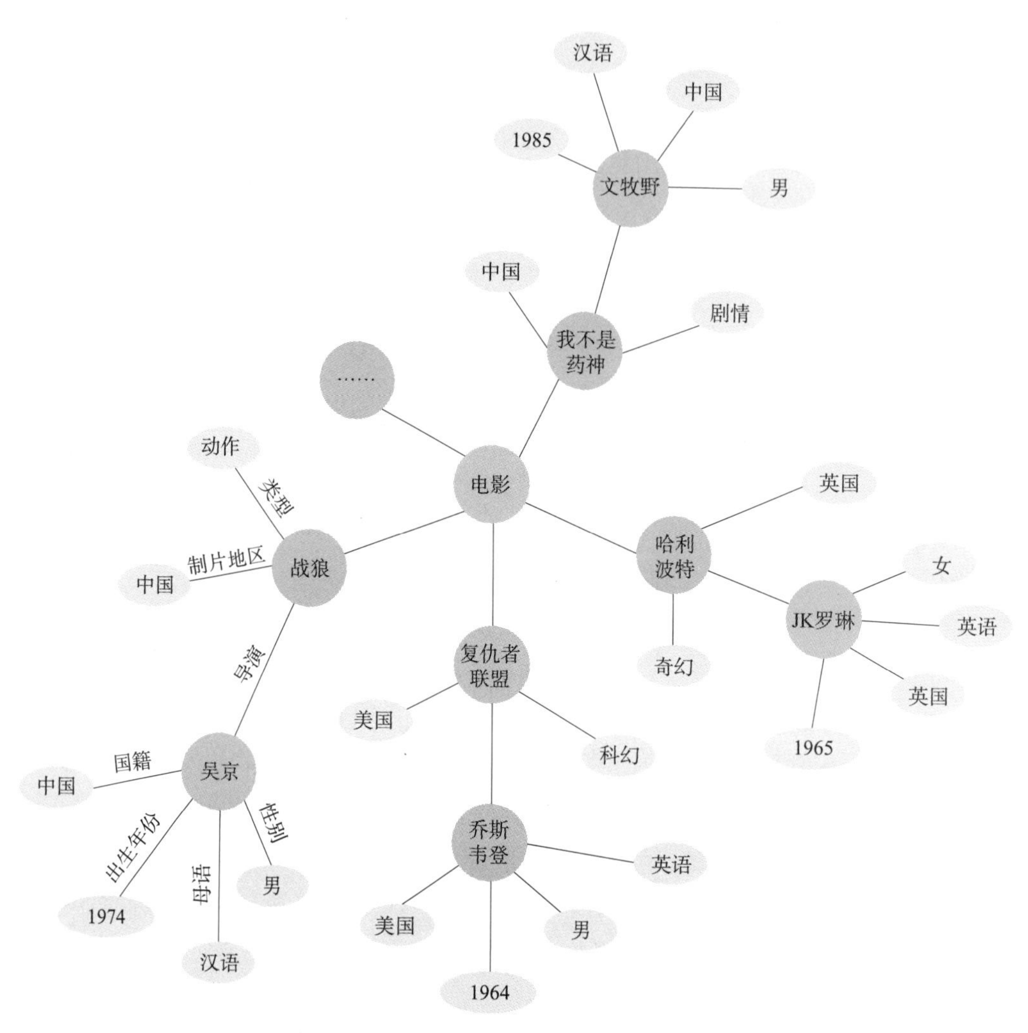

图 3.1　多关系网络的实例示意图（附彩图）

潮流，对国家安全和社会发展都产生了深远的影响。主要表现在以下几方面：

（1）现实世界中的社会关系通过微博、微信等渠道逐渐迁移到网络世界，形成多关系网络，社会中的热点事件借助网络的快速传播而反馈到现实社会，从而对现实世界产生影响。

（2）同一个实体往往对应多个网络实体，网络世界的匿名性使得一个真实个体可以轻易在网络中创建多个网络实体，造成信息溯源的困难程度以指数级增加。

（3）现实世界产生的粗糙原始数据可以整合为高价值的多关系知识网络，这种多关系网络可以用来表示复杂知识的主体和对应的主体关系，从而极大地提高信息检索和人工智能的研发效率。

（4）与传统结构化信息不同，多关系网络中广泛存在异构数据和复杂的网络结构，这使得传统信息检索方法无法满足多关系网络的表示需要。

多关系网络的本质是一种通用的对复杂信息和实体关系的编码方式，它能很好地适应大数据背景下的高效信息检索需要，让沉睡在冗余数据中的知识和模式得到充分挖掘和探索，从而提高社会对数据的使用效率。总体来说，多关系网络在实际生产生活中具有重要的应用价值，其广泛应用在搜索引擎、推荐系统、问答系统等实际应用中，大大提高了信息的检索效率。下面对多关系网络的几种应用进行具体介绍。

1）多关系网络在搜索引擎中的应用

将构建的多关系网络应用到搜索引擎，能对搜索结果起到优化作用。如图 3.2 所示，用户在搜索“西游记”词条时，搜索引擎将会在页面右边返回与“西游记”相关的其他知识信息，如“作者”“语言”“成书年代”等。以<西游记,作者,吴承恩>这个三元组为例，“西游记”是多关系网络中的一个实体名称，“作者”是“西游记”实体其中的一个关系的名称，“吴承恩”是这个三元组的尾节点实体。搜索引擎会自动识别出用户查询中的命名实体，在网页上展示以命名实体作为头节点（或尾节点）的三元组信息，可以增加用户对搜索结果的理解、提高检索效率。

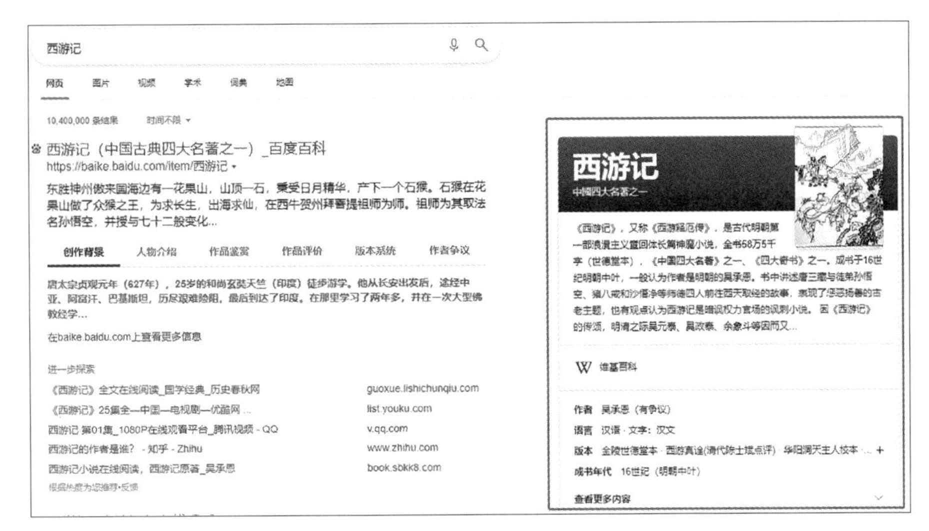

图 3.2　多关系网络在搜索引擎中的应用

2）多关系网络在推荐系统中的应用

图 3.3 所示为多关系网络在推荐系统中的应用。用户搜索词条“奔

驰”时，搜索引擎识别到用户的查询请求是知识库中的一个实体，就自动推荐该实体相似的实体，在页面中的右侧显示推荐的结果，包括“汽车厂商”和“相关汽车”两个维度的推荐数据，可丰富用户的阅读内容。

图 3.3　多关系网络在推荐系统中的应用

3）多关系网络在问答系统中的应用

如图 3.4 所示，用户在“百度”网页搜索词条“人工智能的提出时间”后，搜索引擎便会对用户的查询请求进行分析、提取。经分析，发现该搜索词条是一个问句。在这个问句中，“人工智能”是多关系网络中的一个实体名称，该实体有一个属性叫作“提出时间”。因此，搜索引擎直接向用户呈现“提出时间”这个属性对应的目标实体信息，即返回“1956年”。利用多关系网络进行知识问答，可避免用户通过手动方式从海量的相关网页中寻找答案，从而提高效率。对于搜索引擎来说，多关系网络是从传统的网页搜索转变到流行的知识搜索的重要媒介。

总体而言，多关系网络表示学习是将网络中的节点和边同时进行向量化表示，它与网络表示学习的区别在于不仅对网络中的节点进行向量化表示，还对节点之间的关系进行拟合。多关系网络表示学习不仅能够很好地适应大数据背景下的高效信息检索需要，让隐含在冗余数据中的知识和模式得到充分的挖掘和探索，还能提高社会对数据的使用效率。如图 3.5 所示，目前主流的多关系网络表示学习模型总体上可以分为经典模型和深度模型两大类。在经典模型中，除早期结构化嵌入模型、TransFamily 外，近期模型（如高斯嵌入模型）都是在 TransE 模型的基础上进行了补充完善，并在多关系网络表示学习中取得了较好的效果；对于深度模型，伴随使用

图 3.4　多关系网络在问答系统中的应用

图卷积网络（GCN）来处理网络结构（或图结构）数据的连接模式和特征属性得以广泛应用，大多数模型基于 GCN 进行了一系列创新与扩展，并产生了 R-GCN、CompGCN 等代表性模型。

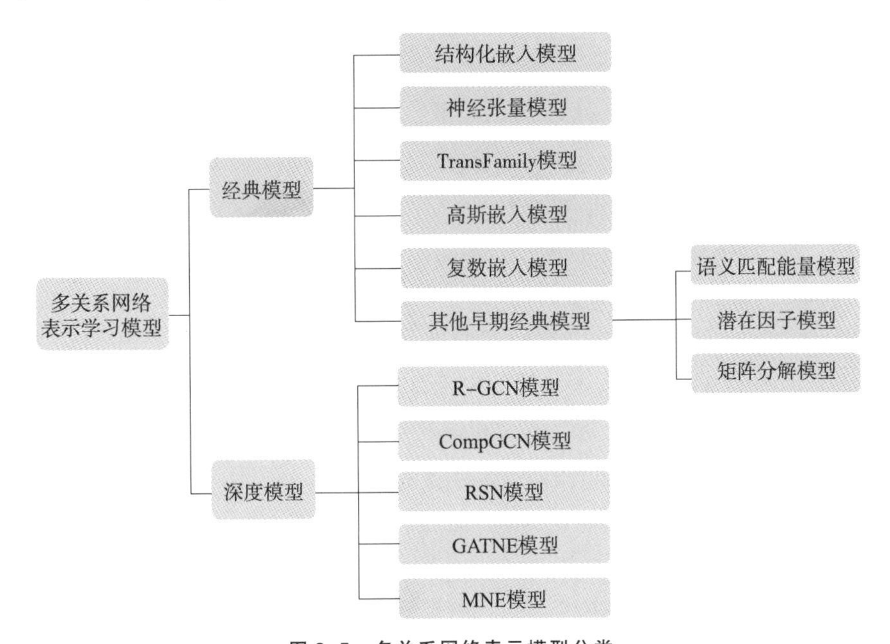

图 3.5　多关系网络表示模型分类

3.2 经典模型

在多关系网络中，节点之间可能存在多种关系类型，甚至在一组实体节点间存在多种关系。因此，多关系网络的表示学习问题更加复杂，既要考虑网络的结构问题，又要考虑网络中的边存在多种关系类型。也就是说，不仅要获得网络节点的向量表示，在很多情况下还需要得到网络中关系的向量表示。大部分多关系网络表示模型将网络数据整体作为输入来直接学习网络的表示，有些方法通过关系来生成不同的子图，在分别学习节点的向量表示后，将同一实体在各个关系子图中的向量表示采用一些策略进行结合[42]。用于多关系网络的嵌入式经典模型可分为 6 类[43]：结构化嵌入模型、神经张量模型、TransFamily 模型、高斯嵌入模型、复数嵌入模型、其他早期经典模型。

3.2.1 结构化嵌入模型

已有的知识库（knowledge base，KB）包含大量结构化的数据，这些数据也可用于其他人工智能领域，如自然语言处理、计算机视觉等。然而，不同的 KB 基于不同的符号架构，使得这些数据很难被其他领域系统应用。为解决这一问题，Bordes 等[44]提出了基于距离的多关系网络表示学习方法——结构化嵌入（SE）模型。在 SE 模型下，任何符号表示形式都被嵌入一个更灵活的连续向量空间，且在嵌入过程中保留并增强了原始知识。经过这样处理后，所学习到的来自不同 KB 的嵌入表示便能轻松地应用于不同领域。

具体来讲，首先，该方法对 KB 进行结构化嵌入的思想主要有两方面：其一，将每个实体表示成一个 d 维的向量，即每个实体都被投影到 d 维的向量空间中，实体 i 由向量 $\boldsymbol{E}_i \in \mathbf{R}^d$ 来表示；其二，对于任意给定的关系模型，利用相似性矩阵来描述模型实体之间的关系。其中，不同关系类型采用不同的相似性矩阵进行度量，且实体之间的关系所采用的相似性度量是非对称的。该过程可用数学符号描述为：在给定的第 k 个关系下，不同实体对之间可以采用$R_k = (\boldsymbol{R}_k^{\text{lhs}}, \boldsymbol{R}_k^{\text{rhs}})$来表示。其中，$\boldsymbol{R}_k^{\text{lhs}}$ 表示左（头）实体对应的关系矩阵，$\boldsymbol{R}_k^{\text{rhs}}$ 代表右（尾）实体对应的关系矩阵，二者均为 $d \times d$

维的矩阵。鉴于左、右实体之间关系所采用的相似性度量是非对称的，文献［44］定义了相似性函数来描述这种相似性，即

$$S_k(\boldsymbol{E}_i,\boldsymbol{E}_j)=\|\boldsymbol{R}_k^{\mathrm{lhs}}\boldsymbol{E}_i-\boldsymbol{R}_k^{\mathrm{rhs}}\boldsymbol{E}_j\|_p \tag{3.1}$$

为简化梯度学习，文献［44］将 p 设置为 1，即采用 1 范数距离来度量实体之间的相似性。

随后，利用神经网络对模型进行建模。该过程可以描述为：给定训练集 x 为 m 个三元组 $x_1=(e_1^{\mathrm{l}},r_1,e_1^{\mathrm{r}}),\cdots,x_m=(e_m^{\mathrm{l}},r_m,e_m^{\mathrm{r}})$，其中 $(e_i^{\mathrm{l}},r_i,e_i^{\mathrm{r}})\in X=\{1,\cdots,D_{\mathrm{e}}\}\times\{1,\cdots,D_{\mathrm{r}}\}\times\{1,\cdots,D_{\mathrm{e}}\}$。该模型的最终目标便是学习一个 $D_{\mathrm{e}}\times D_{\mathrm{r}}\times D_{\mathrm{e}}$ 维度的矩阵。为学习有效的嵌入表示，SE 模型对训练目标进行了定义：当模型左侧（或右侧）的实体之一缺少时，该模型应能正确地预测对应的缺失实体。也就是说，要学得一个实值函数 $f(e_i^{\mathrm{l}},r_i,e_i^{\mathrm{r}})$，该实值函数由神经网络模型参数化：

$$f(e_i^{\mathrm{l}},r_i,e_i^{\mathrm{r}})=\|\boldsymbol{R}_{r_i}^{\mathrm{lns}}\boldsymbol{E}v(e_i^{\mathrm{l}})-\boldsymbol{R}_{r_i}^{\mathrm{rhs}}\boldsymbol{E}v(e_i^{\mathrm{r}})\|_1 \tag{3.2}$$

$$\text{s. t.}\quad f(e_i^{\mathrm{l}},r_i,e_i^{\mathrm{r}})<f(e_j^{\mathrm{l}},r_i,e_i^{\mathrm{r}}),\ \forall j:(e_j^{\mathrm{l}},r_i,e_i^{\mathrm{r}})\notin x \tag{3.3}$$

$$f(e_i^{\mathrm{l}},r_i,e_i^{\mathrm{r}})<f(e_i^{\mathrm{l}},r_i,e_j^{\mathrm{r}}),\ \forall j:(e_i^{\mathrm{l}},r_i,e_j^{\mathrm{r}})\notin x \tag{3.4}$$

式中，$\boldsymbol{R}_{r_i}^{\mathrm{lns}}$，$\boldsymbol{R}_{r_i}^{\mathrm{rhs}}$——$d\times d\times D_{\mathrm{r}}$ 的张量，$\boldsymbol{R}_{r_i}^{\mathrm{lns}}$ 为在关系类型 r_i 下，左实体与其他实体所对应的关系矩阵，同理，$\boldsymbol{R}_{r_i}^{\mathrm{rhs}}$ 为在关系类型 r_i 下，右实体与其他实体所对应的关系矩阵；

$\boldsymbol{E}$——所有实体的嵌入向量所组成的 $d\times D_{\mathrm{e}}$ 维的矩阵；

$v(\cdot)$——索引映射函数，该函数用于从 $\boldsymbol{E}$ 中提取该实体对应的嵌入向量。

实体的嵌入向量包含来自该实体所涉及所有关系的分解信息。因此，对于实体，为了解所有关系类型如何与其他实体交互，每个实体都必须对模型进行学习。由于 d 通常是一个低维度的值，因此上述方式使得模型具有内存方面的优势，即可以近似地认为模型在内存上的扩展是线性的。因此 SE 模型具有扩展 KB 的能力。

为得到模型参数 $\boldsymbol{R}_{r_i}^{\mathrm{lns}}$、$\boldsymbol{R}_{r_i}^{\mathrm{rhs}}$ 和 $\boldsymbol{E}$，SE 模型采用了随机梯度下降算法进行优化训练，其迭代过程如下：

第 1 步，随机选择一个正例三元组 x_i。

第 2 步，对上述限制条件进行随机选择。例如，选择第一个限制条件后随机选择一个实体 $e^{\mathrm{neg}}\in\{1,2,\cdots,D_{\mathrm{e}}\}$，随后构造一个负例三元组 $x^{\mathrm{neg}}=$

$(e^{\text{neg}},r_i,e_i^{\text{r}})$。若选择第二个限制条件，则构造 $x^{\text{neg}}=(e_i^{\text{l}},r_i,e^{\text{neg}})$。

第 3 步，若 $f(x_i)>f(x^{\text{neg}})-1$，则进行梯度更新，以最小化 $\max(0, 1-f(x^{\text{neg}})+f(x_i))$。

第 4 步，加强每列的约束，使得 $\|\boldsymbol{E}_i\|=1$，$\forall i$。

最后，为保证经过模型重构后的三元组仍然为真，SE 模型在结构化嵌入训练后采用核密度估计（KDE）方法来保证其获得很高的概率密度。核密度估计采用高斯核，对于任意三元组，其定义为

$$K(x_i,x_j)=\frac{1}{2\pi\sigma}\exp\left(\frac{-1}{2\sigma^2}\left(\left\|\boldsymbol{R}_{r_i}^{\text{lhs}}\boldsymbol{E}v(e_i^{\text{l}})-\boldsymbol{R}_{r_j}^{\text{lhs}}\boldsymbol{E}v(e_j^{\text{l}})\right\|_2^2+\left\|\boldsymbol{R}_{r_i}^{\text{rhs}}\boldsymbol{E}v(e_i^{\text{r}})-\boldsymbol{R}_{r_j}^{\text{rhs}}\boldsymbol{E}v(e_j^{\text{r}})\right\|_2^2\right)\right) \tag{3.5}$$

则核密度估计由下式定义：

$$f_{\text{kde}}(x_i)=\frac{1}{|S(x_i)|}\sum_{x_j\in S(x_i)}K(x_i,x_j) \tag{3.6}$$

式中，$S(x_i)=\{(e_j,r_j,e_j')\in x : r_j=r_i \wedge (e_j^i=e_i^{\text{l}} \vee e_j'=e_i')\}$。

为解决对整个知识网络（knowledge network，KN）进行训练耗时较长的问题，SE 模型仅使用具有共享相同关系类型和相似实体的三元组计算 $f_{\text{kde}}(x_i)$。此外，该模型采用极大化 f_{kde} 的方式来作为模型的预测结果，即 $\arg\max_{e\in E} f_{\text{kde}}((e^{\text{l}},r,e))$。经过这样设计，SE 模型便能够回答所提问题了。

总体来讲，基于距离的多关系网络表示学习方法（SE）将网络投影到低维向量空间，其实体节点表示为向量。与此同时，对网络中的每个关系都定义两个矩阵 $\boldsymbol{M}_{r_1},\boldsymbol{M}_{r_2}\in\mathbf{R}^{d\times d}$，分别计算头实体 h 与尾实体 t 投影后的向量表示。具体的目标函数被定义为

$$f_r(h,t)=|\boldsymbol{M}_{r_1}\boldsymbol{l}_{\text{h}}-\boldsymbol{M}_{r_2}\boldsymbol{l}_{\text{t}}|_{L_1} \tag{3.7}$$

最小化三元组中头实体向量 $\boldsymbol{l}_{\text{h}}$ 与尾实体向量 $\boldsymbol{l}_{\text{t}}$ 在对应关系投影的距离，最终得到多关系网络的向量表示。

3.2.2 神经张量模型

知识库（KB）是问答系统中的重要资源，但经常面临不完整以及缺乏推理能力的问题。为解决这些问题，Socher 等[45]提出了一种基于浅层神经网络的神经张量模型，即 NTN（neural tensor network，神经张量网络）。该

方法表明，通过引入张量来表示实体向量的交互并利用可用的词向量来初始化这些词表示，对于知识库中两个实体是否有关系的预测结果会有明显提升。

如图 3.6 所示，NTN 的目的是对一个实体关系网络进行链接预测，即给定实体（e_1,e_2），该模型需要确定实体 e_1、e_2 之间是否存在一个关系 R。

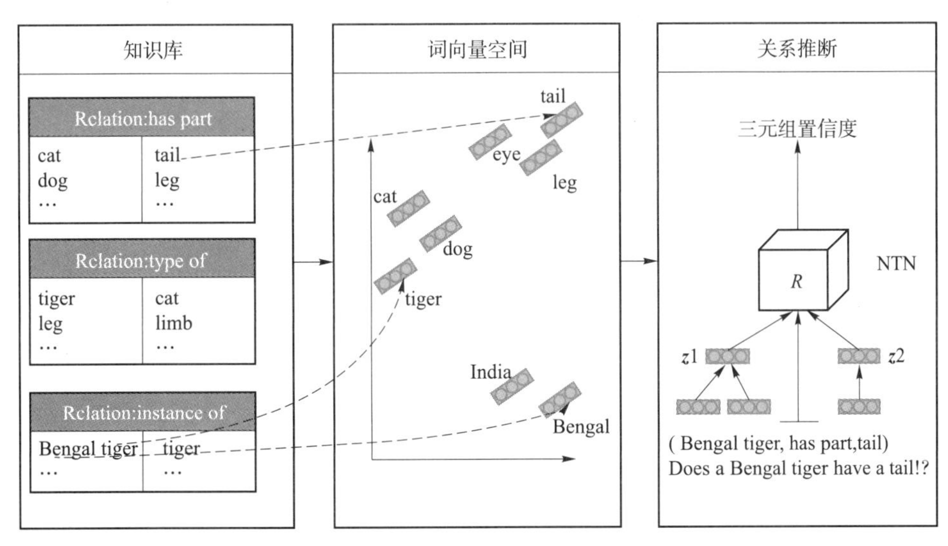

图 3.6　模型整体示意图[45]（附彩图）

如图 3.7 所示，NTN 网络结构采用了一个双线性模型，整个网络为一个典型的三层 BP 神经网络，该网络的第一层权重为 V，偏置为 b，第二层权重为 u，即

$$g(e_1,R,e_2)=\boldsymbol{u}_R^{\mathrm{T}} f\left(\boldsymbol{e}_1^{\mathrm{T}} \boldsymbol{W}_R^{[1:k]} \boldsymbol{e}_2+V_R\begin{bmatrix}\boldsymbol{e}_1\\\boldsymbol{e}_2\end{bmatrix}+b_R\right) \tag{3.8}$$

式中，$g(\cdot)$ ——网络的输出，即对该关系 R 的评分；

$\boldsymbol{e}_1,\boldsymbol{e}_2$——两个实体的特征向量，其初始化既可以是随机值也可以是通过第三方工具训练后的向量，该值在训练过程中会不断得到调整，实体的维度均为 d；

$f(\cdot)$ ——隐含层激活函数，该激活函数采用 tanh 函数计算；

$\boldsymbol{W}_R^{[1:k]}$——一个张量，$\boldsymbol{W}_R^{[1:k]}\in\mathbf{R}^{d\times d\times k}$，每个 $\boldsymbol{W}_R^i\in\mathbf{R}^{d\times d}$ 称为一个切片(slice)，网络每个隐含层节点 h_i 由切片计算得到：$h_i=\boldsymbol{e}_1^{\mathrm{T}}\boldsymbol{W}_R^i\boldsymbol{e}_2$。

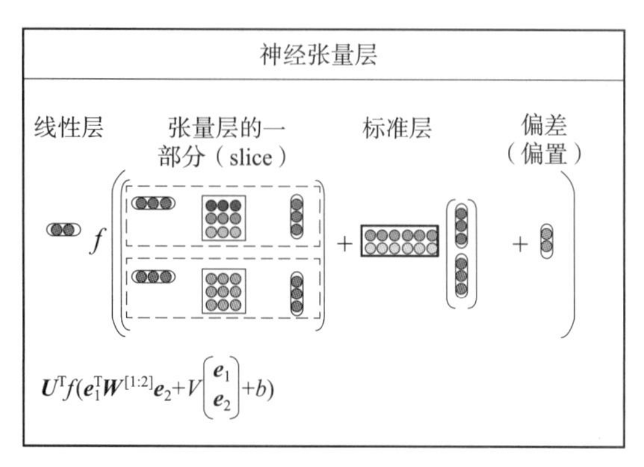

图 3.7　NTN 模型可视化[45]（附彩图）

利用 NTN 模型可以进行知识库推理学习，但在学习前需要构造负样本 $T_c^{(i)}$。构造方法：给定三元关系 $T^{(i)}=(e_1^{(i)},R^{(i)},e_2^{(i)})$，随机使用其他实体替换原实体 e_1、e_2 即可。这样，模型的学习目标便可定义为：对于构造负样本的得分要倾向于小于正样本，并且正样本得分应趋近于 1，负样本得分应趋近于 0。采用最大化边际函数构造其损失函数，最终形式为

$$J(\Omega)=\sum_{i=1}^{N}\sum_{c=1}^{C}\max(0,1-g(T^{(i)})+g(T_c^{(i)}))+\lambda\|\Omega\|_2^2 \tag{3.9}$$

式中，Ω——网络全体参数所构成的集合，$\Omega=\{u,\boldsymbol{W},V,b,\boldsymbol{E}\}$，$u$、$V$、$b$ 一般为 BP 神经网络的权重参数，$\boldsymbol{W}$ 为张量，$\boldsymbol{E}$ 为实体的特征向量；

N——训练数据中三元组的个数；

C——构建负样本时对每个正样本数据的采样次数。

最后，对 5 组参数的导数求解，按照一般的梯度下降法或 L-BFGS 等算法对网络训练即可。求导结果为

$$\frac{\partial g(e_1,R,e_2)}{\partial \boldsymbol{W}^{[j]}}=u_j f'(z_j)\boldsymbol{e}_1\boldsymbol{e}_2^{\mathrm{T}} \tag{3.10}$$

式中，$z_j=\boldsymbol{e}_1^{\mathrm{T}}\boldsymbol{W}^{[j]}\boldsymbol{e}_2+V_j\cdot\begin{bmatrix}\boldsymbol{e}_1\\\boldsymbol{e}_2\end{bmatrix}+b_j$。

综上所述，NTN 模型通过引入张量来直接与输入实体的特征向量相乘，而不是像标准神经网络（仅将实体向量简单连接在一起）那样通过非线性隐式关联来训练神经网络，NTN 模型判断三元组(头实体,关系,尾实体)是否为真，并在知识图谱补全（推理）任务中取得了很好的效果。NTN 模型的本质就是在经典的 BP 神经网络的输入层中加入了二次项。将传统神经网络中的线性变换用

双线性张量取代，在不同的维度下将头实体向量与尾实体向量相互联系。通过这种方式，应用在多关系网络中对于知识库中两个实体是否有关系的预测结果会有明显提升，网络推断的准确率得到大大提高。

3.2.3　TransFamily 模型

知识图谱是一种典型的多关系网络，它可以表示为(头实体,关系,尾实体)形式的三元组集合。每个三元组代表头部和尾部实体之间的关系。对于大型知识图谱而言，要想确定其完整性和准确性是非常困难的[11]。通过使用已有的知识图谱表示方法[12-15]，可以发现向量语义空间中的语义关系，进而进行多关系网络的自动完备。

自 TransE[12] 模型成功应用在多关系网络的向量化表示以来，多关系网络的向量表示学习便引起了工业界和学术界的广泛关注。TransE 认为每一个三元组(h,l,t)中关系 l 的向量 $\boldsymbol{l}$ 表示是头节点 h 的向量 $\boldsymbol{h}$ 与尾节点 t 的向量 $\boldsymbol{t}$ 之间的转移向量，如图 3.8 所示。即满足公式

$$\boldsymbol{h}+\boldsymbol{l}=\boldsymbol{t} \tag{3.11}$$

同理，如果是一个错误的三元组，那么它们的向量表示之间就不满足这种关系。定义如下得分函数：

$$d(\boldsymbol{h}+\boldsymbol{l},\boldsymbol{t})=\|\boldsymbol{h}+\boldsymbol{l}-\boldsymbol{t}\|_2 \tag{3.12}$$

TransE 通过计算 $\boldsymbol{h}$ 与 $\boldsymbol{l}$ 之和及其与 $\boldsymbol{t}$ 之差的二范数来表示这个三元组的得分。对于一个正确的三元组，其得分越低越好；而对于一个错误的三元组，其得分则越高越好；给出如下目标函数：

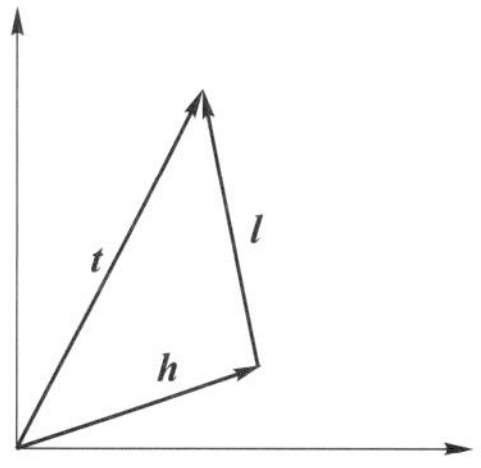

图 3.8　TransE 向量表示

$$L=\sum_{(h,l,t)\in S}\ \sum_{(h',l,t')\in S'_{(h,l,t)}}[\gamma+d(\boldsymbol{h}+\boldsymbol{l},\boldsymbol{t})-d(\boldsymbol{h'}+\boldsymbol{l},\boldsymbol{t'})]_+ \tag{3.13}$$

式中，$S'_{(h,l,t)}=\{(h',l,t)\mid h'\in E\}\cup\{(h,l,t')\mid t'\in E\}$；

γ——边际距离；

$d(\cdot)$——L_1 或 L_2 范式。

算法核心：令正样本$\|\boldsymbol{h}+\boldsymbol{r}-\boldsymbol{t}\|$的计算结果趋近于 0，而负样本$\|\boldsymbol{h'}+\boldsymbol{r}-\boldsymbol{t'}\|$的计算结果趋近于无穷大。整个 TransE 模型的训练过程比较简单。首先，对头尾节点以及关系进行初始化；然后，对每个正样本取一个负样本。负样本选取方式：对于三元组(h,r,t)，首先随机采用知识库中的某个实体 h' 替换 h，或者用 t' 替换 t，这样就得到了两个负样本(h',r,t)和(h,r,t')；然

后利用合页损失（hinge loss function）使正三元组和负三元组的得分尽量分开；最后采用随机梯度下降法更新参数。详细算法描述如算法 3.1 所示。

算法 3.1　TransE 算法

输入：训练集 $S=\{(h,r,t)\}$，实体集 E，关系集 R，边际距离 γ，向量维度 k

输出：实体 e 与关系 r 的表示 $\boldsymbol{e}$ 和 $\boldsymbol{r}$

1：**initialize**　$\boldsymbol{r}\leftarrow$ 归一化$\left(-\frac{6}{\sqrt{k}},\frac{6}{\sqrt{k}}\right)$，对于每个关系 $r\in R$

2：　　$\boldsymbol{r}\leftarrow\boldsymbol{r}/\parallel\boldsymbol{r}\parallel$ 对于每个关系 $r\in R$

3：　　$\boldsymbol{e}\leftarrow$归一化$\left(-\frac{6}{\sqrt{k}},\frac{6}{\sqrt{k}}\right)$对于每个实体 $e\in E$

4：**loop**

5：　$\boldsymbol{e}\leftarrow\boldsymbol{e}/\parallel\boldsymbol{e}\parallel$，对于每个实体 $e\in E$

6：　$S_{\text{batch}}\leftarrow\text{sample}(S,b)$

7：　$T_{\text{batch}}\leftarrow\varnothing$

8：　**for** $(h,r,t)\in S_{\text{batch}}$ **do**

9：　　$(h',r,t')\leftarrow\text{sample}(S'_{(h,r,t)})$

10：　　$T_{\text{batch}}\leftarrow T_{\text{batch}}\cup\{((h,r,t),(h',r,t'))\}$

11：　**end for**

12：　更新向量，关于

$$\sum_{((h,r,t),(h',r,t'))\in T_{\text{batch}}}\nabla[\gamma+d(\boldsymbol{h}+\boldsymbol{r},\boldsymbol{t})-d(\boldsymbol{h}'+\boldsymbol{r},\boldsymbol{t}')]_{+}$$

13：**end loop**

TransE 的向量表示方法可体现实体与实体之间的关系，但仍然不足以解决一些关系的映射属性（如自反性、一对多、多对一、多对多等）的问题。

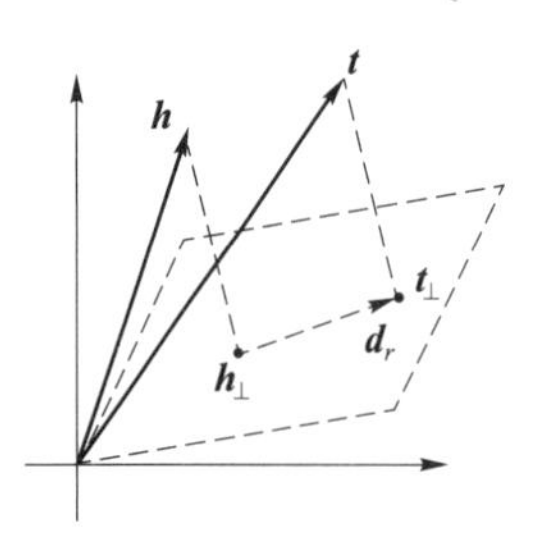

图 3.9　TransH 向量表示[16]

为了解决上述问题，TransH[16] 应运而生。TransH 利用关系超平面向量，使得相同的实体在不同的关系空间具有不同的向量表示。因此，TransH 允许相同实体之间存在多种关系。TransH 通过关系超平面将实体映射到特定关系子空间中，然后在每个特定的关系子空间中使得三元组满足一定的关系，如图 3.9 所示。

TransH 的目标函数如下：

$$L=\sum_{(h,r,t)\in S}\sum_{(h',r,t')\in S'_{(h,l,t)}}[\gamma+f_r(h,t)-f_{r'}(h',t')]_+ \tag{3.14}$$

式中，$f_r(h,t)=\|\boldsymbol{h}_\perp+\boldsymbol{d}_r-\boldsymbol{t}_\perp\|_2^2$，$\boldsymbol{h}_\perp=\boldsymbol{h}-\boldsymbol{w}_r^{\mathrm{T}}\boldsymbol{h}\boldsymbol{w}_r$，$\boldsymbol{t}_\perp=\boldsymbol{t}-\boldsymbol{w}_r^{\mathrm{T}}\boldsymbol{t}\boldsymbol{w}_r$，$\boldsymbol{w}_r$ 为超平面法向量，$\boldsymbol{d}_r$ 为关系向量。

在 TransH 中，每一种关系都对应一个超平面法向量 $\boldsymbol{w}_r$ 和一个关系向量 $\boldsymbol{d}_r$。在此基础上，清华大学刘知远团队提出的 TransR[17] 认为实体和关系应该处于不同的向量空间，从而进一步将实体与关系分别投射到不同的空间中（图 3.10[17]），使多关系网络的向量化表示获得更高的自由度。然后利用每一种关系对应的转移矩阵 $\boldsymbol{M}_r$。将头实体 h 的向量 $\boldsymbol{h}$ 和尾实体 t 的向量 $\boldsymbol{t}$ 映射到关系的向量空间，并使其满足目标函数公式。目标函数的表达式为

$$L=\sum_{(h,r,t)\in S}\sum_{(h',r,t')\in S'_{(h,l,t)}}\max[0,\gamma+f_r(h,t)-f_{r'}(h',t')]_+ \tag{3.15}$$

式中，$f_r(h,t)=\|\boldsymbol{h}_r+\boldsymbol{r}-\boldsymbol{t}_r\|_2^2$，$\boldsymbol{h}_r=\boldsymbol{h}\boldsymbol{M}_r$，$\boldsymbol{t}_r=\boldsymbol{t}\boldsymbol{M}_r$。

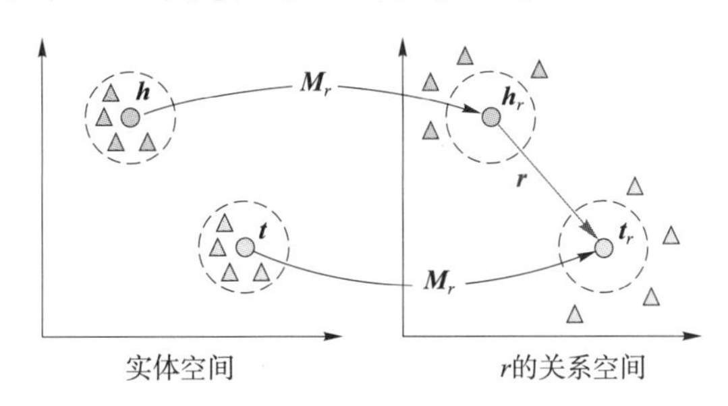

图 3.10　TransR 框架图（附彩图）

大部分知识表示方法仅考虑实体之间的直接联系，而忽略了不同关系路径之间的差异。考虑到实体之间存在的多步关系路径也包含着丰富的推理模型（如出生城市→城市所在省份→省份所在国家→对应国籍），Lin 等[46]与 Jia 等[47]分别提出了基于关系路径的表示学习模型（统称“关系路径模型”）PTransE 与 PaSKoGE。TransE 与 PTransE 模型对比如图 3.11 所示。

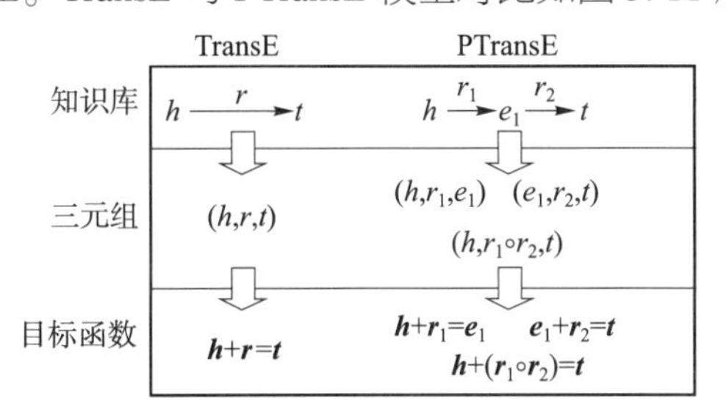

图 3.11　TransE 与 PTransE 模型对比[46]

PTransE 模型提出后主要解决了两个问题：其一，鉴于并非所有关系路径都是对表示学习有意义的，PTransE 设计了一个路径限制资源分配算法来衡量关系路径的可靠性；其二，通过关系路径上所有关系的知识表示语义组合来表示关系路径。

总体而言，PTransE 模型将关系路径视为实体之间的转换关系，通过关系嵌入得到的语义组成来表示关系路径，从而进行表示学习。具体来讲，给定一个关系路径 $p=(r_1,r_2,\cdots,r_l)$，定义该路径的嵌入表示 $\boldsymbol{p}=\boldsymbol{r}_1\circ\boldsymbol{r}_2\circ\cdots\circ\boldsymbol{r}_l$ 为这条路径上所有关系表示的组合。假设给定两个实体 h 和 t，定义 $P(h,t)=\{p_1,p_2,\cdots,p_N\}$ 为两个实体之间的所有多步关系路径且每一条关系路径 $p=(r_1,r_2,\cdots,r_l)$，其中 r_1，$r_2,\cdots,r_l$ 为实体之间的多种关系，即 $h\xrightarrow{r_1}\cdots\xrightarrow{r_l}t$。PTransE 的训练目标是要最小化损失函数，又称为能量函数（energy function）。在 PTransE 模型中，定义给定的三元组(h,r,t)的能量函数为

$$G(h,r,t)=E(h,r,t)+E(h,P,t) \tag{3.16}$$

式中，$E(h,r,t)$继承了 TransE 模型的思想，表示某关系与其在三元组中具有直接联系的实体之间的相关性，即 $E(h,r,t)=\|\boldsymbol{h}+\boldsymbol{r}-\boldsymbol{t}\|_2$；$E(h,P,t)$ 表示了实体之间多关系路径的相关性，该过程定义为

$$E(h,P,t)=\frac{1}{Z}\sum_{p\in P(h,t)}R(p|h,t)E(h,p,t) \tag{3.17}$$

式中，$R(p|h,t)$——对于实体 h 和 t，所选关系路径 p 的可靠性，即 $R(p|h,t)=R_p(t)$；

Z——规范化因子，$Z=\sum_{p\in P(h,t)}R(p|h,t)$。

PTransE 模型的创新之一便在于作者提出了一种关系约束资源分配算法（path-constraint resource allocation algorithm，PCRA），以衡量某条关系路径的可靠性。PCRA 的思想：假设从一个头实体 h 出发经过多条路径 p，采用最后到达尾实体 t 的资源数量来衡量 h 和 t 之间 p 的可靠性。对于上述过程，PCRA 定义从头实体 $h(S_0)$ 出发，沿着路径 p 流向尾实体 $t(S_l)$ 的过程为 $S_0\xrightarrow{r_1}S_1\xrightarrow{r_2}\cdots\xrightarrow{r_l}S_l$，其中 S_i 表示路径中的某个实体。对于实体 $m\in S_i$ 来说，m 的直接前驱便为 S_{i-1}。定义 $S_{i-1}(\cdot,m)$ 表示所有与 m 相连的上一个节点的集合；$S_i(n,\cdot)$ 则为与实体 n 相连的所有下一个节点的集合；$R_p(n)$ 为从实体 n 中获得的资源，且对于头实体 h，$R_p(h)=1$。于是，PCRA 可用数学公式表示为

$$R_p(m)=\sum_{n\in S_{i-1}(\cdot,m)}\frac{1}{|S_i(n,\cdot)|}R_p(n) \tag{3.18}$$

该式的含义为：在尾实体为 m 时，计算 m 从其上一步的所有直接前驱获得的资源。

PTransE 模型的创新之二便是关系之间的运算符的选择。如图 3.12 所示，给定关系路径 $p=(r_1, r_2, \cdots, r_l)$，使用关系运算符“∘”（对应图中“Composition”）将所有关系嵌入路径表示 $\boldsymbol{p}$，即 $\boldsymbol{p}=\boldsymbol{r}_1 \circ \boldsymbol{r}_2 \circ \cdots \circ \boldsymbol{r}_l$。文中共考虑了三种表示方法：将路径上所有的关系的表示相加；将路径上所有的关系的表示连乘；将路径视为一个序列，将序列上的每一个点视为一个时间步，利用 RNN 得到最后一个时间步的向量作为整个路径的表示。在获得路径表示后，将 (h,p,t) 的能量函数定义为

$$E(h,p,t)=\|\boldsymbol{p}-(\boldsymbol{t}-\boldsymbol{h})\|=\|\boldsymbol{p}-\boldsymbol{r}\|=E(p,r) \tag{3.19}$$

在经过方法改进后，PTransE 模型的最终目标函数便定义为

$$L(S)=\sum_{(h,r,t)\in S}\left(L(h,r,t)+\frac{1}{Z}\sum_{p\in P(h,t)}R(p \mid h,t)L(p,r)\right) \tag{3.20}$$

式中，S 为正三元组；对于三元组 (h,r,t) 与二元组 (p,r) 采用 TransE 基于边际的损失函数（margin-based loss function）计算，即

$$L(h,r,t)=\sum_{(h',r',t')\in S'}[\gamma+E(h,r,t)-E(h',r',t')]_+ \tag{3.21}$$

$$L(p,r)=\sum_{(h,r',t)\in S'}[\gamma+E(p,r)-E(p,r')]_+ \tag{3.22}$$

式中，$[\cdot]_+=\max(0,\cdot)$；S' 为负三元组，相较于正三元组，负三元组在目标函数中将得到更高的分数（能量函数值）。

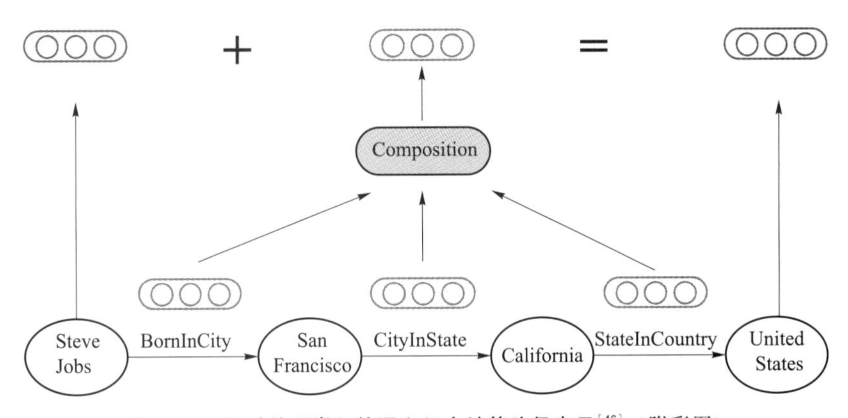

图 3.12　通过关系嵌入的语义组合计算路径表示[46]（附彩图）

总体来说，PTransE 模型将关系路径视为实体之间的转换关系，通过关系嵌入得到的语义组成表示关系路径进行表示学习。相较于原始的 TransE 模型，该方法采用与关系路径连接的实体来构建三元组，并考虑到了实体之间的多步关系路径包含着丰富的推理模型，可较好地解决关系路径的问题。然而，该方法仅考虑直接关系与关系之间的推理模式，忽略了关系之

间存在的许多复杂的模式。

考虑到大多数方法利用基于边际的损失函数来学习实体、关系和多步关系路径的表示，这些方法却没有考虑不同关系路径之间的差异。为此，Jia 等[47]提出了一种特定于路径的表示方法 PaSKoGE。具体来说，对于每一个路径，PaSKoGE 会自适应地确定其基于边际的损失函数。该过程通过对任意给定实体对的关系和多步关系路径之间的相关性进行编码来实现。该方法定义边界变化目标函数为

$$L = \sum_{(h,r,t)\in\Delta}\left(E_{h,r,t} + \frac{1}{Z}\sum_{p\in P_{h,t}} R(p \mid h,t)H_{p,r}\right) \tag{3.23}$$

式中，$E_{h,r,t} = \sum_{(h',r',t')\in\Delta'}[\ \|\boldsymbol{h}+\boldsymbol{r}-\boldsymbol{t}\| + \gamma_{\text{opt}} - \|\boldsymbol{h}'+\boldsymbol{r}'-\boldsymbol{t}'\|\ ]_+$，$\|\cdot\|$表示 L_1 或 L_2 范数；$[\ \cdot\ ]_+ = \max(0,\ \cdot\ )$。

PaSKoGE 方法采用随机梯度下降算法进行学习，在学习过程中，正三元组会被遍历多次。每次遍历时，PaSKoGE 将正三元组(h,r,t)中的某个元素替换为知识图谱中的其他关系（或实体），用于对负三元组(h',r',t')进行随机构造。PaSKoGE 通过采用特定于路径的表示学习方法对每条路径自适应地确定模型变量，然而该模型需要对给定头实体和尾实体任意长度多步关系路径中的关系进行建模，增加了计算时间。

总体来说，PTransE 模型将关系路径视为实体之间的转换关系，该模型通过关系嵌入得到的语义组成表示关系路径进行表示学习。PaSKoGE 则考虑到不同关系路径之间的差异，通过最小化特定边际损失函数来学习实体、关系和多步关系路径的表示。对于 PTransE 与 PaSKoGE 方法，二者均采用基于关系路径的方法解决了 TransE 模型存在的关系路径问题，并取得了较好的表示效果。

本章将上述基于 TransE 主体思想进一步扩展的多关系网络表示学习算法统称为 TransFamily 模型。该类模型同时继承了 TransE 的算法高效性和缺陷。为此，许多学者基于该问题提出了诸多改进模型，其具体内容将在后文叙述。

3.2.4 高斯嵌入模型

上述模型总是以相同的方式看待所有实体与关系，然而，不同的实体和关系可能包含许多不确定性，已有模型大多忽略了这些实体与关系的不确定性。如图 3.13 所示，（玛丽·居里,配偶,皮埃尔·居里）与（玛丽·居里,国家,法国）这两个三元组中，关系“配偶”在这个三元组中确定实体“玛丽·居里”的置信度更高，因为通过关系“配偶”可以直接从实体“皮埃尔·居里”推到实体“玛丽·居里”，但是通过关系“国家”不能直接从实体“法国”推到

实体“玛丽·居里”。

知识图谱中关系的不确定性可能受多种因素影响。例如，头实体和尾实体的不对称性；不同关系和实体所连接的三元组数量的不同；关系的模糊性；等等。为解决上述问题，He 等[48]提出了基于密度的嵌入向量模型——高斯嵌入模型（KG2E），用于对实体和关系的确定性进行建模。在 KG2E 模型中，实体和关系均从高斯分布中采样，其中高斯分布的均值表示实体（或关系）在语义空间的中心位置，而高斯分布协方差（对角向量）表示实体（或关系）的不确定性。相较于一些模型采用对称的评分方法，KG2E 模型使用了非对称的 KL 散度来对三元组进行评分，从而有效地建模多种类型的关系。

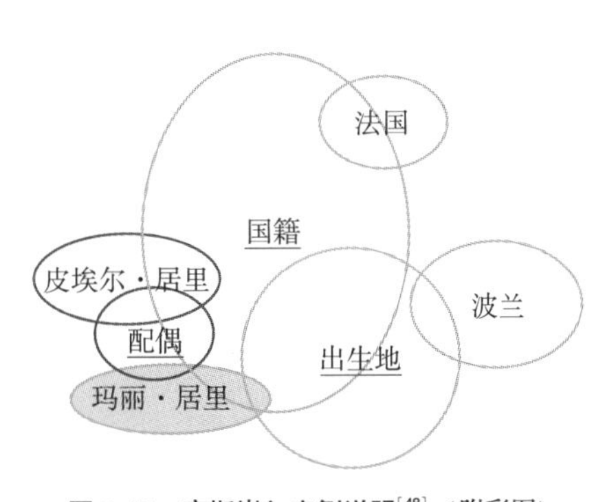

图 3.13　高斯嵌入实例说明[48]（附彩图）
（带有相同颜色的圈表明是玛丽·居里的事实，带有下划线标签为关系，其余为实体）

在 KG2E 模型中，每个头实体 h、关系 r、尾实体 t 都服从高斯分布，因此可将这三者分别表示为：$H \sim N(\boldsymbol{\mu}_h, \boldsymbol{\Sigma}_h)$、$R \sim N(\boldsymbol{\mu}_r, \boldsymbol{\Sigma}_r)$、$T \sim N(\boldsymbol{\mu}_t, \boldsymbol{\Sigma}_t)$。在该模型内利用转移功能，将头实体通过关系转移得到的备选实体 e 也服从高斯分布，其分布为 $P_e \sim N(\boldsymbol{\mu}_h - \boldsymbol{\mu}_t, \boldsymbol{\Sigma}_h + \boldsymbol{\Sigma}_t)$。该过程需要计算备选实体高斯分布与真实尾实体高斯分布 P_r 之间的距离，即度量 P_r 与 P_e 之间的相似度。为此，KG2E 模型中提出了两种计算方法：非对称的相似度计算、对称的相似度计算。

对于非对称的相似度，KG2E 采用 KL 散度进行计算。该过程用数学方式计算为

$$\begin{aligned} E(h,r,t) = E(P_e,P_r) &= D_{\mathrm{KL}}(P_e,P_r) \\ &= \int_{\boldsymbol{x} \in \mathbf{R}^{k_e}} N(\boldsymbol{x};\boldsymbol{\mu}_r,\boldsymbol{\Sigma}_r) \log \frac{N(\boldsymbol{x};\boldsymbol{\mu}_e,\boldsymbol{\Sigma}_e)}{N(\boldsymbol{x};\boldsymbol{\mu}_r,\boldsymbol{\Sigma}_r)} \mathrm{d}\boldsymbol{x} \\ &= \frac{1}{2}\left[\mathrm{tr}(\boldsymbol{\Sigma}_r^{-1}\boldsymbol{\Sigma}_e) + (\boldsymbol{\mu}_r - \boldsymbol{\mu}_e)^{\mathrm{T}}\boldsymbol{\Sigma}_r^{-1}(\boldsymbol{\mu}_r - \boldsymbol{\mu}_e) - \log \frac{\det(\boldsymbol{\Sigma}_e)}{\det(\boldsymbol{\Sigma}_r)} - k_e\right] \end{aligned} \tag{3.24}$$

式中，k_e——隐含层嵌入空间中实体 e 的维度。

对于非对称相似度计算表达式 $\varepsilon(h,r,t) \neq \varepsilon(t,r,h)$，$\varepsilon(h,r,t)$ 为三元组的得分，采用随机梯度下降算法对参数更新可得到：

$$\begin{cases}\dfrac{\partial E(h,r,t)}{\partial \boldsymbol{\mu}_r}=\dfrac{\partial E(h,r,t)}{\partial \boldsymbol{\mu}_t}=-\dfrac{\partial E(h,r,t)}{\partial \boldsymbol{\mu}_h}=\boldsymbol{\Delta}'_{hrt}\\ \dfrac{\partial E(h,r,t)}{\partial \boldsymbol{\Sigma}_r}=\dfrac{1}{2}(\boldsymbol{\Sigma}_r^{-1}\boldsymbol{\Sigma}_e\boldsymbol{\Sigma}_r^{-1}+\boldsymbol{\Delta}'_{hrt}\boldsymbol{\Delta}'^{\mathrm{T}}_{hrt}+\boldsymbol{\Sigma}_r^{-1})\\ \dfrac{\partial E(h,r,t)}{\partial \boldsymbol{\Sigma}_h}=\dfrac{\partial E(h,r,t)}{\partial \boldsymbol{\Sigma}_t}=\dfrac{1}{2}(\boldsymbol{\Sigma}_r^{-1}-\boldsymbol{\Sigma}_e^{-1})\end{cases} \tag{3.25}$$

式中，$\boldsymbol{\Delta}'_{hrt}=\boldsymbol{\Sigma}_r^{-1}(\boldsymbol{\mu}_r+\boldsymbol{\mu}_t-\boldsymbol{\mu}_h)$；$\boldsymbol{\Sigma}_e=\boldsymbol{\Sigma}_h+\boldsymbol{\Sigma}_t$。

由此，基于 KL 散度的相似性便可以定义为

$$E(h,r,t)=\frac{1}{2}(D_{\mathrm{KL}}(P_e,P_r)+D_{\mathrm{KL}}(P_r,P_e)) \tag{3.26}$$

对于对称的相似度，采用期望似然进行计算。其表达式为

$$\begin{aligned}E(P_e,P_r)&=\int_{\boldsymbol{x}\in\mathbf{R}^{k_e}}N(\boldsymbol{x};\boldsymbol{\mu}_e,\boldsymbol{\Sigma}_e)N(\boldsymbol{x};\boldsymbol{\mu}_r,\boldsymbol{\Sigma}_r)\,\mathrm{d}\boldsymbol{x}\\&=N(0;\boldsymbol{\mu}_e-\boldsymbol{\mu}_r,\boldsymbol{\Sigma}_e+\boldsymbol{\Sigma}_r)\end{aligned} \tag{3.27}$$

为便于计算和比较，采用对数化处理后得到：

$$\begin{aligned}E(h,r,t)&=\log E(P_e,P_r)=\log N(0;\boldsymbol{\mu}_e-\boldsymbol{\mu}_r,\boldsymbol{\Sigma}_e+\boldsymbol{\Sigma}_r)\\&=\frac{1}{2}[(\boldsymbol{\mu}_e-\boldsymbol{\mu}_r)^{\mathrm{T}}(\boldsymbol{\Sigma}_e+\boldsymbol{\Sigma}_r)^{-1}(\boldsymbol{\mu}_e-\boldsymbol{\mu}_r)+\\&\quad\log\det(\boldsymbol{\Sigma}_e+\boldsymbol{\Sigma}_r)+k_e\log(2\pi)]\end{aligned} \tag{3.28}$$

同样，经过优化算法迭代后，对称相似度的梯度计算结果为

$$\begin{cases}\dfrac{\partial E(h,r,t)}{\partial \boldsymbol{\mu}_h}=-\dfrac{\partial E(h,r,t)}{\partial \boldsymbol{\mu}_r}=-\dfrac{\partial E(h,r,t)}{\partial \boldsymbol{\mu}_t}=\boldsymbol{\Delta}'_{hrt}\\ \dfrac{\partial E(h,r,t)}{\partial \boldsymbol{\Sigma}_h}=\dfrac{\partial E(h,r,t)}{\partial \boldsymbol{\Sigma}_r}=\dfrac{\partial E(h,r,t)}{\partial \boldsymbol{\Sigma}_t}=\dfrac{1}{2}(\boldsymbol{\Delta}'_{hrt}\boldsymbol{\Delta}^{\mathrm{T}}_{hrt}-\boldsymbol{\Sigma}'^{-1})\end{cases} \tag{3.29}$$

式中，$\boldsymbol{\Delta}'_{hrt}=\boldsymbol{\Sigma}'^{-1}(\boldsymbol{\mu}_r+\boldsymbol{\mu}_t-\boldsymbol{\mu}_h)$；$\boldsymbol{\Sigma}'=\boldsymbol{\Sigma}_h+\boldsymbol{\Sigma}_t+\boldsymbol{\Sigma}_r$。

基于上述思想与计算方法，KG2E 的损失函数便可定义为

$$L=\sum_{(h,r,t)\in\Gamma}\sum_{(h',r',t')\in\Gamma'}[\gamma+E(h,r,t)-E(h',r',t')]_+ \tag{3.30}$$

式中，γ——分割正负三元组的边际距离；

Γ,Γ'——知识图谱中所得到的正样例、负样例。

在训练过程中，KG2E 模型与之前的算法类似，该模型首先对每个实体和关系随机初始化一个高斯分布。为避免过拟合，KG2E 模型采用随机初始化的方式得到高斯分布的均值，而高斯分布的协方差矩阵则是通过两个超参数来控制上下限。然后，对正样本进行采样，并随后生成负样本。

其中，负样本的生成方式有两种：一种是随机改变头实体、尾实体，另一种是改变关系。最后确定采用对称或非对称的方式对正样本与两个负样本进行计算，并根据梯度计算优化参数。在整个计算过程中，每一轮都需要对均值和协方差矩阵进行规范化。该训练过程见算法 3.2。

算法 3.2　KG2E 模型

输入： 能量函数 $E(h,r,t)$，训练集 $\Gamma=\{(h,r,t)\}$，实体集 E，关系集 R，实体 e 与关系 r 的共享嵌入维度 k，边际距离 γ，协方差限制值 $c_{\min}$ 与 $c_{\max}$，学习率 α，最大迭代轮数 n

输出： e 与 r 的全部高斯嵌入表示（均值向量 $\boldsymbol{\mu}_b$ 与协方差矩阵 $\boldsymbol{\Sigma}_l$），其中 $e\in E$，$r\in R$

1：**foreach** $l\in E\cup R$ **do**

2：　　$l.\text{mean}\leftarrow$归一化$\left(\frac{-6}{\sqrt{k}},\frac{6}{\sqrt{k}}\right)$

3：　　$l.\text{cov}\leftarrow$归一化（$c_{\min},c_{\max}$）

4：　　用下式规范化 $l.\text{mean}$ 与 $l.\text{cov}$：

$$\forall l\in E\cup R,\|\boldsymbol{\mu}_l\|_2\leqslant 1$$

$$\forall l\in E\cup R,c_{\min}\boldsymbol{I}\leqslant\boldsymbol{\Sigma}_l\leqslant c_{\max}\boldsymbol{I},c_{\min}>0$$

5：$i\leftarrow 0$

6：**while** i++ ≤ n **do**

7：　$\Gamma_{\text{batch}}\leftarrow\text{sample}(\Gamma,B)$　//从 Γ 采样大小为 B 的小批量

8：　$T_{\text{batch}}\leftarrow\varnothing$　//学习三元组

9：　**foreach** $(h,r,t)\in\Gamma_{\text{batch}}$ **do**

10：　　$(h0,r,t0)\leftarrow\text{negSample}((h,r,t))$　//用“unif”或者“bern”采样负三元组

11：　　$T_{\text{batch}}\leftarrow T_{\text{batch}}\cup((h,r,t),(h0,r,t0))$

12：　　$(h,r0,t)\leftarrow\text{negSample}((h,r,t))$　//通过破坏关系采样负三元组

13：　　$T_{\text{batch}}\leftarrow T_{\text{batch}}\cup((h,r,t),(h,r0,t))$

14：　基于式（3.25）（或式（3.29），依赖于 $E(h,r,t)$）更新高斯嵌入表示：

$$L=\sum_{((h,r,t),(h',r',t'))\in T_{\text{batch}}}[\gamma+E(h,r,t)-E(h',r',t')]_+$$

15：　在下述约束中对 T_{batch} 中每个实体和关系的均值和协方差进行正则化：

$$\forall l\in E\cup R,\ \|\boldsymbol{\mu}_l\|_2\leqslant 1$$

$$\forall l\in E\cup R,\ c_{\min}\boldsymbol{I}\leqslant\boldsymbol{\Sigma}_l\leqslant c_{\max}\boldsymbol{I},\ c_{\min}>0$$

总体来说，KG2E 模型采用高斯嵌入的实体表示与关系表示方法来进行多关系表示学习。该模型将每个实体和关系用一个正态分布表示，用一个平均向量和一个协方差矩阵（对角线协方差矩阵）对知识图（KG）中

的实体和关系的不确定性建模。相较于其他模型，KG2E 模型使用两个相似度计算函数（对称和非对称）来计算一个三元组的得分，并大大提高了模型链接预测与三元组分类的能力。

3.2.5 复数嵌入模型

知识库（KB）采用结构化的知识来表示世界知识，但知识库的不完整性限制了其对上层应用的支持程度。为此，许多科研工作者致力于知识库的补全工作，其中链接预测由于能够自动了解大型知识库结构而成为统计关系学习中的研究热点。如表 3.1 所示，鉴于知识库中存在大量非对称关系，而传统的方法（如对表示知识库的张量进行低秩分解的方法）不能很好地处理非对称关系，于是 Trouillon 等[49]提出了基于复数的多关系表示模型——复数嵌入模型（complex embedding，complEx），该模型利用厄米特点积（Hermitian dot）表示评分函数，可解决知识库中的链接预测问题。表 3.1 中，下标 s 表示关系主语（主体），下标 o 表示关系宾语（客体）；O_{time}表示时间复杂度，O_{space}表示空间复杂度。

表 3.1 部分多关系模型评分函数及其复杂度[49]

模型	评分函数	关系参数	O_{time}	O_{space}
RESCAL[50]	$\boldsymbol{e}_s^{\mathrm{T}}\boldsymbol{W}_r\boldsymbol{e}_o$	$\boldsymbol{W}_r \in \mathbf{R}^{K^2}$	$O(K^2)$	$O(K^2)$
TransE[12]	$\Vert(\boldsymbol{e}_s+\boldsymbol{w}_r)-\boldsymbol{e}_o\Vert_p$	$\boldsymbol{w}_r \in \mathbf{R}^{K}$	$O(K)$	$O(K)$
NTN[45]	$\boldsymbol{u}_r^{\mathrm{T}}f\left(\boldsymbol{e}_s\boldsymbol{W}_r^{[1:D]}\boldsymbol{e}_o+\boldsymbol{V}_r\begin{bmatrix}\boldsymbol{e}_s\\ \boldsymbol{e}_o\end{bmatrix}+\boldsymbol{b}_r\right)$	$\boldsymbol{W}_r \in \mathbf{R}^{K^2D},\boldsymbol{b}_r \in \mathbf{R}^{K}$ $\boldsymbol{V}_r \in \mathbf{R}^{2KD},\boldsymbol{u}_r \in \mathbf{R}^{K}$	$O(K^2D)$	$O(K^2D)$
DistMult[51]	$\langle \boldsymbol{w}_r,\boldsymbol{e}_s,\boldsymbol{e}_o\rangle$	$\boldsymbol{w}_r \in \mathbf{R}^{K}$	$O(K)$	$O(K)$
HolE[52]	$\boldsymbol{w}_r^{\mathrm{T}}(F^{-1}[\bar{F}[\boldsymbol{e}_s]\odot F[\boldsymbol{e}_o]])$	$\boldsymbol{w}_r \in \mathbf{R}^{K}$	$O(K\log K)$	$O(K)$
ComplEx	$\mathrm{Re}(\langle \boldsymbol{w}_r,\boldsymbol{e}_s,\bar{\boldsymbol{e}}_o\rangle)$	$\boldsymbol{w}_r \in \mathbf{C}^{K}$	$O(K)$	$O(K)$

ComplEx 模型的具体做法是将二元关系的描述从单一关系扩展到多关系。针对单一关系，令 E 表示实体集，$|E|=n$，$\boldsymbol{X}\in\mathbf{R}^{n\times n}$ 为得分空间，$\boldsymbol{Y}$ 为部分观测到的符号矩阵，实体之间的关系仅考虑二元关系（定义为-1 和 1），即 $Y_{so}\in\{-1,+1\}$ 其概率由以下得分函数得到：

$$P(Y_{\text{so}}=1)=\sigma(X_{\text{so}}) \tag{3.31}$$

ComplEx 模型的目标是找到 $\boldsymbol{X}$ 的通用结构，从而能够灵活地表达 KB 中所有关系的近似。为了找到 $\boldsymbol{X}$ 的通用结构且使得头实体、尾实体具有相同的嵌入形式，ComplEx 模型使用了左右因子特征值相同的特征值分解（EVD）来代替奇异值分解，即 $\boldsymbol{X}=\boldsymbol{E}\boldsymbol{W}\boldsymbol{E}^{-1}$（$\boldsymbol{X}$ 为实对称矩阵，$\boldsymbol{E}$ 是正交矩阵，$\boldsymbol{E}^{\mathrm{T}}=\boldsymbol{E}^{-1}$）。由于该模型所考虑的矩阵是反对称的，因此定义复空间的内积运算：$\langle u,v\rangle=\bar{\boldsymbol{u}}^{\mathrm{T}}\boldsymbol{v}$，其中 $\bar{\boldsymbol{u}}^{\mathrm{T}}=\mathrm{Re}(\boldsymbol{u})-\mathrm{iIm}(\boldsymbol{u})$。在定义上述内容后，为方便计算，结合谱定理，$\boldsymbol{X}$ 的通用结构可以表示为 $\boldsymbol{X}=\mathrm{Re}(\boldsymbol{E}\boldsymbol{W}\bar{\boldsymbol{E}}^{\mathrm{T}})$。可学习的关系可以通过简单的低秩分解来近似，并且将向量映射到复数空间。通过将矩阵 $\boldsymbol{E}\boldsymbol{W}\bar{\boldsymbol{E}}^{\mathrm{T}}$ 压缩到一个低秩$K\ll n$，对角阵 $\mathrm{diag}(\boldsymbol{W})$ 便只包含前 K 个非零值，从而实现了将实体映射到 K 维复向量空间。由此，便有 $\boldsymbol{E}\in\mathbf{C}^{m\times K}$，$\boldsymbol{W}\in\mathbf{C}^{K\times K}$，实体 $e_s,e_o\in\mathbf{C}^K$ 之间的评分函数便可表示为

$$X_{so}=\mathrm{Re}(\boldsymbol{e}_s^{\mathrm{T}}\boldsymbol{W}\boldsymbol{e}_o)\tag{3.32}$$

将上述内容扩展到多关系模型，该过程的目标为：对于所有关系 $r\in R$，重建关系矩阵 $\boldsymbol{X}_r$。对于给定的实体 s 与 o，$r(s,o)$ 为真的概率为

$$P(Y_{rso}=1)=\sigma(\varphi(r,s,o,\Theta))\tag{3.33}$$

式中，$\varphi(\cdot)$——基于观察到的关系分解的评分函数；

$\boldsymbol{\Theta}$——模型参数。

ComplEx 模型对三元组(s,r,o)使用的评分函数为

$$\begin{aligned}\varphi(r,s,o;\Theta)&=\mathrm{Re}(\langle\boldsymbol{w}_r,\boldsymbol{e}_s,\bar{\boldsymbol{e}}_o\rangle)=\mathrm{Re}\Big(\sum_{k=1}^{K}\boldsymbol{w}_{rk}\boldsymbol{e}_{sk}\bar{\boldsymbol{e}}_{ok}\Big)\\&=\langle\mathrm{Re}(\boldsymbol{w}_r),\mathrm{Re}(\boldsymbol{e}_s),\mathrm{Re}(\boldsymbol{e}_o)\rangle+\\&\quad\langle\mathrm{Re}(\boldsymbol{w}_r),\mathrm{Im}(\boldsymbol{e}_s),\mathrm{Im}(\boldsymbol{e}_o)\rangle+\\&\quad\langle\mathrm{Im}(\boldsymbol{w}_r),\mathrm{Re}(\boldsymbol{e}_s),\mathrm{Im}(\boldsymbol{e}_o)\rangle-\\&\quad\langle\mathrm{Im}(\boldsymbol{w}_r),\mathrm{Im}(\boldsymbol{e}_s),\mathrm{Re}(\boldsymbol{e}_o)\rangle\end{aligned}\tag{3.34}$$

式中，$\boldsymbol{w}_r$——复数向量，$\boldsymbol{w}_r\in\mathbf{C}^K$。

这样，通过分离一个关系嵌入，便可以获得一个关系矩阵分解的实部 $\mathrm{Re}(\mathrm{Ediag}(\mathrm{Re}(\boldsymbol{w}_r))\bar{\boldsymbol{E}}^{\mathrm{T}})$和虚部 $\mathrm{Im}(\mathrm{Ediag}(-\mathrm{Im}(\boldsymbol{w}_r))\bar{\boldsymbol{E}}^{\mathrm{T}})$。由于 $\mathrm{Re}(\langle\boldsymbol{e}_o,\boldsymbol{e}_s\rangle)$是对称的，$\mathrm{Im}(\langle\boldsymbol{e}_o,\boldsymbol{e}_s\rangle)$是非对称的，因此 ComplEx 模型能够准确地描述实体对之间的对称关系与非对称关系，获得较好的多关系表示结果。

综上所述，ComplEx 模型采用基于复数的潜在因子分解方法，通过优化评分函数解决了传统方法不能很好地处理非对称关系的问题。相较于之前的方法，ComplEx 不仅更加简单，而且该方法在时间与空间上均保持线性，且在标准链接预测上的效果优于其他方法。

3.2.6 其他早期经典模型

除上述模型外，早期主流的多关系网络表示学习模型还包括语义匹配能量模型、潜在因子模型、矩阵分解模型。

1. 语义匹配能量模型[13]

语义匹配能量（SME）模型的目标是挖掘实体与关系在语义上的关联。SME 模型与 SE、SLM 模型的相同点是将实体与关系都映射为低维向量，并且都采用映射矩阵的形式。SME 模型为每个三元组(h,r,t)定义了两个目标函数，分别为线性目标和非线性目标：

$$f_r(h,t)=(\boldsymbol{M}_1\boldsymbol{l}_h+\boldsymbol{M}_2\boldsymbol{l}_r+\boldsymbol{b}_1)^{\mathrm{T}}(\boldsymbol{M}_3\boldsymbol{l}_t+\boldsymbol{M}_4\boldsymbol{l}_r+\boldsymbol{b}_2) \tag{3.35}$$

$$f_r(h,t)=(\boldsymbol{M}_1\boldsymbol{l}_h\otimes\boldsymbol{M}_2\boldsymbol{l}_r+\boldsymbol{b}_1)^{\mathrm{T}}(\boldsymbol{M}_3\boldsymbol{l}_t\otimes\boldsymbol{M}_4\boldsymbol{l}_r+\boldsymbol{b}_2) \tag{3.36}$$

式中，$\boldsymbol{M}_1,\boldsymbol{M}_2,\boldsymbol{M}_3,\boldsymbol{M}_4\in\mathbf{R}^{d\times k}$，为投影矩阵；$\otimes$表示向量的点乘积；$\boldsymbol{b}_1,\boldsymbol{b}_2$为偏置向量。

2. 潜在因子模型[11]

潜在因子模型（LFM）定义了两种线性变换的操作，用于挖掘节点和边之间更深层的关系。该方法为所有的三元组(h,r,t)建立了双线性损失函数：

$$f_r(h,t)=\boldsymbol{l}_h^{\mathrm{T}}\boldsymbol{M}_r\boldsymbol{l}_t \tag{3.37}$$

式中，$\boldsymbol{M}_r\in\mathbf{R}^{d\times d}$，是一种双线性变换矩阵。

LFM 的最大优势是复杂度低并且实体与关系的语义关系合理。

3. 矩阵分解模型

RESCAL 模型[53]是典型的矩阵分解模型。该模型利用多关系网络中的三元组，形成一个三阶张量$\boldsymbol{X}$。在张量$\boldsymbol{X}$中，$X_{hrt}=1$表示三元组(h,r,t)存在，$X_{hrt}=0$则表示三元组(h,r,t)不存在。RESCAL 模型的目标是将张量$\boldsymbol{X}$中的所有张量值X_{hrt}分解为对应三元组(h,r,t)中实体和关系向量的乘积，从而使得X_{hrt}接近于$\boldsymbol{l}_h\boldsymbol{M}_r\boldsymbol{l}_t$（类似 LFM 的双线性损失函数）。可以发现，RESCAL 模型的思想与 LFM 的类似。其区别在于，RESCAL 模型会优化$\boldsymbol{X}$中的每个分量对应的三元组，包括$X_{hrt}=0$的情况，而 LFM 仅优化$X_{hrt}=1$的情况。

3.3 深度模型

近年来，随着互联网技术的不断进步，网络信息量呈指数级增长，网络结构也越来越复杂。网络结构和属性信息通常存在高度的非线性关系。因此，捕获并表示网络中的非线性关系至关重要。随着深度学习的迅速发展，人们发现深度神经网络在表示网络中的非线性关系及特征提取方面具有强大能力，很多学者致力于开拓深度神经网络在多关系网络的表示学习方面的应用，并研究出了 R-GCN、CompGCN 等典型的深度多关系网络模型。

3.3.1　R-GCN 模型

基于神经网络的表示方法将深度学习强大的特征提取能力应用在多关系网络表示中，近年来，图卷积网络（GCN）在网络表示学习领域掀起了一波巨浪，一系列图网络模型被提出，其中适用于多关系网络表示学习的模型是R-GCN[34]。R-GCN 是一种在 GCN 中融入关系的节点嵌入模型，相较于普通 GCN 方法，R-GCN 利用 GCN 来处理图结构中不同关系对节点的影响，是一种为专门处理具有大量多关系数据特征的现实知识库而开发的深度模型，通过使用 R-GCN 对多关系数据进行建模，可较好地实现链接预测与实体分类任务。该模型细节如下所述：

一个有向多关系网络可以表示为 $G=(V,E_r,R)$，其中，实体 $v_i\in V$，边 $(v_i,r,v_j)\in E_r$，关系 $r\in R$。R-GCN 是 GCN 在多关系数据上的扩展。这些 GCN 的相关方法都可以理解为一个简单的可微消息传递模型的特例：

$$\boldsymbol{h}_i^{(l+1)} = \sigma\left(\sum_{m\in M_i} g_m(\boldsymbol{h}_i^{(l)},\boldsymbol{h}_j^{(l)})\right) \tag{3.38}$$

式中，以 $g_m(\cdot,\cdot)$ 形式传入的消息在被聚合后通过激活函数 $\sigma(\cdot)$ 传递；M_i 为实体 v_i 传入的消息集，该消息集通常选择为传入的边集。

在 GCN 中，$g_m(\cdot,\cdot)$ 通常选择一个线性转换过程 $g_m(\boldsymbol{h}_i,\boldsymbol{h}_j)=\boldsymbol{W}\boldsymbol{h}_j$，这种转换对聚集、编码邻居特征是非常有效的，并对图分类、链接预测等任务的性能有了很大的提升。受此启发，R-GCN 定义了如下模型用于计算在多关系网络中一个实体的前向更新：

$$\boldsymbol{h}_i^{(l+1)} = \sigma\left(\sum_{r\in R}\sum_{v_j\in N_i^r}\frac{1}{c_{i,r}}\boldsymbol{W}_r^{(l)}\boldsymbol{h}_j^{(l)} + \boldsymbol{W}_0^{(l)}\boldsymbol{h}_i^{(l)}\right) \tag{3.39}$$

式中，N_i^r——在关系 r 中实体 v_i 的邻居集；

$c_{i,r}$——正则化常量（例如，可以使 $c_{i,r}=|N_i^r|$）；

$\boldsymbol{W}_r^{(l)}$——在网络第 l 层中对在关系 r 下实体 v_j 的表示 $\boldsymbol{h}_j$ 的线性变换参数矩阵；

$\boldsymbol{W}_0^{(l)}$——在网络第 l 层中对实体 v_i 的表示 $\boldsymbol{h}_i$ 的线性变换参数矩阵。

R-GCN 模型的直观表示如图 3.14 所示，图中，R-GCN 为每个实体（红色节点）引入一个特殊关系类型——自连接，用于进行更新计算，rel_i

表示来自邻居节点激活的特征，该特征共有两种类型的关系（in 与 out），每个实体的更新过程可采用整个图中的共享参数并行计算。

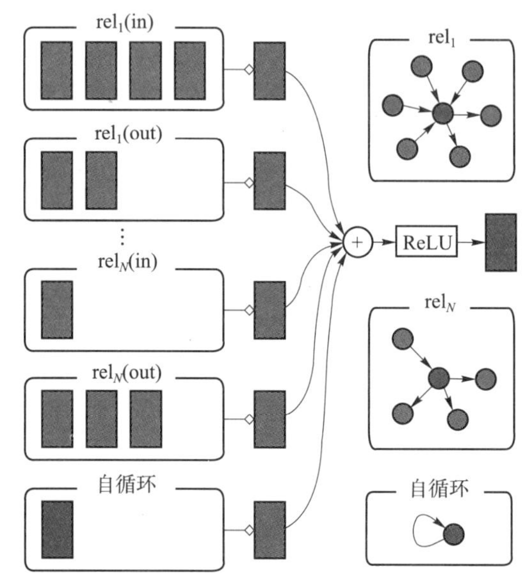

图 3.14　R-GCN 模型单个实体更新过程[34]（附彩图）

由于 R-GCN 模型应用于多关系数据表示学习，因此该模型的一个核心问题便是随着图中的关系与参数数目增长，会产生对罕见关系过拟合的问题。为此，该模型使用了两种独立的方法对 R-GCN 层进行规则化：基函数分解；块对角分解。

对于基函数分解，其参数矩阵 $\boldsymbol{W}$ 被分解为基 V 与系数 a 的线性组合，该过程可以看作不同关系类型之间有效权重共享的一种形式，该方法能有效减轻罕见关系的过拟合问题，其过程可以表达为

$$\boldsymbol{W}_r^{(l)} = \sum_{b=1}^{B} a_{rb}^{(l)} V_b^{(l)} \tag{3.40}$$

式中，B——基的个数。

块对角分解将参数矩阵 $\boldsymbol{W}$ 定义为低维矩阵的直接求和，其中 $\boldsymbol{Q}$ 为块对角矩阵，该过程的数学表述为

$$\boldsymbol{W}_r^{(l)} = \bigoplus_{b=1}^{B} Q_{br}^{(l)} = \mathrm{diag}(Q_{1r}^{(l)} \cdots Q_{Br}^{(l)}) \tag{3.41}$$

对所有的 R-GCN 模型，都采用该模型计算在一个多关系图实体的前向更新（式（3.39））堆叠 L 层。其中，前一层的输出作为下一层卷积的输入；输入层中的每个节点如果没有其他特征就选择一个独热向量作为输

入特征；对于块分解可以看作每种关系类型对权重矩阵的稀疏约束。

最后，基于上述设计模型，结合图自编码器模型并对交叉熵损失进行优化，R-GCN 便能够实现实体分类与链接预测任务。其过程描述如图 3.15所示。

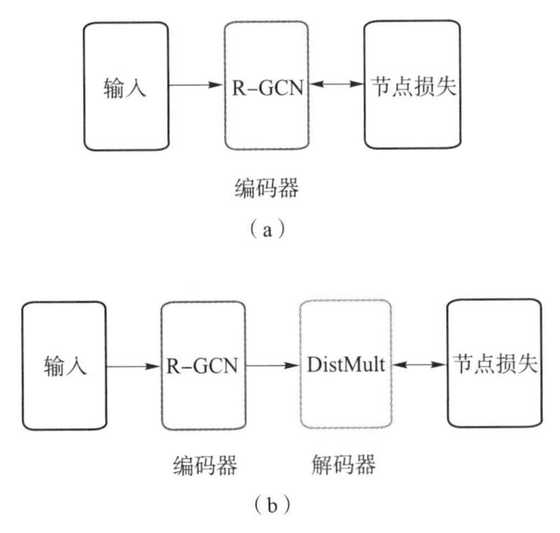

图 3.15　R-GCN 实体分类与链接预测过程描述[34]

(a) 实体分类；(b) 链接预测

上述内容便是 R-GCN 的整体模型表述。总体来说，R-GCN 的卷积是一种基于图卷积网络的多关系网络表示模型，其基于网络关系变换，为了处理多个关系类型，R-GCN 利用了关系信息，获得更具代表性的节点嵌入，在迭代累加相邻实体表示的过程中，根据相邻实体所链接的关系类型赋予不同的权重。Schlichtkrull 等[34]通过实验表明，结合图自编码器模型，R-GCN 在实体分类与链接预测过程中均具有较好的实际效果。

3.3.2　CompGCN 模型

随着图神经网络在图结构数据上的应用，人们发现诸如知识图谱的多关系图才是现实世界中最普遍的图数据类型。多数 GCN 的编码函数对于多关系图表示任务是不合适的。其原因有：一方面，需要对 GCN 的编码函数做出适当调整，即 $H=f(\boldsymbol{AXW}_r)$，经过这样的改进后虽然能够对多关系图进行表示，但会因为引入多个关系矩阵 $\boldsymbol{W}_r$ 而产生参数过载问题；另一方面，通过 GCN 处理获得的只是图的节点（实体）嵌入，而在多关系图中，关系向量的表示也同样重要。已有的方法（如 R-GCN 模型）虽然能够进行多关系表示，但也带来了参数过载问题。基于上述问题，Vashishth 等[54]提出了 CompGCN 模型，该模型在解决参数过载问题的基础上，同时学习了多关系图中的节点表示与关系表示。CompGCN 整体模型如图 3.16 所示。

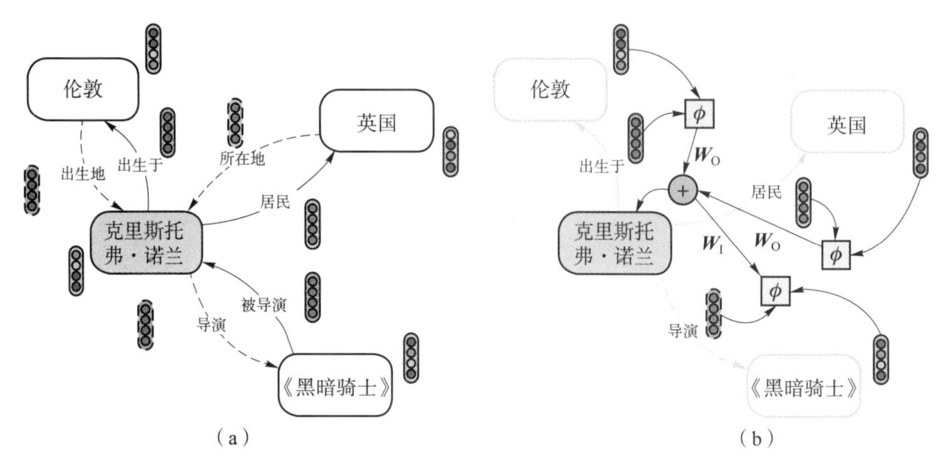

图 3.16　CompGCN 整体模型图[54]（附彩图）

（a）关系图嵌入；（b）关系图更新

多关系图中的边可以表示为(u,v,r)，其含义为存在一条从节点 u 到节点 v 的关系类型为 r 的边，$r \in R$。同时，该过程也存在一个响应的反向边(u,v,r^{-1})。经典的单关系 GCN 的聚合公式为 $\boldsymbol{H}^{k+1}=f(\hat{\boldsymbol{A}}\boldsymbol{H}^{k}\boldsymbol{W}^{k})$，对于多关系网络，其聚合公式为 $\boldsymbol{H}^{k+1}=f(\hat{\boldsymbol{A}}\boldsymbol{H}^{k}\boldsymbol{W}_{r}^{k})$。二者的差异在于：多关系网络需要聚合特定关系 r 下的邻居。对于 CompGCN 模型，首先为同时学习多关系图中的节点表示与关系表示，该模型综合考虑了多关系图中 3 种类型的边：有向边，如(u,v,r)；反向边，如(u,v,r^{-1})；自连边⊤，如$(u,u,\top)$。即：

$$E' = E \cup \{(v,u,r^{-1}) \mid (u,v,r) \in E\} \cup \{(u,u,\top) \mid u \in V)\} \tag{3.42}$$

进一步，CompGCN 模型中聚合邻居的过程可以表示为

$$\boldsymbol{h}_v = f\left(\sum_{(u,r)\in N(v)} \boldsymbol{W}_r \boldsymbol{h}_u\right) \tag{3.43}$$

式中，$(u,r) \in N(v)$——节点 v 在关系 r 下的邻居集合；

$\boldsymbol{W}_r$——针对关系 r 的投影矩阵；

$\boldsymbol{h}_u,\boldsymbol{h}_v$——节点 u 和节点 v 的向量表示。

$\boldsymbol{h}_u$ 综合考虑了节点及边的影响，将节点的初始表示和关系的初始表示融合在一个统一的特征空间中，作为 GCN 的特征输入，即

$$\boldsymbol{h}_u = \phi(\boldsymbol{x}_u, \boldsymbol{z}_r) \tag{3.44}$$

式中，$\boldsymbol{x}_u$——节点 u 的初始向量；

$\boldsymbol{z}_r$——关系 r 的初始向量。

对此，共设计了三种不同的 $\phi(\cdot)$ 函数，分别为：①向量减，$\phi(\boldsymbol{x}_u, \boldsymbol{z}_r) = \boldsymbol{x}_u - \boldsymbol{z}_r$；②向量乘，$\phi(\boldsymbol{x}_u, \boldsymbol{z}_r) = \boldsymbol{x}_u * \boldsymbol{z}_r$；③向量循环相关，$\phi(\boldsymbol{x}_u, \boldsymbol{z}_r) = \boldsymbol{x}_u \star \boldsymbol{z}_r$。

在引入组合机制和边的方向属性之后，GCN 的编码函数可以改写为

$$\boldsymbol{h}_v = f\left(\sum_{(u,r)\in N(v)} \boldsymbol{W}_{\lambda(r)} \phi(\boldsymbol{x}_u, \boldsymbol{z}_r)\right) \tag{3.45}$$

式中，$\lambda(r)$（也可写成 $\mathrm{dir}(r)$）为边的类型。

根据上文定义的多关系图中三种类型的边，相应的投影矩阵如下：

$$\boldsymbol{W}_{\mathrm{dir}(r)} = \begin{cases} \boldsymbol{W}_{\mathrm{O}}, & r \in R(\text{有向边集}) \\ \boldsymbol{W}_{\mathrm{I}}, & r \in R_{\mathrm{inv}}(\text{反向边集}) \\ \boldsymbol{W}_{\mathrm{S}}, & r = \top\ (\text{自循环}) \end{cases} \tag{3.46}$$

改写后的编码函数在进行图节点的向量更新时，关系 r 的向量也隐含参与到了运算中。即经过式 $\boldsymbol{H}^{k+1} = f(\hat{\boldsymbol{A}}\boldsymbol{H}^k\boldsymbol{W}_r^k)$ 计算后，关系向量 $\boldsymbol{z}_r$ 也被更新到了节点向量 $\boldsymbol{x}_u$ 的表示空间中。关系的隐含表达可以使用公式 $\boldsymbol{h}_r = \boldsymbol{W}_{\mathrm{rel}}\boldsymbol{z}_r$描述，其中 $\boldsymbol{W}_{\mathrm{rel}}$为边空间到节点空间的投影矩阵。CompGCN 模型第 k 层的更新方式与 GCN 是一致的，即在前一个神经网络层得到的隐含层状态的基础上继续向上传递，该过程依然是层与层相对应的传递方式。

至此，CompGCN 模型便完成了联合学习节点嵌入和边嵌入的目的。随后，为解决参数过载问题，CompGCN 模型设计了一组基向量 $\{\boldsymbol{v}_1, \boldsymbol{v}_2, \cdots, \boldsymbol{v}_B\}$，用于将所有边表示为该组基向量的加权表示：

$$\boldsymbol{z}_r = \sum_{b=1}^{B} \alpha_{br} \boldsymbol{v}_b \tag{3.47}$$

式中，α_{br}——从基向量 $\boldsymbol{v}_b$ 到关系向量 $\boldsymbol{z}_r$ 的权重；

B——基底的数量。

通过这种方法，CompGCN 模型的参数量便可以降到 $|R|B$ 的水平，从而有效缓解参数过载的问题。

因此，CompGCN 模型基于图卷积网络解决了之前模型对多关系网络表示学习所存在的两个问题：多关系网络表示工作（图神经网络方面）中存在的参数过载问题；未能联合学习一个多关系图中的节点嵌入和关系表示。

实验证明，该模型在链接预测与节点分类任务中均具有较好的表现，且随着关系数量的增加，该模型具备较强的可扩展性。

3.3.3 RSN 模型

对于多关系知识图（KG）表示学习的公认假设是：相似的实体可能具有相似的关系角色。现有的方法主要是用三元组级别的表示学习来推导 KG 的嵌入，该类方法往往有两个主要局限：表达能力低；信息传播效率低。因此，基于三元组的表示学习缺乏捕获实体长期关系依赖的能力且不足以在实体之间传播语义关系。为此，Guo 等[55]利用跳跃机制来弥补实体之间的差距，提出了基于循环神经网络（RNN）改进的循环跳跃网络（RSN）来有效地捕捉 KG 内部与 KG 之间的长期关系依赖性。简而言之，RSN 采用端到端的框架，基于关系路径（实体-关系链）进行学习。实验证明，该方法能够提供比三元组更加丰富的依赖关系，且不会丢失实体的局部关系信息。

RSN 模型主要包含三个模块：偏置随机游走采样、循环跳跃网络、基于类型的噪声对比估计。这三个模块的作用分别为：生成具有深度的和跨知识图谱的关系路径；学习知识图谱嵌入；以优化的方式评估 RSN 损失。下面分别从这三个部分介绍 RSN 模型。

深度路径比三元组具有更多的关系依赖，由于在大规模的知识图谱中列举所有的路径是不现实的，且并非所有路径对于知识图谱的嵌入都是有意义的，因此 RSN 模型采用了路径抽样的方法获取路径。在单关系网络表示理论中，我们知道常规无偏置的随机游走通过均匀概率选择下一个实体，而在 RSN 模型[55]中利用二阶随机游走的想法，并引入深度偏置来平滑控制采样路径的深度。具体来说，假设当前处于实体 e_i，其前一个实体为 e_{i-1}，由于本模型更偏向于更深的路径，因此在实体选择中更倾向于远离 e_{i-1} 的实体。假设用 $\mu_{\mathrm{d}}(e_{i-1},e_{i+1})$ 表示深度偏差，该过程可定义为

$$\mu_{\mathrm{d}}(e_{i-1},e_{i+1})=\begin{cases}\alpha, & d(e_{i-1},e_{i+1})=2\\ 1-\alpha, & d(e_{i-1},e_{i+1})<2\end{cases}\tag{3.48}$$

式中，$d(e_{i-1},e_{i+1})$——从 e_{i-1} 到 e_{i+1} 的最短路径，取值范围为 $\{0,1,2\}$；$\alpha\in(0,1)$。

进一步，为跨越两个知识图谱的游走来获取对齐信息，以相似的方式引入跨知识图谱的偏置路径：

$$\mu_c(e_{i-1},e_{i+1}) = \begin{cases} \beta, & k_g(e_{i-1}) \neq k_g(e_{i+1}) \\ 1-\beta, & \text{其他} \end{cases} \tag{3.49}$$

式中，$\mu_c(e_{i-1},e_{i+1})$——实体 e_{i-1} 到实体 e_{i+1} 之间的交叉知识图谱偏差；

$k_g(\cdot)$——实体所属的知识图谱；

$\beta \in (0,1)$。

上述内容的直观表示如图 3.17 所示，图中设置 $\alpha>0.5$ 且 $\beta>0.5$，则图 3.17（a）中对实体 e_1 来说将更倾向于到达 e_3 或 e_4。图 3.17（b）中对实体 e_1 来说将会更倾向于到达 e_3。

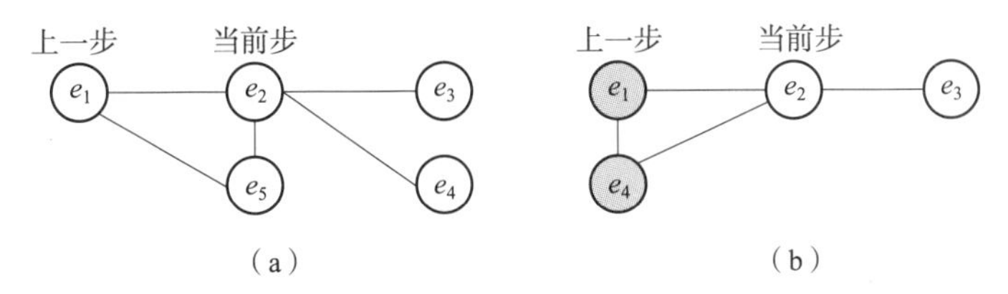

图 3.17　随机游走采样示意图[55]

（a）深度偏差随机游走；（b）KG 偏差随机游走

随后，将深度与跨知识图偏置组合到一个偏置中，即可得到 RSN 偏差随机游走采样，其表达式如下：

$$\mu(e_{i-1},e_{i+1}) = \mu_d(e_{i-1},e_{i+1}) \times \mu_c(e_{i-1},e_{i+1}) \tag{3.50}$$

循环跳跃网络整体结构如图 3.18 所示，对于知识图谱 $G=(E,R,T)$（E 为实体集；R 为关系集；$T\subseteq E\times R\times E$，是关系三元组的集合），给定一个关系路径 $(x_1,x_2,\cdots,x_T)$，RSN 的跳跃操作可以描述为

$$\boldsymbol{h}'_t = \begin{cases} \boldsymbol{h}_t, & x_t \in E \\ \boldsymbol{S}_1\boldsymbol{h}_t + \boldsymbol{S}_2\boldsymbol{x}_{t-1}, & x_t \in R \end{cases} \tag{3.51}$$

式中，$\boldsymbol{h}'_t$——RSN 在时间 t 时的输出隐含层状态；

$\boldsymbol{h}_t$——相应的 RNN 输出；

$\boldsymbol{S}_1,\boldsymbol{S}_2$——权重矩阵。

然后，采用加权和来计算跳跃操作（其他操作也可使用）。

最后，为减少节点计算数量，RSN 采用噪声约束估计（NCE）来评估每一个 RSN 的输出，这样便可使用少量的负样本来近似整体分布。其形式化的损失描述为

$$L = -\sum_{t=1}^{T-1}\left(\log\sigma(\boldsymbol{h}'_t\cdot\boldsymbol{y}_t) + \sum_{j=1}^{k}E_{\tilde{y}_j\sim Q(\tilde{y})}\left(\log\sigma(-\boldsymbol{h}'_t\cdot\tilde{\boldsymbol{y}}_j)\right)\right) \tag{3.52}$$

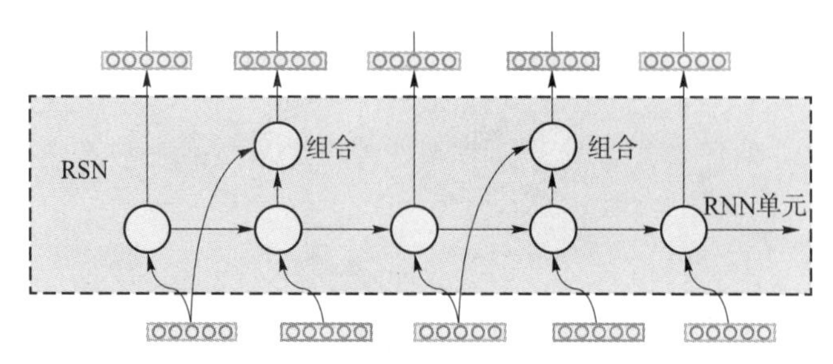

图 3.18 循环跳跃网络（RSN）整体示意图[55]（附彩图）

式中，$\boldsymbol{y}_t$——时间 t 的目标；

$\sigma(\cdot)$——Sigmoid 函数；

k——负样本的数量；

$\tilde{\boldsymbol{y}}_j$——负样本，取自噪声的概率分布 $Q(\tilde{y}) \propto q(\tilde{y})^{\frac{3}{4}}$，$q(\tilde{y})$ 是 $\tilde{y}$ 在知识图谱中的出现频率。

上述内容便为 RSN 模型的整体结构，总结来说，RSN 为一种端到端的模型框架，该模型采用跳跃机制来弥合实体之间的差距。RSN 首先利用有偏差的随机游动来采样所需的路径，然后将递归神经网络（RNN）与残差学习相结合，以有效地捕获 KG 内部和 KG 之间的长期关系依赖性。最后使用基于类型的噪声对比估计来对 RSN 进行优化评估。

3.3.4 GATNE 模型

GATNE 模型[56]同样致力于解决已有方法主要集中在具有单一类型节点（或边）的网络中，而该类方法无法较好地扩展到大型网络处理的问题。为此，文献［56］提出了一个既能捕获丰富的归属信息，又能利用不同节点类型的复用拓扑结构的统一框架，以解决属性多重异质网络（AMHEN）的嵌入学习问题。相较于其他模型，GATNE 有三个特点：定义了 AMHEN 的嵌入学习问题；支持直推式学习与归纳式学习；具备较好的可拓展性，能够处理上亿级别的节点和十亿级别的边。

GATNE 模型包含两种类型的框架，分别是直推式学习 GATNE-T（仅利用了网络结构信息）与归纳式学习 GATNE-I（同时考虑了网络结构信息和节点性质），其模型结构如图 3.19 所示。

下面分别对这两个模型进行介绍，相关符号定义如表 3.2 所示。

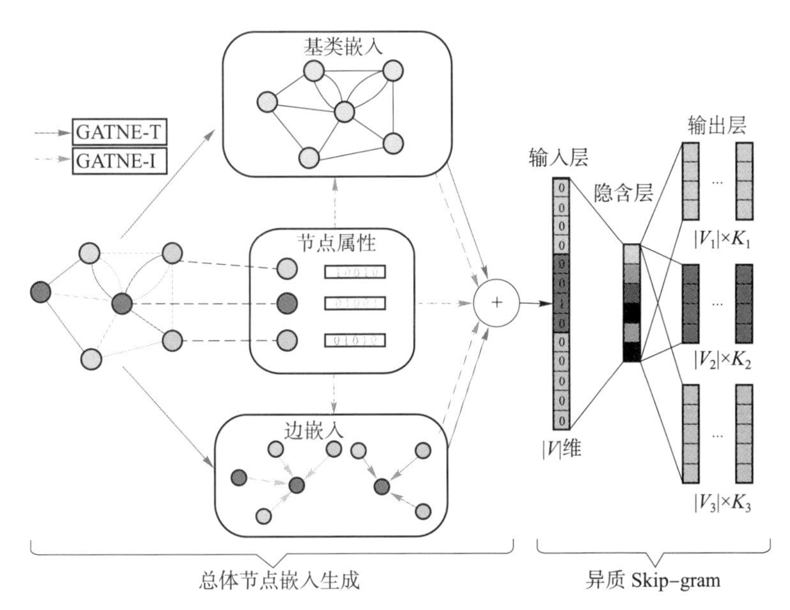

图 3.19　GATNE 模型整体框架[56]（附彩图）

表 3.2　GATNE 模型的相关符号定义

符号	定义	符号	定义
G	输入网络	n	节点个数
V,E	网络的节点集、边集	m	边类型个数
O,R	网络的节点类型集、边类型集	r	边的某一类型
A	网络的属性集	d	基类/整体嵌入的维度
s	边嵌入的维度	b,u,c,v	节点的基类/边/上下文/整体嵌入
v	图中的某一节点	h,g	归纳法中的转换函数
N	某类型边上某一节点的邻居集	x	某一节点的属性

GATNE-T 将节点 v_i 在边类型 r 上的嵌入分为两部分——基类嵌入（base embedding）、边嵌入（edge embedding），其核心思想是先聚合不同类型边的邻居到当前节点，然后对每种类型边的节点都生成不同的向量表示。其过程如下：

第 1 步，参考 GraphSAGE 对邻居聚合的思想，将节点 v_i 在边类型 r 上的 k 阶邻居进行聚合，得到边嵌入 $\boldsymbol{u}_{i,r}^{(k)}$：

$$\boldsymbol{u}_{i,r}^{(k)} = \text{aggregator}(\{\boldsymbol{u}_{j,r}^{(k-1)}, \forall v_j \in N_{i,r}\}) \tag{3.53}$$

式中，$N_{i,r}$——节点 v_i 的类型为 r 的边的邻居集。

聚合函数可以使用均值聚合：

$$u_{i,r}^{(k)}=\sigma(\hat{W}^{(k)}\text{mean}(\{u_{j,r}^{(k-1)},\forall v_j\in N_{i,r}\}))$$

也可以采用最大池化聚合：

$$u_{i,r}^{(k)}=\max(\{\sigma(\hat{W}_{\text{pool}}^{(k)}u_{j,r}^{(k-1)}+\hat{b}_{\text{pool}}^{(k)}),\forall v_j\in N_{i,r}\})$$

第 2 步，将第 k 层的边嵌入拼接为一个矩阵，记为 $\boldsymbol{U}_i=(u_{i,1},u_{i,2},\cdots,u_{i,m})$。

第 3 步，考虑到不同类型边的影响不同，GATNE-T 采用注意力机制计算每种类型边下的表示对于各种类型边的权重 $\boldsymbol{a}_{i,r}$：

$$\boldsymbol{a}_{i,r}=\text{Softmax}(\boldsymbol{w}_r^{\text{T}}\text{Tanh}(\boldsymbol{W}_r\boldsymbol{U}_i))^{\text{T}}\tag{3.54}$$

式中，$\boldsymbol{w}_r,\boldsymbol{W}_r$——要学习的参数，$\boldsymbol{w}_r\in\mathbf{R}^{d_a}$，$\boldsymbol{W}_r\in\mathbf{R}^{d_a\cdot s}$，$d_a$ 为可训练参数的维度。

第 4 步，综合嵌入结果，得到最终节点 v_i 在边类型 r 下的向量表示，即

$$\boldsymbol{v}_{i,r}=\boldsymbol{b}_i+\alpha_r\boldsymbol{M}_r^{\text{T}}\boldsymbol{U}_i\boldsymbol{a}_{i,r}\tag{3.55}$$

式中，$\boldsymbol{b}_i$——节点的基类嵌入；

α_r——超参数，表示边嵌入的重要程度；

$\boldsymbol{M}_r$——要学习的参数，$\boldsymbol{M}_r\in\mathbf{R}^{s\cdot d}$。

上述内容便为 GATNE-T 模型的主要内容。然而，该模型无法适应冷启动。为解决该问题，GATNE-I 模型被提出，该模型主要从以下三个角度进行调整：

（1）相较于 GATNE-T 对基类嵌入直接训练，GATNE-I 则考虑利用节点初始特征生成基类嵌入，即 $\boldsymbol{b}_i=h_z(\boldsymbol{x}_i)$，其中 $h_z(\cdot)$ 为对节点类型 z 的转化函数。

（2）对于边嵌入，GATNE-I 采用了属性 $\boldsymbol{x}_i$ 的函数，即 $\boldsymbol{u}_{i,r}^{(0)}=g_{z,r}(\boldsymbol{x}_i)$，其中 $g_{z,r}(\cdot)$ 为节点类型为 z、边类型为 r 的转化函数。

（3）最终节点 v_i 在边类型 r 下的向量表示：$\boldsymbol{v}_{i,r}=h_z(\boldsymbol{x}_i)+\alpha_r\boldsymbol{M}_r^{\text{T}}\boldsymbol{U}_i\boldsymbol{a}_{i,r}+\beta_r\boldsymbol{D}_z^{\text{T}}\boldsymbol{x}_i$。其中，$\beta_r$ 为系数，$\boldsymbol{D}_z$ 为类型为 z 的节点的特征转换矩阵。

基于上述模型，GATNE 采用基于元路径的随机游走策略生成节点序列，并使用 Skip-gram 模型来学习序列的嵌入表示。给定原始图分割出来的 r 视角的图 $G_r=(V,E_r,A)$ 以及元路径 $T:V_1\to V_2\to\cdots V_t\cdots\to V_l$，第 t 步的转移概率为

$$p(v_j \mid v_i, T) = \begin{cases} \dfrac{1}{|N_{i,r} \cap V_{t+1}|}, & (v_i, v_j) \in E_r, v_j \in V_{t+1} \\ 0, & (v_i, v_j) \in E_r, v_j \notin V_{t+1} \\ 0, & (v_i, v_j) \notin E_r \end{cases} \tag{3.56}$$

给定节点 v_i 和路径上下文 C，模型优化目标为最小化如下负对数似然函数（θ 表示所有参数）：

$$-\log P_\theta(\{v_j \mid v_j \in C\} \mid v_i) = \sum_{v_j \in C} -\log P_\theta(v_j \mid v_i) \tag{3.57}$$

根据单关系网络表示理论中 metapath2vec 方法，给定节点 v_i 得到节点 v_j 的概率为

$$P_\theta(v_j \mid v_i) = \frac{\exp(\boldsymbol{c}_j^{\mathrm{T}} \cdot \boldsymbol{v}_{i,r})}{\sum\limits_{k \in V_t} \exp(\boldsymbol{c}_k^{\mathrm{T}} \cdot \boldsymbol{v}_{i,r})} \tag{3.58}$$

式中，$\boldsymbol{c}_j, \boldsymbol{c}_k$——节点的上下文。

最后，利用异构负采样构建模型目标函数可得：

$$E = -\log \sigma(\boldsymbol{c}_j^{\mathrm{T}} \cdot \boldsymbol{v}_{i,r}) - \sum_{l=1}^{L} E_{v_k \sim P_t(v)}(\log \sigma(-\boldsymbol{c}_k^{\mathrm{T}} \cdot \boldsymbol{v}_{i,r})) \tag{3.59}$$

上述 GATNE 模型的整体描述见算法 3.3。

算法 3.3 GATNE 模型

输入： 网络 $G=(V,E,A)$，嵌入维度 d，边嵌入维度 s，学习率 η，负样本 L，平衡因子 α,β

输出： 每种边类型 r 上所有节点整体嵌入表示 $\boldsymbol{v}_{i,r}$

1： 初始化所有模型参数 θ
2： 在每种边类型 r 上生成随机游走 P_r
3： 生成训练样本 $\{(v_i, v_j, r)\}$
4： **while** 未收敛 **do**
5：   **foreach** $(v_i, v_j, r) \in$ 训练样本 **do**
6：   用式（3.55）或 $\boldsymbol{v}_{i,r} = h_z(\boldsymbol{x}_i) + \alpha_r \boldsymbol{M}_r^{\mathrm{T}} \boldsymbol{U}_i \boldsymbol{a}_{i,r} + \beta_r \boldsymbol{D}_z^{\mathrm{T}} \boldsymbol{x}_i$ 计算 $\boldsymbol{v}_{i,r}$
7：   对 L 个负样本进行采样，并用下式计算目标函数 E

$$E = -\log \sigma(\boldsymbol{c}_j^{\mathrm{T}} \cdot \boldsymbol{v}_{i,r}) - \sum_{l=1}^{L} E_{v_k \sim P_t(v)}(\log \sigma(-\boldsymbol{c}_k^{\mathrm{T}} \cdot \boldsymbol{v}_{i,r}))$$

8：   采用 $\dfrac{\partial E}{\partial \theta}$ 更新模型参数 θ

GATNE 模型包括 GATNE-T 与 GATNE-I 两种。其中，GATNE-T 在多重异质网络（MHEN）中同时考虑基类嵌入与边嵌入进行建模，该过程对边嵌入利用注意力机制聚合邻居信息，并综合基类嵌入得到最终的节点嵌入。GATNE-I 在 GATNE-T 的基础上考虑了属性嵌入，并弥补了 GATNE-T 无法泛化到未知节点的缺点。总体来说，GATNE 具备出色的可扩展性与有效性，并在阿里巴巴推荐系统中得到成功应用。

3.3.5 MNE 模型

目前网络表示学习的方法主要分为两种，一种是以 LINE 和 DeepWalk 为代表的基于结构的单关系网络表示学习算法，通过拟合节点之间的一阶相似性和二阶相似性来实现网络的表示学习，这种算法的缺点是忽略了网络中边与边之间的差异性。另一种是以 TransE、TransH 以及 TransR 为代表的基于翻译的多关系网络表示学习算法，考虑了节点之间边的差异性，以保证网络中具有成对的连接结构为基础，采用硬约束条件来学习网络表示。这种算法仅考虑了网络中简单的链接结构，却忽略了大多数多关系网络中重要的三角形结构和平行四边形结构。此外，大多数多关系网络表示学习算法采用的硬约束往往会影响网络表示的准确性。基于上述方法的启发和对多关系网络的观察，Li 等[33]提出了一种基于结构的多关系网络表示学习模型，通过拟合网络中节点在特定关系下的概率分布学习出网络的向量表示。

多关系网络可以定义为有向图 $G=(V,E,R)$。其中，$V=\{v_1,v_2,\cdots,v_{|V|}\}$ 表示多关系网络中的节点的集合，$R=\{r_1,r_2,\cdots,r_{|R|}\}$ 表示多关系网络中关系标签的集合，E 表示多关系网络中相应的边的集合。对于多关系网络中的任意一条边(v_i,r_m,v_j)，则表示从点 v_i 到点 v_j 存在一条标签为 r_m 的有向边。例如，多关系社交网络或者 WordNet、FreeBase 这样的知识库，实际上都是包含实体的多关系网络。在这样的多关系网络中，笔者发现存在大量有规律的几何结构，如三角形结构（图 3.20）、平行四边形结构等。

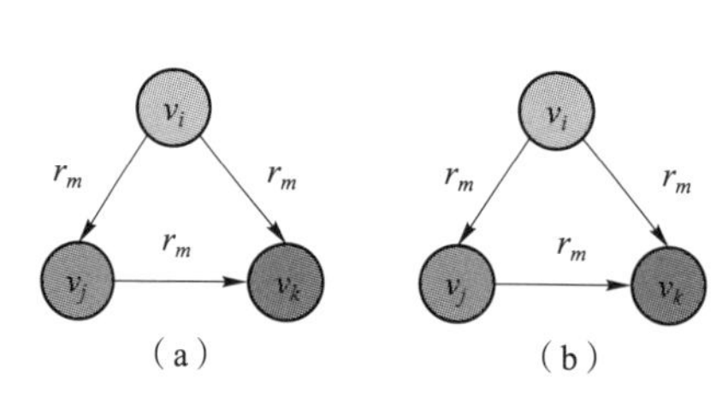

图 3.20　多关系网络中的三角形结构（附彩图）

对于三角形结构，以图 3.21（a）为例：{Internal-secretion, Endocrine, Hormone} 是 {Adrenalin, Adrenaline, Epinephrin, Epinephrine} 和 {Catecholamine} 的上位词（hypernym），{Catecholamine} 是 {Adrenalin, Adrenaline, Epinephrin,

Epinephrine｝的上位词。图 3. 21（b）则给出了多关系网络 WordNet 中真实存在的另一种三角形结构，其中三个节点之间的关系标签是"similar_to"（即相似于）。

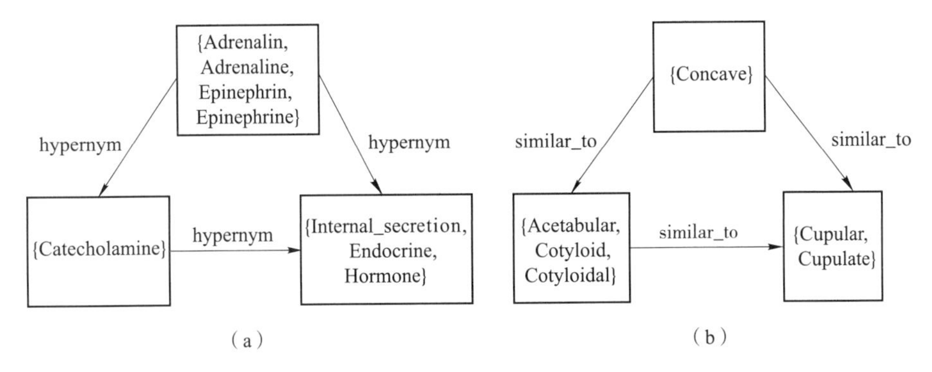

图 3. 21　三角形结构实例

对于平行四边形结构（图 3. 22），$\{v_1, v_2, v_5, v_6\}$ 和 $\{v_1, v_2, v_3, v_7\}$ 分别构成了多关系网络中的两个平行四边形结构。在平行四边形 $\{v_1, v_2, v_5, v_6\}$ 中，如果点 v_1 与点 v_5 存在有向关系 r_3，点 v_2 与点 v_6 也存在有向关系 r_3，当点 v_1 与点 v_2 存在有向关系 r_5 时，那么点 v_5 与点 v_6 也会存在有向关系 r_5。在这种结构下，只要给定三个边，就很容易推断出第四条边上的标签信息。类似于三角形结构，图 3. 23 展示了 WordNet 中真实存在的平行四边形结构的一个实例。其中，｛class｝和｛phylum｝的下位词分别是｛Cephalopoda, class_Cephalopoda｝和｛Mollusca, phylum_Mollusca｝，如果此时还知道｛phylum｝包含子类｛class｝，则很容易得知｛Cephalopoda, class_Cephalopoda｝在很大概率的情况下是｛Mollusca, phylum_Mollusca｝的子类。

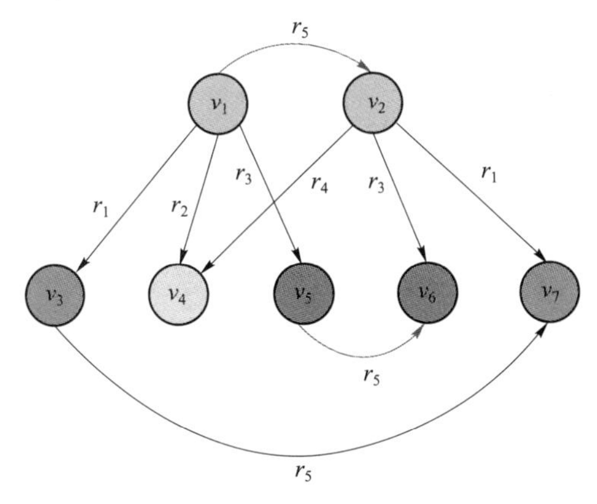

图 3. 22　平行四边形结构（附彩图）

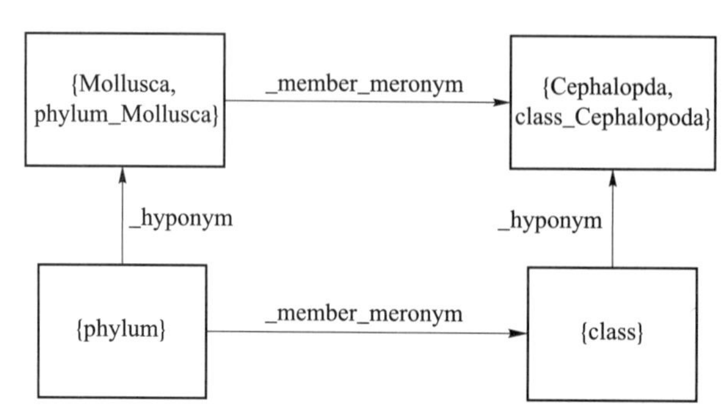

图 3.23 平行四边形结构实例

多关系网络学习模型设计的关键在于满足三角形结构和四边形结构约束的同时，学习出多关系网络中节点和有向边的向量化表示。

子问题 1——基于三角形结构的向量化表示。

多关系网络中的三角形结构使得主流的多关系网络表示学习方法的强约束失效，因此定义得分函数$f(v_i, r_m, v_j) = \boldsymbol{u}_j'^{\mathrm{T}}(\boldsymbol{u}_i + \boldsymbol{u}_{r_m})$。受 LINE 的启发，对于多关系网络中的任意一个节点 v_i，本模型需要学习两种表示向量，分别记为 $\boldsymbol{u}_i$和 $\boldsymbol{u}_i'^{\mathrm{T}}$，其中 $\boldsymbol{u}_i$ 作为节点 v_i 本身的向量表示，$\boldsymbol{u}_i'^{\mathrm{T}}$是节点 v_i 作为其他节点邻居时的向量表示。同时，对于网络中的任意一种关系 r_m，本模型学习其向量化表示 $\boldsymbol{r}_m$。对于网络中的任意一条有向边，本模型定义节点 v_i 通过关系 r_m 生成节点 v_j 的概率为

$$p(v_j, r_m \mid v_i) = \frac{\exp(\boldsymbol{u}_j'^{\mathrm{T}}(\boldsymbol{u}_i + \boldsymbol{u}_{r_m}))}{\sum_{(v_i, r_p, v_z) \in E'} \exp(\boldsymbol{u}_x'^{\mathrm{T}}(\boldsymbol{u}_i + \boldsymbol{u}_{r_p}))} \tag{3.60}$$

式中，E'——从点 v_i 出发以任意关系 $r_x \in R$ 指向任意节点 $v_p \in V$ 的边的集合，即

$$E' = \{(v_i, r_x, v_p) \mid v_p \in V, r_x \in R\} \tag{3.61}$$

子问题 2——基于平行四边形结构的向量化表示。

当考虑多关系网络的平行四边形结构时，需要同时考虑四个节点和两种有向边的向量表示满足关系，这无疑会增加算法的复杂度。通过观察发现，由于多关系网络中的关系是有向边，所以在平行四边形结构中的每个节点都存在三种异构形式，如图 3.24 所示。如果确定了每个节点与其周围两个邻居节点的结构，就能间接地保证多关系网络中存在的平行四边形结构。因此，本模型将考虑以每个节点为中心，三种情况邻居对的概率形式。在这里，模型假设网络中任意两条边存在的概率是相互独立的。

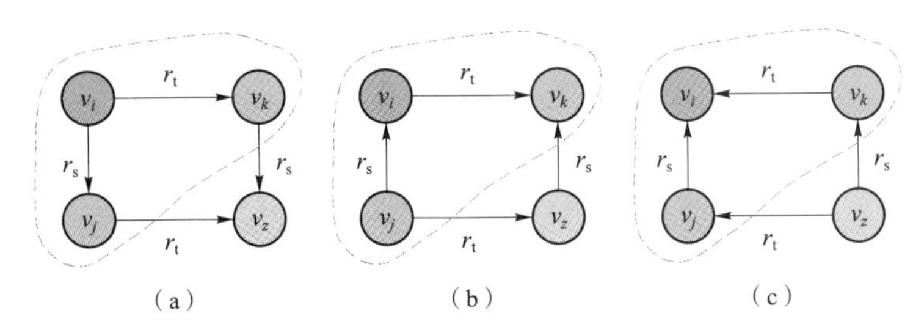

图 3.24　平行四边形局部结构

情况 1（图 3.24（a））：表示节点 v_i 的出度为 2，入度为 0。因此节点 v_i 通过 r_t 生成 v_k 同时通过 r_s 生成 v_j 的联合概率 $p_1(v_j^{r_s}, v_k^{r_t} \mid v_i)$ 定义如下：

$$p_1(v_j^{r_s}, v_k^{r_t} \mid v_i) = \frac{\exp(\boldsymbol{u'}_j^{\mathrm{T}}(\boldsymbol{u}_i + \boldsymbol{u}_{r_s}) + \boldsymbol{u'}_k^{\mathrm{T}}(\boldsymbol{u}_i + \boldsymbol{u}_{r_t}))}{\sum_{(v_i, r_p, v_z) \in E' \wedge (v_i, r_q, v_y) \in E'} \exp(\boldsymbol{u'}_x^{\mathrm{T}}(\boldsymbol{u}_i + \boldsymbol{u}_{r_p}) + \boldsymbol{u'}_y^{\mathrm{T}}(\boldsymbol{u}_i + \boldsymbol{u}_{r_q}))} \tag{3.62}$$

情况 2（图 3.24(b)）：表示节点 v_i 的出度为 1，入度为 1。因此节点 v_i 通过 r_t 生成 v_k 同时通过 r_s 生成 v_j 的联合概率 $p_2(v_j^{r_s}, v_k^{r_t} \mid v_i)$ 定义如下：

$$p_2(v_j^{r_s}, v_k^{r_t} \mid v_i) = \frac{\exp(\boldsymbol{u'}_i^{\mathrm{T}}(\boldsymbol{u}_j + \boldsymbol{u}_{r_s}) + \boldsymbol{u'}_k^{\mathrm{T}}(\boldsymbol{u}_i + \boldsymbol{u}_{r_t}))}{\sum_{(v_x, r_p, v_i) \in E' \wedge (v_i, r_q, v_y) \in E'} \exp(\boldsymbol{u'}_i^{\mathrm{T}}(\boldsymbol{u}_x + \boldsymbol{u}_{r_p}) + \boldsymbol{u'}_y^{\mathrm{T}}(\boldsymbol{u}_i + \boldsymbol{u}_{r_q}))} \tag{3.63}$$

情况 3（图 3.24（c））：表示节点 v_i 的出度为 0，入度为 2。因此节点 v_i 通过 r_t 生成 v_k 同时通过 r_s 生成 v_j 的联合概率 $p_3(v_j^{r_s}, v_k^{r_t} \mid v_i)$ 定义如下：

$$p_3(v_j^{r_s}, v_k^{r_t} \mid v_i) = \frac{\exp(\boldsymbol{u'}_i^{\mathrm{T}}(\boldsymbol{u}_j + \boldsymbol{u}_{r_s}) + \boldsymbol{u'}_i^{\mathrm{T}}(\boldsymbol{u}_k + \boldsymbol{u}_{r_t}))}{\sum_{(v_x, r_p, v_i) \in E' \wedge (v_y, r_q, v_i) \in E'} \exp(\boldsymbol{u'}_i^{\mathrm{T}}(\boldsymbol{u}_x + \boldsymbol{u}_{r_p}) + \boldsymbol{u'}_i^{\mathrm{T}}(\boldsymbol{u}_y + \boldsymbol{u}_{r_q}))} \tag{3.64}$$

为了保证多关系网络中的平行四边形结构，模型最小化概率 p_1、p_2、p_3 和它们的经验分布 $\hat{p}_1$、$\hat{p}_2$ 和 $\hat{p}_3$ 的 KL 散度。由于多关系网络中的节点可能具有不同的重要性，所以笔者引入 $\boldsymbol{\lambda}_i$ 表示节点 v_i 的重要性，将模型的目标函数定义如下：

$$O = \sum_{i \in V} \lambda_i \mathrm{KL}(\hat{p}(\cdot \mid v_i) \parallel p(\cdot \mid v_i)) \tag{3.65}$$

本模型将经验分布 $\hat{p}_1$、$\hat{p}_2$ 和 $\hat{p}_3$ 分别定义为 $\omega_{ij} \cdot \omega_{ik} / (d_{\text{out}}^i \cdot d_{\text{out}}^i)$，$\omega_{ji} \cdot \omega_{ik} / (d_{\text{in}}^i \cdot d_{\text{out}}^i)$，$\omega_{ji} \cdot \omega_{ki} / (d_{\text{in}}^i \cdot d_{\text{in}}^i)$。其中，$\omega_{ij}$表示边$(v_i, v_j)$的权重，$d_{\text{out}}^i = \sum_{k \in N_{\text{out}}(v_i)} w_{ik}$和 $d_{\text{in}}^i = \sum_{k \in N_{\text{in}}(v_i)} w_{ki}$分别表示节点 v_i 的出度和入度，$N_{\text{out}}(v_i)$ 和 $N_{\text{in}}(v_i)$分别表示节点 v_i 指向的节点集合和指向节点 v_i 的节点集合。模型的目标是保证图 3.24 中的每种结构都满足式（3.65）。将相关公式代入式（3.65），进行化简后的结果如下：

$$O_1 = -\sum_{(v_i, r_s, v_j) \in E \wedge (v_i, r_t, v_k) \in E} \omega_{ij} \cdot \omega_{ik} \cdot \log p_1(v_j^{r_s}, v_k^{r_t} \mid v_i) \tag{3.66}$$

$$O_2 = -\sum_{(v_i, r_s, v_j) \in E \wedge (v_i, r_t, v_k) \in E} \omega_{ji} \cdot \omega_{ik} \cdot \log p_2(v_j^{r_s}, v_k^{r_t} \mid v_i) \tag{3.67}$$

$$O_3 = -\sum_{(v_i, r_s, v_j) \in E \wedge (v_i, r_t, v_k) \in E} \omega_{ji} \cdot \omega_{ki} \cdot \log p_3(v_j^{r_s}, v_k^{r_t} \mid v_i) \tag{3.68}$$

对三种情况进行整合，则模型的目标函数就转化为 $O = O_1 + O_2 + O_3$。由于最小化目标函数 O 等价于最大化 $O' = -O$，所以根据如下最大化公式，可以学习出多关系网络中每个节点的两种向量表示$\{\boldsymbol{u}_i\}_{i=1,2,\cdots,|V|}$ 和 $\{\boldsymbol{u}'_i\}_{i=1,2,\cdots,|V|}$ 以及关系的向量表示$\{\boldsymbol{u}_{r_i}\}_{i=1,2,\cdots,|R|}$：

$$\begin{aligned} O' &= -(O_1 + O_2 + O_3) \\ &= \sum_{(v_i, r_s, v_j) \in E \wedge (v_i, r_t, v_k) \in E} \omega_{ij} \cdot \omega_{ik} \cdot \log p_1(v_j^{r_s}, v_k^{r_t} \mid v_i) + \\ &\quad \sum_{(v_j, r_s, v_i) \in E \wedge (v_i, r_t, v_k) \in E} \omega_{ji} \cdot \omega_{ik} \cdot \log p_2(v_j^{r_s}, v_k^{r_t} \mid v_i) + \\ &\quad \sum_{(v_j, r_s, v_i) \in E \wedge (v_k, r_t, v_i) \in E} \omega_{ji} \cdot \omega_{ki} \cdot \log p_3(v_j^{r_s}, v_k^{r_t} \mid v_i) \end{aligned} \tag{3.69}$$

多关系网络表示学习模型的参数学习过程见算法 3.4。模型的流程整体分为两步：参数向量初始化和向量更新的过程。对于参数向量初始化的过程，本模型将随机初始化节点 $v_i \in V$ 的向量 $\boldsymbol{u}_i \in \mathbf{R}^d$ 和 $\boldsymbol{u}'_i \in \mathbf{R}^d$ 以及边 $r_s \in R$的向量 $\boldsymbol{u}_{r_s}$。而对于向量的更新，主要通过采样样本进行随机梯度下降来实现。首先，随机从节点集合 V 中采样出一个节点 v_i，从节点 v_i 的邻居节点中采样节点 v_j 和 v_k，得到三元组(v_i, r_s, v_j)或者(v_j, r_s, v_i)和三元组(v_i, r_t, v_k)或者(v_k, r_t, v_i)。然后判断采样出来的三元组是否满足图 3.24 中的三种情况，并分别根据式（3.70）~式（3.72）按照学习率 η 来更新模型中的所有参数。接下来是负采样过程，采样一个负样本点 v_{n} 和负样本关系 r_1，判断 v_i、v_{n}、r_1 构成的三元组是否为不存在于真实三元组中。如果符合条件，则同样根据图 3.24 中的三种情况，分别对应式（3.70）~式（3.72）来更新全部参数；否则，重新采样负样本。重复上述过程 K 次，采样出 K 个负样本。每次负采样更新由相同的学习率 η 进行。向量更新结束的条件是最终目标函数收敛，也就是说，参数的值不再发生大的变化。这样就完成了整个多关系网络参数更新的过程，得到了网络中所有实体和关系的向量表示。

$$\log p_1(v_j^{r_s}, v_k^{r_t} \mid v_i) \propto \log \sigma(\boldsymbol{u}_j'^{\mathrm{T}}(\boldsymbol{u}_i + \boldsymbol{u}_{r_s}) + \boldsymbol{u}_k'^{\mathrm{T}}(\boldsymbol{u}_i + \boldsymbol{u}_{r_t})) + \sum_{m=1}^{K} E_{\substack{v_{\mathrm{n}} \sim P_{\mathrm{n}(v)} \\ r_1 \sim P_{1(r)}}} \log \sigma(-\boldsymbol{u}_j'^{\mathrm{T}}(\boldsymbol{u}_i + \boldsymbol{u}_{r_s}) - \boldsymbol{u}_{\mathrm{n}}'^{\mathrm{T}}(\boldsymbol{u}_i + \boldsymbol{u}_{r_1})) \tag{3.70}$$

$$\log p_2(v_j^{r_s}, v_k^{r_t} \mid v_i) \propto \log \sigma(\boldsymbol{u}_i'^{\mathrm{T}}(\boldsymbol{u}_j + \boldsymbol{u}_{r_s}) + \boldsymbol{u}_k'^{\mathrm{T}}(\boldsymbol{u}_i + \boldsymbol{u}_{r_t})) + \sum_{m=1}^{K} E_{\substack{v_{\mathrm{n}} \sim P_{\mathrm{n}(v)} \\ r_1 \sim P_{1(r)}}} \log \sigma(-\boldsymbol{u}_i'^{\mathrm{T}}(\boldsymbol{u}_j + \boldsymbol{u}_{r_s}) - \boldsymbol{u}_{\mathrm{n}}'^{\mathrm{T}}(\boldsymbol{u}_i + \boldsymbol{u}_{r_1})) \tag{3.71}$$

$$\log p_3(v_j^{r_s}, v_k^{r_t} \mid v_i) \propto \log \sigma(\boldsymbol{u}_i'^{\mathrm{T}}(\boldsymbol{u}_j + \boldsymbol{u}_{r_s}) + \boldsymbol{u}_i'^{\mathrm{T}}(\boldsymbol{u}_k + \boldsymbol{u}_{r_t})) + \sum_{m=1}^{K} E_{\substack{v_{\mathrm{n}} \sim P_{\mathrm{n}(v)} \\ r_1 \sim P_{1(r)}}} \log \sigma(-\boldsymbol{u}_i'^{\mathrm{T}}(\boldsymbol{u}_j + \boldsymbol{u}_{r_s}) - \boldsymbol{u}_i'^{\mathrm{T}}(\boldsymbol{u}_{\mathrm{n}} + \boldsymbol{u}_{r_1})) \tag{3.72}$$

算法 3.4　多关系网络表示学习算法

输入：多关系网络 $G=(V,E,R)$，学习率 η，负采样样本个数 K，向量的维度 D

输出：节点和关系的向量表示 $\Theta = \{\{\boldsymbol{u}_i\}_{i=1,2,\cdots,|V|}, \{\boldsymbol{u}'_i\}_{i=1,2,\cdots,|V|}, \{\boldsymbol{u}_{r_i}\}_{i=1,2,\cdots,|R|}\}$

1：**for** $i=1$ to $|V|$ **do**
2：　　初始化向量 $\boldsymbol{u}_i$ 和 $\boldsymbol{u}_i'$
3：**end for**
4：**for** $j=1$ to $|R|$ **do**
5：　　初始化向量 $\boldsymbol{u}_{r_j}$
6：**end for**
7：**repeat**
8：　　随机采样一个节点 $v_i \in V$

（续）

9：　　从节点 v_i 的邻居节点中的采样出节点 v_j（与节点 v_i 具有关系 r_s）和 v_k（与节点 v_i 具有关系 r_t）
10：　　判断上述采样出的节点对是否属于图 3.24 中的情况（a）~（c），然后分别根据式（3.70）~式（3.72）按照学习率 η 来更新参数 Θ
11：　　**for** $m=1$ to K **do**
12：　　　　采样一个负样本节点 v_n 和负样本关系 r_l
13：　　　　**while**（点 v_i 与点 v_n 具有关系 r_l）**do**
14：　　　　　　采样一个负样本节点 v_n 和负样本关系 r_l
15：　　　　**end while**
16：　　　　判断上述采样出的节点对是否属于图 3.24 中的情况（a）~（c），然后分别根据式（3.70）~式（3.72）按照学习率 η 来更新参数 Θ
17：　　**end for**
18：**until** 收敛
19：**return** Θ

对于该算法，假设采样一条边的时间复杂度为 $O(1)$。由于参数更新过程主要依赖采样，根据式（3.70）~式（3.72）中对应的每一种情况，一次完整的采样需要两次采样真实存在的样本和 K 次负采样的负样本，参数更新是对样本实体或者关系向量的每一维进行更新，因此采样一次的时间是 $O(d\cdot(K+2))$，其中 K 是负采样的次数，d 是样本向量的维度。因此在模型推导阶段，对于每一种情况一次迭代的时间复杂度是 $O(d\cdot K)$。在实际中，迭代的次数往往与网络中边的数量 $|E|$ 成正比，因此对于每种情况，整体的时间复杂度是 $O(d\cdot K\cdot |E|)$。通常，d 和 K 都是常数，因此时间复杂度可以估计为 $O(|E|)$。通过整体的时间复杂度可以看出，整个多关系网络表示学习算法时间复杂度与网络中边的数量成正比，与节点的数量无关，从而说明了多关系表示学习模型的可行性与高效性。

1. 模型验证

1）数据集选择

为证实笔者提出的基于结构的多关系网络表示学习模型的优势，笔者采用真实的多关系网络来进行实验，常用的两个数据集为 WN18 和 FB15k。其中，WN18 是指包含 18 种关系的 WordNet 数据集。WordNet[57] 是一个英文词的数据库，也可以看作一个英语词汇语义网。WordNet 中包含名词、副词、形容词和动词，每种词性的同义词构成同义词集，作为该语义网络中的节点，同义词集之间存在着的多种关系作为语义网的边，从而构成多关系网络，如图 3. 25（a）所示。FB15k 则是从原始 Freebase[58] 中提取出 15 000 个主题词的数据集。Freebase 是一个基于 Wikipedia 的多关系网络，其中的每个条目都采用 Domain-Type-Topic 三层结构化的数据存储。在 Freebase 中，每个条目都是一个 Topic（主题），每个 Topic 中的固定字段称作属性；所有相同类别的 Topic 共同组成一个 Type（类），而所有相同类别的 Type 共同组成一个 Domain，如图 3. 25（b）所示。

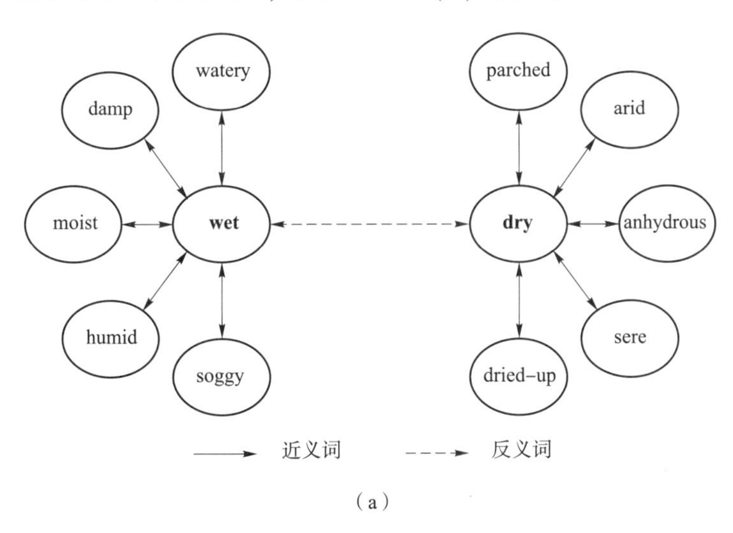

（a）

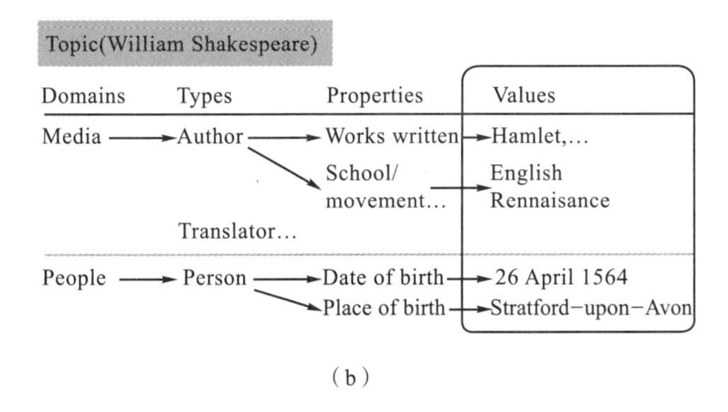

（b）

图 3. 25 WordNet 和 Freebase 形式化表示

（a）WordNet[59]；（b）Freebase[60]

2）对比算法

（1）MNE：本课题组提出的上述基于结构的多关系网络表示学习算法。

（2）LINE：该算法利用网络中节点之间的链接关系，定义一阶相似性、二阶相似性来作为约束条件，从而学习出网络的向量化表示。其中，LINE-1st-order、LINE-2nd-order 分别为利用一阶相似性、二阶相似性的 LINE 算法。

（3）RLINE：本课题组提出的在 LINE-2nd-order 的基础上，通过加入关系进行改进形成的一种新型算法。

（4）DeepWalk：一种利用随机游走和语言模型来学习网络的向量表示学习算法。

（5）TransE：这是最经典的基于翻译的知识图谱表示学习算法。该算法的主要思想认为关系向量是头节点向量到尾节点向量的平移向量。真实存在的三元组的得分函数值大，不存在的三元组的得分函数值小。

（6）TransH：该算法在 TransE 的基础上认为节点和边处于不同的向量空间。引入关系平面转移的向量，将节点向量映射到边的向量空间，从而相同的实体针对不同的关系有不同的向量表示。

（7）TransR：该算法在 TransE 和 TransH 的基础上加以修改，引入关系平面的转移矩阵。将节点向量通过平面矩阵映射到边的向量空间。从 TransH 的关系向量转换为 TransR 的关系矩阵，增加了解的自由度。

其中，TransE、TransH 和 TransR（统称 TransFamily）因为采样方式的不同而存在 bern 和 unif 两个版本[17]。LINE 和 DeepWalk 是单关系网络表示学习算法，在网络表示学习过程中严重依赖于节点之间边的权重。由于多标签网络中任意两个节点之间可能存在多种关系标签，因此笔者把两个节点之间关系标签的种类数目作为边的权重，从而将多标签网络转化成单标签网络，使其适用于 LINE 算法和 DeepWalk 算法。此外，由于 LINE 算法没有充分利用多标签网络中边的标签信息，所以在算法 LINE 的基础上引入关系（边）标签，将单关系网络中 LINE-2nd-order 的概率改写为式(3.73)，从另一种角度使 LINE 算法适用于多标签网络。与之相同，笔者通过最小化 RLINE 算法拟合分布与经验分布的 KL 距离，学习出多关系网络的向量表示，公式为

$$p(v_j, r_m \mid v_i) = \frac{\exp(\boldsymbol{u}_j'^{\mathrm{T}}(\boldsymbol{u}_i + \boldsymbol{u}_{r_m}))}{\sum_{(v_i, r_p, v_x) \in E'} \exp(\boldsymbol{u}_x'^{\mathrm{T}}(\boldsymbol{u}_i + \boldsymbol{u}_{r_p}))} \tag{3.73}$$

3）实验结果

为了验证所提出的 MNE 算法的效果，笔者在三元组分类和链接预测两个经典任务上进行实验。通过与主流的方法进行对比来验证 MNE 算法的有效性。同时，针对不同的表示向量维度，对 MNE 算法和基于翻译的知识图谱表示学习算法 TransFamily 进行对比实验，观察向量维度对算法效果的影响，以进一步印证本算法的高效性。最后，通过调节数据集中三角形结构的占比，观察基于翻译的知识图谱表示学习算法 TransFamily 在不同占比数据集上的实验效果，再次证明三角形结构对 TransFamily 的影响。

2. 三元组分类

三元组分类是常用的网络表示学习算法的评价任务。具体的做法：训练一个二分类器来判断给定的三元组是否存在于真实的网络中。在该任务中，首先将原数据集中出现的三元组作为正样本；然后，通过采样来随机地替换三元组中的节点或者边，形成未出现在数据集中的三元组，作为负样本。在验证过程中，将正样本、负样本混合，构成新的数据集。通常情况下，正样本、负样本的数量应保持一致。随后，将利用网络表示学习算法学习出的节点和边的向量表示，通过串联构成数据集中三元组的向量表示。需要注意的是，LINE 和 DeepWalk 算法得到的是没有边的向量，所以只用三元组中头节点和尾节点的向量来表示数据集中的三元组。笔者将新的数据集划分为训练集与测试集，将训练集中三元组的向量表示作为分类器的输入，将训练集中三元组的正、负标签作为分类器的输出，通过机器学习中的分类算法（MNE 算法中使用的逻辑斯谛回归和支持向量机）训练模型。然后使用训练好的分类器预测测试集中三元组的标签，最终用分类器在测试集上的预测精确度作为多关系网络表示学习算法的评估标准。在该实验中，网络表示学习算法 MNE 的向量维度为 100，迭代 1000 次，学习率初始值为 0. 25。由于将三元组中节点和边的向量进行串联，所以分类器的输入特征维度为 300。其中，逻辑斯谛回归算法实现利用了 Sklearn 中的 LogisticRegression 分类模块，训练分类器的参数设置如下：正则项采用 L_2，参数更新方法为随机梯度下降，迭代 1000 次，其他采用默认设置；支持向量机算法实现利用了 libsvm 工具，训练分类器的参数设置为：核函数采用多项式核函数，交叉验证数量为 10，其他采用默认设置。三元组分类的实验结果如表 3. 3 所示，由于逻辑斯谛回归与支持向量机得到相似的结果，所以在表中只展示了逻辑斯谛回归的准确率。

表 3.3 三元组分类实验结果

算法	WN18		FB15k	
	准确率/%	性能提升/%	准确率/%	性能提升/%
MNE	**86.74**	—	**90.08**	—
LINE-1st-order	50.47	36.27	58.67	31.41
LINE-2nd-order	54.34	32.40	70.52	19.56
RLINE	82.26	4.48	86.41	3.67
DeepWalk	53.28	33.46	69.31	20.77
TransE (bern)	81.31	5.43	70.46	19.62
TransE (unif)	80.42	6.32	71.40	18.68
TransH (bern)	81.44	5.30	71.72	18.36
TransH (unif)	80.83	5.91	70.98	19.10
TransR (bern)	80.43	6.31	70.49	19.59
TransR (unif)	80.73	6.01	71.48	18.60

对实验结果的观察与分析如下：

(1) 本节提出的多关系网络表示学习算法 MNE 和知识图谱表示学习算法 TransFamily 的效果要优于以 LINE 和 DeepWalk 为代表的网络表示学习算法，这说明通过对网络中有向边的学习，可以提升整个网络的表示效果。

(2) RLINE 在两个数据集上的准确率相对于 LINE 都有大幅提高，再次直观地说明了在网络中边的学习对表示学习算法性能的提升起到正向作用。但是 RLINE 的效果相对于本节提出的基于结构的网络表示学习算法 MNE 还是有一定的差距，这也验证了 MNE 对网络中基本结构的拟合是合理且有效的。

(3) 在两个数据集上，MNE 的实验效果分别可以达到 86.74% (WN18) 和 90.08% (FB15k)，实验效果优于所有对比方法。

(4) 在数据集 FB15k 上，TransFamily 的实验性能有所下降，基于结构的多关系网络表示学习算法 MNE 依旧效果稳定。这是因为 FB15k 中的三角形结构的节点占比远高于 WN18，从而验证了三角形结构对 TransFamily 算法的实验性能起到负面影响。

3. 链接预测

链接预测是另一种普遍用来检验网络表示学习算法性能的方法。该任务的主要目的是判断两个节点之间是否存在联系。与单关系网络不同，本实验不仅要判断两个节点之间是否有链接，还要判断链接的是哪种标签的边。该问题可以形式化为给定三元组(h,r,t)，当已知头节点 h 和关系 r 时预测最佳的尾节点 t，或者已知关系 r 和尾节点 t 时预测最佳的头节点 h。同样地，可以将该问题转化为二分类问题，将判断实体之间是否存在某种关系的问题转化为该三元组是否存在的问题。该任务与三元组分类的区别在于：在任务中首先将数据集中的一部分三元组移除，不参与网络的表示学习过程。为了训练分类器，笔者将剩余数据集中的三元组作为正样本，随机替换头（尾）实体或者关系，得到在数据集中不存在的三元组作为负样本，最后将正样本、负样本融合，构成新的数据集。

新数据集中的三元组利用网络表示学习算法学习出的向量进行表示，并将其作为分类器的输入，将正、负样本标签作为分类器的输出，以此训练分类器。最后，用学习得到的分类器来判断数据集中被移除的三元组是否存在。该任务中依旧利用分类器的准确率来评价表示学习算法的性能。在该任务中，仍采用逻辑斯谛回归和支持向量机两种分类器对表示学习算法进行性能评估，参数设置与三元组分类任务相同。表 3. 4 所示的链接预测实验结果为逻辑斯谛回归的准确率。

表 3. 4　链接预测实验结果

算法	WN18		FB15k	
	准确率/%	性能提升/%	准确率/%	性能提升/%
MNE	**85. 04**	—	**91. 81**	—
LINE-1st-order	50. 94	34. 10	59. 27	32. 54
LINE-2nd-order	54. 12	25. 92	64. 13	27. 68
RLINE	83. 42	1. 62	86. 86	4. 85
DeepWalk	54. 54	30. 50	69. 55	22. 26
TransE（bern）	82. 76	2. 28	69. 40	22. 41
TransE（unif）	82. 46	2. 58	71. 23	20. 58
TransH（bern）	83. 48	1. 56	69. 77	22. 04
TransH（unif）	82. 22	2. 82	72. 46	19. 35
TransR（bern）	82. 38	2. 66	71. 77	20. 04
TransR（unif）	80. 73	4. 31	71. 48	20. 33

在链接预测任务上，本实验得到和三元组分类一致的结论。MNE 和 TransFamily 的实验结果都优于网络表示学习算法 LINE 和 DeepWalk；加入关系的 RLINE 算法在两个数据集上都比 LINE-1st-order 和 LINE-2nd-order 的实验效果好，这说明加强对边的向量化学习可以提升整个网络表示学习的效果；RLINE 算法的实验效果优于强约束的 TransFamily 的算法性能，这也说明基于概率的多关系表示学习算法的有效性；本节提出的多关系网络表示学习算法 MNE 优于 RLINE，说明多关系网络中局部结构的拟合对多关系网络表示起到了正向提升的作用；然而，TransFamily 在数据集 FB15k 上的效果依旧远不如 WN18 的效果，这也再次验证了三角形结构对基于硬约束的知识图谱表示学习算法的性能影响；无论是数据集 FB15k 还是 WN18，MNE 的实验效果依旧优于其他对比方法。

4. 向量维度对实验结果的影响

多关系网络表示学习算法中的向量维度是影响实验效果的一个很重要的超参数。为了观察表示向量的维度与实验性能的关系，本实验分别在数据集 WN18、FB15k 针对不同的向量维度进行了三元组分类和链接预测两个实验，实验结果如图 3.26 所示。

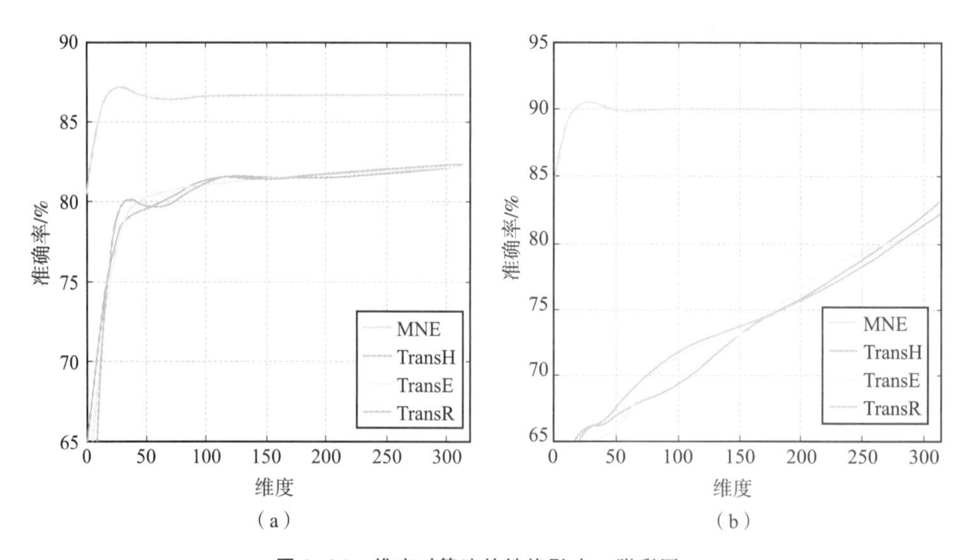

图 3.26　维度对算法的性能影响（附彩图）

(a) WN18 的三元组分类；(b) FB15k 的三元组分类；

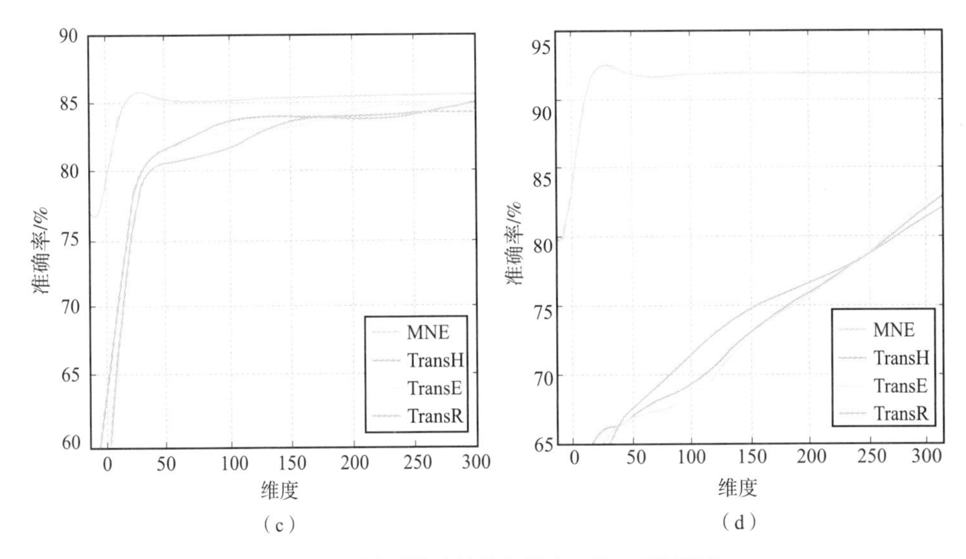

图 3.26　维度对算法的性能影响（续）（附彩图）

（c）WN18 的链接预测；（d）FB15k 的链接预测

从图 3.26 所示的实验结果可以得出以下结论：

（1）算法的实验性能与向量的维度呈正相关的关系，随着向量维度的增加，所有表示学习算法的性能都在提高，最终达到稳定。

（2）基于结构的多关系网络表示学习算法 MNE 在每个数据集以及每个任务上都优于所有基于硬约束的知识图谱表示学习算法。

（3）当表示向量维度较小（2~5 维）时，基于结构的 MNE 便可以在三元组分类任务和链接预测任务上达到 80%（WN18）和 85%（FB15k）的准确率；并且，当维度达到 20 时，MNE 便可以实现算法的收敛。

（4）基于硬约束的 TransFamily 在维度较小时的准确率只在 60%和 65%左右，当维度达到 100（甚至更高）时才可以收敛。

较低的维度可以加快算法的计算速度，降低算法的学习复杂度。此外，通过负采样的方式可以加快算法的收敛，从而使得 MNE 可以适合更大的网络。

5. 数据集中三角形比例对实验结果的影响

通过改变数据集中三角形结构的占比，本任务对 TransE 和 TransH 算法进行了实验，观察这两种算法在三元组分类任务上的性能变化。如图 3.27 所示，随着数据集中三角形结构占比的增加，两种模型的三元组分类准确率都呈下降趋势。当数据集中三角形结构占比为20%时，模型的准确率能达到80%以上。然而，随着比例的增加，当三角形结构占比达到80%左右时，三元组分类的准确率下降到70%以下。通过对本实验结果的分析，更加印证了笔者在前文的观察与分析——三角形结构是一种重要结构，对于使用硬约束的TransFamily模型的效果产生至关重要的影响。

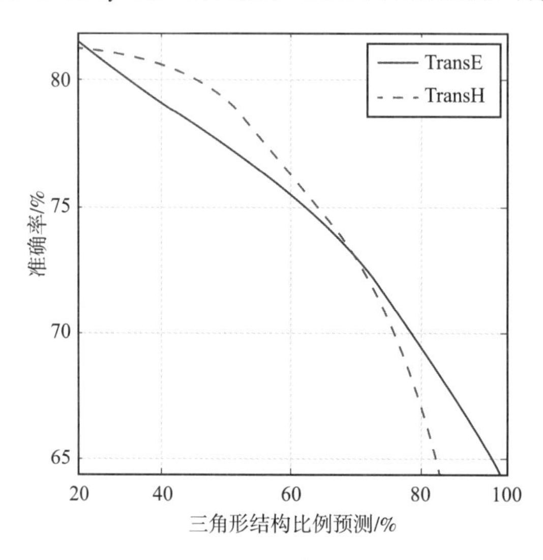

图3.27 实验准确率受数据集中三角形结构比例的影响

总的来说，多关系网络表示学习算法主要基于多关系网络中的基本结构性，在保证网络中结构性质的同时，学习出多关系网络中节点的向量化表示和边的向量化表示。通过对真实数据集的实验分析，笔者发现多关系网络中存在着大量的三角形结构，即任意3个节点之间链接的边具有相同的标签，并且通过实验进一步证明了三角形结构对主流基于硬约束的多关系网络表示学习算法性能的影响。除了三角形结构以外，笔者还发现在多关系网络中存在着大量的平行四边形结构，即任意4个节点被平行且方向相同的两种关系所连接。为了保证多关系网络中的平行四边形结构，避免网络中三角形结构对多关系网络表示学习算法性能的影响，笔者提出一种新颖的概率形式，通过最小化网络中节点的概率分布与真实概率分布的KL散度来学习多关系网络的向量化表示。

本节提出的多关系网络表示学习算法在真实的数据集上进行了验证。实验结果表明，该算法在所有数据集上都优于对比的网络表示学习算法和知识图谱表示学习算法，从而很好地验证了该算法的有效性与可行性。

3.4 小　　结

相较于单一关系网络，多关系网络所存储的信息更加复杂，更符合现实世界的复杂关系，因此应用的范围也更加广泛。本章对目前主流的多关系网络表示学习模型进行了详细介绍，为后续内容和模型设计提供了良好的理论基础和技术支撑。对于多关系网络表示模型，本章主要讨论了经典模型与深度模型两大类。经典的多关系网络表示学习模型由于出现较早，因此种类较多。其中，自 TransE 模型诞生后，众多基于 TransE 模型的扩展与改进方法被提出。在这些经典模型中，本章详细介绍了结构化嵌入模型、神经张量模型、TransFamily 模型，并在此基础上介绍了一些扩展及改进模型——高斯嵌入模型、复数嵌入模型。最后，本章对其他较为早期的模型进行了整体概括描述，以便读者对其有所了解。对于深度模型，本章详细介绍了基于 GCN 的R-GCN 模型与 CompGCN 模型、基于循环神经网络的 RSN 模型、基于异质信息网络的 GATNE 模型以及能够学习多关系网络中节点的向量化表示和边的向量化表示的多关系网络学习模型。随着数据量增长使得网络结构将越来越复杂，以及深度学习方法的不断发展，基于深度神经网络的多关系网络表示模型将有更多出色的成果。

第3部分

应用驱动的网络表示学习

第4章

基于单关系表示的网络对齐

4.1 引　　言

在线社交网络中，同一用户可能存在多个社交网络账号，这些不同网络中的同一节点的链接关系也被称为锚链接（anchor links）。

跨网络锚链接预测是目前社交网络分析中一项备受瞩目的工作。锚链接是连接两个不同社交网络的重要资源，对于锚链接的预测目的在于对应出不同社交网络中的相同用户。目前，这项研究已经吸引到广大研究者的关注。对于链接的精准预测，可以为一些社交网络应用（如社交链接预测、跨领域推荐等）提供帮助。总而言之，锚链接预测可以有效解决社交网络分析中的网络稀疏性问题及跨网络用户信息传播的问题，还可以为大量基于数据挖掘的应用提供辅助。

4.2 节将主要介绍基于出入度的表示学习方法来获取多个网络中节点的向量化表示，通过该向量化表示来对跨网络的锚链接进行预测。这个方法能有针对性地解决以往研究中基于分类（或基于矩阵）的方法进行锚链接预测所存在的问题。

4.3 节将详细介绍基于生成式对抗模型的链接预测和实体对齐任务。生成式对抗网络模型自提出以来，在计算机视觉、自然语言处理、人机交互等领域被成功应用，并不断在其他领域延伸。生成器和判别器通过不断进行最大最小化对抗，最终生成器能够生成判别器无法区分的逼真数据。

这种思想同样可以应用在表示学习上。在链接预测任务中，我们设计的生成器可以生成接近真实网络链接分布的边；而在实体对齐任务中，我们设计了一种生成器，最终可以使得同一节点在不同网络中的嵌入式表示无法分辨，从而压制与对齐任务无关的特征提取，进而实现对齐任务的性能提升。

4.2　基于出入度表示的社交网络节点对齐

本章将提出一种基于网络表示学习的方法来对不同社交网络中相同的用户进行对应。该方法是一种能够同时学习多个社交网络在同一个空间中的嵌入向量的框架。在使用已标注（或潜在）的锚链接用户作为硬约束（hard constraint）与软约束（soft constraint）的前提下，多个社交网络中的用户嵌入向量可以被同时映射到同一个低维空间中。与以往的网络表示学习方法不同的是，本节提出的方法通过定义输入上下文向量（input context vectors）和输出上下文向量（output context vectors）来显式地对用户的好友关系及关注关系进行建模，在下文中称该模型为 IONE（input-output network embedding）。具体地，在同一个网络中，IONE 模型可以保证具有类似粉丝与关注者的集合的用户在嵌入空间上较为接近。而在多个社交网络上，已经标注的锚用户和潜在的锚用户可以分别作为硬约束和软约束将多个网络中的好友映射至同一个空间中。本节将上述描述中的所有因素整合到一个统一的目标函数中，而对于该目标函数的求解则可以求得用户在低维空间中的嵌入。在求解过程中，本节使用负采样（negative sampling）与随机梯度下降算法降低计算复杂度，以便本模型可以在大规模数据上运行。

在多个社交网络中，同一个用户可能在多个网络中都有账号。与 Zhang 等[61]的工作类似，本节定义了锚链接，将锚链接两端的用户称为锚用户（anchor user），而对于锚链接的预测也就是将不同网络中的相同用户进行对应。本节将首先提出一种跨网络的表示学习模型。该模型针对用户的粉丝（follower）关系与关注者（followee）关系，分别将其定义为输入上下文

(input context) 与输出上下文 (output context)。在此基础上，使用已标注的（或者由其他先验知识获取的）可能的锚用户来将用户信息进行跨网络传递，最后通过保持网络局部拓扑结构来获取跨网络用户在同一个低维空间上的用户嵌入向量 (embedding vector)。对于锚链接的预测问题，我们基于该嵌入向量，通过相似度计算的方法来实现对未标注的潜在锚链接进行预测。

本节将详细介绍 IONE 模型。给出一个有向的社交网络的定义：假设$G=(V,E,w)$是一个社交网络。其中，$V:=\{v_i\}$是一个用户节点的结合；$E:=\{(v_i,v_j)\}$是网络中代表用户关系的有向边的集合。每条边对应一个权重 $w_{ij}(w_{ij}>0)$，代表用户之间关系的强度。在给出有向网络定义之后，接下来将针对多个有向的社交网络，详细介绍跨网络用户表示学习模型。

1. 跨网络用户嵌入模型

本节将基于表示学习的方法提出一种跨网络用户嵌入模型。与目前多数的表示学习模型的方法类似，我们通过一个映射函数 $f:V\to\mathbf{R}^d$ 将网络中每个节点 $v_i\in V$ 表示为一个 d 维向量。对于粉丝关系与关注者关系的利用，我们认为网络中每个用户将被其粉丝和关注者所定义。不失一般性，我们将网络中一条有向边上的两个用户进行角色定义。假设 v_i 关注用户 v_j，那么我们认为 v_i 是父节点、v_j 是子节点。在本章中我们认为，每个节点的父节点可以表示为该节点的输入上下文 (input context)；每个节点的子节点可以表示为该节点的输出上下文 (output context)。相应地，我们可以看出，网络中每个节点 v_i 都有 3 种不同的向量表示：$\boldsymbol{u}_i\in\mathbf{R}^d$ 表示用户本身的向量；$\boldsymbol{u}'_i\in\mathbf{R}^d$ 表示该用户作为输入上下文时的向量；$\boldsymbol{u}''_i\in\mathbf{R}^d$ 表示用户作为输出上下文时的向量。图 4. 1 给出了网络中用户向量的具体形式。

在图4. 1 中，v_i 是 v_j 的父节点，所以 v_i 作为 v_j 的输入上下文，故其向量之间的交互关系为 v_i 的向量 $\boldsymbol{u}_i$ “贡献” 给 v_j 的输入上下文向量 $\boldsymbol{u}'_j$。与此同时，又因为 v_j 是 v_i 的子节点，故 v_j 作为 v_i 的输出上下文，其向量之间的交互关系为，v_j 的向量 $\boldsymbol{u}_j$ “贡献” 给 v_i 的输出上下文向量 $\boldsymbol{u}''_i$。在给定上下文与其对应的向量之间的交互关系之后，我们就可以显式地对用户的粉丝关系和关注关系进行建模。

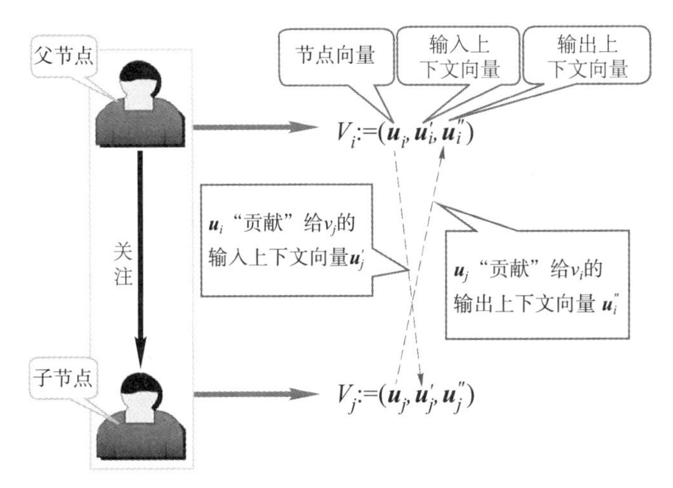

图 4.1　用户向量表示

为了能够根据我们所给出上下文的定义学习出网络的嵌入，对于具体的网络 G 中的每条边 $(v_i, v_j) \in E$，我们给出 v_i 作为 v_j 的输入上下文的情况下“贡献”给 v_j 的输入上下文向量的概率。具体而言，我们采用 Softmax 函数的形式，这个概率定义为 v_i 对 v_j 的贡献与 v_i 对网络中其他节点贡献之间的比值，即

$$p_1(v_j \mid v_i) = \frac{\exp(\boldsymbol{u}'^{\mathrm{T}}_j \cdot \boldsymbol{u}_i)}{\sum_{k=1}^{|V|} \exp(\boldsymbol{u}'^{\mathrm{T}}_k \cdot \boldsymbol{u}_i)} \tag{4.1}$$

式中，$|V|$ ——在一个网络中用户节点的数目。

与之类似，我们还可以定义 v_j 作为 v_i 的输出上下文的情况下“贡献”给 v_i 的输出上下文向量的概率，并将其定义为 v_j 对 v_i 的贡献与 v_j 对网络中其他节点的贡献的比值，即

$$p_2(v_i \mid v_j) = \frac{\exp(\boldsymbol{u}''^{\mathrm{T}}_i \cdot \boldsymbol{u}_j)}{\sum_{k=1}^{|V|} \exp(\boldsymbol{u}''^{\mathrm{T}}_k \cdot \boldsymbol{u}_j)} \tag{4.2}$$

在给定这两个概率定义的基础上，我们通过计算网络中链接的权重与节点的度来分别给出 $p_1(v_j \mid v_i)$ 和 $p_2(v_i \mid v_j)$ 的经验概率值：$\hat{p}_1(i,j) = w_{ij}/d_i^{\mathrm{out}}$，$\hat{p}_2(i,j) = w_{ij}/d_j^{\mathrm{in}}$。其中，$d_i^{\mathrm{out}} = \sum_{k \in N_{\mathrm{out}(v_i)}} w_{ik}$，$d_j^{\mathrm{in}} = \sum_{k \in N_{\mathrm{in}(v_j)}} w_{kj}$，分别表示 v_i 的出度与 v_j 的入度。在定义经验概率之后，我们采用最小化 p_1、p_2 与其经验概率 $\hat{p}_1$、$\hat{p}_2$ 之间的 KL 距离的方式对模型进行建模。

对于给定的两个社交网络 X 和 Y，我们的目标是同时使用 IONE 模型学习到两个网络中节点的嵌入向量，并保证这些向量在同一个维度空间中。为了达到这个目的，首先假设在网络 X 中存在一个锚用户，在网络 Y 中存在一个对应的用户，这两个用户实际上是同一个人。那么，这个锚用户对可以作为两个网络之间的桥梁，使得我们可以同时学习得到两个网络用户在同一空间中的嵌入限量。具体地，我们主要应该达成以下两个目标：

目标 1：分别对于两个网络内部而言，如果两个用户共享更多粉丝和关注者，则该模型应尽量保持其对应的嵌入向量相似。

目标 2：对于跨网络之间的用户，我们则通过保持锚用户的嵌入向量一致来将两个网络中的用户映射到一个空间中。在此基础上，在该空间上相似的两个网络中的用户则可以作为锚链接预测的有效候选。

注意：为了清晰起见，在此仅仅讨论了我们的模型在两个社交网络上的优化目标。该优化目标同样可以很容易地扩展至多个社交网络上。

为了达成目标 1，我们采用最小化 p_1、p_2 与其经验概率 $\hat{p}_1$、$\hat{p}_2$ 之间的 KL 距离的方式来构造目标函数。具体公式如下：

$$\begin{aligned} O_1 = & -\sum_{v_j \in V^X} \lambda_j^{\text{in}} \mathrm{KL}(\hat{p}_1^X(i,j) \parallel p_1(v_j^X \mid v_i^X)) - \\ & \sum_{v_i \in V^X} \lambda_i^{\text{out}} \mathrm{KL}(\hat{p}_2^X(i,j) \parallel p_2(v_i^X \mid v_j^X)) - \\ & \sum_{v_j \in V^Y} \lambda_j^{\text{in}} \mathrm{KL}(\hat{p}_1^Y(i,j) \parallel p_1(v_j^Y \mid v_i^Y)) - \\ & \sum_{v_i \in V^Y} \lambda_i^{\text{out}} \mathrm{KL}(\hat{p}_2^Y(i,j) \parallel p_2(v_i^Y \mid v_j^Y)) \end{aligned} \tag{4.3}$$

式中，λ_i^{out}——v_i 贡献给 v_j 的权重；

λ_j^{in}——v_j 贡献给 v_i 的权重。

在定义这两个权重之后，可将目标函数 O_1 改写成如下形式：

$$\begin{aligned} O_1 = & -\sum_{(v_i,v_j) \in E^X} w_{ij}^X \log p_1(v_j^X \mid v_i^X) - \sum_{(v_i,v_j) \in E^X} w_{ij}^X \log p_2(v_i^X \mid v_j^X) - \\ & \sum_{(v_i,v_j) \in E^Y} w_{ij}^Y \log p_1(v_j^Y \mid v_i^Y) - \sum_{(v_i,v_j) \in E^Y} w_{ij}^Y \log p_2(v_i^Y \mid v_j^Y) \end{aligned} \tag{4.4}$$

为了达成目标 2，首先应保证两个网络之间的锚用户的嵌入向量一致，然后在两个网络同时进行嵌入向量的学习。也就是说，此时我们将已知的锚链接的用户作为硬约束进行模型参数求解。除此之外，在已知锚用户的基础上，我们还可以通过一些附加知识来对网络中的用户进行

“预对应”，而这些用户之间对应的概率可以作为软约束为模型提供更多信息，以达到更好的效果。我们通过训练一个链接预测模型来获取跨网络之间未标记用户之间可能是锚用户的概率，在此基础上，我们可以定义第二个目标函数。

首先，我们定义 $p_a(v_i^X \mid v_k^Y)$ 作为 v_i^X 和 v_k^Y 两个用户可能是锚用户对的概率。也就是说，如果 v_i^X 和 v_k^Y 是已经标注的锚用户对，那么 $p_a(v_i^X \mid v_k^Y)=1$。如果 v_i^X 和 v_k^Y 是未标注的，那么 $p_a(v_i^X \mid v_k^Y)$ 的值是预先训练好链接预测模型输出的概率。可以证明，如果我们将 $p_a(v_i^X \mid v_k^Y)$ 设置为 1，就可以达到对该模型进行硬约束的效果，即可以使锚用户对保持其嵌入向量一致。在跨网络学习嵌入向量的过程中，这个概率可以看作 v_i^X 和 v_k^Y 之间的“桥梁”。也就是说，网络 Y 中的用户 v_k^Y 可以作为输入上下文以概率 $p_a(v_i^X \mid v_k^Y)$ “贡献”网络 X 中的用户 v_i^X。这也意味着，v_i^X 和 v_k^Y 可以以这个概率相互代替并作为上下文节点“贡献”给对方网络中的节点。在这个思路的基础上，我们定义以下 4 个经验概率：

$$\hat{p}_1(v_j^X \mid v_k^Y) = \sum_{v_i \in X} p_a(v_i^X \mid v_k^Y) \cdot w_{ij}/d_i^{\text{out}}$$

$$\hat{p}_1(v_j^Y \mid v_k^X) = \sum_{v_i \in Y} p_a(v_i^Y \mid v_k^X) \cdot w_{ij}/d_i^{\text{out}}$$

$$\hat{p}_2(v_i^X \mid v_k^Y) = \sum_{v_j \in X} p_a(v_j^X \mid v_k^Y) \cdot w_{ij}/d_j^{\text{in}}$$

$$\hat{p}_2(v_i^Y \mid v_k^X) = \sum_{v_j \in Y} p_a(v_j^Y \mid v_k^X) \cdot w_{ij}/d_j^{\text{in}}$$

与目标函数 O_1 类似，我们同样使用最小化公式（式（4.1）、式（4.2））中定义的生成概率与上面定义的经验概率的 KL 距离来获取第二个目标函数。具体定义如下：

$$\begin{aligned} O_2 = &-\sum_{v_k \in Y} \sum_{(v_i,v_j) \in E^X} w_{ij}^X p_a(v_i^X \mid v_k^Y) \log p_1(v_j^X \mid v_k^Y) - \\ &\sum_{v_k \in Y} \sum_{(v_i,v_j) \in E^X} w_{ij}^X p_a(v_j^X \mid v_k^Y) \log p_2(v_i^X \mid v_k^Y) - \\ &\sum_{v_k \in X} \sum_{(v_i,v_j) \in E^Y} w_{ij}^Y p_a(v_i^Y \mid v_k^X) \log p_1(v_j^Y \mid v_k^X) - \\ &\sum_{v_k \in X} \sum_{(v_i,v_j) \in E^Y} w_{ij}^Y p_a(v_j^Y \mid v_k^X) \log p_2(v_i^Y \mid v_k^X) \end{aligned} \tag{4.5}$$

在定义上述两个目标函数之后，我们可以通过同时最小化这两个目标函数来学习跨网络中节点的嵌入向量。最终的目标函数定义如下：

$$O = O_1 + O_2 \tag{4.6}$$

可以看出，目标函数 O_1 可以保证在同一网络的情况下，如果两个用户共享了更多输入上下文、输出上下文（即粉丝链接关系以及关注者链接关系），那么在低维空间上两个用户可以更近。与此同时，目标函数 O_2 可以将锚用户对作为桥梁，使得上下文信息能在两个网络之间进行传播，并且通过硬约束与软约束的方式使得两个网络中的用户同时嵌入同一个低维空间。在整合的目标函数上可以看出，在模型中要学习的参数主要有 $\{\boldsymbol{u}_x^X, \boldsymbol{u'}_x^X, \boldsymbol{u''}_x^X, \boldsymbol{u}_y^Y, \boldsymbol{u'}_y^Y, \boldsymbol{u''}_y^Y\}$。

2. 参数学习

在给定目标函数之后，我们使用随机梯度下降算法对网络中用户的嵌入向量进行求解。在对网络 X 中的用户 v_i（即 $\boldsymbol{u}_i^X$）的更新时，其梯度的具体计算方法如下：

$$\begin{aligned}\frac{\partial O}{\partial \boldsymbol{u}_i^X} &= \frac{\partial O_1}{\partial \boldsymbol{u}_i^X} + \frac{\partial O_2}{\partial \boldsymbol{u}_i^X} \\ &= w_{ij}^X \cdot \frac{\partial \log p_1(v_j^X \mid v_i^X)}{\partial \boldsymbol{u}_i^X} + \sum_{v_k \in V^X} w_{ij}^Y \cdot p_{\mathrm{a}}(v_i^Y \mid v_k^X) \frac{\partial \log p_1(v_j^Y \mid v_k^X)}{\partial \boldsymbol{u}_i^X}\end{aligned} \tag{4.7}$$

式中，V^X——网络 X 的节点集。

由式（4.1）可知，在对条件概率 p_1 的计算上，其分母部分需要对网络中的所有节点进行计算。实际上，一个网络中的节点数目巨大，而对于这部分的计算是非常耗费时间的。为了减少计算的复杂度，我们使用负采样（negative sampling）算法对求解过程进行优化。简单来说，负采样算法主要是将求原有目标函数的最小值问题转化为一个基于概率的二分类问题。其中，该二分类模型与原目标函数使用的参数一致，并且分类模型所使用的正例（positive instance）主要来自对经验概率分布的采样，而使用的负例（negative instance）则主要来自一个“噪声”概率分布上的采样。在使用了负采样算法之后，式（4.7）中与 p_1 相关的部分可以导出为

$$\begin{aligned}\log p_1(v_j^X \mid v_i^X) \propto{}& \log \sigma(\boldsymbol{u'}_j^{XT} \cdot \boldsymbol{u}_i^X) + \\ & \sum_{m=1}^{K} E_{v_n \sim p_n(v)} \log \sigma(-\boldsymbol{u'}_n^{XT} \cdot \boldsymbol{u}_i^X)\end{aligned} \tag{4.8}$$

$$\log p_1(v_j^Y \mid v_k^X) \propto \log \sigma(\boldsymbol{u}_j'^{YT} \cdot \boldsymbol{u}_k^X) + \sum_{m=1}^{K} E_{v_n \sim p_n(v)} \log \sigma(-\boldsymbol{u}_n'^{YT} \cdot \boldsymbol{u}_k^X) \tag{4.9}$$

式中，$\sigma(x) = 1/(1+\exp(-x))$ 是 Sigmoid 函数，K 是从一个"噪声"分布 p_n 上采集到的负例的数目，v_n 则是在该"噪声"分布上采集到的负例。与文献[1]的工作类似，我们定义该"噪声"分布为 $p_n(v)=d_v^{3/4}$，其中 d_v 表示网络中用户 v 的出度。在此基础上，对于式（4.6）中关于用户嵌入向量 $\boldsymbol{u}_i$ 的求解可以重写如下：

$$\frac{\partial O}{\partial \boldsymbol{u}_i^X} = w_{ij}^X((1-\sigma(\boldsymbol{u}_j'^{XT} \cdot \boldsymbol{u}_i^X))\boldsymbol{u}_j'^X - \sigma(\boldsymbol{u}_n'^{XT} \cdot \boldsymbol{u}_i^X)\boldsymbol{u}_n'^X) + \sum_{v_k \in V^X} p_a(v_i^Y \mid v_k^X) w_{ij}^X((1-\sigma(\boldsymbol{u}_j'^{YT} \cdot \boldsymbol{u}_k^X))\boldsymbol{u}_j'^Y - \sigma(\boldsymbol{u}_n'^{YT} \cdot \boldsymbol{u}_k^X)\boldsymbol{u}_n'^Y) \tag{4.10}$$

与之类似，我们同样可以获取其他嵌入向量以及上下文向量的梯度。公式如下：

$$\frac{\partial O}{\partial \boldsymbol{u}_j^X} = w_{ij}^X \cdot ((1-\sigma(\boldsymbol{u}_i''^{XT} \cdot \boldsymbol{u}_j^X))\boldsymbol{u}_i''^X - \sigma(\boldsymbol{u}_n''^{XT} \cdot \boldsymbol{u}_j^X)\boldsymbol{u}_n''^X) + \sum_{v_k \in V^X} p_a(v_j^Y \mid v_k^X) w_{ij}^X((1-\sigma(\boldsymbol{u}_i''^{YT} \cdot \boldsymbol{u}_k^X))\boldsymbol{u}_i''^Y - \sigma(\boldsymbol{u}_n''^{YT} \cdot \boldsymbol{u}_k^X)\boldsymbol{u}_n''^Y) \tag{4.11}$$

$$\frac{\partial O}{\partial \boldsymbol{u}_i''^X} = w_{ij}^X(1-\sigma(\boldsymbol{u}_i''^{XT} \cdot \boldsymbol{u}_j^X))\boldsymbol{u}_j^X + \sum_{v_k \in V^Y} p_a(v_j^X \mid v_k^Y) w_{ij}^Y((1-\sigma(\boldsymbol{u}_i^{XT} \cdot \boldsymbol{u}_k^Y))\boldsymbol{u}_k^Y) \tag{4.12}$$

$$\frac{\partial O}{\partial \boldsymbol{u}_j'^X} = w_{ij}^X(1-\sigma(\boldsymbol{u}_j'^{XT} \cdot \boldsymbol{u}_i^X))\boldsymbol{u}_i^X + \sum_{v_k \in V^Y} p_a(v_i^X \mid v_k^Y) w_{ij}^Y((1-\sigma(\boldsymbol{u}_j^{XT} \cdot \boldsymbol{u}_k^Y))\boldsymbol{u}_k^Y) \tag{4.13}$$

$$\frac{\partial O}{\partial \boldsymbol{u}_n'^X} = w_{ij}^X(-\sigma(\boldsymbol{u}_n'^{XT} \cdot \boldsymbol{u}_i^X)\boldsymbol{u}_i^X) + \sum_{v_k \in V^Y} p_a(v_i^X \mid v_k^Y) w_{ij}^Y(-\sigma(\boldsymbol{u}_n'^{XT} \cdot \boldsymbol{u}_k^Y)\boldsymbol{u}_k^Y) \tag{4.14}$$

$$\frac{\partial O}{\partial \boldsymbol{u}''^{X}_{\mathrm{n}}} = w^X_{ij}(-\sigma(\boldsymbol{u}''^{XT}_{\mathrm{n}} \cdot \boldsymbol{u}^X_j)\boldsymbol{u}^X_j) + \sum_{v_k \in V^Y} p_{\mathrm{a}}(v^X_i \mid v^Y_k) w^Y_{ij}(-\sigma(\boldsymbol{u}'^{XT}_{\mathrm{n}} \cdot \boldsymbol{u}^Y_k)\boldsymbol{u}^Y_k) \tag{4.15}$$

式（4.10）~式（4.15）列出了在网络 X 中的更新规则，对于网络 Y，只需将式（4.10）~式（4.15）上标中的 X 改成 Y 即可。在此基础上，全部模型的求解算法见算法 4.1。

算法 4.1　IONE 模型参数学习算法

输入： 社交网络 G^X 以及 G^Y，预先标记部分锚链接 E_{a}，学习率 η，负采样数目 K
输出： 社交用户向量表示 $\Theta = \{\boldsymbol{u}_i, \boldsymbol{u}_j, \boldsymbol{u}''_i, \boldsymbol{u}'_j, \boldsymbol{u}'_{\mathrm{n}}, \boldsymbol{u}''_{\mathrm{n}}\}$

1: **procedure** 输入（$G^X, G^Y, E_{\mathrm{a}}, \eta, K$）
2: 　**初始化** $\Theta = \{\boldsymbol{u}^X_x, \boldsymbol{u}'^X_x, \boldsymbol{u}''^X_x, \boldsymbol{u}^Y_y, \boldsymbol{u}'^Y_y, \boldsymbol{u}''^Y_y\}$
3: 　**repeat**
4: 　　**for** N in (X, Y) **do**
5: 　　　从 G^N 中采样一条边(v_i, v_j)
6: 　　　利用式(4.10)~式(4.13)更新 $\boldsymbol{u}_i, \boldsymbol{u}_j, \boldsymbol{u}''_i, \boldsymbol{u}'_j$,学习率为 η
7: 　　　**for** i=0;i<K;i=i+1 **do**
8: 　　　　采集负样本节点 v_{n}
9: 　　　　利用式(4.10)、式(4.11)、式(4.14)、式(4.15)更新 $\boldsymbol{u}_i, \boldsymbol{u}_j, \boldsymbol{u}'_{\mathrm{n}}, \boldsymbol{u}''_{\mathrm{n}}$
10: 　　　**end for**
11: 　　**end for**
12: 　**until** 收敛
13: 　返回 Θ
14: **end procedure**

下面给出该模型在 p_{a} 取值为 1 的情况下,相当于对锚用户嵌入向量一致性进行硬约束。首先,假设(v^X_i, v^Y_i)是一个锚用户对。在这种情况下,$p_{\mathrm{a}}(v^X_i \mid v^Y_i) = p_{\mathrm{a}}(v^Y_i \mid v^X_i) = 1$,与此同时,网络 X 中的用户 v^X_i 与网络 Y 中所有的用户 $v^Y_{l \neq i}$可能成为锚用户对的概率为 0。那么根据式(4.10),对于网络 X 中用户 v_i 的向量 $\boldsymbol{u}^X_i$ 的更新规则是:

$$\frac{\partial O}{\partial \boldsymbol{u}^X_i} = w^X_{ij}((1-\sigma(\boldsymbol{u}'^{XT}_j \cdot \boldsymbol{u}^X_i))\boldsymbol{u}'^X_j - \sigma(\boldsymbol{u}'^{XT}_{\mathrm{n}} \cdot \boldsymbol{u}^X_i)\boldsymbol{u}'^X_{\mathrm{n}} + (1-\sigma(\boldsymbol{u}'^{YT}_j \cdot \boldsymbol{u}^X_i))\boldsymbol{u}'^Y_j - \sigma(\boldsymbol{u}'^{YT}_{\mathrm{n}} \cdot \boldsymbol{u}^X_i)\boldsymbol{u}'^Y_{\mathrm{n}}) \tag{4.16}$$

与之类似，对于网络 Y 中的用户 v_i 的向量 $\boldsymbol{u}_i^Y$ 的更新规则是：

$$\frac{\partial O}{\partial \boldsymbol{u}_i^Y} = w_{ij}^Y((1-\sigma(\boldsymbol{u}'^{YT}_j \cdot \boldsymbol{u}_i^Y))\boldsymbol{u}'^{Y}_j - \sigma(\boldsymbol{u}'^{YT}_{\mathrm{n}} \cdot \boldsymbol{u}_i^Y)\boldsymbol{u}'^{Y}_{\mathrm{n}} + (1-\sigma(\boldsymbol{u}'^{XT}_j \cdot \boldsymbol{u}_i^Y))\boldsymbol{u}'^{X}_j - \sigma(\boldsymbol{u}'^{XT}_{\mathrm{n}} \cdot \boldsymbol{u}_i^Y)\boldsymbol{u}'^{X}_{\mathrm{n}}) \tag{4.17}$$

从式（4.16）和式（4.17）可以看出，如果在初始化网络 X 和网络 Y 中用户 v_i 的嵌入向量相同，则式（4.16）和式（4.17）的值是相同的。这也完成了我们的证明。

3. 时间复杂度分析

本节主要针对本章所提的模型进行时间复杂度分析。首先，由于算法涉及负采样的问题，针对负采样，我们使用 Alias table[62]来优化采样过程。其中，Alias table 采样一个负例的时间复杂度为 $O(1)$。而每一步的迭代过程共需要采集 K 个负样本，因此总计时间复杂度为 $O(K+1)$。与此同时，我们将学习得到的嵌入向量维度设置为 d，因此在每一次迭代过程中，时间复杂度为 $O(d\cdot(K+1))$。在实际过程中，网络表示学习模型最后学习的迭代次数通常正比于网络中总计的边的数目 $|E|$。所以，该模型的总计时间复杂度为 $O(d\cdot K\cdot|E|)$。也就是说，本模型的时间复杂度主要依赖于网络中总计的边数 $|E|$ 而不是节点数 $|V|$。

4. 跨网络用户映射

在使用 IONE 模型学习得到两个网络在同一个空间内的嵌入向量之后，我们可以基于该向量来对跨网络之间的锚链接进行预测。具体方法如下，给定网络 X 中一个特定的用户，计算该用户与网络 Y 中的所有用户的相似度，Y 中相似度最高的 k 个用户则可以作为潜在锚用户对的候选。其中，余弦相似度因其算法简单、计算快速而得到广泛应用，本节也采用余弦相似度来计算跨网络之间用户的相关程度。具体定义如下：

$$\mathrm{rel}(v_i^X, v_j^Y) = \frac{\sum_{p=1}^{d} \boldsymbol{u}_{ip}^X \times \boldsymbol{u}_{jp}^Y}{\sqrt{\sum_{p=1}^{d}(\boldsymbol{u}_{ip}^X)^2} \times \sqrt{\sum_{p=1}^{d}(\boldsymbol{u}_{jp}^Y)^2}} \tag{4.18}$$

式中，$\boldsymbol{u}_{ip}^X$——网络 X 中用户 v_i 的用户嵌入向量；

$\boldsymbol{u}_{jp}^Y$——网络 Y 中用户 v_j 的用户嵌入向量；

d——嵌入向量的维度。

4.3 基于生成对抗模型的节点对齐

基于生成对抗网络的强大表示学习能力，针对嵌入式表示的两大常规应用任务——链接预测、实体对齐，本节分别提出对应的嵌入式表示学习框架：面向链接预测任务的生成式对抗网络嵌入式表示学习框架（GANE）[63]；面向实体对齐任务的生成式对抗网络嵌入式表示学习框架（DANA）[64]。

对于 GANE，生成器用于生成给定顶点的一条边，判别器则用于区分给定的边是否存在于真实网络中，由此生成器和判别器形成对抗关系，并通过最大最小游戏规则进行训练，最终使得生成器生成的边接近真实网络边的分布，进而得到网络的嵌入式表示。

相较于链接预测，基于嵌入式表示的实体对齐方法在嵌入式表示学习过程中既需要考虑单网络内部的结构信息（链接信息），又需要考虑多个网络之间的实体对齐信息。当前基于嵌入式表示学习的实体对齐方法在表示学习过程中大多嵌入了与各自领域相关的特征，但这些特征实际上与实体对齐任务无关，甚至有可能削弱嵌入式表示在实体对齐任务上的表现。因此，对于 DANA，生成器采用图卷积网络来处理单网络的结构信息，并将实体对齐信息作为多网络嵌入式表示学习的监督信息，而判别器作为领域分类器，用于判别被嵌入低维空间中的顶点来自哪个网络（领域）。通过用于学习多网络的嵌入式表示的生成器和用于识别领域的判别器的对抗训练，生成器最终使判别器无法区分被嵌入低维空间中的顶点来自哪个网络，从而得到消除了领域相关性特征的多网络嵌入式表示。

目前，大规模信息网络的嵌入式表示学习研究具有重要的研究价值和学术意义，并且在网络服务的实际应用情境下扮演着关键角色。将生成式对抗学习网络引入嵌入式表示学习，可以有效地融合网络的结构信息和节点外部信息，继而解决传统嵌入式表示学习中存在的与下游应用分离的缺点，让学习到的嵌入式表示在下游任务中具有更好的表现效果。

本实验在 DBLP、arXiv 等公开数据集上进行了模型的验证与评估，实验结果展现了 GANE 和 DANA 分别在链接预测任务和对齐任务上的优异表现，从而验证了生成式对抗网络对于网络的嵌入式表示学习的优越性。

4.3.1 GANE 针对链接预测任务的网络嵌入表示模型

GANE（generative adversarial network embedding，生成式对抗网络嵌入）

是针对链接预测任务而提出的单关系嵌入式表示学习模型。该模型利用生成式对抗网络的思想对当前节点的链接进行预测，并通过对抗的思想进行模型优化。

4.3.1.1　面向链接预测的生成式对抗网络嵌入式表示学习

网络嵌入式表示学习是研究社交网络等庞大网络数据类型的重要手段。在当前生成式对抗网络应用于各个领域的成功经验的激励下，本节提出一个面向链接预测的生成式对抗网络嵌入表示学习框架——GANE。相较于多关系网络中的边具有不同类型的标签，GANE 只考虑全网络只包含一种关系类型的单关系网络。为了简化讨论，下文的网络嵌入式表示学习指代单关系网络的嵌入式表示学习。在 GANE 框架中，生成器用于根据当前顶点的嵌入式表示生成给定顶点的相关链接（linkage edge），判别器则用于区分给定的链接是否来源于真实的网络。根据博弈理论，生成器与判别器进行最小最大游戏（minimax game）。其中，生成器根据判别器的提示来学习网络的嵌入式表示，以模拟网络的结构分布；判别器则对网络的潜在结构进行探索，以发现原始网络中丢失的链接。由此，网络的嵌入式表示在链接预测任务的指导下获得。该模型可以进行端到端（end-to-end）的训练，整个过程不需要额外的网络信息。此外，GANE 沿袭了 WGAN[65] 中采用 Wasserstein-1距离的方法，以达到稳定的训练效果。

实验在链接预测和聚类任务上对 GANE 进行实验，并与当前流行的嵌入式表示方法进行比较。结果表明，通过 GANE 模型获得的嵌入式表示学习可以显著提高链接预测任务的性能，同时在聚类任务上也有杰出表现。总结如下：

（1）本节针对链接预测任务提出了一个基于生成式对抗网络的嵌入式表示学习框架——GANE。在生成式对抗网络的框架下，GANE 能够同时进行网络嵌入式表示和链接预测的学习。

（2）本节提出了 GANE 框架的 3 个实现版本：使用余弦相似度进行链接预测度量的 GANE-naive；尝试采用一阶相似度进行链接预测度量的 GANE-O1；尝试采用二阶相似度进行链接预测度量的 GANE-O2。该研究还证明了 GANE-O2 和 GANE-O1 具有相同的目标函数，因此在实验部分只进行了 GANE-naive 和 GANE-O1 的讨论。

（3）本节通过 GANE-naive 和 GANE-O1 的实验对比，表明了自定义的结构相似度（即一阶相似度）的引入并不能带来明显的增益，甚至会限制模型对网络结构的探索。此外，与其他当前流行的网络嵌入式学习方法相比，实验表明了 GANE-naive 在链接预测任务上的优越性。

4.3.1.2 链接预测模型框架设计与推导

GANE 框架主要由一个生成器 G 和一个判别器 D 两部分组成。生成器和判别器遵循生成式对抗网络的原则互相对抗：生成器 G 的任务是针对给定的顶点 v_i 匹配（预测）出存在可能性较高的边(v_i,v_j)；判别器 D 的任务是从所有边中识别出真正存在的边。生成器匹配出的边(v_i,v_j)既可能是网络中已经存在的，也可能是网络中还未存在的。因此，为了使判别器无法辨别自己匹配出的边是否为真正存在的边，生成器会尽可能学习能够满足网络结构信息的嵌入式表示，从而匹配（预测）出存在性较高的边(v_i,v_j)，以通过判别器的检验。图 4.2 所示为 GANE 的总体框架和数据流示意图。

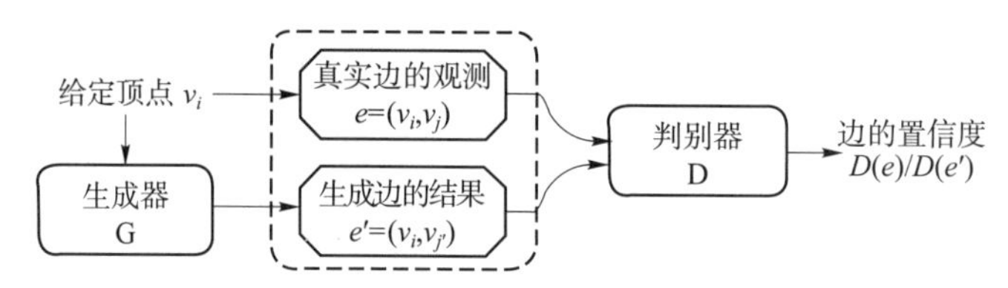

图 4.2 GANE 的总体框架和数据流示意图

为了避免传统生成式对抗网络容易出现模式崩塌的不稳定训练问题，此处采用 WGAN[65] 中的推土机距离（earth-mover distance，又称Wasserstein-1距离）来定义 GANE 的极大极小游戏目标函数。一般情况下，Wasserstein-1 距离函数可以看作连续的且处处可微的。由此，通过 Kantorovich-Rubinstein 对偶可得 GANE 的目标公式：

$$\min_{G_\theta}\max_{D_\phi}\left(E_{e\sim P_E}(D(e))-E_{e'\sim P_{E'}}(D(e'))\right) \tag{4.19}$$

式中，P_E——网络中已知边的分布；

$P_{E'}$——基于生成器中网络嵌入式表示空间所形成的边的分布。

也就是说，对于网络中的一个顶点 v_i，生成器依据条件概率 $p_\theta(v_j \mid v_i)$ 生成边集 $G(v_i)$，即 $e'=(v_i,v_j)\in G(v_i)$。$D(e)$是判别器的效用函数，用于给每条输入边 $e=(v_i,v_j)$的真实度进行打分（标量）。

效用函数 $D(e)$可以有多种定义方法，最简单的就是采用两点之间的余弦相似度作为评价分数，即

$$D(e)=s(v_i,v_j)=\cos(\boldsymbol{u}_i,\boldsymbol{u}_j)=\frac{\boldsymbol{u}_i^{\mathrm{T}}\boldsymbol{u}_j}{|\boldsymbol{u}_i|\cdot|\boldsymbol{u}_j|} \tag{4.20}$$

式中，$\boldsymbol{u}_i,\boldsymbol{u}_j$——顶点 v_i 和 v_j 的低维向量表示，$\boldsymbol{u}_i,\boldsymbol{u}_j\in\mathbf{R}^d$。

采用余弦相似度作为效用函数的判别器（GANE-naive）并没有考虑网络结构的相似度信息（如LINE的一阶相似度、二阶相似度），只是单纯地以两个顶点是否相似来作为链接可能性的评判标准。

在极大极小游戏中，判别器被训练为倾向于给已知存在的边（数据集网络中的边）较高的分数而给来源于生成器的匹配边较低的分数的评判家，同时生成器被训练至能够生成出使判别器给予高分数的优势边。

也就是说，理论上生成器与判别器能够达到一个纳什均衡，即生成器能够产生符合网络中已知存在的边的分布（即 $P_{E'}=P_E$），此时判别器无法在数据集中的真实边和生成器匹配出的边之间做出区分。因此生成器倾向于学习 P_E 分布，以尽可能准确地模拟网络结构；判别器则倾向于接收潜在的（尚且非已知但可能为真的）链接边。

1. 判别器的结构化目标函数

网络的结构信息是嵌入式表示学习过程中非常有价值的指导信息。LINE[7]定义了网络结构的一阶邻近相似度和二阶邻近相似度的概念，以进行网络的嵌入式学习。为探究人工定义的网络结构相似度能否帮助嵌入式表示学习，该研究引入了LINE的一阶邻近相似度和二阶邻近相似度，以定义GANE中判别器的效用函数。

定义4.1　一阶邻近相似度　网络中的一阶邻近相似度主要用于衡量两个顶点之间的局部邻近程度。设 w_{ij} 为顶点 v_i 和顶点 v_j 之间的联系强度（如通话频率等），则 w_{ij} 为 v_i 和 v_j 之间的局部邻近程度。当 $w_{ij}=0$ 时，表示顶点 v_i 和顶点 v_j 之间未存在已知的链接关系。

通常来说，具有强联系的顶点对（即较高值的 w_{ij}）在低维向量空间中也应该具有较近的距离，因此将 w_{ij} 作为权重因子来指导嵌入式表示学习是最直观的解决方法。对于网络的嵌入式表示学习，其目标是最小化原始空间中边的概率分布（经验概率分布）与嵌入空间中边的概率分布之间的差异。利用KL散度来衡量经验概率分布 $\hat{p}_1(\cdot,\cdot)$ 和学习得到的概率分布 $p_1(\cdot,\cdot)$ 之间的距离，得到距离公式如下：

$$\begin{aligned} O_1 &= \operatorname{dist}(\hat{p}_1(\cdot,\cdot),p_1(\cdot,\cdot)) \\ &= \sum_{(v_i,v_j)\in E} -w_{ij}\log p_1(v_i,v_j) \end{aligned} \tag{4.21}$$

式中，$p_1(v_i,v_j)$——v_i 和 v_j 的联合概率；

E——网络中已知的边的集合。

根据一阶邻近相似度的定义，经验概率为 $\hat{p}_1(v_i,v_j)=w_{ij}/W$，其中 $W=\sum(v_i,v_j)\in E^{w_{ij}}$。对于每条边 $e=(v_i,v_j)$ 而言，$p_1(v_i,v_j)$ 可定义为关于顶

点 v_i、v_j 的低维向量表示 $\boldsymbol{u}_i$、$\boldsymbol{u}_j$ 的逻辑斯谛函数（logistic function）：

$$p_1(v_i, v_j) = \sigma(\boldsymbol{u}_i^{\mathrm{T}}\boldsymbol{u}_j) = \frac{1}{1 + \exp(-\boldsymbol{u}_i^{\mathrm{T}}\boldsymbol{u}_j)} \tag{4.22}$$

根据上述一阶邻近结构的定义，可将结构化一阶邻近相似度作为判别器（以下简称 GANE-O1）的效用函数，即 $D(e) = s(v_i, v_j) = w_{ij}\log p_1(v_i, v_j)$。由式（4.19）可得 GANE-O1 中判别器的等价损失函数 $L_{D_\phi}^{O_1}$：

$$\begin{aligned}
&\max_{D_\phi}(E_{e \sim P_E}(D(e)) - E_{e' \sim P_{E'}}(D(e'))) \propto \min L_{D_\phi}^{O_1} \\
&= E_{e' \sim P_{E'}}(D(e')) - E_{e \sim P_E}(D(e)) \\
&= E_{(v_i, v_{j'}) \sim P_{E'}}(w_{ij'}\log p_1(v_i, v_{j'})) - E_{(v_i, v_j) \sim P_E}(w_{ij}\log p_1(v_i, v_j)) \\
&= E_{(v_i, v_{j'}) \sim P_{E'}}(w_{ij'}\log \sigma(\boldsymbol{u}_i^{\mathrm{T}}\boldsymbol{u}_{j'})) - E_{(v_i, v_j) \sim P_E}(w_{ij}\log \sigma(\boldsymbol{u}_i^{\mathrm{T}}\boldsymbol{u}_j))
\end{aligned} \tag{4.23}$$

定义 4.2 二阶邻近相似度 网络中的二阶邻近相似度主要用于衡量两个顶点之间一阶邻居的相似程度。设 $\boldsymbol{W}_i = (w_{i1}, w_{i2}, \cdots, w_{i|V|})$ 为顶点 v_i 与网络中其他顶点的一阶邻近相似度值，则顶点 v_i 与顶点 v_j 的二阶邻近相似度取决于 $\boldsymbol{W}_i$ 和 $\boldsymbol{W}_j$ 之间的相似程度。

类比于自然语言处理中的语料库，可将顶点 v_i 的一阶邻居看作 v_i 的上下文，而拥有相似上下文的单词通常被认为是近义词，因此拥有相似上下文的顶点也被认为应当是相近的。与 Skip-gram 模型相似，采用 Softmax 函数来定义顶点 v_j 是顶点 v_i 的上下文的概率 $p_2(v_j | v_i)$，即

$$p_2(v_j | v_i) = \frac{\exp(\boldsymbol{u}_j^{\mathrm{T}}\boldsymbol{u}_i)}{\sum_{k=1}^{|V|}\exp(\boldsymbol{u}_k^{\mathrm{T}}\boldsymbol{u}_i)} \tag{4.24}$$

为维持嵌入式表示空间中与网络结构二阶邻近的一致性，同样需要利用 KL 散度来最小化经验条件分布 $\hat{p}_2(\cdot | v_i)$ 和嵌入式表示空间中形成的条件分布 $p_2(\cdot | v_i)$：

$$\begin{aligned}
O_2 &= \sum_{v_i \in V}\lambda_{v_i} d(\hat{p}_2(\cdot | v_i), p_2(\cdot | v_i)) \\
&= -\sum_{v_i \in V}\sum_{\{j | (v_i, v_j) \in E\}}\lambda_{v_i}\hat{p}_2(v_j | v_i)\log p_2(v_j | v_i)
\end{aligned} \tag{4.25}$$

由于网络中每个顶点的重要性可能不同（如社交网络中交际范围较广的顶点在网络中一般具有更大的影响力），因此在式（4.25）中引入了顶点 v_i 在网络中的权重因子 $\lambda_{v_i} = \sum_{j=1}^{|V|} w_{ij}$，即利用顶点的度来衡量顶点在网

络中的重要性。由此，经验条件概率 $\hat{p}_2(\cdot \mid v_i)$ 可以表示为

$$\hat{p}_2(v_j \mid v_i) = \frac{w_{ij}}{\sum_{j=1}^{|V|} w_{ij}} = \frac{w_{ij}}{\lambda_{v_i}} \tag{4.26}$$

将式（4.26）代入式（4.25），可得：

$$\begin{aligned} O_2 &= -\sum_{(v_i,v_j)\in E} \lambda_{v_i} \frac{w_{ij}}{\sum_{j=1}^{|V|} w_{ij}} \log p_2(v_j \mid v_i) \\ &= -\sum_{(v_i,v_j)\in E} w_{ij} \log p_2(v_j \mid v_i) \\ &= -\sum_{(v_i,v_j)\in E} w_{ij} \log \frac{\exp(\boldsymbol{u}_j^{\mathrm{T}} \boldsymbol{u}_i)}{\sum_{k=1}^{|V|} \exp(\boldsymbol{u}_k^{\mathrm{T}} \boldsymbol{u}_i)} \end{aligned} \tag{4.27}$$

将式（4.27）中的 $p_2(v_j \mid v_i)$ 表示成 Softmax 项，该项的分母计算涉及对网络的所有顶点的求和操作，使算法的复杂度关于顶点的数量呈指数级增长。通常的解决方法是利用负采样来避免 Softmax 高昂的求和代价。该方法的理论基础（即噪声对比估计（noise contrastive estimation，NCE）[66]）表明，一个好的模型应该具备通过逻辑斯谛回归（logistical regression）区分噪声和数据的能力。通过负采样方法，条件概率公式（即式（4.24））的对数形式可写为

$$\log p_2(v_j \mid v_i) = \log \sigma(\boldsymbol{u}_j^{\mathrm{T}} \boldsymbol{u}_i) + \sum_{k=1}^{K} E_{v_k \sim P_k(v)}(\log \sigma(-\boldsymbol{u}_k^{\mathrm{T}} \boldsymbol{u}_i)) \tag{4.28}$$

式中，$P_k(v)$——用以负采样的噪声分布。

将式（4.28）代入式（4.27），则可以重新得到二阶邻近结构的目标公式：

$$\begin{aligned} O_2 &= -\sum_{(v_i,v_j)\in E} w_{ij} \log p_2(v_j \mid v_i) \\ &= -\sum_{(v_i,v_j)\in E} w_{ij} \left(\log \sigma(\boldsymbol{u}_j^{\mathrm{T}} \boldsymbol{u}_i) + \sum_{k=1}^{K} E_{v_k \sim P_k(v)}(\log \sigma(-\boldsymbol{u}_k^{\mathrm{T}} \boldsymbol{u}_i))\right) \end{aligned} \tag{4.29}$$

将结构化二阶邻近相似度作为判别器(以下简称 GANE-O2)的效用函数，即 $D(e)=s(v_i,v_j)=w_{ij}\log p_2(v_j\mid v_i)$，则由式（4.19）可推导出 GANE-O2 判别器的损失函数 $L_{D_\varphi}^{O_2}$：

$$\begin{aligned}L_{D_\phi}^{O_2}&=E_{e'\sim P_{E'}}(D(e'))-E_{e\sim P_E}(D(e))\\&=E_{(v_i,v_{j'})\sim P_{E'}}\Big(w_{ij'}(\log\sigma(\boldsymbol{u}_{j'}^{\mathrm{T}}\boldsymbol{u}_i)+\sum_{k'=1}^{K}E_{v_{k'}\sim P_k(v)}(\log\sigma(-\boldsymbol{u}_{k'}^{\mathrm{T}}\boldsymbol{u}_i)))\Big)-\\&\quad E_{(v_i,v_j)\sim P_E}\Big(w_{ij}\Big(\log\sigma(\boldsymbol{u}_j^{\mathrm{T}}\boldsymbol{u}_i)+\sum_{k=1}^{K}E_{v_k\sim P_k(v)}(\log\sigma(-\boldsymbol{u}_k^{\mathrm{T}}\boldsymbol{u}_i))\Big)\Big)\end{aligned}\tag{4.30}$$

根据文献［1］、［7］中的实验经验与建议，在研究中将噪声分布 $P_k(v)$ 设为顶点权重的幂，即 $P_k(v)\propto W_v^{3/4}$ 且 $W_v=\sum_{j=1}^{|V|}w_{vj}$。一般来说，负采样数量 K 越大，式（4.28）对 Softmax 项的拟合就越好，当 K 设为最大或无穷时，公式项 $\sum_{k'=1}^{K}E_{v_{k'}\sim P_k(v)}(\log\sigma(-\boldsymbol{u}_{k'}^{\mathrm{T}}\boldsymbol{u}_i))$ 和 $\sum_{k=1}^{K}E_{v_k\sim P_k(v)}(\log\sigma(-\boldsymbol{u}_k^{\mathrm{T}}\boldsymbol{u}_i))$ 近乎相等。由此，式（4.30）可简化为

$$\begin{aligned}L_{D_\phi}^{O_2}&=E_{(v_i,v_{j'})\sim P_{E'}}(w_{ij'}\log\sigma(\boldsymbol{u}_{j'}^{\mathrm{T}}\boldsymbol{u}_i))-E_{(v_i,v_j)\sim P_E}(w_{ij}\log\sigma(\boldsymbol{u}_j^{\mathrm{T}}\boldsymbol{u}_i))\\&=L_{D_\phi}^{O_1}\end{aligned}\tag{4.31}$$

虽然式（4.31）是在负采样假设的情况下得出 GANE-O1 和 GANE-O2 具有相同的目标函数的结论，然而即使没有负采样的假设，条件概率 $p(v_j|v_i)$ 和 $p(v'_j|v_i)$ 的 Softmax 项的分母仍然一样，在采用 Wasserstein-1 距离的 GANE 框架下很容易推断出两项的分母能够互相抵消。因此，接下来不再对 GANE-O2 进行实验和讨论，而将对 GANE-naive 和 GANE-O1 进行集中实验和讨论。

2. 生成器的优化方法

在极大极小游戏中，生成器作为判别器的对手，需要最小化公式（即式（4.19）），由于 $E_{e\sim P_E}(D(e))$ 项与生成器无关（对生成器参数 θ 求导时，该项为零），因此生成器只需最小化以下损失函数：

$$L_{G_\theta}=E_{e'\sim P_{E'}}(D(e'))\tag{4.32}$$

不同于用于连续空间数据上的传统生成式对抗网络[67-68]，GANE 的生成器用于对给定的顶点 v_i 给出匹配边 $e'=(v_i,v_j)$，也就是说，与顶点 v_i

匹配的顶点 v_j 必须真实存在于顶点 v_i 所在的网络。因此，GANE 的生成器所生成出的样本是离散的，并不能直接利用式（4.32）进行生成器的参数优化。

受 SeqGAN[69] 的启发，将生成器的求导公式推导成强化学习中常用的策略梯度的形式：

$$\begin{aligned}
\nabla_\theta L_{G_\theta} &= \nabla_\theta(-E_{e' \sim P_{E'}}(D(e'))) \\
&= -\sum_{n=1}^{N} \nabla_\theta P_\theta(e'_n) D_\phi(e'_n) \\
&= -\sum_{n=1}^{N} P_\theta(e'_n)\, \nabla_\theta \log P_\theta(e'_n) D_\phi(e'_n) \\
&= -E_{e' \sim P_{E'}}(\nabla_\theta \log P_\theta(e') D_\phi(e')) \\
&\simeq -\frac{1}{M}\sum_{j=1}^{M} \nabla_\theta \log P_\theta(e'_j) D_\phi(e'_j)
\end{aligned} \tag{4.33}$$

式（4.33）的最后一步采用了抽样近似的方法来替代对所有策略（样本）的求和，其中 M 是近似采样的采样数量。由此，生成器可以利用梯度策略的方法进行参数的优化更新，即生成器的最后一层是对除给定的顶点 v_i 之外的所有的顶点的 Softmax 层，以此获得每个顶点 v_j 的采样概率，即

$$p_\theta(v_j \mid v_i) = \frac{\exp(\boldsymbol{u}_i^{\mathrm{T}} \boldsymbol{u}_j)}{\sum_{k \neq i} \exp(\boldsymbol{u}_i^{\mathrm{T}} \boldsymbol{u}_k)} \tag{4.34}$$

然后，根据当前生成器输出的采样概率分布 $p_\theta(v_j|v_i) \sim P_{E'}$ 随机采样出给定顶点 v_i 的匹配边 $e'_j=(v_i,v_j)$。由于 $P_{E'}$ 取决于生成器的参数 θ，因此 $P_{E'}$ 会随着生成器内部参数 θ 的更新而变化。此时对于强化学习来说，生成器是一个代理器，而判别器充当生成器的环境，当生成器采取行动时（即匹配出给定顶点 v_i 的一条边 $e'_j=(v_i,v_j)$），判别器会根据生成器采取的动作给予一定的奖励 $D_\phi(e'_j)$，生成器继而根据判别器的奖励值进行参数更新，以提升自身的能力。

3. GANE 模型训练算法

GANE 模型训练算法的整体流程见算法 4.2。对于一次训练迭代过程，也称为生成器和判别器的一次对抗过程，判别器需要先进行 T 步训练，继

而进行生成器的一步训练。

为获得良好的平稳训练过程，GANE 结合小批量随机梯度下降方法和基于动量的 RMSProp 优化器来对模型进行参数的优化训练。基于 WGAN[65] 的假设要求，判别器学习到的函数需要满足 1-Lipschitz 函数条件，由此需要采用权重修剪，将判别器的参数 ϕ 的取值范围限制在 $[-c,c]$。

算法 4.2　面向链接预测的生成式对抗网络嵌入式表示学习算法 GANE

输入：网络数据 $N=(V,E)$；学习率 α；参数裁剪因子 c；批量大小 m；生成器 G 采样数量 M；每一次对抗过程中判别器 D 的训练步数 T

输出：生成对抗网络参数 ϕ 和 θ

1：随机初始化判别器 D 的参数 ϕ 和生成器 G 的参数 θ

2：　**repeat**

3：　　**for** $t=0,1,\cdots,T-1$ **do**

4　　从网络 N 采样一批边样本：$\{e_k\}_{k=1}^{m}\sim P_E$；

5：　　　从生成器生成的样本池中采样 m 条匹配边：$\{e'_k\}_{k=1}^{m}\sim P_{E'}$；

6：　　　$\phi \leftarrow \mathrm{RMSProp}\left(\nabla_\phi\left(\frac{1}{m}\sum_{k=1}^{m}D(e'_k)-\frac{1}{m}\sum_{k=1}^{m}D(e_k)\right)\right)$；

7：　　　权重修剪$(\varphi,-c,c)$；

8：　　**end**

9：　　从网络 N 中采样一批顶点：$\{v_i\}_{i=1}^{m}\sim V$；

10：　　**for** $\{v_i\}_{i=1}^{m}$ 中的每个顶点 v_i **do**

11：　　　根据生成器的分布采样 M 条匹配边：$\{e_j=(v_i,v_j)\}_{j=1}^{M}\sim P_{E'}$；

12：　　　$\theta \leftarrow \mathrm{RMSProp}\left(-\frac{1}{M}\sum_{j=1}^{M}\nabla_\theta \log P_\theta(e_j)D_\phi(e_j)\right)$

13：　　**end**

14：　**until** 收敛；

4.3.1.3　链接预测实验设计与评估

本实验采用了两个常见的合著者网络（co-author network）——DBLP 数据集[21]和 arXiv ASTRO-PH 数据集[20]（以下简称 arXiv），并将这两个数据集相关统计信息在表 4.1 中列出。合著者网络记录了作者之间共同发表的文章数量，其将每个作者视为网络中的一个顶点，认为共同发表过一篇文章的两个作者之间存在一条无向的链接边。实验中采用的 DBLP 数据集主要收集了由数据挖掘、机器学习和计算机视觉这三个不同的研究领域的文章，由此可以根据作者发表文章的所属研究领域对 DBLP 网络中的每个顶点（作者）进行类别标记，用于后续的聚类任务。每个数据集随机抽取了 90%的边作为网络的嵌入式表示学习过程的训练集，在抽取边的过程中要求训练集的边应能覆盖网络中的所有顶点，以保证模型能够对所有顶点进行嵌入式表示学习。

表 4.1　链接预测数据集相关信息统计

数据集	顶点数量	边数量	网络密度	是否具有类别标签
DBLP	10 541	97 072	9.209	是
arXiv	18 722	198 110	10.582	否
注：网络密度 $=\frac{\text{边数量}}{\text{顶点数量}}$。				

链接预测和聚类任务是常见的评估网络嵌入式表示模型有效性的两个任务。为了对本节提出的模型 GANE-naive 和 GANE-O1 进行较全面的评估，将其分别在链接预测和聚类这两个任务上与当前几种较为流行、先进的网络嵌入式表示方法进行比较。

除了本节提出的 GANE-naive 和 GANE-O1 以外，用于实验对照的算法还包括经典的基于网络结构定义的嵌入表示学习方法 LINE[7]、深度游走(DeepWalk)[6]和 Node2vec[20]，以及同样基于生成式对抗网络的 IRGAN[70]和 GraphGAN[71]模型。具体模型描述以及实验设置如下：

1）LINE

LINE 是当前非常流行的网络嵌入式表示模型。LINE 包括三种变体：只考虑一阶邻近相似度的 LINE-O1；只考虑二阶邻近相似度的 LINE-O2；关联一阶邻近相似度和二阶邻近相似度的 LINE-(O1+O2)。本实验对三种变体都进行了对比评估。需要注意的是，LINE-(O1+O2)的嵌入式表示是通过拼接 LINE 进行的。

2）DeepWalk

DeepWalk（深度游走）是目前公认的鲁棒性较高的网络嵌入式表示模型。

3）Node2vec

Node2vec 是基于深度游走的一种网络嵌入式表示模型。它改进了深度游走中的随机游走策略，以更灵活地捕捉网络的结构信息。

4）IRGAN

IRGAN 是面向信息检索任务的生成式对抗网络。为了便于比较，在实验中将 IRGAN 转化为网络嵌入式表示学习模型：将 IRGAN 的特征输入层修改为网络的嵌入式表示，并使该嵌入式表示作为网络的一部分参数，跟随网络进行更新学习。

5）GraphGAN

GraphGAN 是目前最先进的生成式对抗网络嵌入式表示学习模型。GraphGAN 在 IRGAN 基础上加入了网络结构搜索树，使模型更适用于网络嵌入式表示学习任务。

6）GANE-naive

GANE-naive 使用 Python 语言与深度学习框架 TensorFlow 实现。在实验中，学习率 α 初始化为 0.0001，判别器的训练步数 $T=5$，批量大小 $m=128$，生成器的采样数量 $M=20$。模型在 150 次迭代内达到收敛。

7）GANE-O1

GANE-O1 采用网络的一阶邻近相似度作为判别器的效用函数。其实验环境和参数设置与 GANE-naive 保持一致，在 150 次迭代内能够达到收敛。

表 4.2 综合概述了对比模型的相关技术和关键函数。对于所有的对比模型，嵌入式表示向量的维度设置为 128。

4.3.1.4 链接预测实验结果与分析

链接预测任务的目的是预测除了已知的顶点 v_i 的邻居节点以外的顶点 v_i 的可能性链接节点 v_j，或者预测这两个顶点之间关联的可能性。显然，GANE-naive和 GANE-O1 模型已蕴含了链接预测的答案，并无须像其他模型（如 LINE）一样需要额外借助二分类器进行顶点间的关联性训练。为了实验的公平性，本实验从两个方面对链接预测任务进行评估：

（1）将链接预测任务视为二值分类问题，即以获得的两个顶点的嵌入式表示为输入，训练一个二值分类器，以判别这两个顶点之间存在链接的可能性。

（2）将链接预测任务视为排序问题，即通过评分准则对顶点对进行打分，从而得到关于顶点 v_i 的链接相关性的排序列表。以下分别对这两方面进行链接预测的实验对比与分析。

表 4.2　链接预测模型的优化方向和排序评分准则对照

模型名称	分布度量	目标函数	优化方向	评分准则
LINE-O1	KL 散度	$\min \sum_{(v_i,v_j)\in E} - w_{ij}\log p_1(v_i,v_j)$	$p_1(v_i,v_j) = \sigma(\boldsymbol{u}_i^{\mathrm{T}}\boldsymbol{u}_j)$	$\boldsymbol{u}_i^{\mathrm{T}}\boldsymbol{u}_j$
LINE-O2	KL 散度	$\min \sum_{(v_i,v_j)\in E} - w_{ij}\log p_2(v_j \mid v_i)$	$p_2(v_j \mid v_i) = \frac{\exp(\boldsymbol{u}_i^{\mathrm{T}}\boldsymbol{u}_j)}{\sum_{k=1}^{\lvert V\rvert}\exp(\boldsymbol{u}_i^{\mathrm{T}}\boldsymbol{u}_k)}$	$\boldsymbol{u}_i^{\mathrm{T}}\boldsymbol{u}_j$
LINE-(O1+O2)	KL 散度	$\min \sum_{(v_i,v_j)\in E} - w_{ij}\log p_1(v_i,v_j)$; $\min \sum_{(v_i,v_j)\in E} - w_{ij}\log p_2(v_j \mid v_i)$	$p_1(v_i,v_j)$; $p_2(v_j \mid v_i)$	$\boldsymbol{u}_i^{\mathrm{T}}\boldsymbol{u}_j$
DeepWalk	共现概率	$\max \sum_{v_i\in V}\sum_{v_j\in \mathrm{Walk}_{v_i}} \log P_{\mathrm{r}}(v_j \mid v_i)$	$P_{\mathrm{r}}(v_j \mid v_i) = p_2(v_j \mid v_i)$	$\boldsymbol{u}_i^{\mathrm{T}}\boldsymbol{u}_j$
Node2vec	共现概率	$\max \sum_{v_i\in V}\sum_{v_j\in \mathrm{Walk}_{v_i}} \log P_{\mathrm{r}}(v_j \mid v_i)$	$P_{\mathrm{r}}(v_j \mid v_i) = p_2(v_j \mid v_i)$	$\boldsymbol{u}_i^{\mathrm{T}}\boldsymbol{u}_j$
IRGAN	JS 散度	$\min_{\theta}\max_{\phi}(E_{e\sim P_E}(\log D(e)) + E_{e'\sim P_{E'}}(\log(1 - D(e'))))$	$D(e) = \sigma(\boldsymbol{u}_i^{\mathrm{T}}\boldsymbol{u}_j)$	$\boldsymbol{u}_i^{\mathrm{T}}\boldsymbol{u}_j$
GraphGAN	JS 散度	$\min_{\theta}\max_{\phi}(E_{e\sim P_E}(\log D(e)) + E_{e'\sim P_{E'}}(\log(1 - D(e'))))$	$D(e) = \sigma(\boldsymbol{u}_i^{\mathrm{T}}\boldsymbol{u}_j)$	$\boldsymbol{u}_i^{\mathrm{T}}\boldsymbol{u}_j$
GANE-naive	Wasserstein-1 距离	$\min_{\theta}\max_{\phi}(E_{e\sim P_E}(D(e)) + E_{e'\sim P_{E'}}(D(e')))$	$D(e) = \cos(\boldsymbol{u}_i,\boldsymbol{u}_j)$	$\cos(\boldsymbol{u}_i,\boldsymbol{u}_j)$
GAN-O1	Wasserstein-1 距离	$\min_{\theta}\max_{\phi}(E_{e\sim P_E}(w_{ij}\log p_1(v_i,v_j)) +$ $E_{e'\sim P_{E'}}(w_{ij'}\log p_1(v_i,v_{j'})))$	$p_1(v_i,v_j) = \sigma(\boldsymbol{u}_i^{\mathrm{T}}\boldsymbol{u}_j)$	$\boldsymbol{u}_i^{\mathrm{T}}\boldsymbol{u}_j$

1. 链接预测的二分类评估

实验中使用常见的多层感知机（multilayer perceptron，MLP）[72] 作为二分类器来进行正负样本的区分，将网络中存在的链接（边）视为正样本，而将不存在的链接视为负样本。在训练阶段，以从网络中随机抽取一定比例的边作为多层感知机训练集中的正样本，并随机采取相同数目的不存在于网络中的边作为训练集的负样本。在测试阶段，将网络中剩余的边作为测试集的正样本，并同样采取相同数目的不存在于网络中的边作为测试集的负样本。正负样本由组成边的两个顶点的低维向量表示（已在模型中训练好）拼接而成。所有的对比模型采用相同结构的两层多层感知机，并在同样的参数设置下训练，直到收敛。

实验结果的评估采用分类准确率（accuracy）作为链接预测二分类的评价指标，分类准确率计算公式如下：

$$\mathrm{Acc} = \frac{\mathrm{TP} + \mathrm{TN}}{P + N} \tag{4.35}$$

式中，TP——正样本（positive）被预测正确（true）的个数；

TN——负样本（negative）被预测正确（true）的个数；

P,N——测试集中正样本和负样本的数量。

图 4.3 所示为各个数据集对比模型在不同的训练-测试比例下的链接预测二分类实验结果。实验结果表明，GANE-naive 在两个数据集上的表现均优于其他对比模型，并且 GANE-naive 在不同的训练比例上拥有更强的鲁棒性。

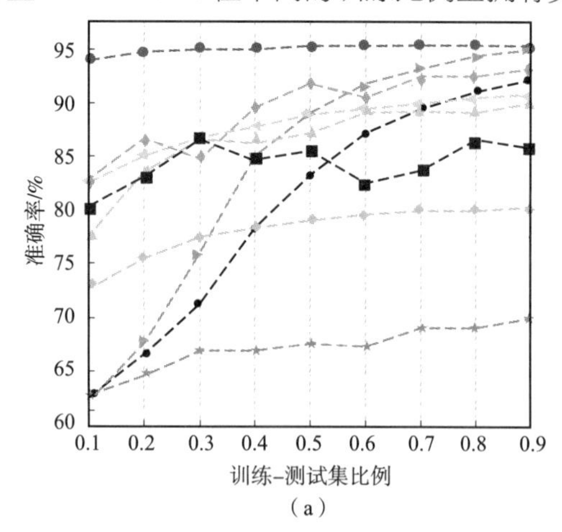

图 4.3 对比算法在链接预测二分类实验上的准确率结果（附彩图）

（a）DBLP

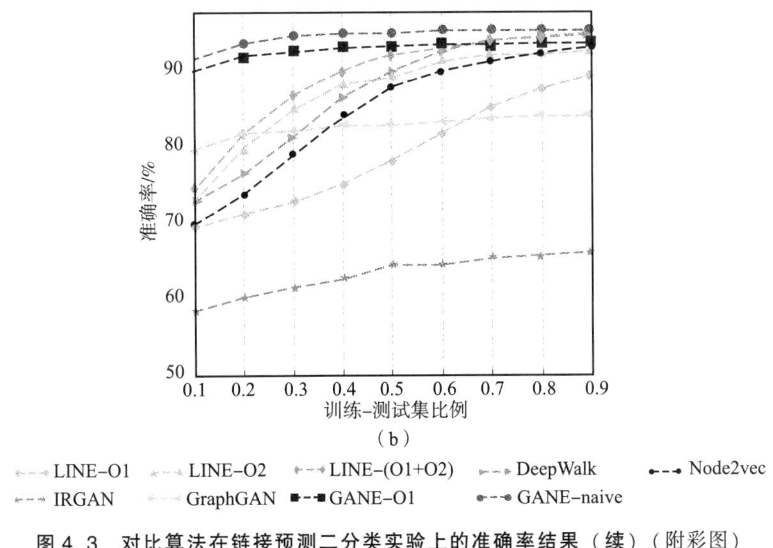

图 4.3　对比算法在链接预测二分类实验上的准确率结果（续）（附彩图）

(b) arXiv

LINE-(O1+O2)得益于网络一阶邻近结构和二阶邻近结构的结合，其性能优于仅探索了单一邻近结构的 LINE-O1 和 LINE-O2。对于同样都是探索网络的一阶邻近结构的 GANE-O1 和 LINE-O1，GANE-O1 的表现比 LINE-O1 更加优异。这有可能是由于一阶邻近相似度损失的直接使用约束了 LINE-O1 的嵌入式表示能力，相比之下，特定的网络结构目标对生成式对抗网络框架的约束作用较弱，使 GANE-O1 能够更好地捕捉、探索网络中更为复杂的结构。DeepWalk 模型对训练-测试的比例较敏感，不同的训练-测试比例的分类准确率差异较大，当取 90% 的数据作为训练集时，DeepWalk 才能获得与 GANE-naive 匹敌的结果。

GANE-naive 和 GANE-O1 均获得了优于 IRGAN 的结果，验证了 Wasserstein-1 距离对于生成式对抗模型训练的有效性。值得注意的是，虽然 GANE-naive 的目标公式比 GANE-O1 更简单，但不考虑结构定义的 GANE-naive 在链接预测的二分类任务上完全优于 GANE-O1。此外，引入了图搜索树的 GraphGAN 在 DBLP 数据集中的表现优于 GANE-O1，但仍逊色于 GANE-naive。这意味着在生成式对抗网络中引入结构信息的增益很小，甚至结构信息反而有可能会限制生成式对抗网络的优化。

2. 链接预测的排序评估

基于空间平移的多关系网络嵌入式表示学习方法（TransX[12]）使用距离度量作为评分准则来选出链接预测的候选名单。然而，实验中涉及的单

关系网络的嵌入式表示方法通常采用如上文中二分类方法来判断网络中的两个节点之间是否存在链接关系。由于缺少直接可用的评分准则，因此无法为以跨社交网络的用户对齐[73]为代表的类推荐任务提供推荐排序列表。本实验通过追溯网络嵌入式表示学习模型的目标公式和优化方向来确定顶点对链接置信度的评分准则（见表 4.2），然后对于给定的顶点 v_i 计算其与其他顶点组成的顶点对(v_i, v_j)，$j=1,2,\cdots,|V|$的评分，以获得链接预测候选顶点的排名列表。最后，采用精度（precision）、召回率（recall）[74]和平均精度均值（mean average precision，MAP）[75]评估排名的质量。设测试集为 T，则这三个评估准则的计算公式如下：

$$\mathrm{P@}K = \frac{1}{|T|}\sum_{v_i \in T}\frac{\mathrm{top@}K_{v_i} \cap T_{v_i}}{K} \tag{4.36}$$

$$\mathrm{R@}K = \frac{1}{|T|}\sum_{v_i \in T}\frac{\mathrm{top@}K_{v_i} \cap T_{v_i}}{|T_{v_i}|} \tag{4.37}$$

$$\mathrm{MAP} = \frac{1}{|T|}\sum_{v_i \in T}\frac{\sum_{k=1}^{|V|}\mathrm{P@}k_{v_i} \times \mathrm{rel@}k_{v_i}}{|T_{v_i}|} \tag{4.38}$$

式中，$\mathrm{top@}K_{v_i}$——顶点 v_i 的排名列表的前 K 个顶点；

T_{v_i}——测试集中与顶点 v_i 存在链接的顶点 v_j 的集合；

$\mathrm{P@}k_{v_i}$——顶点 v_i 前 k 个排名的精度；

$\mathrm{rel@}k_{v_i}$——指示函数，如果排名第 k 位的顶点 v_k 是与 v_i 存在链接的顶点（测试集中存在顶点对(v_i, v_k)），则指示函数的值为 1，否则值为 0。

需要注意的是，链接预测的排序评估应该使用嵌入式表示学习过程中未使用的数据作为测试集，回顾链接预测的二分类评估中将数据集中 90%的边用于嵌入式表示的学习，则剩下 10%的边用于本节排序评估的测试集。数据集在嵌入式表示学习、排序评估、二分类评估中的划分使用见图 4.4和表 4.3。

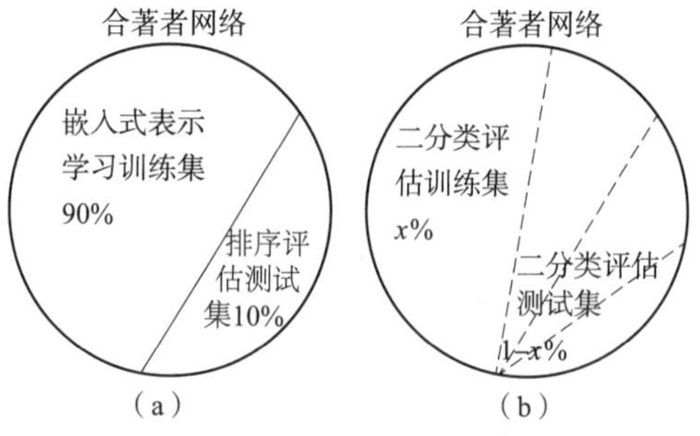

图 4.4　链接预测任务中的数据集划分示意图

（a）嵌入式表示学习与排序评估；（b）二分类评估

表4.3 链接预测任务中的数据集划分说明表

任务	训练集	测试集
嵌入式表示学习	90%链接边（涵盖所有顶点）	—
排序评估	—	剩余10%链接边
二分类评估	x%链接边，$x\in[10,90]$	剩余1-x%链接边

表4.4、表4.5列出了所有对比模型在数据集DBLP和arXiv上的链接预测排序评估结果。显然，GANEs(GANE-naive和GANE-O1)在DBLP上的所有评估指标均优于其他对比模型。对于arXiv数据集，LINE-O1以略微优势取得了最好的R@10性能，但GANEs在其他指标上的表现更为优异，尤其是在P@3上，GANEs比其他模型提高了至少25%的精确度。如图4.5（a)所示，对比了基于生成式对抗网络的模型的训练曲线。从图4.5（a)中可以看出，GANEs(GANE-naive和GANE-O1）始终比同样是基于生成式对抗网络的IRGAN和GraphGAN有更好的性能。此外，GANEs的收敛速度比IRGAN快，这可能是由于Wasserstein-1距离的使用使GANEs获得了更好的训练性能。图4.5（b）所示为DBLP数据集中各模型在不同维度设置下的P@5性能对比，GANEs仍然在各个维度下都优于其他模型，并且GANEs在维度大小为32时就已经达到较好的性能，在其他更高维度上趋于稳定。相比之下，其他模型需要更大的维度空间以获得与GANEs匹敌的排序性能。

表4.4 对比算法在DBLP数据集链接预测排序评估结果

算法	P@3	P@5	P@10	MAP	R@5	R@10
LINE-O1	0.0448	0.0432	0.0321	0.0744	0.1387	0.1998
LINE-O2	0.1435	0.1460	0.1075	0.2447	0.5121	0.7171
LINE-(O1+O2)	0.1006	0.0990	0.0764	0.1678	0.3200	0.4776
DeepWalk	0.1462	0.1413	0.1063	0.2956	0.5025	0.7214
Node2vec	0.1319	0.1336	0.1026	0.2584	0.4687	0.6903
IRGAN	0.1554	0.1665	0.1160	0.2543	0.5898	0.7750
GraphGAN	0.1606	0.1802	0.1309	0.2681	0.5247	0.7081
GANE-O1	**0.2105**	0.2156	0.1506	**0.3333**	0.6149	0.8048
GANE-naive	0.1864	**0.2208**	**0.1598**	0.2978	**0.6236**	**0.8459**

表4.5 对比算法在arXiv数据集链接预测排序评估结果

算法	P@3	P@5	P@10	MAP	R@5	R@10
LINE-O1	0.0698	0.0882	0.0944	0.1350	0.1625	**0.3194**
LINE-O2	0.0913	0.0991	0.0935	0.1237	0.1619	0.2670
LINE-(O1+O2)	0.0771	0.0918	0.0955	0.1334	0.1631	0.3053
DeepWalk	0.0896	0.0877	0.0815	0.1361	0.1619	0.2768

续表

算法	P@ 3	P@ 5	P@ 10	MAP	R@ 5	R@ 10
Node2vec	0. 0716	0. 0773	0. 0714	0. 1157	0. 1722	0. 2865
IRGAN	0. 0558	0. 0630	0. 0682	0. 0720	0. 0441	0. 0983
GraphGAN	0. 1001	0. 1173	0. 1141	0. 1266	0. 1326	0. 2214
GANE-O1	**0. 1255**	**0. 1534**	0. 1535	0. 1582	0. 1672	0. 2931
GANE-naive	0. 1204	0. 1520	**0. 1569**	**0. 1607**	**0. 1732**	0. 3063

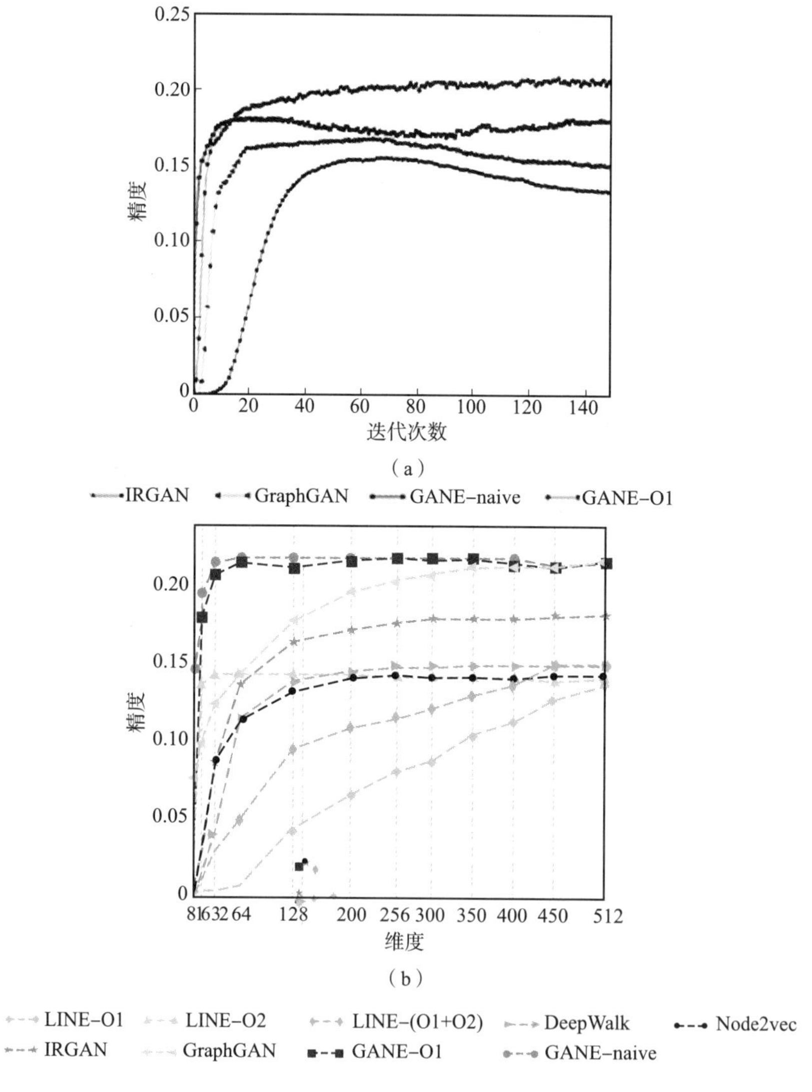

图 4.5 对比算法的稳定性评估（以 DBLP 数据集为例）（附彩图）

（a）训练曲线；（b）维度曲线

4.3.1.5　聚类和可视化

嵌入式表示的可视化是一种探究嵌入式表示质量的直观方法。要获得嵌入式表示的可视化效果图，首先要利用主成分分析（principal components analysis，PCA[76]）降维方法将高维的嵌入式表示降维到二维（或三维）空间中，降维后的嵌入式表示可作为顶点在空间中的坐标，根据此坐标便可作出网络中顶点在空间中的分布情况。图 4.6 所示为各模型利用 PCA 降维方法将网络可视化到三维空间中的效果图。图中的顶点使用三种颜色来标记顶点所属的种类，即顶点在 DBLP 网络中所属的研究领域——数据挖掘（data mining）、机器学习（machine learning）和计算机视觉（computer vision）。在图 4.6 中，只有 GANEs、GraphGAN、Node2vec 显现出较清晰的聚类模式，即致力于相同研究领域的作者们聚集在一起，且 GANE-naive 领域类别之间的区分最为明显。

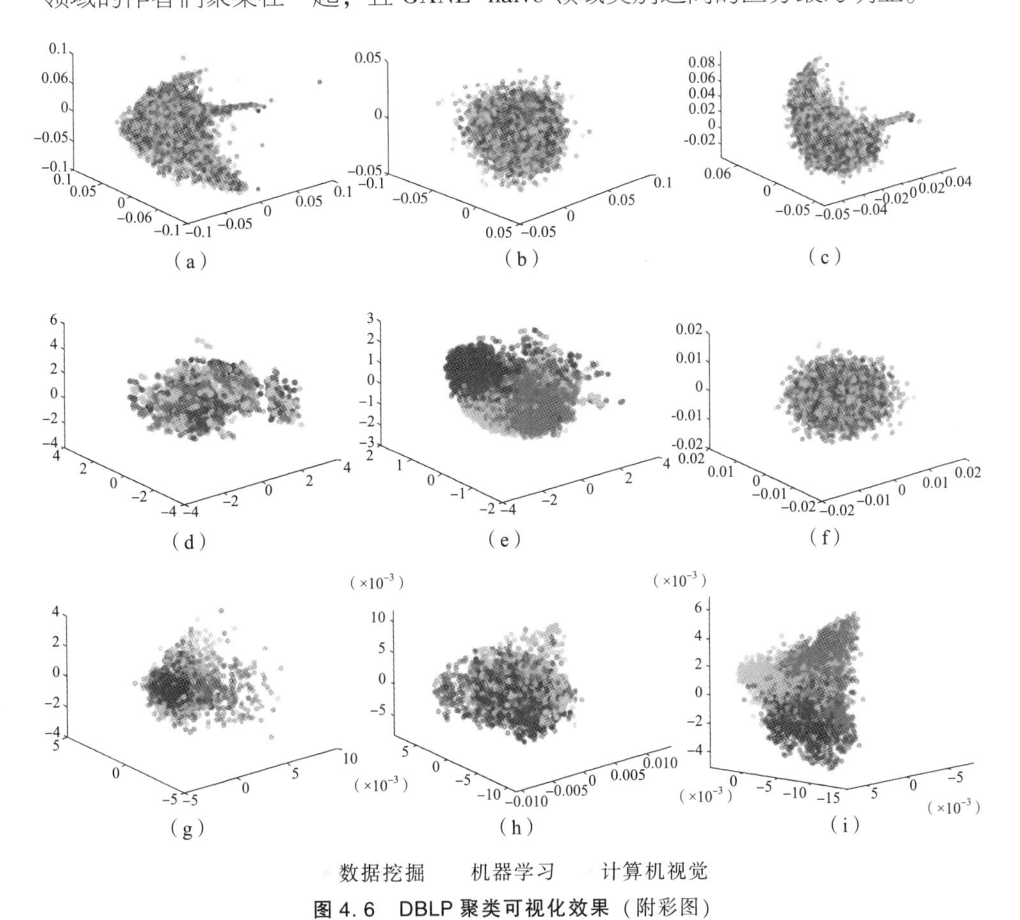

图 4.6　DBLP 聚类可视化效果（附彩图）

(a) LINE-O1; (b) LINE-O2; (c) LINE-(O1+O2); (d) DeepWalk; (e) Node2vcc; (f) LRGAN; (g) GraphGAN; (h) GANE-O1; (i) GANE-naive

此外，本实验还通过引入支持向量机[77]（support vector machine, SVM）对嵌入式表示空间中的顶点进行分类的方法来定量分析嵌入式表示在聚类任务上的性能。随机抽取数据集中80%的顶点对SVM分类器进行分类训练（标签为顶点所属的研究领域），随之利用训练得到的SVM对剩余顶点进行分类测试。表4.6所示为对比模型在各个领域类别上的分类精度，以及总体的分类准确率的评估结果。与可视化结果一致的是，GANE-naive的分类效果总体上表现最佳，这表明GANE-naive能有效维持顶点在低维空间中的领域关系。

表4.6　SVM在DBLP数据集上的标签分类结果

模型	精度/%			准确度/%
	数据挖掘	机器学习	计算机视觉	
LINE-O1	52.49	43.72	90.32	50.97
LINE-O2	44.96	52.28	00.00	46.33
LINE-(O1+O2)	51.44	63.96	83.98	56.42
DeepWalk	92.23	91.91	94.70	92.75
Node2vec	88.63	80.43	92.22	86.58
IRGAN	41.90	30.82	23.15	35.56
GraphGAN	57.24	65.48	57.89	59.32
GANE-O1	96.11	95.77	97.33	96.30
GANE-naive	97.40	95.40	98.11	96.92

综上所述，GANE-naive在链接预测和聚类任务上均取得了最好的性能，验证了GANE框架对网络的嵌入式表示学习的优越性。通过比较GANE-naive和GANE-O1可以发现，一阶邻近结构的引入并不能显著提高GANE的嵌入表示学习能力。这很可能是由于人工定义的特定结构会导致模型忽略网络中的其他潜在复杂结构，然而这些结构很难通过人工探索和穷尽定义，这也是传统基于结构定义的嵌入式表示方法的弊端。相比之下，基于生成式对抗网络的GANE能提供一种无须定义网络结构的嵌入式表示学习方法，其将链接预测作为对抗游戏的目标，使模型能尽可能探索网络潜在的复杂结构，最终获得表现能力较好的嵌入式表示。

4.3.2　DANA 针对实体对齐任务的网络嵌入表示模型

DANA（domain-adversarial network alignment）是一种领域对抗网络对齐框架，该模型基于对抗学习的思想，通过学习领域不变性特征来获得有助于对齐任务的网络嵌入式表示。

4.3.2.1　面向实体对齐的生成式对抗网络嵌入式表示学习

网络实体对齐任务最早被应用于生物信息学领域，通过对不同物种的蛋白质-蛋白质交互作用网络之间的比对，寻找蛋白质之间的共性结构。现阶段的实体对齐任务基于同一种假设，即关联节点在不同的网络上应该具有一致的连接结构。由于网络的功能、受众不同，网络与网络之间常常大相径庭，将一个网络类比为一个领域，网络中的节点属性常常具有较高的领域相关度，且受困于属性信息的低可信度以及信息缺失问题，基于网络结构的拓扑探索方法是当前对齐任务比较通用的解决方案。随着网络嵌入式表示学习的发展，网络的结构信息得以嵌入低维空间，实体对齐任务可以通过探索网络的共同低维子空间或网络之间的子空间变换来完成。

受近年来领域适应学习研究进展的启发[78-79]，本节提出 DANA，在基于网络嵌入式表示学习的对齐框架中引入了一个领域分类器，通过对抗性学习来引导领域不变性特征的学习，从而避免了嵌入式表示学习过程中对领域依赖特征的过度学习。DANA 框架主要由两部分组成：基于任务驱动的网络嵌入式表示学习模块；对抗性领域分类器。基于任务驱动的网络嵌入式表示学习模块由能够对网络结构信息进行特征提取的图卷积网络（graph convolutional network，GCN）[26-27]完成。与大多数现有工作（例如，IONE 模型强制锚节点之间的嵌入式表示要尽可能相同）不同的是，本节基于贝叶斯概率理论，通过最大化锚节点的后验概率分布来驱动图卷积网络的嵌入式表示学习，以获得更灵活的低维向量空间。此外，图卷积网络的嵌入表示学习过程也受到领域分类器的监督，即 GCN 在与领域分类器进行对抗的过程中学习对实体对齐任务更有利的领域不变性特征。总而言之，用于学习网络嵌入式表示的图卷积网络在最大化锚节点后验概率分布的同时也需要最大化领域分类器的损失。本节通过实验对提出的框架 DANA 的性能进行了评价，实验表明，DANA 在各个真实网络数据集上均优于基准算法。总结如下：

（1）本节针对实体对齐任务提出了一个基于生成式对抗网络的嵌入式

表示学习框架（DANA）。基于生成式对抗网络的对抗学习原理，该框架能够同时进行网络的嵌入式表示和网络实体对齐任务的学习，并且在对抗学习的过程中获得对于实体对齐任务更加有利的嵌入式表示。

（2）本节在 DANA 的基本框架上，对图卷积网络进行了改进，提出了感知方向的图卷积网络（directed GCN），以更好地处理有向网络的结构信息。同时，基于图卷积网络的特性，本节还提出了图卷积网络的权重分享技巧，以提高跨网络的嵌入式表示学习效率。

（3）本节在真实世界的网络数据集上进行了详细实验，并与当前最先进的实体对齐方法进行了比较与评估。实验表明，本节提出的模型框架较其他的实体对齐方法有显著提升。

4.3.2.2 实体对齐模型框架与推导

本节将首先介绍 DANA 的基本框架，随后针对有向图网络的问题对 DANA 进行改进，最后介绍用于简化模型的权重共享技巧。

1. 基于任务驱动的网络嵌入式表示学习

本节运用图卷积网络[26-27]（graph convolutional networks，GCN）作为特征提取器进行网络的嵌入式表示学习。如图 4.7 所示，在跨网络的实体对齐任务中需要运用两个 GCN——GCN^A 和 GCN^B，分别探索网络 N^A 和 N^B 的结构信息以获取网络的嵌入式表示。由于 GCN^A 和 GCN^B 的结构相同，为了简单起见，下文对 GCN 网络结构的阐述将省略符号中表示所属网络的上标 A/B。

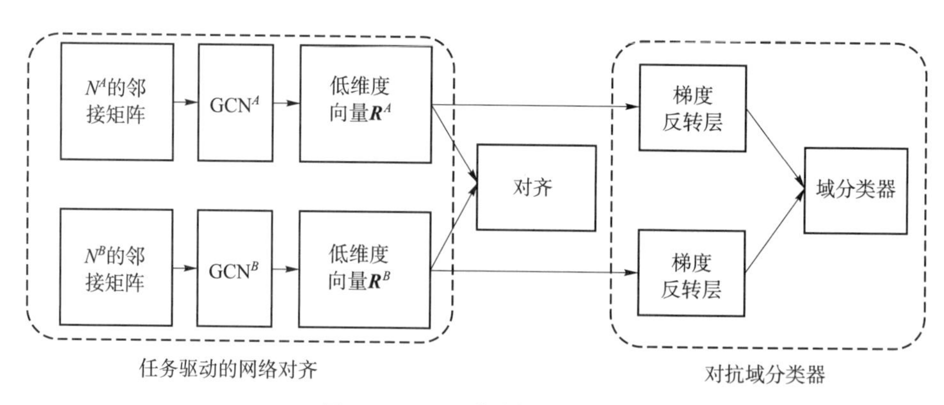

图 4.7 DANA 基本框架示意图

给定一个无向网络的邻接矩阵 $\boldsymbol{M} \in \mathbf{R}^{|V| \times |V|}$，GCN 根据神经网络的前向法则获得图卷积网络的第 l 层隐含层表示：

$$H_l = \sigma(FH_{l-1}W_l) \tag{4.39}$$

式中，H_l, H_{l-1}——GCN 的第 l 层和第 $l-1$ 层的隐含层表示，$H_l \in \mathbf{R}^{|V| \times k_l}$，$H_{l-1} \in \mathbf{R}^{|V| \times k_{l-1}}$，$k_l$ 和 k_{l-1} 分别表示第 l 层和第 $l-1$ 层的神经元个数，$l \in \{1, 2, \cdots, L\}$；

F——GCN 的卷积核，承担分析网络结构信息的作用，$F = D^{-\frac{1}{2}}(M + I)D^{-\frac{1}{2}}$；其中 D 为网络中各个顶点的节点度组成的对角矩阵，即 $D_{ii} = \sum_j M_{ij}$；$I \in \mathbf{R}^{|V| \times |V|}$ 为单位矩阵，表示网络顶点的自连接，以传递层与层之间自身节点的隐含层表示；

W_l——GCN 第 l 层的训练参数，用于学习层与层之间的特征提取函数，$W_l \in \mathbf{R}^{k_{l-1} \times k_l}$。

GCN 的初始层 H_0 既可以是输入事先获得的网络中节点的特征信息向量，也可以是随机初始化并参与模型训练的节点初始低维向量。根据以往经验，将激活函数 σ 设为 ReLU(·) 函数[27]。

由此，可以从每个 GCN 中得到对应网络的低维表示向量 $R = H_{\mathrm{L}}$，随后利用锚节点信息来监督指导两个图卷积网络的嵌入式表示学习。不同于传统方法中直接最小化锚节点之间的嵌入式表示距离的做法，本节提出了基于概率空间的实体对齐优化方法，即通过最大化嵌入式表示空间中的锚节点的后验概率来约束网络嵌入式表示的学习：

$$P(\Theta_{g^A}, \Theta_{g^B} \mid S) \propto P(S \mid \Theta_{g^A}, \Theta_{g^B}) P(\Theta_{g^A}, \Theta_{g^B}) \tag{4.40}$$

式中，S——所有锚节点的集合；

$\Theta_{g^A}, \Theta_{g^B}$——网络 N^A 的图卷积网络 GCN^A、网络 N^B 的图卷积网络 GCN^B 的参数集合，即 $\Theta_{g^A} = \{H_0^A, W_1^A, W_2^A, \cdots, W_L^A\}$ 和 $\Theta_{g^B} = \{H_0^B, W_1^B, W_2^B, \cdots, W_L^B\}$。

对于一对锚节点 $(v_i^A, v_j^B) \in S$，根据贝叶斯定理容易得到 $p(v_i^A, v_j^B) = p(v_i^A \mid v_j^B)p(v_j^B) = p(v_j^B \mid v_i^A)p(v_i^A)$。对于实体对齐任务来说，上式的两个概率角度同等重要，故 $p(v_i^A, v_j^B)$ 可以近似等于 $\frac{1}{2}(p(v_i^A \mid v_j^B) + p(v_j^B \mid v_i^A))$。因此似然概率 $P(S \mid \Theta_{g^A}, \Theta_{g^B})$ 可以替代为各个锚节点 $\frac{1}{2}(p(v_j^B \mid v_i^A, \Theta_{g^A}, \Theta_{g^B}) + p(v_i^A \mid v_j^B, \Theta_{g^A}, \Theta_{g^B}))$ 的乘积。对于模型参数分布而言，通常引用高斯分布作为其先验分布，即 $p(\Theta_{g^A}) \sim N(0, I)$，$p(\Theta_{g^B}) \sim N(0, I)$。由此进一步推导

出模型的优化准则 J_{e}:

$$J_{\mathrm{e}} = \sum_{(v_i^A, v_j^B) \in S} \log \frac{1}{2}\left(p(v_j^B \mid v_i^A) + p(v_i^A \mid v_j^B) - \lambda\left(\|\boldsymbol{\Theta}_{g^A}\| + \|\boldsymbol{\Theta}_{g^B}\|\right)\right) \tag{4.41}$$

式中,将 $p(v_j^B \mid v_i^A, \boldsymbol{\Theta}_{g^A}, \boldsymbol{\Theta}_{g^B})$ 和 $p(v_i^A \mid v_j^B, \boldsymbol{\Theta}_{g^A}, \boldsymbol{\Theta}_{g^B})$ 简写为 $p(v_j^B \mid v_i^A)$ 和 $p(v_i^A \mid v_j^B)$。下文也将延续这种写法,以获得更简洁明了的表达。

锚节点的条件概率采用 Softmax 函数近似:

$$\begin{cases} p(v_j^B \mid v_i^A) = \dfrac{\exp(\boldsymbol{r}_j^B \cdot \boldsymbol{r}_i^A)}{\sum_{n=1}^{|V^B|} \exp(\boldsymbol{r}_n^B \cdot \boldsymbol{r}_i^A)} \\ p(v_i^A \mid v_j^B) = \dfrac{\exp(\boldsymbol{r}_i^A \cdot \boldsymbol{r}_j^B)}{\sum_{n=1}^{|V^A|} \exp(\boldsymbol{r}_n^A \cdot \boldsymbol{r}_j^B)} \end{cases} \tag{4.42}$$

式中,$\boldsymbol{r}_i^A$——顶点 v_i^A 的嵌入式表示;

$\boldsymbol{r}_j^B$——顶点 v_j^B 的嵌入式表示。

然而,式(4.42)的计算需要遍历网络中的所有顶点,这对于大型网络来说无疑是非常耗时的。基于采样的 Softmax 函数(sampled softmax function)可以有效降低计算复杂度,其利用随机采样的顶点集合替代所有顶点的集合,也就是说,Softmax 的分母项不再需要对网络的所有顶点进行求和,而只需要对采样的顶点集合进行求和:

$$\begin{cases} p(v_j^B \mid v_i^A) = \dfrac{\exp(\boldsymbol{r}_j^B \cdot \boldsymbol{r}_i^A)}{\sum_{v_c \sim P^B(v)}^{|C^B|} \exp(\boldsymbol{r}_c^B \cdot \boldsymbol{r}_i^A)} \\ p(v_i^A \mid v_j^B) = \dfrac{\exp(\boldsymbol{r}_i^A \cdot \boldsymbol{r}_j^B)}{\sum_{v_c \sim P^A(v)}^{|C^A|} \exp(\boldsymbol{r}_c^A \cdot \boldsymbol{r}_j^B)} \end{cases} \tag{4.43}$$

式中,采样的顶点集合 $C^B \subset V^B$ 根据顶点的对数均匀分布 $P^B(v)$ 进行采样而获得;同理可得,$C^A \subset V^A \sim P^A(v)$。

2. 领域对抗学习

式(4.41)的优化准则并不能引导 GCN 特征提取器消除与对齐任务无关的领域依赖性特征,领域依赖性特征的存在将削弱 GCN 对其他更有利于实体对齐任务的特征的探索能力,降低 GCN 网络嵌入式表示的质量。受近年来流行的对抗学习模式的启发，本节引入了一个领域分类器与特征提取器 GCN 进行领域对抗学习，以进一步增强特征提取器 GCN 针对实体对齐任务的嵌入式表示学习。

在领域对抗学习过程中，领域分类器扮演着判别器的角色，试图区分给定的顶点 $v \in \{V^A \cup V^B\}$ 来自哪个领域（网络 N^A 或网络 N^B），而 DANA 中的特征提取器（GCN^A 和 GCN^B）则充当生成器的角色，致力于学习具有领域不变性特征的网络嵌入式表示，以混淆判别器的领域判别。在技术上，领域分类器和特征提取器的领域对抗学习需要通过极大极小游戏（minimax game）来完成，其表达式如下：

$$\max_{\Theta_{g^A}, \Theta_{g^B}} \min_{\Theta_D} J_d = \sum_v \sum_d -\mathbb{I}_d(v) \log p(d \mid v) \tag{4.44}$$

式中，Θ_D——领域分类器 D 的参数集合；

d——顶点 v 所属的领域标签，$d \in \{d^A, d^B\}$，若顶点 $v \in V^A$ 则顶点 v 的领域标签为 d^A，反之亦然；

$\mathbb{I}_d(v)$——指示函数，用于指示顶点 v 是否属于领域 d，若顶点 v 属于领域 d，则指示函数$\mathbb{I}_d(v)$的值为 1，否则值为 0。

领域分类器使用多层感知机（MLP）进行实现，MLP 的最后一层隐含层连接到 Softmax 层，以模拟计算输入顶点 v 的领域类别的条件概率 $p(d|v)$。

重温用于监督网络实体对齐任务的目标公式（式（4.41）），训练过程中的特征提取器在提取对齐任务特征的同时需要尽量过滤领域依赖性特征，也就是说，GCN^A 和 GCN^B 不但要最大化锚链接的后验概率，还需要最大化领域分类器的分类损失：

$$\max_{\Theta_{g^A}, \Theta_{g^B}} \min_{\Theta_D} J = J_e + \gamma J_d \tag{4.45}$$

式中，γ——超参数，是用于调节 J_e 与 J_d 之间的比例的权衡因子。

3. DANA 训练算法

如图 4.7 所示，DANA 在特征提取器和领域分类器之间引入了梯度反转层[27]（gradient reversal layer，GRL），以进行参数 Θ_{g^A}、Θ_{g^B}和 Θ_D 的优化。梯度反转层可以被视为不包含参数的激活函数层，该激活函数在前向传播过程中直接将输入作为输出内容（即不执行任何操作），但在反向传播时将梯度反转（即将梯度乘以-1）后再进行传播。与传统生成式对抗网络中生成器与判别器迭代更新的方式不同，梯度反转层的采用能够实现式（4.45）中参数的同步优化，因此 DANA 可以更加容易、快速地训练收敛。算法 4.3 描述了 DANA 的基本算法训练流程。

算法 4.3　面向实体对齐的生成式对抗网络嵌入式表示学习算法 DANA

数据：网络 A：顶点集合 V^A，以及邻接矩阵 $\boldsymbol{M}^A$

网络 B：顶点集合 V^B，以及邻接矩阵 $\boldsymbol{M}^B$

锚节点训练集合 S

输入：顶点批量大小 U；锚节点批量大小 Z；权衡因子 γ；正则化系数 λ

参数：GCN^A 参数 Θ_{g^A}；GCN^B 参数 Θ_{g^B}；领域分类器参数 Θ_{D}

输出：网络 A 的嵌入式表示 $\boldsymbol{R}^A=\boldsymbol{H}_{\mathrm{L}}^A$；网络 B 的嵌入式表示 $\boldsymbol{R}^B=\boldsymbol{H}_{\mathrm{L}}^B$

1：随机初始化参数 $\{\Theta_{g^A},\Theta_{g^B},\Theta_{\mathrm{D}}\}\sim N(0,\boldsymbol{I})$；

2：**repeat**

3：从顶点集合 V^A 采样出一批顶点样本：$V_U^A=\{v_u^A\}_{u=1}^U$；

4：从顶点集合 V^B 采样出一批顶点样本：$V_U^B=\{v_u^B\}_{u=1}^U$；

5：从锚链接集合 S 采样出一批顶点样本：$S_Z=\{s_z\}_{z=1}^Z$；

6：使用 Adam 优化器更新参数 Θ_{g^A}、Θ_{g^B}，以最小化目标公式：

$$-\sum_{(v_i^A,v_j^B)\in S_z}\log\frac{1}{2}(p(v_j^B\mid v_i^A)+p(v_i^A\mid v_j^B))+$$

$$\gamma\left(\sum_{v\in\{V_U^A\cup V_U^B\}}\sum_{d\in\{d^A,d^B\}}\mathbb{I}_d(v)\log p(d\mid v)\right)+\lambda(\|\Theta_{g^A}\|+\|\Theta_{g^B}\|)$$

7：使用 Adam 优化器更新参数 Θ_{D}，以最小化目标公式：

$$-\sum_{v\in\{V_U^A\cup V_U^B\}}\sum_{d\in\{d^A,d^B\}}\mathbb{I}_d(v)\log p(d\mid v)+\lambda\|\Theta_{\mathrm{D}}\|$$

8：**until** 收敛；

4. 有向图网络的 DANA 框架

现实生活中存在着许多有向图网络，例如，社交网络 Twitter 中允许用户之间存在单向的关注行为，其构造而成的网络势必为有向图。然而，从谱图理论的角度出发，图卷积网络的卷积核需要通过对称的邻接矩阵获得，这使得传统的图卷积网络仅适用于无向图网络。为了解决有向网络的应用问题，现有的研究方法放松了图卷积网络中对邻接矩阵的对称约束，并从空间角度解释了不对称卷积核的原理[34]。但这仍然无法使图卷积网络充分挖掘有向图网络的特征，使得 GCN 学习得到的网络嵌入式表示在有向图网络上的表现不佳。为了更好地捕捉有向图网络的结构特征，本节提出了一个针对有向图的图卷积网络结构。

图 4.8 展示了本节针对有向图设计的图卷积网络的内部结构，其卷积

操作主要从顶点的出度和入度两个视角进行顶点的刻画。给定有向图网络的邻接矩阵 $\boldsymbol{M}$，并使用 $\boldsymbol{H}_0$ 作为顶点出度视角的初始特征向量，用 $\tilde{\boldsymbol{H}}_0$ 表示顶点入度视角的初始特征向量，随机初始化 GCN 的初始层输入 $\boldsymbol{H}_0$ 和 $\tilde{\boldsymbol{H}}_0$，可通过如下计算规则获得 GCN 第 l 层的隐含层表示 $\boldsymbol{H}_l$ 和 $\tilde{\boldsymbol{H}}_l$:

$$\boldsymbol{H}_l = \sigma(\boldsymbol{F}\tilde{\boldsymbol{H}}_{l-1}\boldsymbol{W}_l) \tag{4.46a}$$

$$\tilde{\boldsymbol{H}}_l = \sigma(\tilde{\boldsymbol{F}}\boldsymbol{H}_{l-1}\tilde{\boldsymbol{W}}_l) \tag{4.46b}$$

式中，$\boldsymbol{F}^A=\boldsymbol{D}^{-1}(\boldsymbol{M}+\boldsymbol{I})$，$\tilde{\boldsymbol{F}}=\tilde{\boldsymbol{D}}^{-1}(\tilde{\boldsymbol{M}}+\boldsymbol{I})$，$\tilde{\boldsymbol{M}}=\boldsymbol{M}^{\mathrm{T}}$，$\tilde{D}_{ii}=\sum_j \tilde{M}_{ij}$。

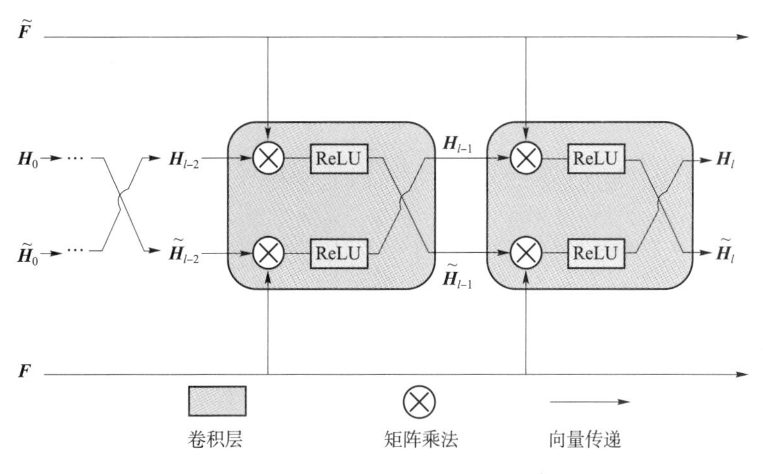

图 4.8　有向图网络的 GCN 框架示意图

式（4.46a）代表的卷积操作主要聚焦在顶点的出度分布情况，而式（4.46b）主要负责关注顶点的入度分布情况。根据上述定义的卷积规则，GCN 的最后一层将输出顶点的两个低维向量表示，即 $\boldsymbol{R}=\boldsymbol{H}_l$和 $\tilde{\boldsymbol{R}}=\tilde{\boldsymbol{H}}_l$，在后续的对齐过程中，将连接顶点 v_i 的两个低维向量 $\boldsymbol{r}_i$ 和 $\tilde{\boldsymbol{r}}_i$，以执行对齐操作。至此，基于有向图网络的图卷积网络的 DANA 框架可修改为图 4.9。

5. GCN 之间的权重共享策略

对于实体对齐任务而言，理想的情况是能够将不同网络嵌入同一个低维向量空间。在这个低维空间中，锚节点彼此之间的距离非常相近，以便

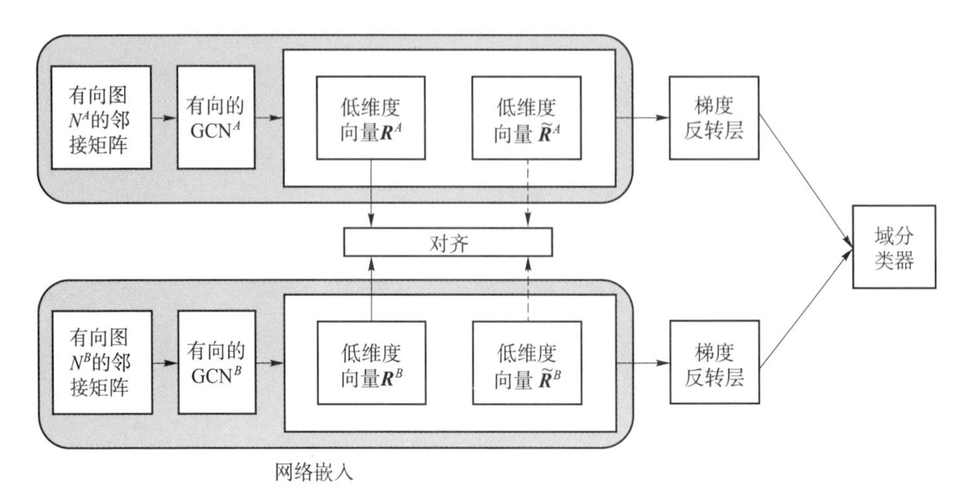

图 4.9　基于有向图网络的图卷积网络的 DANA 框架示意图

直接利用空间中顶点之间的距离来获取实体对齐的候选集。现有的方法一般通过强制锚节点共享相同的嵌入式表示或者最小化锚节点的低维向量表示来拉近两个网络嵌入式空间的距离。

在本节中，采用 GCN 之间的权重共享策略来进一步加强网络嵌入式空间之间的紧密性，即将 GCN^A 和 GCN^B 中的训练参数进行共享：$\boldsymbol{W}_l^A=\boldsymbol{W}_l^B$，$l=\{1,2,\cdots,L\}$。这种权重共享策略减少了模型的参数，简化了 DANA 的模型框架（图 4.10），更有利于模型的训练。

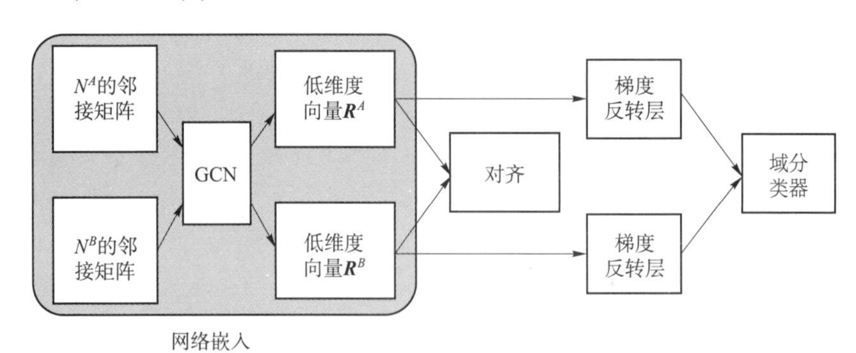

图 4.10　基于图卷积网络权重共享策略的 DANA 框架示意图

4.3.2.3　实体对齐实验设计与分析

在介绍完 DANA 模型后，在本节中将对 DANA 进行实验评估。对比实验除了将 DANA 与现有较为流行的几种基准方法进行比较外，还将 4.3.1

节提出的 GANE 模型应用于实体对齐任务并与 DANA 进行比较。此外，为了进一步证明 DANA 框架的有效性，本节将对 DANA 进行案例研究，通过可视化结果来分析 DANA 模型的行为模式。

1. 数据集与评价指标

本章节采用 Hits@ k 评价指标评估模型在实体对齐任务上的性能，Hits@ k的定义如下。

定义 4. 3 Hits@ k　对于测试集中的一对锚节点(v_i^A, v_j^B)，模型给出网络 A 中顶点 v_i^A 在网络 B 中可能的锚节点候选列表 $L_{v_i^A}^B@k$，$L_{v_i^A}^B@k$ 由模型的排序列表中的前 k 个顶点组成。同理，对于网络 B 中的顶点v_j^B，模型给出对应的锚节点候选列表 $L_{v_j^B}^A@k$。由此，对于一对锚节点测试样本，其 Hits@ k评价指标的计算规则为

$$\text{Hits@}\,k(v_i^A, v_j^B) = \begin{cases} 1, & v_i^A \in L_{B_j}^A \text{ 且 } v_j^B \in L_{v_i^A}^B \\ 0.5, & v_i^A \in L_{B_j}^A \text{ 或 } v_j^B \in L_{v_j^B}^A \\ 0, & \text{其他} \end{cases} \tag{4.47}$$

令 S_{test}为测试集中的锚节点集合，则网络实体对齐在测试集上的Hits@ k评价指标为

$$\text{Hits@}\,k = \frac{\sum\limits_{(v_i^A, v_j^B) \in S_{\text{test}}} \text{Hits@}\,k(v_i^A, v_j^B)}{|S_{\text{test}}|} \tag{4.48}$$

对于候选列表的排序准则，DANA 采用余弦相似度以计算候选锚节点的评分，其他对比算法则根据其对应文献中采用的方法来进行评分排序。

本实体对齐实验使用了 4 个真实的跨网络数据集，其统计数据列于表 4. 7。其中，DBLP 数据集[80]是根据作者发表的论文所属的研究领域（机器学习或数据挖掘）构建的合著者网络，即同一个作者有可能同时在两个领域中都发表了文章，因此在机器学习合著者网络和数据挖掘网络中都存在该作者的实体顶点，而这对顶点就是对齐任务中的锚节点。与 DBLP 数据集中由共同作者关系建立的无向图网络不同，另外三个数据集（Fq-Tw[81]、Fb-Tw、Db-Wb[82]）是通过社交网络建立有向图网络，其锚节点通过用户绑定的跨社交网络的关联账户而获得。对于数据集中的所有锚节点，随机选取其中的 80%作为模型监督学习的训练集，其余的 20%作为实体对齐任务的测试集。

表 4.7　对齐实验数据集统计信息汇总

数据集	网络名称	顶点数量	链接边数量	锚节点数量
DBLP	Data Mining	11 526	28 565	1 295
	Machine Learning	12 311	26 162	
Fq-Tw	Foursquare	5 313	76 972	1 611
	Twitter	5 120	164 920	
Fb-Tw	Facebook	11 611	31 790	5 265
	Twitter	14 808	87 914	
Db-Wb	Douban	10 103	527 980	4 752
	Weibo	9 576	270 780	

2. 对比算法及参数设定

本实验将对本节提出的 DANA 的几种变体方法以及当前最前沿的几种基准方法进行实验对比。除了特别说明外，所有对比模型都在 100 维的嵌入式表示设置上进行实验评估。

首先，本节对 DANA 的几种变体形式作出说明。上文已经介绍了 DANA 的基本架构，并在此基础上针对有向图网络进行了图卷积网络的改进，同时提出了图卷积网络的权重共享策略。为了清楚起见，在实验中使用 DANA 表示本节提出的面向实体对齐任务的生成式对抗网络嵌入式表示学习基本框架，后缀“-S”表示模型中采用了权重共享策略，后缀“-D”表示模型中采用了基于有向图网络的 GCN 框架，后缀“-SD”表示模型结合了权重共享策略和基于有向图网络的 GCN 框架。此外，为了探究领域对抗学习的作用，本实验去除了 DANA 中的领域对抗学习模块，将其作为一种对比方法并命名为 DNA。

在 DANA 及其变体模型中，特征提取器均采用 2 层（$L=2$）的图卷积网络。其中，第 1 层神经元的个数 $k_1=256$；第 2 层则对应网络的嵌入式表示维度，$k_L=k_2=100$。需要注意的是，DANA-SD（或 DANA-D）在对齐过程中由于联合了顶点 v_i 的两个低维向量 $\boldsymbol{r}_i$ 和 $\tilde{\boldsymbol{r}}_i$，因此 DANA-SD（或 DANA-D）的输出层的维度 k_L 应设为 50。领域分类器采用包含两层全连接层的多层感知机。用于领域对抗训练的顶点批量采样大小为 $U=512$，而用于监督对齐目标的锚节点的批量大小 Z 与锚节点训练集的大小相同。整个模型框架采用 Adam 算法进行参数的优化，其初始学习率设为 0.001，对齐监督学习和域对抗学习之间的权衡因子 $\gamma=1.0$，正则化系数 λ 则设置为 0.01。DANA 以及其变体方法均能以分钟级的速度在 500 次迭代内达到收敛。在网络实体对齐的测试过程中，候选顶点的得分取决于跨网络的两个嵌入顶点之间的余弦距离。

接下来，将介绍实体对齐实验的基准方法。近年来，有一些较为流行的网络实体对齐方法，如 MAH[83]、IONE[73]、PALE[84]、Ulink[85]和 SNNA[86]。将这些模型将作为基准方法与本章所提出的模型 DANA 进行比较，且均采用其发表的论文或公开的代码源中的设置并训练到收敛。此外，本实验还将 4.3.1 节中的 GANE（GANE-naive）模型做了些修改以适用于实体对齐任务，并作为一种对比方法。各基准方法具体细节如下：

1）MAH

MAH 是使用超图对网络的高阶关系进行建模的流形对齐方法。测试时，使用余弦相似性来评估网络中两个顶点之间的相关性。

2）PALE

PALE 是经典的“二步走”对齐模型：首先，使用嵌入式表示学习方法来分别获取两个网络的低维向量表示；然后，将锚节点作为监督信息来学习两个网络的嵌入式空间的映射函数，使得映射后的锚节点低维向量表示具有最短的欧几里得距离。在本实验中，分别将 LINE[7] 和 DeepWalk[6] 作为 PALE 的嵌入式表示学习方法以进行对比，对应的模型分别记为 PALE-LINE、PALE-DeepWalk。

3）IONE

IONE 从三个视角出发构建节点的三个低维向量表示：基于节点的输入上下文的嵌入式表示；基于节点的输出上下文的嵌入式表示；表示节点本身的嵌入式表示。实验对比还包括了去掉基于节点输出上下文的嵌入式表示的 INE 和去掉基于节点输入上下文的嵌入式表示的 ONE。IONE、INE 和 ONE 都采用低维向量空间中顶点之间的余弦距离作为锚链接的得分。

4）Ulink

Ulink 通过建立隐式的用户空间来对用户实体对齐进行建模。由于本节的实体对齐任务只建立在纯结构信息的数据集上，无法对节点构建关于属性的特征，因此本实验使用 DeepWalk 得到节点的 k 维向量表示，以此作为节点的属性特征。在对齐测试过程中，欧几里得距离被用作隐式用户空间中顶点之间距离的度量指标。

5）SNNA

在 PALE 方法的核心基础上，将生成式对抗网络引入不同网络嵌入式表示空间的投影函数的学习过程。由于实验中所使用的数据集缺失属性信息，因此在本实验中使用 DeepWalk 代替原文献使用的 TADW[87]，作为网络的嵌入式表示学习方法。在对齐过程中，欧几里得距离决定了顶点是否互为锚节点。

6）GANE

GANE 是 4.3.1 节提出的面向链接预测任务的生成式对抗网络嵌入式表示学习模型。实际上，跨网络的锚节点信息能够作为链接预测的补充信息以增强 GANE 的嵌入式表示学习，反过来也能带来更好的对齐性能。因此，在本实验中通过强制锚节点共享 GANE 中相同的嵌入式表示来形成网络之间的重叠，其过程类似于图 4.11 所示的网络之间的合并操作。GANE 训练结束后可以得到跨网络的嵌入式表示，通过计算顶点低维向量的余弦距离来实现对齐。

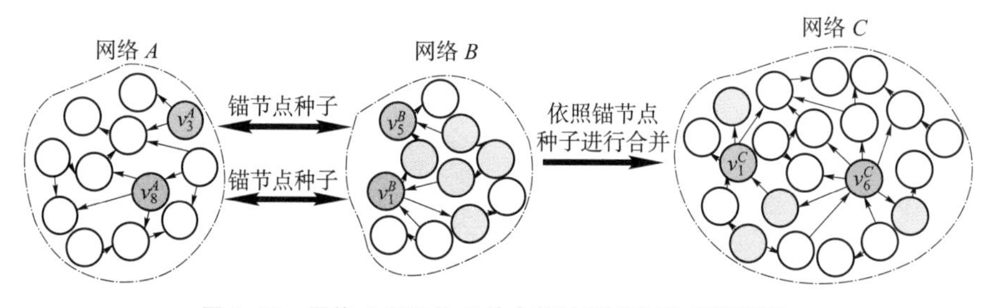

图 4.11　网络 A 和网络 B 的合并过程示意图（附彩图）

3. 实体对齐实验结果与分析

首先，对 DANA 的几个变体进行比较，比较结果如表 4.8 所示。DANA-SD 在各个数据集上均取得了最好的结果。DANA 在大多数情况下都优于 DNA，特别是在 Hits@ 10 上，DANA 相对于 DNA 有显著提高，这说明领域对抗学习的引入确实能够提升特征提取器对对齐任务的嵌入式表示学习的能力。随着领域权重共享策略的加入，DANA-S 在 DANA 的基础上有略微提升，这也侧面说明了领域对抗学习模块实际上已经能够较好地将两个网络的嵌入式表示空间拉近。最后基于有向图网络的 GCN 框架的使用，使模型 DANA-SD 在各个评价指标上均达到了最好的对齐效果，这意味着有向图网络中的出度分布和入度分布都有重要意义。需要注意的是，尽管 DBLP 数据集是一个无向图网络，但由于基于有向图网络的 GCN 框架的参数数量要比 DANA-S 多，在某种程度上增强了 DANA 的学习能力，因此

DANA-SD 在 DBLP 数据集上仍然比 DANA-S 提高了至少 3%的准确率。在其他三个有向图数据集上，DANA-SD 比 DANA-S 至少提高了 8%的Hits@ k 准确率。

表 4.8　DANA 变体在各数据集上的性能比较　　%

数据集	模型	Hits@ 10	Hits@ 20	Hits@ 30	Hits@ 40	Hits@ 50
DBLP	DNA	35.52	41.12	42.86	44.60	45.75
	DANA	39.58	41.51	42.47	44.02	45.37
	DANA-S	39.77	42.86	44.02	45.17	45.95
	DANA-SD	**41.31**	**45.56**	**47.49**	**48.46**	**48.84**
Fq-Tw	DNA	36.38	44.27	50.46	54.03	56.97
	DANA	38.70	45.82	51.39	54.95	56.66
	DANA-S	39.63	49.23	53.72	56.66	60.06
	DANA-SD	**44.27**	**52.17**	**56.81**	**59.75**	**62.38**
Fb-Tw	DNA	23.74	25.12	26.31	27.11	27.54
	DANA	23.88	25.45	26.50	26.88	27.49
	DANA-S	23.98	25.55	26.64	27.49	28.35
	DANA-SD	**26.45**	**28.25**	**29.73**	**30.67**	**31.10**
Db-Wb	DNA	27.71	36.12	42.69	47.63	51.95
	DANA	31.81	42.43	48.32	52.68	56.41
	DANA-S	42.85	51.10	57.41	61.73	65.35
	DANA-SD	**46.37**	**55.89**	**62.04**	**66.98**	**69.72**

进一步，在图 4.12 中将 DANA-SD 以及其他变体共同与对齐任务的基准方法在各个数据集上进行比较。由图 4.12 可以得到以下结论：

（1）在所有数据集的不同 Hits@ k 设置下，DANA 及其变体的性能明显优于大多数基准，验证了本节提出的 DANA 框架的有效性。

（2）基于统一框架的对齐方法（IONE）要比基于“二步走”的对齐方法（PALE）有更好的对齐表现，因为“二步走”框架中第一阶段的嵌入式表示学习完全脱离于对齐任务，这一缺陷在第二阶段的映射函数学习过程中是难以弥补的。此外，基于“二步走”框架的 PALE 模型在很大程度上也依赖于第一阶段嵌入式表示学习模型的选择，很显然，在本实验中采用 DeepWalk 进行嵌入式表示学习的 PALE-DeepWalk 获得了比采用 LINE 进行嵌入式表示学习的 PALE-LINE 更好的表现。

（3）Ulink 和 SNNA 在实验中并没有很好的表现，这可能是由于实验中并不涉及网络结构信息以外的属性信息，这些额外的属性信息在 Ulink 和 SNNA 中都起到了比较关键的作用，而 DANA 模型采用了具有较强的网络结构信息探索能力的图卷积网络，即使在只有网络结构信息的情况下仍然能获得较为鲁棒的结果。

（4）基于矩阵分解方法的 MAH 模型在本实验中表现最差，这是由于矩阵分解是一种线性的嵌入式表示方法，其学习能力要弱于采用非线性嵌入式方法的模型。

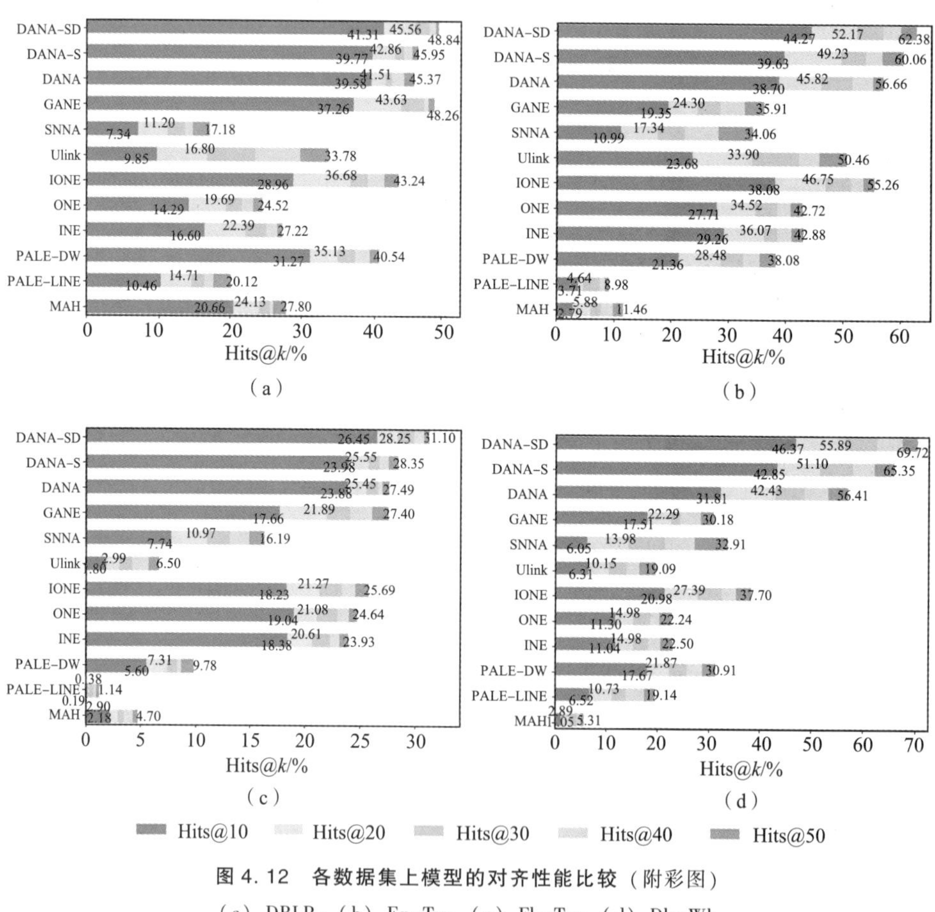

图 4.12 各数据集上模型的对齐性能比较（附彩图）

（a）DBLP；（b）Fq-Tw；（c）Fb-Tw；（d）Db-Wb

此外，MAH 涉及矩阵的逆操作，因此 MAH 很难应用于大规模网络。对于 Fq-Tw 数据集，MAH 在 800 维以上的低维向量表示维度的设置下才能达到较好的对齐效果，这进一步验证了基于嵌入式表示的 DANA 方法的有效性。

以 Fq-Tw 数据集为例，图 4.13 对 DANA-SD 及其变体、表现较为突出的 IONE 以及当前较前沿的 SNNA 方法在不同维度设置、不同训练-测试集划分比例情况下进行了实体对齐性能比较，其结果基本符合 DANA-SD>DANA-S>DANA>IONE>SNNA 的规律。此外，DANA 模型在低维度设置下仍然可以达到优越的对齐表现，当维度为 50 时基本上能够达到收敛。当只有较少的锚节点作为监督信息时，DANA 能够达到 20%以上的 Hits@ 50 准确率，这表明 DANA 模型同样适用于弱监督学习，且拥有较为鲁棒的表现。

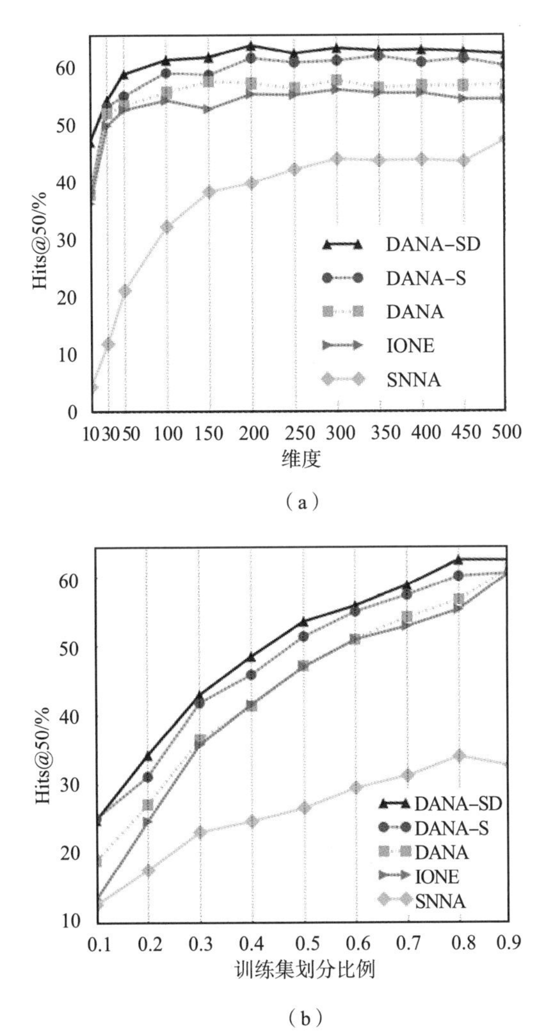

图 4.13　Fq-Tw 数据集上模型的对齐性能比较（附彩图）

（a）不同维度的对齐性能比较；（b）不同训练集划分比例的对齐性能比较

对于模型训练效率而言，DANA 及其变体能够在几分钟内（500 次迭代）迅速达到收敛，与其他基准方法相比，DANA 的训练速度要快得多。这主要是由于 DANA 使用的图卷积网络是一种高效的特征提取器，其时间复杂度与网络的节点数量呈线性关系；其次，梯度反转层的使用使得 DANA 的对抗组件（领域分类器和 GCN）可以进行同步更新学习，从而摆脱了传统生成式对抗网络中判别器和生成器迭代学习带来的时间消耗。

4. 案例研究

为了更好地说明本节提出的论点，验证领域不变性特征对于实体对齐任务的重要性，本节将对 DANA-S 和 DNA 进行案例研究。为了更好地可视化模型的学习模式，本实验在著名的 Zachary 空手道俱乐部网络[39]的基础上构建了一个镜像网络，这两个网络分别对应对齐任务中的网络 N^A 和网络 N^B，它们共同组成了本实验的孪生数据集。孪生数据集的具体构建步骤如下：

第 1 步，将 Zachary 空手道俱乐部网络作为网络 N^A，并使用网络布局算法[88]可视化在二维空间中（对应图 4.14 中的圆圈）。

第 2 步，以 Y 轴为对称轴，根据网络 N^A 的顶点坐标值画出其关于 Y 轴对称的镜像顶点（对应图 4.14 中的三角形），这些镜像顶点为网络 N^B 的顶点集合。

第 3 步，网络 N^B 中顶点之间的链接关系与网络 N^A 保持一致，即 $\boldsymbol{M}^A=\boldsymbol{M}^B$。

第 4 步，网络 N^A 和网络 N^B 中每一对关于 Y 轴对称的点都被视为数据集中的锚节点。

至此，孪生网络数据集构造完成。随机划分 50%的锚节点作为模型的训练集，使用 N^A 和 N^A 顶点在二维平面上的坐标值作为 GCN^A 和 GCN^B 的顶点初始向量 $\boldsymbol{H}_0^A$ 和 $\boldsymbol{H}_0^B$。由于 Zachary 空手道俱乐部网络是一个无向图网络，因此在本实验中使用 DANA-S 与 DNA-S 进行对比，并将图卷积网络的层数设为一层。领域分类器对顶点的分类结果在图中使用实心和空心表示，●/▲表示分类正确的顶点，○/△表示分类错误的顶点。如图 4.14（b）所示，DANA-S 模型将所有顶点都归类为网络 N^A 中的顶点，这正是实验所要达到的目的，即在领域对抗学习过程中提取领域不变性特征，使领域分类器无法进行区分。相比之下，DNA-S 由于缺少领域对抗学习，其表现出了较好的领域分类结果，这导致了比 DANA-S 更差的对齐性能。

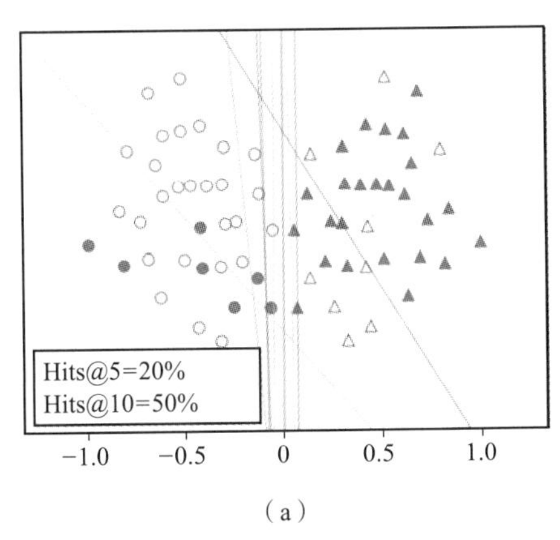

(a)

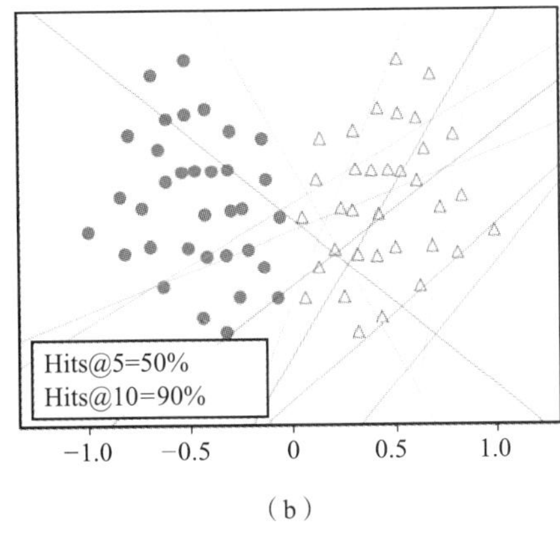

(b)

图 4.14　孪生网络数据集上的隐含层神经元可视化（附彩图）

(a) DNA-S；(b) DANA-S

GCN 中的隐含神经元参数 $\boldsymbol{W}$ 依照 Ganin 等[78]的方法进行可视化，其中 $\boldsymbol{W}\in\mathbf{R}^{2\times k}$，$k=10$，$\boldsymbol{W}$ 中的每一列对应于隐含层的一个神经元，根据斜率计算可以可视化为图中所示的直线，一共可以作出 10 条直线。对比图 4.14（a）和图 4.14（b）可以观察到：

（1）DNA-S 的大多数神经元都聚集在 Y 轴附近，意味着 DNA-S 更倾向于捕捉两个网络存在对称关系这一领域之间的明显特征。

（2）在领域对抗学习的帮助下，DANA-S 能够捕捉到更丰富的特征表示，其神经元都有各自代表的特征模式。

（3）DANA-S 的注意力并没有被网络之间存在轴对称这一明显的领域依赖性特征分散，其代表神经元的 10 条直线都不在 Y 轴附近，且能够较好地分散，在这样的模式下，DANA-S 获得了比 DNA-S 更卓越的对齐性能。

4.4　小　　结

锚链接是社交网络中的重要资源，对锚链接进行准确预测，既可以有效提升跨网络推荐等服务性的应用，也可以有效整合用户信息，缓解个体网络分析的稀疏性问题，方便用户的社交关系维护与新社交关系的建立。另外，有效的网络对齐可以促进平台进行更精细、更准确的社交关系预测，从而保证对用户的长期吸引力。

因此，网络对齐研究具有极大的研究意义和潜在价值。本章基于单关系的网络嵌入式表示，围绕多网络对齐进行了深入研究，分别针对不同的任务提出了与之相对应的模型，还主要对模型的理论基础与推导，以及模型的对比实验结果展开介绍。

本章首先介绍了基于社交关系出入度的 IONE 模型。该模型显式地将用户的好友关系与粉丝关系定义为其输入上下文、输出上下文，基于跨网络用户的嵌入表示将两个网络中的用户映射到同一个空间内。而对于已经标注的锚用户对，本章将其作为硬约束的监督信息融入模型，此外，在硬约束的前提下，本章将通过一些经验知识（如预训练跨网络链接预测模型）得到的概率作为软约束监督信息也融入表示学习模型。在模型求解过程中，本章使用了随机梯度下降算法和负采样算法，以进一步提高模型的学习效率。

其次，本章介绍了面向链接预测任务的生成式对抗网络嵌入式表示学习框架 GANE。GANE 通过对抗式学习的方式来达到对网络的特征表示和链接预测的同步学习。在基础框架 GANE 上讨论了三种不同的方案：采用余弦相似度的 GANE-naive；维持一阶邻近结构的 GANE-O1；维持二阶邻近结构的 GANE-O2。GANE 采用 Wasserstein-1 距离，以提高模型训练的稳定性。此外，本章通过公式推导证明了 GANE-O2 在 GANE 的框架下具有与 GANE-O1 相同的目标函数。链接预测和聚类任务的实验结果表明，本章所提出的模型优于其他网络嵌入式表示学习方法，验证了 GANE 的有效性。

最后，本章介绍了面向实体对齐任务的 DANA 模型。DANA 模型通过领域对抗学习来获取更有利于实体对齐的领域不变性特征，从而排除了领域依赖性特征对对齐性能的干扰。此外，本章还将 DANA 推广到有向图网络的应用范围，针对有向图网络提出了一个能够捕捉网络中顶点出度分布和入度分布的图卷积网络。最后，在真实世界数据集上进行实验，并将 GANE 模型进行细微的调整，让其同样应用于实体对齐任务，并将其作为对比试验。GANE 总体上表现出了比其他基准模型（包括 IONE）更好的对齐性能，这表明了针对链接预测提出的 GANE 模型有着较高的嵌入式表示学习能力。DANA 及其变体的综合表现也证明了该模型的有效性，在案例研究中，DANA 的优异表现进一步证明了本章关于压制不相关特征表示以获得更好的任务性能的观点。

第5章

基于多关系表示的知识图谱对齐

5.1 引　　言

互联网的飞速发展与数据的海量涌现，使得简单的关系型数据存储形式已经不能满足需求，而基于实体和关系的多关系网络的数据存储形式逐渐崭露头角。表示学习的主要思想是学习出实体和关系的连续低维向量表示。以自然语言处理中的词向量为例，我们通过拟合词语的语义关系及词语之间的联系，将词典中的每个词映射到维度为 d 的低维向量空间。表示学习的基本目标是使得学习出的低维向量表示尽可能地拟合实体之间的真实情况。表示学习对于多关系网络而言有着非常重要的意义，这主要体现在以下两方面：

（1）大规模多关系网络面临着非常大的数据稀疏难题，传统方法无法很好地解决，然而通过构建低维向量表示空间，把所有实体（或关系）映射到这个空间中，就可以利用这个空间较好地处理数据稀疏性问题。

（2）可以实现不同领域实体之间的知识迁移。在多关系网络中，我们关心的实体类型非常多，涉及多种垂直领域，如何更好地计算它们之间的关联是重要的挑战。例如，给定两个领域的实体，判断它们之间的真实关系等现实问题，对传统的方法而言难度较大。通过将这些对象映射到同一个空间中，我们将能够非常容易地预测它们之间的真实关系。

因此，对于多关系网络而言，表示学习是非常重要的技术，也是近年来自然语言处理领域非常热门的研究方向。

以知识图谱为代表的多关系网络的研究热潮才开始，在科学技术研究和工程技术实现方面还面临着重重挑战，尤其是在知识表示领域。多关系网络通常用来表示一个专业领域的知识库或者一个大群体的多重社交关系，这些网络往往不具有显著的拓扑结构，节点之间通过多种属性关系互相连接，形成一个巨大的多关系网络。随着深度学习技术和表示学习的革命性发展，研究人员开始探索将知识进行数值化表示的方法，即将语义信息映射到低维空间进行向量化表示（如 Word2vec 模型、TransE 模型[12]），进而为各类结合知识的问题提供解决方案，但对于多关系网络的向量表示模型的准确、效率问题仍然有待攻克。

为了更好地拟合多关系网络，5.2 节通过表示学习的方法充分拟合真实的多关系网络的结构信息，以希望提高多关系网络的向量表示质量。然而，直接对整个多关系网络结构进行拟合显然不符合实际，因此我们希望通过对多关系网络中的基本局部结构进行拟合来近似对整个多关系网络结构的拟合。通过对真实多关系网络的观察与分析，我们发现在多关系网络中存在着多种基本的局部网络结构。其中，三角形结构与平行四边形结构为多关系网络中两种重要的局部网络结构。针对多关系网络中特有的局部结构，本章提出一种新颖的基于概率的多关系网络表示学习算法来拟合真实的多关系网络。

为了更好地完成多关系网络对齐任务，5.3 节利用跨网络的锚信息（锚实体对和锚关系对）和网络的结构信息，以期望得到更准确的多关系网络向量表示，并能更准确地找到潜在的锚信息。此节利用概率模型建模，保留网络中的连通性及复杂结构，再通过跨网络锚信息的共享来完成多关系网络的对齐任务。利用跨网络的锚信息并结合多关系网络的结构特点，此节提出新颖的基于非翻译方法的多关系网络对齐算法来完成跨网络的对齐任务。5.3 节改进了 5.2 节中表示学习算法中复杂结构的保留方式，提出了两种向量操作，使结构被保留的同时参数得到简化。

基于神经网络的表示方法将深度学习的强大的特征提取能力应用在多关系网络表示中，近年来，图卷积网络在网络表示学习领域掀起了一波巨浪，一系列图神经网络模型被提出，其中适用于多关系网络表示学习的是 R-GCN[34] 模型。R-GCN 是一种基于 GCN 的利用关系的节点嵌入模型。R-GCN的卷积是一种基于网络关系的变换，其中不同节点之间的影响权重取决于节点间的关系类型，目前 R-GCN 只能得到实体的表示，无法得到关系的表示，使得模型没有充分挖掘到关系的有效信息。因此，常规GCN和R-GCN不能应用于多关系网络对齐任务。为了解决这个问题，5.4节提出了一个向量化关系图卷积网络（VR-GCN），它可以同时生成实体嵌入和关系嵌入，以实现GCN和多关系网络的合并。5.5节提出了基于VR-GCN的对齐框架AVR-GCN，以支持多关系网络的实体对齐和关系对齐，并设计了关于对齐信息利用的优化技术，旨在提高对齐结果的效率。5.6节在VR-GCN模型的基础上，增加了关系卷积模块与注意力机制模块，可以更加充分地挖掘关系所携带的信息，并且注意力机制使得模型更关注于重要信息，从而提升模型表达力。

5.2 MNE

TransR、TransH均以TransE为基础进行优化并衍生，它们都在多关系网络的嵌入式表示过程中利用距离的约束设计了目标函数，即一个三元组(h,r,t)中头实体的向量表示加上连接这个三元组中头尾实体的关系向量表示等于这个三元组中尾实体的向量表示（在本章中我们称之为TransFamily使用的硬约束），其中h表示头实体，r表示一个关系，t表示尾实体。我们统称利用这种表示约束的方法为基于翻译方法的嵌入式表示学习算法。然而，这类算法在我们发现的一些特定结构中会出现学习的偏差，导致一些关系的向量不能被很好地表示。

图5.1　多关系网络中的复杂结构

接下来，结合图5.1（a）进行具体解释。该图中存在两条从头实体节点v_i到实体节点v_j的路径，上面一条较为复杂，包含两种关系，其中关系r_1是上下两条路径重合的关系。在这样的情况下，如果使用基于翻译的方法去学习实体节点和网络关系的嵌入式表示，那么需要同时满足以下三个距离约束关系：$\boldsymbol{u}_{v_i}+\boldsymbol{u}_{r_1}=\boldsymbol{u}_{v_j}$，$\boldsymbol{u}_{v_i}+\boldsymbol{u}_{r_1}=\boldsymbol{u}_{v_k}$，$\boldsymbol{u}_{v_k}+\boldsymbol{u}_{r_2}=\boldsymbol{u}_{v_j}$。将这三个式子合并，会得到等式$\boldsymbol{u}_{v_i}+$

$\boldsymbol{u}_{r_1}+\boldsymbol{u}_{r_2}=\boldsymbol{u}_{v_i}+\boldsymbol{u}_{r_1}$，即说明在这种数据结构中，只有当向量 $\boldsymbol{u}_{r_2}$ 为 0 时，才能同时满足 3 个三元组之间的相互关系，但是这样的结果等价于关系 r_2 的向量被忽略了。进一步发现，当 $\boldsymbol{u}_{r_2}=0$ 时，相当于把实体节点 v_k 与 v_j 误判成同一个节点。同理，图 5.1（b）中的结构也会导致 $\boldsymbol{u}_{r_2}=0$。

我们通过改变常用于作为标准评测的多关系网络数据集 WN18（WordNet）中图 5.1（a）的结构占比，对 TransE 和 TransH 方法进行了三元组分类实验，观察该算法在三元组分类任务上的性能变化。如图 5.2 所示，随着数据集中三角形结构占比的增加，两种模型的三元组分类准确率都呈下降趋势。实验结果也表明图 5.1 所描述的结构是多关系网络中一种常见的重要结构，对于使用硬约束 TransFamily 的模型的效果产生负面影响，继而会导致多关系网络嵌入式表示与其他下游任务（如网络对齐任务）的效果下降。

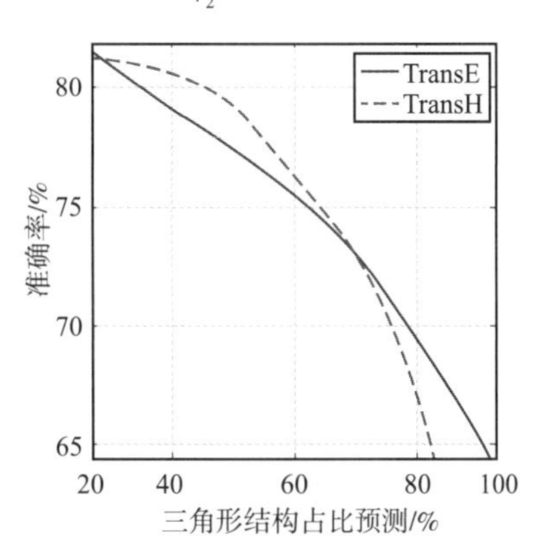

图 5.2　实验准确率受数据集中三角形结构比例的影响

为了避免这一问题，本节提出 MNE 算法[33]，它通过对网络中复杂的结构进行保留，利用概率建模，使多关系网络能更加准确、有效地被表示到低维向量空间中。MNE 算法定义了三种概率 p_1、p_2 和 p_3，以保留图 5.3 所示的三种拥有公共顶点的复杂结构，公式如下：

$$p_1(v_j^{r_s},v_k^{r_t}\mid v_i)=\frac{\exp(\boldsymbol{u}'^{\mathrm{T}}_j(\boldsymbol{u}_i+\boldsymbol{u}_{r_s})+\boldsymbol{u}'^{\mathrm{T}}_k(\boldsymbol{u}_i+\boldsymbol{u}_{r_t}))}{\sum\limits_{\substack{(v_i,r_p,v_x)\in E'\\ \wedge(v_i,r_q,v_y)\in E'}}\exp(\boldsymbol{u}'^{\mathrm{T}}_x(\boldsymbol{u}_i+\boldsymbol{u}_{r_p})+\boldsymbol{u}'^{\mathrm{T}}_y(\boldsymbol{u}_i+\boldsymbol{u}_{r_q}))} \tag{5.1}$$

$$p_2(v_j^{r_s},v_k^{r_t}\mid v_i)=\frac{\exp(\boldsymbol{u}'^{\mathrm{T}}_i(\boldsymbol{u}_j+\boldsymbol{u}_{r_s})+\boldsymbol{u}'^{\mathrm{T}}_k(\boldsymbol{u}_i+\boldsymbol{u}_{r_t}))}{\sum\limits_{\substack{(v_x,r_p,v_i)\in E'\\ \wedge(v_i,r_q,v_y)\in E'}}\exp(\boldsymbol{u}'^{\mathrm{T}}_i(\boldsymbol{u}_x+\boldsymbol{u}_{r_p})+\boldsymbol{u}'^{\mathrm{T}}_y(\boldsymbol{u}_i+\boldsymbol{u}_{r_q}))} \tag{5.2}$$

$$p_3(v_j^{r_s},v_k^{r_t}\mid v_i)=\frac{\exp(\boldsymbol{u}'^{\mathrm{T}}_i(\boldsymbol{u}_j+\boldsymbol{u}_{r_s})+\boldsymbol{u}'^{\mathrm{T}}_i(\boldsymbol{u}_k+\boldsymbol{u}_{r_t}))}{\sum\limits_{\substack{(v_x,r_p,v_i)\in E'\\ \wedge(v_y,r_q,v_i)\in E'}}\exp(\boldsymbol{u}'^{\mathrm{T}}_i(\boldsymbol{u}_x+\boldsymbol{u}_{r_p})+\boldsymbol{u}'^{\mathrm{T}}_i(\boldsymbol{u}_y+\boldsymbol{u}_{r_q}))} \tag{5.3}$$

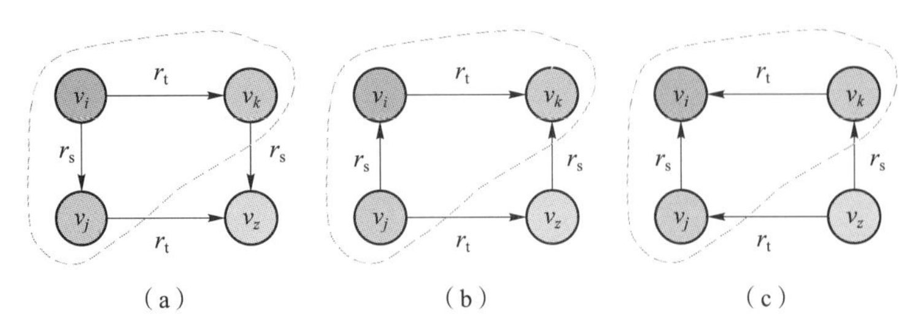

图 5.3　MNE 算法保留的三种结构

其中，利用 $\boldsymbol{u}_i$ 和 $\boldsymbol{u}_i'$ 区别了节点 v_i 作为头实体节点与尾实体节点时角色的不同。利用三元组共现概率的约束代替了基于翻译方法中利用距离约束定义目标函数的方式。通过建模的概率与真实网络数据中存在的经验概率之间 KL 散度的最小化来作为目标函数，最终通过随机梯度下降来学习网络中的节点与关系的向量表示。

5.3　基于 MNE 的对齐

受多关系网络嵌入式表示方法 MNE 的启发，本节提出一个基于非翻译方法的算法模型，以完成两个多关系网络的表示和对齐工作。基于非翻译方法的算法模型与基于翻译的算法模型相比，前者是指利用概率模型去模拟网络数据中的三元组关系，即通过实体节点与关系共同出现的概率来作为约束条件，设定相应的目标函数，并通过迭代更新学习出网络中的实体节点向量和关系向量；后者则是以 TransE 为代表的，利用距离模型去模拟网络间三元组关系继而完成网络嵌入表示的方法。基于非翻译方法的算法模型可以有效地避免翻译模型中的强约束，提高模型对于知识表示的准确率，并优化模型在对齐任务中的表现。下面的内容将对本节提出的算法模型进行公式化描述，以详细阐述本节所提出的模型、完成任务的标准。

设 $G=(V,E,R)$ 表示一个多关系网络。其中，$V:=\{v_i\}$ 是一组节点的集合，每个节点反映了现实中的一个实体；$R:=\{r_i\}$ 是一组关系标签的集合，每个关系标签反映了现实中存在的一种关系；$E:=\{(v_s,r_m,v_t)\}$ 是一组有向边的集合。一条有向边 (v_s,r_m,v_t) 表示网络中源节点 v_s 和目标节点 v_t 之间存在关系 r_m。在多关系网络的对齐任务中，如果预先知道两个网络 X 和 Y 之间的节点或者关系是对齐的，就可以把它们分别表示为“对齐的节点（锚节点）对”$(v_i^X, v_j^Y) \in V_a$，或者“对齐的关系（锚关系）对”$(r_i^X, r_j^Y) \in R_a$。

接下来，将分别展开本节提出的两个通过利用概率建模完成多关系网络间对齐任务的算法——NTAM* 与 NTAM+[89]。这两种算法均采用概率建模来保留多关系网络中的结构信息，并且均通过最小化定义的概率分布与数据中的经验概率分布 KL 值来迭代更新，最终得到多关系网络中实体节点与关系的向量表示。然而，这两个模型在定义概率时，采用了不同的方式去表示多关系网络三元组中不同的关系对于实体节点向量的影响情况。

5.3.1　基于概率空间乘法规则的非翻译方法对齐模型

对应跨网络对齐的两个任务，基于概率空间乘法规则的非翻译方法对齐模型（NTAM*）的目标函数由两部分组成，一部分是单网络嵌入式表示的目标函数，另一部分是利用网络中已知的锚链接（锚实体对和锚关系对）进行对齐操作的目标函数。

单网络嵌入表示任务意在通过一系列迭代更新将每个网络表示到一个 d 维的空间 $\mathbf{R}^d$ 中，其中的每个节点和每个关系都可以被表示为一个 d 维向量。由于传统的基于翻译方法的模型仅利用向量间的距离约束来完成目标函数设定，这种强约束会带来表示学习及对齐任务的偏差。因此，本节通过定义概率建模来保留网络结构信息，以避免翻译模型中产生的偏差，提升网络表示和对齐任务的效果。本节针对三元组定义了概率公式（式(5.4)），以保留网络中节点与节点之间的直接连通性。不同于方法 MNE[33]、IONE[73]和 LINE[7]，本节避免了为区分一个实体节点在三元组中作为头实体和尾实体时角色不同而运用两个向量去表示同一个实体节点 v_i 的操作。也就是说，对于一个实体节点 v_i，无论它是三元组的头实体还是三元组的尾实体，本节都使用同一个向量 $\boldsymbol{u}_i$ 来表示它。这样的设计既可以简化模型的更新迭代过程，又可以减少模型参数的数量，有助于避免模型的过拟合问题。具体的概率定义公式如下：

$$p(v_j \mid v_i, r_s) = \frac{\exp(\boldsymbol{u}_j^{\mathrm{T}} \boldsymbol{u}_{r_s} \boldsymbol{m}^{\mathrm{T}} \boldsymbol{u}_i)}{\sum\limits_{(v_i, r_s, v_x) \in E'} \exp(\boldsymbol{u}_x^{\mathrm{T}} \boldsymbol{u}_{r_s} \boldsymbol{m}^{\mathrm{T}} \boldsymbol{u}_i)} \tag{5.4}$$

式中，$\boldsymbol{u}_i, \boldsymbol{u}_j, \boldsymbol{u}_{r_s}$——实体节点 v_i、v_j 和关系 r_s 的向量表示。

式（5.4）中用到一个向量 $\boldsymbol{m}$，它是一个全局共享的向量，用于完成三元组中实体向量与关系向量相乘的操作，使其结果为一个标量，可以代入 exp(·) 进行运算。同时，向量 $\boldsymbol{m}$ 也体现了全局中所有三元组中各个向量之间存在的关联。$E'=\{(v_i,r_s,v_x)\mid v_x\in V\}$ 表示的是三元组集合 E 的子集，其中包含的三元组是该网络中以节点 v_i 为头实体，通过关系 r_s 与网络中的任意实体节点所组成的三元组的集合。该集合中均为实际网络数据中存在的三元组。

由式（5.4）的定义可知，该概率保持了三元组中实体节点之间的连通性结构，但是在实际的多关系网络数据中，存在着更多复杂的结构信息需要在网络表示中被保留。受到 MNE[33] 中发现的具有公共实体节点 v_i 的两个三元组的三种非同构结构启发，在低维向量空间中通过定义其相应的概率来保存这些复杂结构。同样地，本节在其基础上定义了三种概率。为了区分多关系网络中拥有公共实体节点 v_i 的两个三元组之间的三种非同构结构，本节也利用 v_i 的出度来定义这三种非同构的结构。实体节点 v_i 的出度分别为 2、1 和 0，其对应情况下的概率被定义为 p_1、p_2 和 p_3，公式如下：

$$p_1(v_j^{r_s},v_k^{r_t}\mid v_i)=\frac{\exp((\boldsymbol{u}_j^{\mathrm{T}}\boldsymbol{u}_{r_s}\boldsymbol{m}^{\mathrm{T}}\boldsymbol{u}_i)+(\boldsymbol{u}_k^{\mathrm{T}}\boldsymbol{u}_{r_t}\boldsymbol{m}^{\mathrm{T}}\boldsymbol{u}_i))}{\sum\limits_{\substack{(v_i,r_p,v_x)\in E'\\ \wedge(v_i,r_q,v_y)\in E'}}\exp((\boldsymbol{u}_x^{\mathrm{T}}\boldsymbol{u}_{r_p}\boldsymbol{m}^{\mathrm{T}}\boldsymbol{u}_i)+(\boldsymbol{u}_y^{\mathrm{T}}\boldsymbol{u}_{r_q}\boldsymbol{m}^{\mathrm{T}}\boldsymbol{u}_i))}\tag{5.5}$$

$$p_2(v_j^{r_s},v_k^{r_t}\mid v_i)=\frac{\exp((\boldsymbol{u}_i^{\mathrm{T}}\boldsymbol{u}_{r_s}\boldsymbol{m}^{\mathrm{T}}\boldsymbol{u}_j)+(\boldsymbol{u}_k^{\mathrm{T}}\boldsymbol{u}_{r_t}\boldsymbol{m}^{\mathrm{T}}\boldsymbol{u}_i))}{\sum\limits_{\substack{(v_x,r_p,v_i)\in E'\\ \wedge(v_i,r_q,v_y)\in E'}}\exp((\boldsymbol{u}_i^{\mathrm{T}}\boldsymbol{u}_{r_p}\boldsymbol{m}^{\mathrm{T}}\boldsymbol{u}_x)+(\boldsymbol{u}_y^{\mathrm{T}}\boldsymbol{u}_{r_q}\boldsymbol{m}^{\mathrm{T}}\boldsymbol{u}_i))}\tag{5.6}$$

$$p_3(v_j^{r_s},v_k^{r_t}\mid v_i)=\frac{\exp((\boldsymbol{u}_i^{\mathrm{T}}\boldsymbol{u}_{r_s}\boldsymbol{m}^{\mathrm{T}}\boldsymbol{u}_j)+(\boldsymbol{u}_i^{\mathrm{T}}\boldsymbol{u}_{r_t}\boldsymbol{m}^{\mathrm{T}}\boldsymbol{u}_k))}{\sum\limits_{\substack{(v_x,r_p,v_i)\in E'\\ \wedge(v_y,r_q,v_i)\in E'}}\exp((\boldsymbol{u}_i^{\mathrm{T}}\boldsymbol{u}_{r_p}\boldsymbol{m}^{\mathrm{T}}\boldsymbol{u}_x)+(\boldsymbol{u}_i^{\mathrm{T}}\boldsymbol{u}_{r_q}\boldsymbol{m}^{\mathrm{T}}\boldsymbol{u}_y))}\tag{5.7}$$

式中，$\boldsymbol{m}$ ——一个全局共享的向量；

$\boldsymbol{u}_i,\boldsymbol{u}_j,\boldsymbol{u}_{r_s},\boldsymbol{u}_{r_t}$——实体节点 v_i、v_j 和关系 r_s、r_t 的向量表示；

$v_j^{r_s}$——实体节点 v_j 与关系 r_s 对 (v_j,r_s) 的简化表达式，表达了实体节点 v_j 通过关系 r_s 连接其他实体节点的情况；$v_k^{r_t}$ 的意义同理。

式（5.4）~式（5.7）建模了在给定公共实体节点 v_i 的情况下，同时保留两个三元组相对结构的概率。这样做的目的是使模型在对各个多关系网络进行内部嵌入式表示时能最大限度地保留结构信息（特别是复杂的结构信息），因为这些往往关系着向量表示的质量以及对齐任务的效果。然而，这里仍然要强调式（5.4）的作用。在多关系网络对齐任务中，需要使用到的锚节点对（或锚关系对）不一定广泛存在于复杂结构中；而且寻找这样复杂的结构信息在庞大的跨网络数据中效率堪忧。因此，利用式（5.4）强调单个三元组内部实体节点与关系的连通性是必要的。

跨网络对齐任务意在通过共享已知锚链接（锚实体对和锚关系对）的向量表示构建两个网络之间的联系，将两个网络中的向量空间拉近，组成一个整体的向量表示空间。为了充分利用已知的锚链接，本节在对齐任务中只通过建模节点间的连通性（即只针对三元组定义概率）保留两个网络节点通过边直接相连的结构信息。因此，本节在利用式（5.4）的基础上，根据已知的锚链接信息情况，采用图 5.4 中所示的方式利共享跨网络锚实体节点（或锚关系）的向量进行计算，具体公式定义如下：

$$p(v_l^Y \mid v_i^X, r_t^Y) = \frac{\exp(\boldsymbol{u}_l^{YT}\boldsymbol{u}_{r_t}^Y\boldsymbol{m}^{YT}\boldsymbol{u}_i^X)}{\sum\limits_{(v_k^Y, r_t^Y, v_x^Y) \in E'} \exp(\boldsymbol{u}_x^{YT}\boldsymbol{u}_{r_t}^Y\boldsymbol{m}^{YT}\boldsymbol{u}_i^X)} \tag{5.8}$$

式中，$\boldsymbol{u}_l^Y, \boldsymbol{u}_{r_t}^Y$——多关系网络 Y 中实体节点 v_l、关系 r_t 的向量表示；

$\boldsymbol{u}_i^X$——多关系网络 X 中实体节点 v_i 的向量表示，它表示了多关系网络 Y 中三元组(v_i, r_t, v_l)的头实体节点 v_i 与多关系网络 X 中的实体节点 v_i 是一对已知的锚实体对，共享一个向量表示 $\boldsymbol{u}_i^X$。

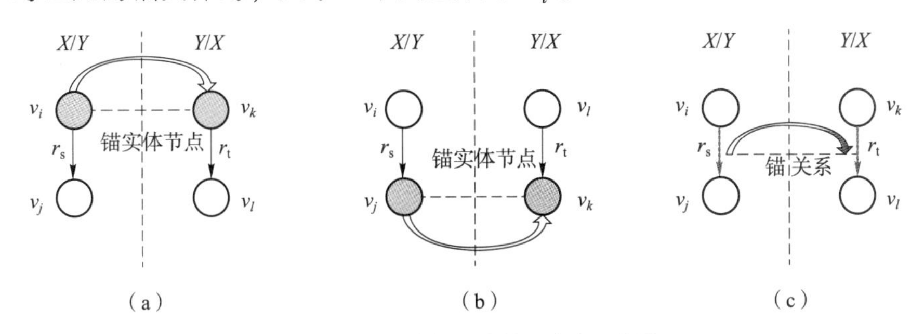

图 5.4　网络中锚信息使用方式示意图

式（5.8）只显示了一种实体节点 v_i^X 与实体节点 v_l^Y 是已知锚实体对的情况，实际上关系之间也存在跨网络的锚信息可以使用。详细情况将在后续内容定义完整目标函数的部分展开。

在分别定义了用于单网络嵌入式表示和跨网络对齐任务的概率公式后，本节利用定义概率分布与经验概率分布的 KL 值作为目标函数，并通过最小化该目标函数完成多关系网络间的对齐任务，最终得到网络中实体节点与关系的向量表示，并确定潜在的锚链接。

NTAM* 模型通过三元组中实体节点向量与关系向量之间进行点积操作的方式来辅助完成目标函数的构建。它在保留网络中结构信息的同时考虑到了不同关系类型对于实体节点表示的影响。然而，值得关注的是，该模型通过向量的点积操作来表示向量间的关系，使得边的有向性在一定程度上变得模糊。这就会导致在多关系网络数据中，当两个节点间存在不同方向的边时会使向量表示发生一些偏差，而且大量向量相乘会严重影响模型的计算效率。另外，除了学习网络中实体节点与关系的向量以外，NTAM* 模型还需要额外学习一个用于全局的向量 $\boldsymbol{m}$，这不仅增加模型的学习复杂程度，还可能导致模型的稳定性变差。因为向量 $\boldsymbol{m}$ 学习的优劣程度会直接影响到全局的向量学习，但又因为向量 $\boldsymbol{m}$ 的更新与所有数据有关，因此学习的难度是很大的。特别是用于对齐任务时，每个网络中各自存在一个全局向量 $\boldsymbol{m}$，再加上跨网络信息共享对其的影响，向量 $\boldsymbol{m}$ 更容易出现偏差。

考虑到 NTAM* 模型的不足，本节改进了概率的定义方式，提出了另一个模型 NTAM+，将在下一节详细介绍。

5.3.2 基于概率空间加法规则的非翻译方法对齐模型

基于概率空间加法规则的非翻译方法对齐模型（NTAM+）中，目标函数仍可按照任务分为两部分：在单网络嵌入式表示部分，通过概率建模同时保留网络的连通性，以及网络中局部的复杂结构；在跨网络对齐部分，仍为了充分使用已知的锚链接而仅考虑保留网络的连通性。为构建单网络嵌入式任务目标函数，定义如下公式：

$$p(v_j \mid v_i, r_s) = \frac{\exp(\boldsymbol{u}_j^{\mathrm{T}}(\boldsymbol{u}_i + \boldsymbol{u}_{r_s}))}{\sum\limits_{(v_i, r_s, v_x) \in E'} \exp(\boldsymbol{u}_x^{\mathrm{T}}(\boldsymbol{u}_i + \boldsymbol{u}_{r_s}))} \tag{5.9}$$

$$p_1(v_j^{r_s}, v_k^{r_t} \mid v_i) = \frac{\exp(\boldsymbol{u}_j^{\mathrm{T}}(\boldsymbol{u}_i + \boldsymbol{u}_{r_s}) + \boldsymbol{u}_k^{\mathrm{T}}(\boldsymbol{u}_i + \boldsymbol{u}_{r_t}))}{\sum\limits_{(v_i, r_p, v_x) \in E' \wedge (v_i, r_q, v_y) \in E'} \exp(\boldsymbol{u}_x^{\mathrm{T}}(\boldsymbol{u}_i + \boldsymbol{u}_{r_p}) + \boldsymbol{u}_y^{\mathrm{T}}(\boldsymbol{u}_i + \boldsymbol{u}_{r_q}))} \tag{5.10}$$

$$p_2(v_j^{r_s}, v_k^{r_t} \mid v_i) = \frac{\exp(\boldsymbol{u}_i^{\mathrm{T}}(\boldsymbol{u}_j + \boldsymbol{u}_{r_s}) + \boldsymbol{u}_k^{\mathrm{T}}(\boldsymbol{u}_i + \boldsymbol{u}_{r_t}))}{\sum\limits_{(v_x, r_p, v_i) \in E' \wedge (v_i, r_q, v_y) \in E'} \exp(\boldsymbol{u}_i^{\mathrm{T}}(\boldsymbol{u}_x + \boldsymbol{u}_{r_p}) + \boldsymbol{u}_y^{\mathrm{T}}(\boldsymbol{u}_i + \boldsymbol{u}_{r_q}))} \tag{5.11}$$

$$p_3(v_j^{r_s}, v_k^{r_t} \mid v_i) = \frac{\exp(\boldsymbol{u}_i^{\mathrm{T}}(\boldsymbol{u}_j + \boldsymbol{u}_{r_s}) + \boldsymbol{u}_i^{\mathrm{T}}(\boldsymbol{u}_k + \boldsymbol{u}_{r_t}))}{\sum\limits_{(v_x, r_p, v_i) \in E' \wedge (v_y, r_q, v_i) \in E'} \exp(\boldsymbol{u}_i^{\mathrm{T}}(\boldsymbol{u}_x + \boldsymbol{u}_{r_p}) + \boldsymbol{u}_i^{\mathrm{T}}(\boldsymbol{u}_y + \boldsymbol{u}_{r_q}))} \tag{5.12}$$

式中，$\boldsymbol{u}_i, \boldsymbol{u}_j, \boldsymbol{u}_{r_s}, \boldsymbol{u}_{r_t}$——实体节点 v_i、v_j 和关系 r_s、r_t 的向量表示。

不同于 NTAM* 模型对于概率的定义，这里通过头实体节点 v_i 的向量 $\boldsymbol{u}_i$ 与关系 r_s 的向量 $\boldsymbol{u}_{r_s}$ 的加和与尾实体节点 v_j 的向量 $\boldsymbol{u}_j$ 的相乘来描述有向边(v_i, r_s, v_j)实体与关系之间的关系。

NTAM+ 定义的概率公式是在 NTAM* 的基础上通过利用一次向量间的加法操作来解决 NTAM* 模型中需要进行多次向量相乘计算和需要额外学习全局向量 $\boldsymbol{m}$ 的问题。从式（5.9）~式（5.12）右侧向量间的运算操作可以看出，模型NTAM+在表示有向边(v_i, r_s, v_j)的头实体 v_i 的向量 $\boldsymbol{u}_i$、尾实体 v_j 的向量 $\boldsymbol{u}_j$ 和关系 r_s 的向量 $\boldsymbol{u}_{r_s}$ 之间的关联时，在尾实体向量 $\boldsymbol{u}_j$ 与关系向量 $\boldsymbol{u}_{r_s}$ 之间用到了一次加和过程去辅助概率的定义。这一设定避免了上述模型 NTAM* 中仅用向量之间多次相乘运算定义概率时所带来的有向边的方向损失问题。因为这一次加法操作的使用，实际上是隐式地定义了边的方向。当实体节点作为头实体时，它对应的向量表示需要经过与关系向量的加和后，再与该三元组中尾实体所对应的向量转置进行相乘运算。也因此在定义概率时，由于头实体向量 $\boldsymbol{u}_i$ 与尾实体向量 $\boldsymbol{u}_j$ 所进行的运算不同，会在后续更新过程中带来差异，继而巧妙地区分头实体与尾实体的角色，体现了边的有向性。

在定义了用于保留多关系网络结构信息的概率公式后，本节针对单网络的嵌入式表示任务构建目标函数。具体而言，为了保留在每个多关系网络中的连通性以及各种复杂的结构，本节需要使模型设计中定义的概率 p、p_1、p_2 和 p_3 的分布与其在真实数据集中各自对应的经验分布 $\hat{p}$、$\hat{p}_1$、$\hat{p}_2$ 和 $\hat{p}_3$ 尽量相似。为了量化这一指标，本节利用可以度量两个概率分布相似程度的 KL 值来作为目标函数，并把最小化目标函数值作为算法模型学习的目标。KL 公式如下：

$$D_{\mathrm{KL}}(P \parallel Q) = \sum_i P(i) \log \frac{P(i)}{Q(i)} \tag{5.13}$$

式中，P, Q——两种概率分布。

为了体现多关系网络中不同节点重要程度的不同，也为了后续计算的简便，本节定义了 $\alpha_i = d_{i^{r_s}}^{\text{out}}$、$\beta_i = d_i^{\text{out}} \cdot d_i^{\text{out}}$、$\gamma_i = d_i^{\text{out}} \cdot d_i^{\text{out}}$ 和 $\lambda_i = d_i^{\text{in}} \cdot d_i^{\text{out}}$。具体的目标公式被定义如下：

$$
\begin{aligned}
O_1 = & \sum_{L \in X,Y} \sum_{v_i \in V^L \wedge r_s \in R^L} \alpha_i^L \text{KL}(\hat{p}(\cdot \mid v_i^L, r_s^L) \parallel p(\cdot \mid v_i^L, r_s^L)) + \\
& \sum_{L \in X,Y} \sum_{v_i \in V^L} \beta_i^L \text{KL}(\hat{p}_1(\cdot \mid v_i^L) \parallel p_1(\cdot \mid v_i^L)) + \\
& \sum_{L \in X,Y} \sum_{v_i \in V^L} \gamma_i^L \text{KL}(\hat{p}_2(\cdot \mid v_i^L) \parallel p_2(\cdot \mid v_i^L)) + \\
& \sum_{L \in X,Y} \sum_{v_i \in V^L} \lambda_i^L \text{KL}(\hat{p}_3(\cdot \mid v_i^L) \parallel p_3(\cdot \mid v_i^L))
\end{aligned}
\tag{5.14}
$$

接下来，将上述定义的 α_i、β_i、γ_i 和 λ_i 代入式（5.14），并将 KL 散度公式（如式（5.13）的形式）展开，得到如下公式：

$$
\begin{aligned}
O_1 = & \sum_{L \in X,Y} \sum_{(v_i, r_s, v_j) \in E^L} d_{i^{r_s}}^{\text{out}} \cdot \hat{p}(\cdot \mid v_i^L, r_s^L) \log \frac{\hat{p}(\cdot \mid v_i^L, r_s^L)}{p(\cdot \mid v_i^L, r_s^L)} + \\
& \sum_{L \in X,Y} \sum_{\substack{(v_i, r_s, v_j) \in E^L \\ \wedge (v_i, r_t, v_k) \in E^L}} d_i^{\text{out}} \cdot d_i^{\text{out}} \cdot \hat{p}_1(\cdot \mid v_i^L) \log \frac{\hat{p}_1(\cdot \mid v_i^L)}{p_1(\cdot \mid v_i^L)} + \\
& \sum_{L \in X,Y} \sum_{\substack{(v_j, r_s, v_i) \in E^L \\ \wedge (v_i, r_t, v_k) \in E^L}} d_i^{\text{out}} \cdot d_i^{\text{out}} \cdot \hat{p}_2(\cdot \mid v_i^L) \log \frac{\hat{p}_2(\cdot \mid v_i^L)}{p_2(\cdot \mid v_i^L)} + \\
& \sum_{L \in X,Y} \sum_{\substack{(v_j, r_s, v_i) \in E^L \\ \wedge (v_k, r_t, v_i) \in E^L}} d_i^{\text{in}} \cdot d_i^{\text{out}} \cdot \hat{p}_3(\cdot \mid v_i^L) \log \frac{\hat{p}_3(\cdot \mid v_i^L)}{p_3(\cdot \mid v_i^L)}
\end{aligned}
\tag{5.15}
$$

经验分布 $\hat{p}$、$\hat{p}_1$、$\hat{p}_2$ 和 $\hat{p}_3$ 中的各个概率值是根据真实的实验数据集，在进行统计后计算出的若干个常数值。

经验分布 $\hat{p}$ 定义如下：

$$
\hat{p} = \frac{\omega_{ij^{r_s}}}{d_{i^{r_s}}^{\text{out}}} \tag{5.16}
$$

式中，$\omega_{ij^{r_s}}$是实体节点 v_i 与实体节点 v_j 之间通过关系 r_s 连接的边的权重，被设定为节点 v_i 与节点 v_j 之间通过关系 r_s 连接的边的数量。当这种边不存在时，$\omega_{ij^{r_s}}$的值为 0。$d_{i^{r_s}}^{\text{out}} = \sum_{v_j \in N_{\text{out}}(v_i^{r_s})}$，其中 $N_{\text{out}}(v_i^{r_s})$ 是一个邻居节点的集合，其中包含的节点是实体节点 v_i 通过关系 r_s 所能够到达的所有一跳（one-hop）的邻居。

经验分布 $\hat{p}_1$ 定义如下：

$$\hat{p}_1 = \frac{\omega_{ij} \cdot \omega_{ik}}{d_i^{\text{out}} \cdot d_i^{\text{out}}} \tag{5.17}$$

式中，ω_{ij}是实体节点 v_i 与实体节点 v_j 之间连接的边的权重，被设置为节点 v_i 与节点 v_j 之间连接的边的数量；ω_{ik}是实体节点 v_i 与实体节点 v_k 之间连接的边的权重，被设置为节点 v_i 与节点 v_k 之间连接的边的数量。两个实体节点之间不存在关系时，权重的值为 0。$d_i^{\text{out}} = \sum_{v_j \in N_{\text{out}}(v_i)} \omega_{ij}$，$N_{\text{out}}(v_i)$ 是一个邻居节点的集合，其中包含实体节点 v_i 作为头实体通过任意关系所能到达的一跳（one-hop）的邻居。

经验分布 $\hat{p}_2$ 定义如下：

$$\hat{p}_2 = \frac{\omega_{ji} \cdot \omega_{ik}}{d_i^{\text{in}} \cdot d_i^{\text{out}}} \tag{5.18}$$

式中，ω_{ji}、ω_{ik}和 d_i^{out} 的定义与上述相同。$d_i^{\text{in}} = \sum_{v_j \in N_{\text{in}}(v_i)} \omega_{ji}$，$N_{\text{in}}(v_i)$ 是一个邻居节点的集合，其中包含的实体节点经过一跳（one-hop）可以到达尾实体节点 v_i。

经验分布 $\hat{p}_3$ 定义如下：

$$\hat{p}_3 = \frac{\omega_{ji} \cdot \omega_{ki}}{d_i^{\text{in}} \cdot d_i^{\text{in}}} \tag{5.19}$$

式中，ω_{ji}、ω_{ki}和 d_i^{in} 的定义与上述相同。

接下来，将式（5.16）~式（5.19）中所定义的经验分布代入式（5.15）并化简，可得

$$\begin{aligned}
O_1 = &- \sum_{L \in X,Y} \sum_{(v_i,r_s,v_j) \in E^L} \omega_{ij^{r_s}}^L \cdot \log\left(p(v_j^L \mid v_i^L, r_s^L) \cdot \frac{d_{i^{r_s}}^{\text{out}}}{\omega_{ij^{r_s}}}\right) - \\
&\sum_{L \in X,Y} \sum_{\substack{(v_i,r_s,v_j) \in E^L \\ \wedge (v_i,r_t,v_k) \in E^L}} \omega_{ij}^L \cdot \omega_{ik}^L \cdot \log\left(p_1(v_j^{r_s^L}, v_k^{r_t^L} \mid v_i^L) \cdot \frac{d_i^{\text{out}} \cdot d_i^{\text{out}}}{\omega_{ij} \cdot \omega_{ik}}\right) - \\
&\sum_{L \in X,Y} \sum_{\substack{(v_j,r_s,v_i) \in E^L \\ \wedge (v_i,r_t,v_k) \in E^L}} \omega_{ji}^L \cdot \omega_{ik}^L \cdot \log\left(p_2(v_j^{r_s^L}, v_k^{r_t^L} \mid v_i^L) \cdot \frac{d_i^{\text{in}} \cdot d_i^{\text{out}}}{\omega_{ji} \cdot \omega_{ik}}\right) - \\
&\sum_{L \in X,Y} \sum_{\substack{(v_j,r_s,v_i) \in E^L \\ \wedge (v_k,r_t,v_i) \in E^L}} \omega_{ji}^L \cdot \omega_{ki}^L \cdot \log\left(p_3(v_j^{r_s^L}, v_k^{r_t^L} \mid v_i^L) \cdot \frac{d_i^{\text{in}} \cdot d_i^{\text{in}}}{\omega_{ji} \cdot \omega_{ki}}\right)
\end{aligned} \tag{5.20}$$

将式（5.20）展开，可得

$$
\begin{aligned}
O_1 = & -\sum_{L\in X,Y}\sum_{(v_i,r_s,v_j)\in E^L}\omega_{ij^{r_s}}^L\cdot\log p(v_j^L\mid v_i^L,r_s^L)- \\
& \sum_{L\in X,Y}\sum_{(v_i,r_s,v_j)\in E^L}\omega_{ij^{r_s}}^L\cdot\log\left(\frac{d_{i^{r_s}}^{\text{out}}}{\omega_{ij^{r_s}}}\right)- \\
& \sum_{L\in X,Y}\sum_{\substack{(v_i,r_s,v_j)\in E^L\\ \wedge(v_i,r_t,v_k)\in E^L}}\omega_{ij}^L\cdot\omega_{ik}^L\cdot\log p_1(v_j^{r_s^L},v_k^{r_t^L}\mid v_i^L)- \\
& \sum_{L\in X,Y}\sum_{\substack{(v_i,r_s,v_j)\in E^L\\ \wedge(v_i,r_t,v_k)\in E^L}}\omega_{ij}^L\cdot\omega_{ik}^L\cdot\log\left(\frac{d_i^{\text{out}}\cdot d_i^{\text{out}}}{\omega_{ij}\cdot\omega_{ik}}\right)- \\
& \sum_{L\in X,Y}\sum_{\substack{(v_j,r_s,v_i)\in E^L\\ \wedge(v_i,r_t,v_k)\in E^L}}\omega_{ji}^L\cdot\omega_{ik}^L\cdot\log p_2(v_j^{r_s^L},v_k^{r_t^L}\mid v_i^L)- \\
& \sum_{L\in X,Y}\sum_{\substack{(v_j,r_s,v_i)\in E^L\\ \wedge(v_i,r_t,v_k)\in E^L}}\omega_{ji}^L\cdot\omega_{ik}^L\cdot\log\left(\frac{d_i^{\text{in}}\cdot d_i^{\text{out}}}{\omega_{ji}\cdot\omega_{ik}}\right)- \\
& \sum_{L\in X,Y}\sum_{\substack{(v_j,r_s,v_i)\in E^L\\ \wedge(v_k,r_t,v_i)\in E^L}}\omega_{ji}^L\cdot\omega_{ki}^L\cdot\log p_3(v_j^{r_s^L},v_k^{r_t^L}\mid v_i^L)- \\
& \sum_{L\in X,Y}\sum_{\substack{(v_j,r_s,v_i)\in E^L\\ \wedge(v_k,r_t,v_i)\in E^L}}\omega_{ji}^L\cdot\omega_{ki}^L\cdot\log\left(\frac{d_i^{\text{in}}\cdot d_i^{\text{in}}}{\omega_{ji}\cdot\omega_{ki}}\right)
\end{aligned}
\tag{5.21}
$$

将式（5.21）中的常数项消除后，可以得到用于单网络嵌入式表示的最终目标公式 O_1，其形式如下：

$$
\begin{aligned}
O_1 = & -\sum_{L\in X,Y}\sum_{(v_i,r_s,v_j)\in E^L}\omega_{ij^{r_s}}^L\cdot\log p(v_j^L\mid v_i^L,r_s^L)- \\
& \sum_{L\in X,Y}\sum_{\substack{(v_i,r_s,v_j)\in E^L\\ \wedge(v_i,r_t,v_k)\in E^L}}\omega_{ij}^L\cdot\omega_{ik}^L\cdot\log p_1(v_j^{r_s^L},v_k^{r_t^L}\mid v_i^L)- \\
& \sum_{L\in X,Y}\sum_{\substack{(v_j,r_s,v_i)\in E^L\\ \wedge(v_i,r_t,v_k)\in E^L}}\omega_{ji}^L\cdot\omega_{ik}^L\cdot\log p_2(v_j^{r_s^L},v_k^{r_t^L}\mid v_i^L)- \\
& \sum_{L\in X,Y}\sum_{\substack{(v_j,r_s,v_i)\in E^L\\ \wedge(v_k,r_t,v_i)\in E^L}}\omega_{ji}^L\cdot\omega_{ki}^L\cdot\log p_3(v_j^{r_s^L},v_k^{r_t^L}\mid v_i^L)
\end{aligned}
\tag{5.22}
$$

在学习算法模型的过程中，根据模型的不同，将式（5.4）~式（5.7）（模型 NTAM*）或者式（5.9）~式（5.12）（模型 NTAM+）中定义的 4 个概率分别代入式（5.22）后最小化上述目标公式，使每个单网络中的结构信息得以保留至低维向量空间。这里所提到的结构信息既包括网络中实体节点之间的连通性，又包括网络内部较为复杂的特殊结构。然而，需要注意的是，在整个网络中拥有复杂特殊结构的节点数量相对有限，因此在将网络中的实体节点和关系表示到低维向量空间的过程中，保留节点的连通性是更重要且关键的一步，因为它直接反映了在真实的多关系网络数据中实体节点与关系组成三元组的情况。

在完成了单网络嵌入式表示部分目标函数的定义之后，本节需要定义利用跨网络锚链接（锚实体对、锚关系对）信息进行多关系网络对齐任务的目标函数。然后将两部分目标函数求和，共同组成 NTAM+模型的目标函数。

遵循单网络嵌入式表示任务中设定目标函数的思路。首先，通过三元组中实体向量与关系向量之间的各种运算去定义概率，以模拟网络数据中真实的概率值。在定义概率时，需要考虑如何使用已知的锚实体对（锚关系对）信息。然后，通过数据的统计来计算网络数据中真实的概率值。最后，通过最小化模型定义的概率分布与实际经验分布的 KL 散度值来更新向量表示，完成对齐任务。

由于在实际的多关系网络数据中，已知的锚链接（锚节点对和锚关系对）的数量有限，而且为了锚链接被更充分地利用，本节只选择保留更加普遍存在的节点间的直接连通结构，即只针对三元组定义概率去保留两个网络节点通过边直接相连的结构信息。因此，本节在利用式（5.9）的基础上，根据已知的锚链接信息情况，通过图 5.4 中展示的方式来共享跨网络锚实体节点或者锚关系的向量进行计算，具体定义如下：

$$p(v_l^Y \mid v_i^X, r_t^Y) = \frac{\exp(\boldsymbol{u}_l^{Y\mathrm{T}}(\boldsymbol{u}_{r_t}^Y + \boldsymbol{u}_i^X))}{\sum_{(v_k^Y, r_t^Y, v_x^Y) \in E'} \exp(\boldsymbol{u}_x^{Y\mathrm{T}}(\boldsymbol{u}_{r_t}^Y + \boldsymbol{u}_i^X))} \tag{5.23}$$

式中，$\boldsymbol{u}_l^Y, \boldsymbol{u}_{r_t}^Y$——多关系网络 Y 中实体节点 v_l 和关系 r_t 的向量表示；

$\boldsymbol{u}_i^X$——多关系网络 X 中实体节点 v_i 的向量表示。它表示了多关系网络 Y 中三元组(v_i, r_t, v_l)的头实体节点 v_i 与多关系网络 X 中的实体节点 v_i 是一对已知的锚实体对，共享一个向量表示 $\boldsymbol{u}_i^X$。

式（5.23）只显示了一种实体节点 v_i^X 与实体节点 v_l^Y 是已知锚实体对

的情况，实际上关系之间也存在跨网络的锚信息可以使用。详细情况将在后续内容定义完整目标函数的部分展开。

在定义了用于跨网络对齐任务的概率公式后，下面将给出多关系网络对齐任务的目标函数公式。这里仍考虑多关系网络中不同节点的重要程度不同，沿用单网络嵌入式表示任务中的定义，使用 $\alpha_i = d_{i r_s}^{\text{out}}$ 体现节点的重要性。目标公式依旧采用最小化上文定义的概率分布 $p(v_l^Y \mid v_i^X, r_t^Y)$ 与经验概率分布 $\hat{p}$ 的 KL 散度值的策略，结合 KL 散度公式（式（5.13））以及定义的指示函数公式（式（5.4）、式（5.5）），可以得到如下目标公式：

$$
\begin{aligned}
O_2 = & \sum_{v_k \in Y/X} \sum_{(v_i, r_s, v_j) \in E^{X/Y}} \alpha_i^{X/Y} \mathbf{1}_{V_a}(v_i^{X/Y}, v_k^{Y/X}) \mathrm{KL}(\hat{p}(\cdot) \parallel p(\cdot)) + \\
& \sum_{v_k \in Y/X} \sum_{(v_i, r_s, v_j) \in E^{X/Y}} \alpha_i^{X/Y} \mathbf{1}_{V_a}(v_j^{X/Y}, v_k^{Y/X}) \mathrm{KL}(\hat{p}(\cdot) \parallel p(\cdot)) + \\
& \sum_{r_t \in Y/X} \sum_{(v_i, r_s, v_j) \in E^{X/Y}} \alpha_i^{X/Y} \mathbf{1}_{R_a}(r_s^{X/Y}, r_t^{Y/X}) \mathrm{KL}(\hat{p}(\cdot) \parallel p(\cdot))
\end{aligned} \tag{5.24}
$$

将 $\alpha_i^{X/Y}$ 与经验概率 $\hat{p}$（定义方式与式（5.16）相同）代入式（5.24），按照式（5.15）~式（5.21）的步骤进行展开化简并消掉常数项后，最终将得到用于多关系网络对齐任务的如下目标公式：

$$
\begin{aligned}
O_2 = & -\sum_{v_k \in Y/X} \sum_{(v_i, r_s, v_j) \in E^{X/Y}} \omega_{ij}^{X/Y} \mathbf{1}_{V_a}(v_i^{X/Y}, v_k^{Y/X}) \log p(v_j^{X/Y} \mid v_k^{Y/X}, r_s^{X/Y}) - \\
& \sum_{v_k \in Y/X} \sum_{(v_i, r_s, v_j) \in E^{X/Y}} \omega_{ij}^{X/Y} \mathbf{1}_{V_a}(v_j^{X/Y}, v_k^{Y/X}) \log p(v_k^{Y/X} \mid v_i^{X/Y}, r_s^{X/Y}) - \\
& \sum_{r_t \in Y/X} \sum_{(v_i, r_s, v_j) \in E^{X/Y}} \omega_{ij}^{X/Y} \mathbf{1}_{R_a}(r_s^{X/Y}, r_t^{Y/X}) \log p(v_j^{X/Y} \mid v_i^{X/Y}, r_t^{Y/X})
\end{aligned} \tag{5.25}
$$

从目标公式可以看出，针对每一个三元组进行更新时，是否进行两个多关系网络间的锚信息共享，取决于锚实体节点对指示函数 $\mathbf{1}_{V_a}(v_i^{X/Y}, v_k^{Y/X})$ 与锚关系对指示函数 $\mathbf{1}_{R_a}(r_s^{X/Y}, r_t^{Y/X})$ 的值，这个值指示着在对当前模型上所训练的数据中，训练集包含的已知锚实体对和已知锚关系对的情况。这里再次印证了上文所强调的指示函数的重要性。

结合式（5.22）和式（5.25），可以得到模型的完整目标公式，且适用于模型 NTAM* 与模型 NTAM+。具体公式如下：

$$
\begin{aligned}
O &= O_1 + O_2 \\
&= -\sum_{L\in X,Y}\sum_{(v_i,r_s,v_j)\in E^L}\omega_{ij^{r_s}}^{L}\cdot\log p(v_j^L \mid v_i^L, r_s^L) - \\
&\quad \sum_{L\in X,Y}\sum_{\substack{(v_i,r_s,v_j)\in E^L\\ \wedge(v_i,r_t,v_k)\in E^L}}\omega_{ij}^{L}\cdot\omega_{ik}^{L}\cdot\log p_1(v_j^{r_s^L}, v_k^{r_t^L} \mid v_i^L) - \\
&\quad \sum_{L\in X,Y}\sum_{\substack{(v_j,r_s,v_i)\in E^L\\ \wedge(v_i,r_t,v_k)\in E^L}}\omega_{ji}^{L}\cdot\omega_{ik}^{L}\cdot\log p_2(v_j^{r_s^L}, v_k^{r_t^L} \mid v_i^L) - \\
&\quad \sum_{L\in X,Y}\sum_{\substack{(v_j,r_s,v_i)\in E^L\\ \wedge(v_k,r_t,v_i)\in E^L}}\omega_{ji}^{L}\cdot\omega_{ki}^{L}\cdot\log p_3(v_j^{r_s^L}, v_k^{r_t^L} \mid v_i^L) - \\
&\quad \sum_{v_a\in Y/X}\sum_{(v_i,r_s,v_j)\in E^{X/Y}}\omega_{ij}^{X/Y}\mathbf{1}_{V_a}(v_i^{X/Y}, v_a^{Y/X})\log p(v_j^{X/Y} \mid v_a^{Y/X}, r_s^{XY}) - \\
&\quad \sum_{v_a\in Y/X}\sum_{(v_i,r_s,v_j)\in E^{X/Y}}\omega_{ij}^{X/Y}\mathbf{1}_{V_a}(v_j^{X/Y}, v_a^{Y/X})\log p(v_a^{Y/X} \mid v_i^{X/Y}, r_s^{X/Y}) - \\
&\quad \sum_{r_a\in Y/X}\sum_{(v_i,r_s,v_j)\in E^{X/Y}}\omega_{ij}^{X/Y}\mathbf{1}_{R_a}(r_s^{X/Y}, r_a^{Y/X})\log p(v_j^{X/Y} \mid v_i^{X/Y}, r_a^{Y/X})
\end{aligned}
\tag{5.26}
$$

接下来，将通过一系列数学推导来展示本节提出的模型在多关系网络对齐任务中是如何更新多关系网络中各个实体节点向量与关系向量的表示的。

5.3.3　算法模型的推导

为了得到网络中实体节点与关系的向量表示，需要对随机初始化的向量根据目标公式（式（5.26））进行迭代更新。本节利用在机器学习中被广泛使用的优化算法对这一问题进行优化求解。众所周知，许多在机器学习领域中的最优化问题都是 NP 困难问题，因此通过迭代求解去找到一个问题的局部最优解（或近似解）去代替问题的解析解是可行且实用的方法。在优化算法中，梯度下降法是最为流行和常用的算法之一。对于一个待优化的问题，每次沿着目标函数 $L(\cdot)$ 的负梯度方向移动一定的步长，具体公式如下：

$$w_{t+1} = w_t - \eta_t \nabla L(w_t) \tag{5.27}$$

式中，η_t——步长，决定着每一次沿着梯度移动的长短。

如果 η_t 设置得过小，就会使得整个更新收敛速度过慢；如果设置得过大，就很可能在接近最优解时错过，产生振荡。因此，设置的步长与 t 有关，可以在开始学习的时候设置为较大的值，加快收敛速度；在迭代一定时间后，逐渐缩小，避免在接近最优解时错过。在实际操作中，往往需要设置一个阈值，当函数 $L(w)$ 的下降幅度达到该阈值时停止训练，可以认为这个时候得到的 w^* 就是最优解。

虽然梯度下降法是一个具有数据依据的可行优化方法，但对于很多建立在现实数据中的机器学习问题来说，每次迭代都计算所有数据样本对应的梯度显然是不可能的。一方面，数据量往往是极其庞大的；另一方面，很多数据是不能在一次全部获取的。

在这种背景下，随机梯度下降法（stochastic gradient descent，SGD）被提出，成为又一种有效的优化算法。所谓“随机”，指的就是每次迭代中随机选取数据集中的一个样本来对参数进行优化更新。然后，通过这个样本去计算问题的目标函数的梯度，再利用这个梯度对参数进行优化更新。虽然这样计算出来的梯度并不是准确的，但在凸优化问题中还是可以保证在大的整体方向上向着全局最优解。因此，最终的结果往往在全局最优解附近。利用梯度进行更新隐含着“贪心”思想，是参数向着优化目标变化，使最优解可以尽快被找到。

本节提出的基于非翻译方法的多关系网络对齐模型所使用的优化算法就是随机梯度下降法。该算法的目标是对两个多关系网络间的实体节点和关系向量进行低维表示，在得到向量表示的同时完成网络间实体节点与关系的对齐任务。换言之，模型需要通过优化定义的目标函数去更新随机初始化向量表示，最终得到保留了网络信息的网络实体节点向量和关系向量。

下面以实体节点 v_i^X 的向量表示 $\boldsymbol{u}_i^X$ 为例，迭代中的具体更新过程如下：

$$\begin{aligned}\boldsymbol{u}_i^X &= \boldsymbol{u}_i^X - \eta \cdot \frac{\partial O}{\partial \boldsymbol{u}_i^X} \\ &= \boldsymbol{u}_i^X + \eta \cdot \frac{\partial(-O)}{\partial \boldsymbol{u}_i^X} \\ &= \boldsymbol{u}_i^X + \eta \cdot \frac{\partial O'}{\partial \boldsymbol{u}_i^X}\end{aligned} \tag{5.28}$$

式中，$O'=-O$，将负号提出，便于后续表示。

将式（5.26）代入式（5.28），可得

$$
\begin{aligned}
\frac{\partial O'}{\partial \boldsymbol{u}_i^X} = \ & \omega_{ij}^X \cdot \frac{\partial \log p(v_j^X \mid v_i^X, r_s^X)}{\partial \boldsymbol{u}_i^X} + \\
& \omega_{ij}^X \cdot \omega_{ik}^X \cdot \frac{\partial \log p_1(v_j^{r_s^X}, v_k^{r_t^X} \mid v_i^X)}{\partial \boldsymbol{u}_i^X} + \\
& \omega_{ji}^X \cdot \omega_{ik}^X \cdot \frac{\partial \log p_2(v_j^{r_s^X}, v_k^{r_t^X} \mid v_i^X)}{\partial \boldsymbol{u}_i^X} + \\
& \omega_{ji}^X \cdot \omega_{ki}^X \cdot \frac{\partial \log p_3(v_j^{r_s^X}, v_k^{r_t^X} \mid v_i^X)}{\partial \boldsymbol{u}_i^X} + \\
& \omega_{ij}^X \mathbf{1}_{V_a}(v_j^X, v_a^Y) \cdot \frac{\partial \log p(v_a^Y \mid v_i^X, r_s^X)}{\partial \boldsymbol{u}_i^X} + \\
& \omega_{ij}^X \mathbf{1}_{R_a}(r_s^X, r_a^Y) \cdot \frac{\partial \log p(v_j^X \mid v_i^X, r_a^Y)}{\partial \boldsymbol{u}_i^X}
\end{aligned} \tag{5.29}
$$

由上文定义的概率 p、p_1、p_2 和 p_3 公式可知，概率的分母有大量求和操作，为了降低复杂度，本节参考了 LINE[7] 方法中用到的负采样优化。Word2vec 为了将词语进行向量化转换，利用 Softmax 设计了目标公式（式（5.30）），计算该式分母时，需要利用语料数据（dataset）对整个词典 C 中的词语进行计算再求和，为了降低词语向量化过程的计算复杂度，文中首次提出了负采样法。对于一个中心词 w，其上下文为 c，定义一个概率值 $p(w,c)$ 来量化中心词 w 与上下文 c 同时出现的情况。若概率值 $p(w,c)$ 较大，则说明中心词 w 与上下文 c 同时出现过；反之则没有。将可以使概率值 $p(w,c)$ 较大的一对中心词与上下文对 (w,c) 认为是正例，概率值为式（5.31）；反之被定义为负例，概率值为式（5.32）。原本复杂的词语向量化问题被转换成一个明确的二分类问题，原本的目标公式（式（5.30））也转换成了式（5.33）的形式。

$$
p(w,c) = \frac{e^{\boldsymbol{u}_w^{\mathrm{T}} \boldsymbol{u}_c}}{\sum_{c' \in C} e^{\boldsymbol{u}_w^{\mathrm{T}} \boldsymbol{u}_{c'}}} \tag{5.30}
$$

$$
p(D = 1 \mid w, c) = \sigma(\boldsymbol{u}_c \cdot \boldsymbol{u}_w) \tag{5.31}
$$

$$
p(D = 0 \mid w, c) = 1 - p(D = 1 \mid w, c) \tag{5.32}
$$

$$
p(w,c) = \prod_{(w,c) \in \text{dataset}} p(D = 1 \mid w, c)^D \cdot p(D = 0 \mid w, c)^{(1-D)} \tag{5.33}
$$

式中，D——类别标签，表示中心词与上下文的关系，其中 $D=1$ 表示中心词与上下文对是正例，$D=0$ 表示中心词与上下文对是负例。

根据定义的目标公式，可以得到根据一组样本的向量表示计算出其共同出现的概率，但是模型的任务是通过目标函数的约束得到较为恰当的词语的向量表示。因此，利用统计学中“似然性”的概念对模型的参数进行估计。式（5.33）的似然函数表示为如下形式：

$$
\begin{aligned}
\log(p(w,c)) &= \sum_{(w,c)\in \text{dataset}} D\log(p(D=1\mid w,c)) + \\
&\quad (1-D)\log(p(D=0\mid w,c)) \\
&= \sum_{(w,c)\in \text{dataset}} \log(p(D=1\mid w,c)) + \\
&\quad \sum_{(w,c)\in \text{dataset}'} \log(p(D=0\mid w,c)) \\
&= \sum_{(w,c)\in \text{dataset}} \log(p(D=1\mid w,c)) + \\
&\quad \sum_{(w,c)\in \text{dataset}'} \log(1-p(D=1\mid w,c)) \\
&= \sum_{(w,c)\in \text{dataset}} \log\left(\frac{1}{1+\mathrm{e}^{-\boldsymbol{u}_c^{\mathrm{T}}\boldsymbol{u}_w}}\right) + \sum_{(w,c)\in \text{dataset}'} \log\left(1-\frac{1}{1+\mathrm{e}^{-\boldsymbol{u}_c^{\mathrm{T}}\boldsymbol{u}_w}}\right) \\
&= \sum_{(w,c)\in \text{dataset}} \log\left(\frac{1}{1+\mathrm{e}^{-\boldsymbol{u}_c^{\mathrm{T}}\boldsymbol{u}_w}}\right) + \sum_{(w,c)\in \text{dataset}'} \log\left(\frac{1}{1+\mathrm{e}^{\boldsymbol{u}_c^{\mathrm{T}}\boldsymbol{u}_w}}\right)
\end{aligned}
\tag{5.34}
$$

式中，$(w,c)\in$ dataset 表示中心词与上下文对是正例，即在数据集中共同出现过的；反之，$(w,c)\in$ dataset′表示负例。

负例是未在数据集中共同出现过的中心词与上下文对，因此需要利用一种策略去构造这样的负例样本。在一元语法模型中，一个单词被选作负例的概率与它出现的频次有关，出现频次越高的单词越容易被选中。因此，负例样本的分布被定义为 $(w,c)p_{\text{words}}(w)\dfrac{p_{\text{contexts}}(c)(3/4)}{Z}$。其中，选择中心词的概率 $p_{\text{words}}(w)$、选择上下文词的概率 $p_{\text{contexts}}(c)$ 都与词语的出现频率有关；Z 用于标准化。

Word2vec 利用 Sigmoid 函数简化了式（5.33），结果如下：

$$
\log(p(w,c)) = \sum_{(w,c)\in \text{dataset}} \log(\sigma(\boldsymbol{u}_c\cdot\boldsymbol{u}_w)) + \sum_{(w,c)\in \text{dataset}'} \log(\sigma(-\boldsymbol{u}_c\cdot\boldsymbol{u}_w))
\tag{5.35}
$$

参考 Word2vec 的思想，本节把式（5.26）中的 $\log p(\cdot)$按式（5.35)进行转化，并通过利用 Sigmoid 函数进行简化。式（5.36）~式（5.40)分别给出了单网络嵌入式表示任务和跨网络对齐任务中所定义的概率转化后所对应的形式。

$$\log p_1(v_j^{r_s^X}, v_k^{r_t^X} \mid v_i^X) \propto \log \sigma(\boldsymbol{u}_j^{XT}(\boldsymbol{u}_i^X + \boldsymbol{u}_{r_s}^X) + \boldsymbol{u}_k^{XT}(\boldsymbol{u}_i^X + \boldsymbol{u}_{r_t}^X)) + \sum_{m=1}^{K} E_{\substack{v_n \sim P_{n(v)} \\ r_l \sim P_{l(r)}}} \log \sigma(-\boldsymbol{u}_j^{XT}(\boldsymbol{u}_i^X + \boldsymbol{u}_{r_s}^X) - \boldsymbol{u}_n^{XT}(\boldsymbol{u}_i^X + \boldsymbol{u}_{r_l}^X)) \tag{5.36}$$

$$\log p_2(v_j^{r_s^X}, v_k^{r_t^X} \mid v_i^X) \propto \log \sigma(\boldsymbol{u}_i^{XT}(\boldsymbol{u}_j^X + \boldsymbol{u}_{r_s}^X) + \boldsymbol{u}_k^{XT}(\boldsymbol{u}_i^X + \boldsymbol{u}_{r_t}^X)) + \sum_{m=1}^{K} E_{\substack{v_n \sim P_{n(v)} \\ r_l \sim P_{l(r)}}} \log \sigma(-\boldsymbol{u}_i^{XT}(\boldsymbol{u}_j^X + \boldsymbol{u}_{r_s}^X) - \boldsymbol{u}_n^{XT}(\boldsymbol{u}_i^X + \boldsymbol{u}_{r_l}^X)) \tag{5.37}$$

$$\log p_3(v_j^{r_s^X}, v_k^{r_t^X} \mid v_i^X) \propto \log \sigma(\boldsymbol{u}_i^{XT}(\boldsymbol{u}_j^X + \boldsymbol{u}_{r_s}^X) + \boldsymbol{u}_i^{XT}(\boldsymbol{u}_k^X + \boldsymbol{u}_{r_t}^X)) + \sum_{m=1}^{K} E_{\substack{v_n \sim P_{n(v)} \\ r_l \sim P_{l(r)}}} \log \sigma(-\boldsymbol{u}_i^{XT}(\boldsymbol{u}_j^X + \boldsymbol{u}_{r_s}^X) - \boldsymbol{u}_i^{XT}(\boldsymbol{u}_n^X + \boldsymbol{u}_{r_l}^X)) \tag{5.38}$$

$$\log p(v_j^X \mid v_i^X, r_s^X) \propto \log \sigma(\boldsymbol{u}_j^{XT}(\boldsymbol{u}_i^X + \boldsymbol{u}_{r_s}^X)) + \sum_{m=1}^{K} E_{v_n \sim P_{n(v)}} \log \sigma(-\boldsymbol{u}_n^{XT}(\boldsymbol{u}_i^X + \boldsymbol{u}_{r_s}^X)) \tag{5.39}$$

$$\log p(v_j^Y \mid v_i^X, r_s^Y) \propto \log \sigma(\boldsymbol{u}_j^{YT}(\boldsymbol{u}_i^X + \boldsymbol{u}_{r_s}^Y)) + \sum_{m=1}^{K} E_{v_n \sim P_{n(v)}} \log \sigma(-\boldsymbol{u}_n^{YT}(\boldsymbol{u}_i^X + \boldsymbol{u}_{r_s}^Y)) \tag{5.40}$$

将式（5.36）~式（5.40）代入式（5.29），就可以求得相应的梯度。模型 NTAM* 与 NTAM+在概率定义的细节上不同，导致两个模型用于更新向量的梯度不同。接下来，将分别展开 NTAM* 模型与 NTAM+模型梯度求解的过程。

5.3.3.1　NTAM* 模型推导

下面将根据式（5.4）~式（5.8）中定义的 NTAM* 模型的概率，针对模型中需要更新的向量求目标公式（式（5.26））的梯度。目标公式是面对整个对齐任务设计的，在过程中涉及两个网络的向量，其中一个网络称为基准网络，它的锚实体节点向量和锚信息向量被共享给另一个网络。

本节使用大写字母 X 或者 Y 做上角标，以区分不同网络中的向量。为了表示方便，在下面的公式中只标记出基准网络 Y 中锚实体节点向量或者锚关系向量的上角标，其他向量和参数均为网络 X 所有，不再特意标注。

下面的内容将详细展开各个参数变量具体的梯度求解过程。其中，以网络 Y 为基准网络，对网络 X 中各向量进行更新。基准网络 Y 的向量更新与之相似，故不在此赘述。具体的梯度求解过程如下：

$$
\begin{aligned}
\frac{\partial O'}{\partial \boldsymbol{u}_i} = & \Big(\big(1-\sigma(\boldsymbol{u}_j^{\mathrm{T}}\boldsymbol{u}_i\boldsymbol{m}^{\mathrm{T}}\boldsymbol{u}_{r_s}+\boldsymbol{u}_k^{\mathrm{T}}\boldsymbol{u}_i\boldsymbol{m}^{\mathrm{T}}\boldsymbol{u}_{r_t})\big)(\boldsymbol{u}_{r_s}\boldsymbol{m}^{\mathrm{T}}\boldsymbol{u}_j+\boldsymbol{u}_{r_t}\boldsymbol{m}^{\mathrm{T}}\boldsymbol{u}_k)- \\
& \sum_{m=1}^{K} E_{\substack{v_n\sim P_{n(v)} \\ r_1\sim P_{1(r)}}} \sigma(\boldsymbol{u}_j^{\mathrm{T}}\boldsymbol{u}_i\boldsymbol{m}^{\mathrm{T}}\boldsymbol{u}_{r_s}+\boldsymbol{u}_n^{\mathrm{T}}\boldsymbol{u}_i\boldsymbol{m}^{\mathrm{T}}\boldsymbol{u}_{r_1})(\boldsymbol{u}_{r_s}\boldsymbol{m}^{\mathrm{T}}\boldsymbol{u}_j+\boldsymbol{u}_{r_1}\boldsymbol{m}^{\mathrm{T}}\boldsymbol{u}_n)\Big)\cdot \\
& (\omega_{ik}\cdot(\omega_{ij}+\omega_{ji})+\omega_{ji}\cdot\omega_{ki})+ \\
& \Big(\big(1-\sigma(\boldsymbol{u}_j^{\mathrm{T}}\boldsymbol{u}_i\boldsymbol{m}^{\mathrm{T}}\boldsymbol{u}_{r_s})\big)(\boldsymbol{u}_{r_s}\boldsymbol{m}^{\mathrm{T}}\boldsymbol{u}_j)- \\
& \sum_{m=1}^{K} E_{v_n\sim P_{n(v)}}\sigma(\boldsymbol{u}_n^{\mathrm{T}}\boldsymbol{u}_i\boldsymbol{m}^{\mathrm{T}}\boldsymbol{u}_{r_s})(\boldsymbol{u}_{r_s}\boldsymbol{m}^{\mathrm{T}}\boldsymbol{u}_n)\Big)\cdot\omega_{ij}+ \\
& \Big(\big(1-\sigma(\boldsymbol{u}_a^{Y\mathrm{T}}\boldsymbol{u}_i\boldsymbol{m}^{\mathrm{T}}\boldsymbol{u}_{r_s})\big)(\boldsymbol{u}_a^{Y}\boldsymbol{m}^{\mathrm{T}}\boldsymbol{u}_{r_s})- \\
& \sum_{m=1}^{K} E_{v_n\sim P_{n(v)}}\sigma(\boldsymbol{u}_n^{Y\mathrm{T}}\boldsymbol{u}_i\boldsymbol{m}^{\mathrm{T}}\boldsymbol{u}_{r_s})(\boldsymbol{u}_n^{Y}\boldsymbol{m}^{\mathrm{T}}\boldsymbol{u}_{r_s})\Big)\cdot\omega_{ij}\mathbf{1}_{V_a}(v_j,v_a^Y)+ \\
& \Big(\big(1-\sigma(\boldsymbol{u}_j^{\mathrm{T}}\boldsymbol{u}_i\boldsymbol{m}^{\mathrm{T}}\boldsymbol{u}_{r_a}^{Y})\big)(\boldsymbol{u}_j\boldsymbol{m}^{\mathrm{T}}\boldsymbol{u}_{r_a}^{Y})- \\
& \sum_{m=1}^{K} E_{v_n\sim P_{n(v)}}\sigma(\boldsymbol{u}_n^{\mathrm{T}}\boldsymbol{u}_i\boldsymbol{m}^{\mathrm{T}}\boldsymbol{u}_{r_a}^{Y})(\boldsymbol{u}_n\boldsymbol{m}^{\mathrm{T}}\boldsymbol{u}_{r_a}^{Y})\Big)\cdot\omega_{ij}\mathbf{1}_{R_a}(r_s,r_a^Y)
\end{aligned} \tag{5.41}
$$

$$
\begin{aligned}
\frac{\partial O'}{\partial \boldsymbol{u}_j} = & \Big(\big(1-\sigma(\boldsymbol{u}_j^{\mathrm{T}}\boldsymbol{u}_i\boldsymbol{m}^{\mathrm{T}}\boldsymbol{u}_{r_s}+\boldsymbol{u}_k^{\mathrm{T}}\boldsymbol{u}_i\boldsymbol{m}^{\mathrm{T}}\boldsymbol{u}_{r_t})\big)- \\
& \sum_{m=1}^{K} E_{\substack{v_n\sim P_{n(v)} \\ r_1\sim P_{1(r)}}} \sigma(\boldsymbol{u}_j^{\mathrm{T}}\boldsymbol{u}_i\boldsymbol{m}^{\mathrm{T}}\boldsymbol{u}_{r_s}+\boldsymbol{u}_n^{\mathrm{T}}\boldsymbol{u}_i\boldsymbol{m}^{\mathrm{T}}\boldsymbol{u}_{r_1})\Big)(\boldsymbol{u}_{r_s}\boldsymbol{m}^{\mathrm{T}}\boldsymbol{u}_i)\cdot \\
& (\omega_{ik}\cdot(\omega_{ij}+\omega_{ji})+\omega_{ji}\cdot\omega_{ki})+ \\
& \Big(\big(1-\sigma(\boldsymbol{u}_j^{\mathrm{T}}\boldsymbol{u}_i\boldsymbol{m}^{\mathrm{T}}\boldsymbol{u}_{r_s})\big)(\boldsymbol{u}_{r_s}\boldsymbol{m}^{\mathrm{T}}\boldsymbol{u}_i)\Big)\cdot\omega_{ij}+ \\
& \Big(\big(1-\sigma(\boldsymbol{u}_j^{\mathrm{T}}\boldsymbol{u}_a^{Y}\boldsymbol{m}^{\mathrm{T}}\boldsymbol{u}_{r_s})\big)(\boldsymbol{u}_a^{Y}\boldsymbol{m}^{\mathrm{T}}\boldsymbol{u}_{r_s})\Big)\cdot\omega_{ij}\mathbf{1}_{V_a}(v_i,v_a^Y)+ \\
& \Big(\big(1-\sigma(\boldsymbol{u}_j^{\mathrm{T}}\boldsymbol{u}_i\boldsymbol{m}^{\mathrm{T}}\boldsymbol{u}_{r_a}^{Y})\big)(\boldsymbol{u}_i\boldsymbol{m}^{\mathrm{T}}\boldsymbol{u}_{r_a}^{Y})\Big)\cdot\omega_{ij}\mathbf{1}_{R_a}(r_s,r_a^Y)
\end{aligned} \tag{5.42}
$$

$$
\begin{aligned}
\frac{\partial O'}{\partial \boldsymbol{u}_k} = & \Big(\big(1-\sigma(\boldsymbol{u}_j^{\mathrm{T}}\boldsymbol{u}_i\boldsymbol{m}^{\mathrm{T}}\boldsymbol{u}_{r_s}+\boldsymbol{u}_k^{\mathrm{T}}\boldsymbol{u}_i\boldsymbol{m}^{\mathrm{T}}\boldsymbol{u}_{r_t})\big)(\boldsymbol{u}_{r_t}\boldsymbol{m}^{\mathrm{T}}\boldsymbol{u}_i)\Big)\cdot \\
& (\omega_{ik}\cdot(\omega_{ij}+\omega_{ji})+\omega_{ji}\cdot\omega_{ki})
\end{aligned} \tag{5.43}
$$

$$\begin{aligned}
\frac{\partial O'}{\partial \boldsymbol{u}_{r_s}} = &\Big(\Big(1 - \sigma\big(\boldsymbol{u}_j^{\mathrm{T}}\boldsymbol{u}_i\boldsymbol{m}^{\mathrm{T}}\boldsymbol{u}_{r_s} + \boldsymbol{u}_k^{\mathrm{T}}\boldsymbol{u}_i\boldsymbol{m}^{\mathrm{T}}\boldsymbol{u}_{r_t}\big)\Big) - \\
&\sum_{m=1}^{K} E_{\substack{v_n \sim P_{n(v)} \\ r_1 \sim P_{1(r)}}} \sigma\big(\boldsymbol{u}_j^{\mathrm{T}}\boldsymbol{u}_i\boldsymbol{m}^{\mathrm{T}}\boldsymbol{u}_{r_s} + \boldsymbol{u}_n^{\mathrm{T}}\boldsymbol{u}_i\boldsymbol{m}^{\mathrm{T}}\boldsymbol{u}_{r_1}\big)\Big)\big(\boldsymbol{u}_j\boldsymbol{m}^{\mathrm{T}}\boldsymbol{u}_i\big) \cdot \\
&\big(\omega_{ik} \cdot (\omega_{ij} + \omega_{ji}) + \omega_{ji} \cdot \omega_{ki}\big) + \\
&\Big(\Big(1 - \sigma\big(\boldsymbol{u}_j^{\mathrm{T}}\boldsymbol{u}_i\boldsymbol{m}^{\mathrm{T}}\boldsymbol{u}_{r_s}\big)\Big)\big(\boldsymbol{u}_j\boldsymbol{m}^{\mathrm{T}}\boldsymbol{u}_i\big) - \\
&\sum_{m=1}^{K} E_{v_n \sim P_{n(v)}} \sigma\big(\boldsymbol{u}_n^{\mathrm{T}}\boldsymbol{u}_i\boldsymbol{m}^{\mathrm{T}}\boldsymbol{u}_{r_s}\big)\big(\boldsymbol{u}_n\boldsymbol{m}^{\mathrm{T}}\boldsymbol{u}_i\big)\Big) \cdot \omega_{ij} + \\
&\Big(\Big(1 - \sigma\big(\boldsymbol{u}_j^{\mathrm{T}}\boldsymbol{u}_a^{Y}\boldsymbol{m}^{\mathrm{T}}\boldsymbol{u}_{r_s}\big)\Big)\big(\boldsymbol{u}_j\boldsymbol{m}^{\mathrm{T}}\boldsymbol{u}_a^{Y}\big) - \\
&\sum_{m=1}^{K} E_{v_n \sim P_{n(v)}} \sigma\big(\boldsymbol{u}_n^{\mathrm{T}}\boldsymbol{u}_a^{Y}\boldsymbol{m}^{\mathrm{T}}\boldsymbol{u}_{r_s}\big)\big(\boldsymbol{u}_n\boldsymbol{m}^{\mathrm{T}}\boldsymbol{u}_a^{Y}\big)\Big) \cdot \omega_{ij}\mathbf{1}_{V_a}(v_i, v_a^{Y}) + \\
&\Big(\Big(1 - \sigma\big(\boldsymbol{u}_a^{Y\mathrm{T}}\boldsymbol{u}_i\boldsymbol{m}^{\mathrm{T}}\boldsymbol{u}_{r_s}\big)\Big)\big(\boldsymbol{u}_a^{Y}\boldsymbol{m}^{\mathrm{T}}\boldsymbol{u}_i\big) - \\
&\sum_{m=1}^{K} E_{v_n \sim P_{n(v)}} \sigma\big(\boldsymbol{u}_n^{Y\mathrm{T}}\boldsymbol{u}_i\boldsymbol{m}^{\mathrm{T}}\boldsymbol{u}_{r_s}\big)\big(\boldsymbol{u}_n^{Y}\boldsymbol{m}^{\mathrm{T}}\boldsymbol{u}_i\big)\Big) \cdot \omega_{ij}\mathbf{1}_{V_a}(v_j, v_a^{Y})
\end{aligned} \tag{5.44}$$

$$\begin{aligned}
\frac{\partial O'}{\partial \boldsymbol{m}} = &\Big(\Big(1 - \sigma\big(\boldsymbol{u}_j^{\mathrm{T}}\boldsymbol{u}_i\boldsymbol{m}^{\mathrm{T}}\boldsymbol{u}_{r_s} + \boldsymbol{u}_k^{\mathrm{T}}\boldsymbol{u}_i\boldsymbol{m}^{\mathrm{T}}\boldsymbol{u}_{r_t}\big)\Big)\big(\boldsymbol{u}_{r_s}\boldsymbol{u}_i^{\mathrm{T}}\boldsymbol{u}_j + \boldsymbol{u}_{r_t}\boldsymbol{u}_i^{\mathrm{T}}\boldsymbol{u}_k\big) - \\
&\sum_{m=1}^{K} E_{\substack{v_n \sim P_{n(v)} \\ r_1 \sim P_{1(r)}}} \sigma\big(\boldsymbol{u}_j^{\mathrm{T}}\boldsymbol{u}_i\boldsymbol{m}^{\mathrm{T}}\boldsymbol{u}_{r_s} + \boldsymbol{u}_n^{\mathrm{T}}\boldsymbol{u}_i\boldsymbol{m}^{\mathrm{T}}\boldsymbol{u}_{r_1}\big)\big(\boldsymbol{u}_{r_s}\boldsymbol{u}_i^{\mathrm{T}}\boldsymbol{u}_j + \boldsymbol{u}_{r_1}u_i^{\mathrm{T}}\boldsymbol{u}_n\big)\Big) \cdot \\
&\big(\omega_{ik} \cdot (\omega_{ij} + \omega_{ji}) + \omega_{ji} \cdot \omega_{ki}\big) + \\
&\Big(\Big(1 - \sigma\big(\boldsymbol{u}_j^{\mathrm{T}}\boldsymbol{u}_i\boldsymbol{m}^{\mathrm{T}}\boldsymbol{u}_{r_s}\big)\Big)\big(\boldsymbol{u}_{r_s}\boldsymbol{u}_i^{\mathrm{T}}\boldsymbol{u}_j\big) - \\
&\sum_{m=1}^{K} E_{v_n \sim P_{n(v)}} \sigma\big(\boldsymbol{u}_n^{\mathrm{T}}\boldsymbol{u}_i\boldsymbol{m}^{\mathrm{T}}\boldsymbol{u}_{r_s}\big)\big(\boldsymbol{u}_{r_s}\boldsymbol{u}_i^{\mathrm{T}}\boldsymbol{u}_n\big)\Big) \cdot \omega_{ij} + \\
&\Big(\Big(1 - \sigma\big(\boldsymbol{u}_j^{\mathrm{T}}\boldsymbol{u}_a^{Y}\boldsymbol{m}^{\mathrm{T}}\boldsymbol{u}_{r_s}\big)\Big)\big(\boldsymbol{u}_j\boldsymbol{u}_a^{Y\mathrm{T}}\boldsymbol{u}_{r_s}\big) - \\
&\sum_{m=1}^{K} E_{v_n \sim P_{n(v)}} \sigma\big(\boldsymbol{u}_n^{Y\mathrm{T}}\boldsymbol{u}_a^{Y}\boldsymbol{m}^{\mathrm{T}}\boldsymbol{u}_{r_s}\big)\big(\boldsymbol{u}_n^{Y}\boldsymbol{u}_a^{Y\mathrm{T}}\boldsymbol{u}_{r_s}\big)\Big) \cdot \omega_{ij}\mathbf{1}_{V_a}(v_i, v_a^{Y}) + \\
&\Big(\Big(1 - \sigma\big(\boldsymbol{u}_a^{Y\mathrm{T}}\boldsymbol{u}_i\boldsymbol{m}^{\mathrm{T}}\boldsymbol{u}_{r_s}\big)\Big)\big(\boldsymbol{u}_a^{Y}\boldsymbol{u}_i^{\mathrm{T}}\boldsymbol{u}_{r_s}\big) - \\
&\sum_{m=1}^{K} E_{v_n \sim P_{n(v)}} \sigma\big(\boldsymbol{u}_n^{Y\mathrm{T}}\boldsymbol{u}_i\boldsymbol{m}^{\mathrm{T}}\boldsymbol{u}_{r_s}\big)\big(\boldsymbol{u}_n^{Y}\boldsymbol{u}_i^{\mathrm{T}}\boldsymbol{u}_{r_s}\big)\Big) \cdot \omega_{ij}\mathbf{1}_{V_a}(v_j, v_a^{Y}) + \\
&\Big(\Big(1 - \sigma\big(\boldsymbol{u}_j^{\mathrm{T}}\boldsymbol{u}_i\boldsymbol{m}^{\mathrm{T}}\boldsymbol{u}_{r_a}^{Y}\big)\Big)\big(\boldsymbol{u}_j\boldsymbol{u}_i^{\mathrm{T}}\boldsymbol{u}_{r_a}^{Y}\big) - \\
&\sum_{m=1}^{K} E_{v_n \sim P_{n(v)}} \sigma\big(\boldsymbol{u}_n^{\mathrm{T}}\boldsymbol{u}_i\boldsymbol{m}^{\mathrm{T}}\boldsymbol{u}_{r_a}^{Y}\big)\big(\boldsymbol{u}_n\boldsymbol{u}_i^{\mathrm{T}}\boldsymbol{u}_{r_a}^{Y}\big)\Big) \cdot \omega_{ij}\mathbf{1}_{R_a}(r_s, r_a^{Y})
\end{aligned} \tag{5.45}$$

$$\frac{\partial O'}{\partial \boldsymbol{u}_{r_t}} = ((1-\sigma(\boldsymbol{u}_j^{\mathrm{T}}\boldsymbol{u}_i\boldsymbol{m}^{\mathrm{T}}\boldsymbol{u}_{r_s}+\boldsymbol{u}_k^{\mathrm{T}}\boldsymbol{u}_i\boldsymbol{m}^{\mathrm{T}}\boldsymbol{u}_{r_t}))(\boldsymbol{u}_k\boldsymbol{m}^{\mathrm{T}}\boldsymbol{u}_i))$$

$$(\omega_{ik}\cdot(\omega_{ij}+\omega_{ji})+\omega_{ji}\cdot\omega_{ki}) \tag{5.46}$$

$$\frac{\partial O'}{\partial \boldsymbol{u}_{\mathrm{a}}^{Y}} = ((1-\sigma(\boldsymbol{u}_j^{\mathrm{T}}\boldsymbol{u}_{\mathrm{a}}^{Y}\boldsymbol{m}^{\mathrm{T}}\boldsymbol{u}_{r_s}))(\boldsymbol{u}_j\boldsymbol{m}^{\mathrm{T}}\boldsymbol{u}_{r_s})-$$

$$\sum_{m=1}^{K}E_{v_{\mathrm{n}}\sim P_{\mathrm{n}(v)}}\sigma(\boldsymbol{u}_{\mathrm{n}}^{Y\mathrm{T}}\boldsymbol{u}_{\mathrm{a}}^{Y}\boldsymbol{m}^{\mathrm{T}}\boldsymbol{u}_{r_s})(\boldsymbol{u}_{\mathrm{n}}^{Y}\boldsymbol{m}^{\mathrm{T}}\boldsymbol{u}_{r_s}))\cdot\omega_{ij}\mathbf{1}_{V_{\mathrm{a}}}(v_i,v_{\mathrm{a}}^{Y})+$$

$$((1-\sigma(\boldsymbol{u}_{\mathrm{a}}^{Y\mathrm{T}}\boldsymbol{u}_i\boldsymbol{m}^{\mathrm{T}}\boldsymbol{u}_{r_s}))(\boldsymbol{u}_i\boldsymbol{m}^{\mathrm{T}}\boldsymbol{u}_{r_s}))\cdot\omega_{ij}\mathbf{1}_{V_{\mathrm{a}}}(v_j,v_{\mathrm{a}}^{Y}) \tag{5.47}$$

$$\frac{\partial O'}{\partial \boldsymbol{u}_{r_{\mathrm{a}}}^{Y}} = ((1-\sigma(\boldsymbol{u}_j^{\mathrm{T}}\boldsymbol{u}_i\boldsymbol{m}^{\mathrm{T}}\boldsymbol{u}_{r_{\mathrm{a}}}^{Y}))(\boldsymbol{u}_j\boldsymbol{m}^{\mathrm{T}}\boldsymbol{u}_i)-$$

$$\sum_{m=1}^{K}E_{v_{\mathrm{n}}\sim P_{\mathrm{n}(v)}}\sigma(\boldsymbol{u}_{\mathrm{n}}^{\mathrm{T}}\boldsymbol{u}_i\boldsymbol{m}^{\mathrm{T}}\boldsymbol{u}_{r_{\mathrm{a}}}^{Y})(\boldsymbol{u}_{\mathrm{n}}\boldsymbol{m}^{\mathrm{T}}\boldsymbol{u}_i))\cdot\omega_{ij}\mathbf{1}_{R_{\mathrm{a}}}(r_{\mathrm{s}},r_{\mathrm{a}}^{Y}) \tag{5.48}$$

从 NTAM* 模型的推导中可以看出，该模型在更新梯度的过程中需要多次进行向量间的相乘运算，而且需要额外计算向量 $\boldsymbol{m}$ 的梯度，以及时更新 $\boldsymbol{m}$ 的向量表示。另外，虽然在模型定义时，本节区分了三种异构结构，但由于向量之间的点积操作，导致在更新三种特殊结构的过程中存在公因式，更新中体现出的区别只存在于权重上，即说明网络中有向边的方向性被忽略。

5.3.3.2 NTAM+模型推导

下面将根据式（5.9）~式（5.13）中定义的 NTAM+模型的概率，针对模型中需要更新的向量求目标公式（式（5.26））的梯度。在过程中仍使用大写字母 X 或者 Y 做上角标，以区分不同网络中的向量。为了方便表示，在下面的公式中只标记出基准网络 Y 中锚实体节点向量或者锚关系向量的上角标，其他的向量和参数均为网络 X 所有，不再标注。下面展示的梯度求解过程为以网络 Y 为基准网络，对网络 X 中各个向量的更新过程。具体的梯度求解过程如下：

$$\frac{\partial O'}{\partial \boldsymbol{u}_k} = ((1-\sigma(\boldsymbol{u}_j^{\mathrm{T}}(\boldsymbol{u}_i+\boldsymbol{u}_{r_s})+\boldsymbol{u}_k^{\mathrm{T}}(\boldsymbol{u}_i+\boldsymbol{u}_{r_t})))(\boldsymbol{u}_i+\boldsymbol{u}_{r_t}))\cdot\omega_{ik}\cdot(\omega_{ij}+\omega_{ji})+$$

$$((1-\sigma(\boldsymbol{u}_i^{\mathrm{T}}(\boldsymbol{u}_j+\boldsymbol{u}_{r_s})+\boldsymbol{u}_k^{\mathrm{T}}(\boldsymbol{u}_i+\boldsymbol{u}_{r_t})))\boldsymbol{u}_i)\cdot\omega_{ji}\cdot\omega_{ki} \tag{5.49}$$

$$\frac{\partial O'}{\partial \boldsymbol{u}_{r_t}} = ((1-\sigma(\boldsymbol{u}_j^{\mathrm{T}}(\boldsymbol{u}_i+\boldsymbol{u}_{r_s})+\boldsymbol{u}_k^{\mathrm{T}}(\boldsymbol{u}_i+\boldsymbol{u}_{r_t})))\boldsymbol{u}_k)\cdot\omega_{ik}\cdot(\omega_{ij}+\omega_{ji})+$$

$$((1-\sigma(\boldsymbol{u}_i^{\mathrm{T}}(\boldsymbol{u}_j+\boldsymbol{u}_{r_s})+\boldsymbol{u}_k^{\mathrm{T}}(\boldsymbol{u}_i+\boldsymbol{u}_{r_t})))\boldsymbol{u}_i)\cdot\omega_{ji}\cdot\omega_{ki} \tag{5.50}$$

$$\begin{aligned}
\frac{\partial O'}{\partial \boldsymbol{u}_i} = & ((1-\sigma(\boldsymbol{u}_j^{\mathrm{T}}(\boldsymbol{u}_i+\boldsymbol{u}_{r_s})+\boldsymbol{u}_k^{\mathrm{T}}(\boldsymbol{u}_i+\boldsymbol{u}_{r_t})))(\boldsymbol{u}_j+\boldsymbol{u}_k)- \\
& \sum_{m=1}^{K} E_{\substack{v_n\sim P_{n(v)}\\ r_1\sim P_{1(r)}}}\sigma(\boldsymbol{u}_j^{\mathrm{T}}(\boldsymbol{u}_i+\boldsymbol{u}_{r_s})+\boldsymbol{u}_{\mathrm{n}}^{\mathrm{T}}(\boldsymbol{u}_i+\boldsymbol{u}_{r_1}))(\boldsymbol{u}_j+\boldsymbol{u}_{\mathrm{n}}))\cdot\omega_{ij}\cdot\omega_{ik}+ \\
& ((1-\sigma(\boldsymbol{u}_i^{\mathrm{T}}(\boldsymbol{u}_j+\boldsymbol{u}_{r_s})+\boldsymbol{u}_k^{\mathrm{T}}(\boldsymbol{u}_i+\boldsymbol{u}_{r_t})))(\boldsymbol{u}_j+\boldsymbol{u}_{r_s}+\boldsymbol{u}_k)- \\
& \sum_{m=1}^{K} E_{\substack{v_n\sim P_{n(v)}\\ r_1\sim P_{1(r)}}}\sigma(\boldsymbol{u}_j^{\mathrm{T}}(\boldsymbol{u}_i+\boldsymbol{u}_{r_s})+\boldsymbol{u}_{\mathrm{n}}^{\mathrm{T}}(\boldsymbol{u}_i+\boldsymbol{u}_{r_1}))(\boldsymbol{u}_j+\boldsymbol{u}_{r_s}+\boldsymbol{u}_{\mathrm{n}}))\cdot\omega_{ji}\cdot\omega_{ik}+ \\
& ((1-\sigma(\boldsymbol{u}_i^{\mathrm{T}}(\boldsymbol{u}_j+\boldsymbol{u}_{r_s})+\boldsymbol{u}_k^{\mathrm{T}}(\boldsymbol{u}_i+\boldsymbol{u}_{r_t})))(\boldsymbol{u}_j+\boldsymbol{u}_{r_s}+\boldsymbol{u}_k+\boldsymbol{u}_{r_t})- \\
& \sum_{m=1}^{K} E_{\substack{v_n\sim P_{n(v)}\\ r_1\sim P_{1(r)}}}\sigma(\boldsymbol{u}_i^{\mathrm{T}}(\boldsymbol{u}_j+\boldsymbol{u}_{r_s})+\boldsymbol{u}_{\mathrm{n}}^{\mathrm{T}}(\boldsymbol{u}_i+\boldsymbol{u}_{r_1}))(\boldsymbol{u}_j+\boldsymbol{u}_{r_s}+\boldsymbol{u}_{\mathrm{n}}+\boldsymbol{u}_{r_1}))\cdot\omega_{ji}\cdot\omega_{ki}+ \\
& ((1-\sigma(\boldsymbol{u}_j^{\mathrm{T}}(\boldsymbol{u}_i+\boldsymbol{u}_{r_s})))\boldsymbol{u}_j-\sum_{m=1}^{K} E_{v_n\sim P_{n(v)}}\sigma(\boldsymbol{u}_{\mathrm{n}}^{\mathrm{T}}(\boldsymbol{u}_i+\boldsymbol{u}_{r_s}))\boldsymbol{u}_{\mathrm{n}})\cdot\omega_{ij}+ \\
& ((1-\sigma(\boldsymbol{u}_{\mathrm{a}}^{Y\mathrm{T}}(\boldsymbol{u}_i+\boldsymbol{u}_{r_s})))\boldsymbol{u}_{\mathrm{a}}^{Y}-\sum_{m=1}^{K} E_{v_n\sim P_{n(v)}}\sigma(\boldsymbol{u}_{\mathrm{n}}^{Y\mathrm{T}}(\boldsymbol{u}_i+\boldsymbol{u}_{r_s}))\boldsymbol{u}_{\mathrm{n}}^{Y})\cdot\omega_{ij}\mathbf{1}_{V_{\mathrm{a}}}(v_j,v_{\mathrm{a}}^{Y})+ \\
& ((1-\sigma(\boldsymbol{u}_j^{\mathrm{T}}(\boldsymbol{u}_i+\boldsymbol{u}_{r_{\mathrm{a}}}^{Y})))\boldsymbol{u}_j-\sum_{m=1}^{K} E_{v_n\sim P_{n(v)}}\sigma(\boldsymbol{u}_{\mathrm{n}}^{\mathrm{T}}(\boldsymbol{u}_i+\boldsymbol{u}_{r_{\mathrm{a}}}^{Y}))\boldsymbol{u}_{\mathrm{n}})\cdot\omega_{ij}\mathbf{1}_{R_{\mathrm{a}}}(r_{\mathrm{s}},r_{\mathrm{a}}^{Y})
\end{aligned} \tag{5.51}$$

$$\begin{aligned}
\frac{\partial O'}{\partial \boldsymbol{u}_{r_s}} = & ((1-\sigma(\boldsymbol{u}_j^{\mathrm{T}}(\boldsymbol{u}_i+\boldsymbol{u}_{r_s})+\boldsymbol{u}_k^{\mathrm{T}}(\boldsymbol{u}_i+\boldsymbol{u}_{r_t})))- \\
& \sum_{m=1}^{K} E_{\substack{v_n\sim P_{n(v)}\\ r_1\sim P_{1(r)}}}\sigma(\boldsymbol{u}_j^{\mathrm{T}}(\boldsymbol{u}_i+\boldsymbol{u}_{r_s})+\boldsymbol{u}_{\mathrm{n}}^{\mathrm{T}}(\boldsymbol{u}_i+\boldsymbol{u}_{r_1})))\boldsymbol{u}_j\cdot\omega_{ij}\cdot\omega_{ik}+ \\
& ((1-\sigma(\boldsymbol{u}_i^{\mathrm{T}}(\boldsymbol{u}_j+\boldsymbol{u}_{r_s})+\boldsymbol{u}_k^{\mathrm{T}}(\boldsymbol{u}_i+\boldsymbol{u}_{r_t})))- \\
& \sum_{m=1}^{K} E_{\substack{v_n\sim P_{n(v)}\\ r_1\sim P_{1(r)}}}\sigma(\boldsymbol{u}_j^{\mathrm{T}}(\boldsymbol{u}_i+\boldsymbol{u}_{r_s})+\boldsymbol{u}_{\mathrm{n}}^{\mathrm{T}}(\boldsymbol{u}_i+\boldsymbol{u}_{r_1})))\boldsymbol{u}_i\cdot\omega_{ji}\cdot\omega_{ik}+ \\
& ((1-\sigma(\boldsymbol{u}_i^{\mathrm{T}}(\boldsymbol{u}_j+\boldsymbol{u}_{r_s})+\boldsymbol{u}_k^{\mathrm{T}}(\boldsymbol{u}_i+\boldsymbol{u}_{r_t})))- \\
& \sum_{m=1}^{K} E_{\substack{v_n\sim P_{n(v)}\\ r_1\sim P_{1(r)}}}\sigma(\boldsymbol{u}_i^{\mathrm{T}}(\boldsymbol{u}_j+\boldsymbol{u}_{r_s})+\boldsymbol{u}_{\mathrm{n}}^{\mathrm{T}}(\boldsymbol{u}_i+\boldsymbol{u}_{r_1})))\boldsymbol{u}_i\cdot\omega_{ji}\cdot\omega_{ki}+ \\
& ((1-\sigma(\boldsymbol{u}_j^{\mathrm{T}}(\boldsymbol{u}_i+\boldsymbol{u}_{r_s})))\boldsymbol{u}_j-\sum_{m=1}^{K} E_{v_n\sim P_{n(v)}}\sigma(\boldsymbol{u}_{\mathrm{n}}^{\mathrm{T}}(\boldsymbol{u}_i+\boldsymbol{u}_{r_s}))\boldsymbol{u}_{\mathrm{n}})\cdot\omega_{ij}+ \\
& ((1-\sigma(\boldsymbol{u}_j^{\mathrm{T}}(\boldsymbol{u}_{\mathrm{a}}^{Y}+\boldsymbol{u}_{r_s})))\boldsymbol{u}_j-\sum_{m=1}^{K} E_{v_n\sim P_{n(v)}}\sigma(\boldsymbol{u}_{\mathrm{n}}^{\mathrm{T}}(\boldsymbol{u}_{\mathrm{a}}^{Y}+\boldsymbol{u}_{r_s}))\boldsymbol{u}_{\mathrm{n}})\cdot\omega_{ij}\mathbf{1}_{V_{\mathrm{a}}}(v_i,v_{\mathrm{a}}^{Y})+ \\
& ((1-\sigma(\boldsymbol{u}_{\mathrm{a}}^{Y\mathrm{T}}(\boldsymbol{u}_i+\boldsymbol{u}_{r_s})))\boldsymbol{u}_{\mathrm{a}}^{Y}-\sum_{m=1}^{K} E_{v_n\sim P_{n(v)}}\sigma(\boldsymbol{u}_{\mathrm{n}}^{Y\mathrm{T}}(\boldsymbol{u}_i+\boldsymbol{u}_{r_s}))\boldsymbol{u}_{\mathrm{n}}^{Y})\cdot\omega_{ij}\mathbf{1}_{V_{\mathrm{a}}}(v_j,v_{\mathrm{a}}^{Y})
\end{aligned} \tag{5.52}$$

$$\frac{\partial O'}{\partial \boldsymbol{u}_j} = ((1-\sigma(\boldsymbol{u}_j^{\mathrm{T}}(\boldsymbol{u}_i+\boldsymbol{u}_{r_s})+\boldsymbol{u}_k^{\mathrm{T}}(\boldsymbol{u}_i+\boldsymbol{u}_{r_t}))) -$$
$$\sum_{m=1}^{K} E_{\substack{v_n \sim P_{n(v)} \\ r_1 \sim P_{1(r)}}} \sigma(\boldsymbol{u}_j^{\mathrm{T}}(\boldsymbol{u}_i+\boldsymbol{u}_{r_s})+\boldsymbol{u}_n^{\mathrm{T}}(\boldsymbol{u}_i+\boldsymbol{u}_{r_1})))(\boldsymbol{u}_i+\boldsymbol{u}_{r_s}) \cdot \omega_{ij} \cdot \omega_{ik} +$$
$$((1-\sigma(\boldsymbol{u}_i^{\mathrm{T}}(\boldsymbol{u}_j+\boldsymbol{u}_{r_s})+\boldsymbol{u}_k^{\mathrm{T}}(\boldsymbol{u}_i+\boldsymbol{u}_{r_t}))) -$$
$$\sum_{m=1}^{K} E_{\substack{v_n \sim P_{n(v)} \\ r_1 \sim P_{1(r)}}} \sigma(\boldsymbol{u}_j^{\mathrm{T}}(\boldsymbol{u}_i+\boldsymbol{u}_{r_s})+\boldsymbol{u}_n^{\mathrm{T}}(\boldsymbol{u}_i+\boldsymbol{u}_{r_1})))\boldsymbol{u}_i \cdot \omega_{ji} \cdot \omega_{ik} +$$
$$((1-\sigma(\boldsymbol{u}_i^{\mathrm{T}}(\boldsymbol{u}_j+\boldsymbol{u}_{r_s})+\boldsymbol{u}_k^{\mathrm{T}}(\boldsymbol{u}_i+\boldsymbol{u}_{r_t}))) -$$
$$\sum_{m=1}^{K} E_{\substack{v_n \sim P_{n(v)} \\ r_1 \sim P_{1(r)}}} \sigma(\boldsymbol{u}_i^{\mathrm{T}}(\boldsymbol{u}_j+\boldsymbol{u}_{r_s})+\boldsymbol{u}_n^{\mathrm{T}}(\boldsymbol{u}_i+\boldsymbol{u}_{r_1})))\boldsymbol{u}_i \cdot \omega_{ji} \cdot \omega_{ki} +$$
$$((1-\sigma(\boldsymbol{u}_j^{\mathrm{T}}(\boldsymbol{u}_i+\boldsymbol{u}_{r_s})))(\boldsymbol{u}_i+\boldsymbol{u}_{r_s})) \cdot \omega_{ij} +$$
$$((1-\sigma(\boldsymbol{u}_j^{\mathrm{T}}(\boldsymbol{u}_a^Y+\boldsymbol{u}_{r_s})))(\boldsymbol{u}_a^Y+\boldsymbol{u}_{r_s})) \cdot \omega_{ij}\mathbf{1}_{V_a}(v_i,v_a^Y) +$$
$$((1-\sigma(\boldsymbol{u}_j^{\mathrm{T}}(\boldsymbol{u}_i+\boldsymbol{u}_{r_a}^Y)))(\boldsymbol{u}_i+\boldsymbol{u}_{r_a}^Y)) \cdot \omega_{ij}\mathbf{1}_{R_a}(r_s,r_a^Y) \tag{5.53}$$

$$\frac{\partial O'}{\partial \boldsymbol{u}_a^Y} = ((1-\sigma(\boldsymbol{u}_j^{\mathrm{T}}(\boldsymbol{u}_a^Y+\boldsymbol{u}_{r_s})))\boldsymbol{u}_j -$$
$$\sum_{m=1}^{K} E_{v_n \sim P_{n(v)}} \sigma(\boldsymbol{u}_n^{Y\mathrm{T}}(\boldsymbol{u}_a^Y+\boldsymbol{u}_{r_s}))\boldsymbol{u}_n^Y) \cdot \omega_{ij}\mathbf{1}_{V_a}(v_i,v_a^Y) +$$
$$((1-\sigma(\boldsymbol{u}_a^{Y\mathrm{T}}(\boldsymbol{u}_i+\boldsymbol{u}_{r_s})))(\boldsymbol{u}_i+\boldsymbol{u}_{r_s})) \cdot \omega_{ij}\mathbf{1}_{V_a}(v_j,v_a^Y) \tag{5.54}$$

$$\frac{\partial O'}{\partial \boldsymbol{u}_{r_a}^Y} = ((1-\sigma(\boldsymbol{u}_j^{\mathrm{T}}(\boldsymbol{u}_i+\boldsymbol{u}_{r_a}^Y)))\boldsymbol{u}_j -$$
$$\sum_{m=1}^{K} E_{v_n \sim P_{n(v)}} \sigma(\boldsymbol{u}_n^{\mathrm{T}}(\boldsymbol{u}_i+\boldsymbol{u}_{r_a}^Y))\boldsymbol{u}_n) \cdot \omega_{ij}\mathbf{1}_{R_a}(r_s,r_a^Y) \tag{5.55}$$

5.4 基于关系向量化的图神经网络模型

5.4.1 目的与动机

受深度学习成功的推动，人们对于将任务驱动的深度网络嵌入应用于图数据表现出越来越浓的兴趣，利用两层图卷积网络（GCN）实现图节点的半监督分类是一个成功应用的范例。通过整合随机游走或注意力机制，文献［28］、［29］为单关系网络嵌入提出了更专用的 GCN 模型。然而，图卷积网络的理论基础是图论，其要求图的拉普拉斯矩阵是对称半正定矩阵，才会使得分解出的特征值、特征矩阵与傅里叶变换中的基与系数相对应。所以基于常规频谱的 GCN 及其变体只能处理无向的单关系网络，因为它们要求邻接矩阵是对称的，进而得到的归一化的图拉普拉斯矩阵为实对称正半定矩阵，以利于图进行傅里叶变换。这表明图卷积网络处理的图结构必须是无向的，并且是单关系的，因为二维邻接矩阵也将边限制为相同类型。为了处理多关系的网络结构，R-GCN 被提出，在迭代累积加权邻居实体的过程中，考虑了不同关系类型的影响，将不同的关系类型视为不同边的影响权重，将不同的关系信息加以利用。然而，在卷积过程中，R-GCN 从未涉及关系表示，关系在每一个卷积层中仅为一个权重，因此无法得到类似实体的全局统一的关系向量化表示。

总而言之，现有的基于 GCN 的模型都属于“无关系的嵌入”。显然，在真实的网络中，网络中的关系还承载着丰富的语义信息，关系都具有明确的现实意义，仅将关系视为一个权重并不能将关系的语义信息进行充分挖掘。与此同时，无关系的嵌入会导致模型的最终结果无法应用于需要关系表示的任务中，如关系对齐、知识图谱推理等，这使得模型的应用领域具有一定的局限性。而且，关系嵌入表示的结合也会相应提升实体嵌入的表达，将有助于提高相关应用任务的有效性，例如知识图谱的链接预测和多语言知识图谱的对齐。综上所述，常规的 GCN 和 R-GCN 对于多关系网络对齐任务并不适用。

针对这一问题，本节提出一种关系向量化的图卷积网络(VR-GCN),该网络支持同时生成实体嵌入和关系嵌入，以实现 GCN 和多关系网络得到完美的结合。对于其卷积函数的设计，应考虑以下三个准则：

1）显式的关系嵌入

VR-GCN 应该明确包含关系的向量化表示，并且在卷积的过程中，关系的嵌入式表示将影响实体嵌入的学习，使得关系与实体同步学习。

2）角色区分

VR-GCN 应该能够根据实体的角色对实体执行不同的卷积操作。通常，同一实体 v_i 可能在一个三元组(v_i,r,t)中扮演头实体角色，而在另一个三元组(h,r,v_i)中扮演尾实体角色。对于有向图，区分不同角色的要求就变得必不可少。

3）翻译特性

GCN 模型的本质思想是邻居的表示应该与自身相似，所以将邻居节点的表示迭代累积加权到自身。但是在多关系网络结构中，边通过特定关系 r 连接两个实体 h 和 t，因此邻居与自身的表示不再是简单的相似关系，而是存在着一个平移翻译特性：由 $\boldsymbol{h}+\boldsymbol{r}\approx\boldsymbol{t}$ 表示网络的边信息。所以VR-GCN在设计卷积函数时应该遵循多关系网络中特有的翻译特性。

后续将展开描述 VR-GCN 模型的具体细节，包含模型设计、公式推导，以及如何应用于链接预测与网络对齐的任务。

5.4.2 模型设计

知识图谱 $\mathrm{KG}=(E,R,T)$ 是一个有向的多关系网络，其中 E、R 和 T 分别代表实体集合、关系集合和三元组集合。一个三元组(h,r,t)代表着一个尾实体 t 通过关系 r 被头实体 h 连接。知识图谱对齐是指在知识图谱$\mathrm{KG}_i=(E_i,R_i,T_i)$和 $\mathrm{KG}_j=(E_j,R_j,T_j)$中找到对齐的实体和关系。先验的对齐知识是已知的已经对齐的实体/关系，也被称为锚实体/关系，它们被表示为对齐实体对集合 $E_{\mathrm{a}}=\{(e_i,e_j)\mid e_i\in E_i,e_j\in E_j\}$ 和对齐关系对集合 $R_{\mathrm{a}}=\{(r_i,r_j)\mid r_i\in R_i,r_j\in R_j\}$。知识图谱对齐任务的定义是根据已知的先验对齐知识去找到新的未对齐的实体/关系对。

与以往模型不同，VR-GCN 希望能够在卷积的过程中同时学习到更有效的实体和关系的表示，使得关系的信息得到充分利用。为了实现该目标，VR-GCN 整合了 GCN 提取特征的优势和多关系网络的翻译特性，以设计新的传播公式。实体和关系表示的更新准则如下：

$$\boldsymbol{h}_i^{l+1}=\sigma\Big(\Big(\sum_{r\in N_{\mathrm{r}}}\sum_{t\in N_{\mathrm{t}}^r}c(\boldsymbol{h}_{\mathrm{t}}^l,\boldsymbol{h}_{\mathrm{r}}^l)+\sum_{r\in N_{\mathrm{r}}}\sum_{h\in N_{\mathrm{h}}^r}\hat{c}(\boldsymbol{h}_{\mathrm{h}}^l,\boldsymbol{h}_{\mathrm{r}}^l)+\boldsymbol{h}_i^l\Big)\boldsymbol{W}^l\Big) \tag{5.56}$$

式中，N_{r}——实体 i 连接的关系集合；

N_{t}^r——实体 i 通过关系 r 连接的尾实体集合；

N_{h}^r——实体 i 通过关系 r 连接的头实体集合；

$\boldsymbol{h}_{\mathrm{h}}^l,\boldsymbol{h}_{\mathrm{r}}^l,\boldsymbol{h}_{\mathrm{t}}^l$——在图卷积网络中第 l 层的头实体、关系和尾实体的嵌入式表示，$\boldsymbol{h}_{\mathrm{h}}^l\in\mathbf{R}^{d(l)}$，$\boldsymbol{h}_{\mathrm{r}}^l\in\mathbf{R}^{d(l)}$，$\boldsymbol{h}_{\mathrm{t}}^l\in\mathbf{R}^{d(l)}$，$d(l)$是这一层卷积神经网络得到实体和关系表示的维度；

σ——非线性的激活函数，如 Sigmoid 和 ReLU 函数；

$c(\boldsymbol{h}_{\mathrm{t}}^l,\boldsymbol{h}_{\mathrm{r}}^l)$——描述 $\boldsymbol{h}_{\mathrm{t}}^l$ 与 $\boldsymbol{h}_{\mathrm{r}}^l$ 之间关系的函数，同理，$\hat{c}(\boldsymbol{h}_{\mathrm{h}}^l,\boldsymbol{h}_{\mathrm{r}}^l)$是描述 $\boldsymbol{h}_{\mathrm{h}}^l$ 和 $\boldsymbol{h}_{\mathrm{r}}^l$ 之间关系的函数；

$\boldsymbol{W}^l$——第 l 层的可训练参数矩阵。

式（5.56）中蕴含了前面提到的角色区分准则区分在知识图谱中，一个实体 i 在特定关系 r 下扮演着头实体角色还是尾实体角色。对于不同的角色，卷积传播公式将对它们进行不同的卷积操作：如果节点 i 在三元组(i,r,t)中扮演着头实体的角色，那么它的表示将通过结合关系 h_{r}^l 和尾实体 h_{t}^l 的表示 $\boldsymbol{h}_{\mathrm{r}}^l$、$\boldsymbol{h}_{\mathrm{t}}^l$ 进行计算；如果节点 i 在三元组(h,r,i)中扮演着尾实体的角色，那么它的表示将通过结合关系 h_{r}^l 和头实体 h_{h}^l 的表示 $\boldsymbol{h}_{\mathrm{r}}^l$、$\boldsymbol{h}_{\mathrm{h}}^l$ 进行计算。因此，所有关于节点 i 作为头实体或尾实体的出现都被计算，在此基础上，再加上一个单独的关于第 l 层的自我连接层的表示，作为节点 i 的 l+1 层的最终表示。

关于函数 $c(\cdot)$ 和函数 $\hat{c}(\cdot)$ 的设计，融合了在多关系网络结构中存在的翻译准则，给定图中的三元组(h,r,t)，$\boldsymbol{h}+\boldsymbol{r}\approx\boldsymbol{t}$。相对应的，该准则可以改写成 $\boldsymbol{h}\approx\boldsymbol{t}-\boldsymbol{r}$ 和 $\boldsymbol{t}\approx\boldsymbol{h}+\boldsymbol{r}$。所以，节点作为头实体角色时，它的表示通过对应的尾实体表示减去关系的表示进行计算更新；实体作为尾实体角色时，它的表示通过对应的头实体加上关系的表示进行计算更新。对应的函数 $c(\cdot)$ 和函数 $\hat{c}(\cdot)$ 定义如下：

$$\begin{cases} c(\boldsymbol{h}_{\mathrm{t}}^l,\boldsymbol{h}_{\mathrm{r}}^l) = \boldsymbol{h}_{\mathrm{t}}^l - \boldsymbol{h}_{\mathrm{r}}^l \\ \hat{c}(\boldsymbol{h}_{\mathrm{h}}^l,\boldsymbol{h}_{\mathrm{r}}^l) = \boldsymbol{h}_{\mathrm{h}}^l + \boldsymbol{h}_{\mathrm{r}}^l \end{cases} \tag{5.57}$$

应用式（5.56）、式（5.57），最终的卷积公式变为

$$\boldsymbol{h}_i^{l+1} = \sigma\left(\left(\frac{1}{d_i}\Big(\sum_{r\in N_{\mathrm{r}}}\sum_{t\in N_{\mathrm{t}}^r}(\boldsymbol{h}_{\mathrm{t}}^l - \boldsymbol{h}_{\mathrm{r}}^l) + \sum_{r\in N_{\mathrm{r}}}\sum_{h\in N_{\mathrm{h}}^r}(\boldsymbol{h}_{\mathrm{h}}^l + \boldsymbol{h}_{\mathrm{r}}^l)\Big) + \boldsymbol{h}_i^l\right)\boldsymbol{W}^l\right) \tag{5.58}$$

式中，d_i——标准化系数，为节点 i 的入度与出度之和。

图 5.5 描述了公式中的表示更新过程，黄色代表中心实体，红色代表与其相关的关系，绿色代表其邻居实体。如果实体具有头实体角色，则通过准则 $\boldsymbol{t}-\boldsymbol{r}$ 累积其相邻的尾节点与关系；如果它具有尾实体角色，则通过准则 $\boldsymbol{h}+\boldsymbol{r}$ 累积其相邻的头节点与关系。角色区分的表示以（标准化的）累加并通过 ReLU 函数传递；同时在卷积的过程中，因为关系的嵌入也参与了实体表示的计算，关系的表示也进行了更新，卷积过程可以同时获得实体和关系的向量化表示。

该卷积函数能够区分实体的不同角色，这对于有向图来说是非常有意义的，将有向图中的方向信息进行了充分挖掘；同时，利用知识图谱中的翻译特性来学习实体和关系的嵌入，该翻译特性已经在多个模型中得到令

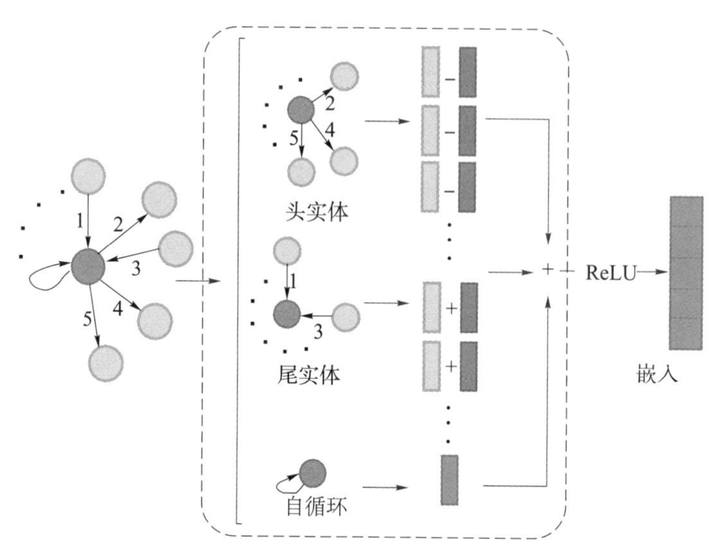

图 5.5　VR-GCN 模型框架示意图（附彩图）

人满意的效果，这实际上非常有利于保留多关系图的结构信息。卷积函数与 TransE 模型不同的是，卷积函数没有对 $\boldsymbol{h}+\boldsymbol{r}\approx\boldsymbol{t}$ 进行强约束，而是将头实体与关系之和与尾实体相似的思想融合到卷积公式中，例如 MNE 的概率模型也同样使用了$(\boldsymbol{h}+\boldsymbol{r})\boldsymbol{t}$ 或者 $\boldsymbol{h}(\boldsymbol{t}-\boldsymbol{r})$ 来表示一个三元组。因此，VR-GCN 的卷积函数不仅保留了翻译特性，而且摒弃了强约束的弊端，其对于三角形、平行四边形的网络结构同样具有有效的获取能力。VR-GCN 与现有的 GCN 相比，关系的向量化表示为知识图谱对齐任务提供了更好的支持。下一节将详细描述如何将 VR-GCN 扩展到网络对齐任务中。

5.5　基于 VR-GCN 的知识图谱对齐

基于网络的嵌入式表示可以在低维的嵌入空间中实现多个网络的对齐。对于多关系网络结构对齐的任务，实际上包含两个对齐子任务：实体对齐；关系对齐。但是，大多数现有的用于多关系网络对齐的模型，无论它们是否包含关系的向量化表示，要么忽略了关系对齐的需求，要么假定所有关系都已经对齐。经过我们的观察以及实验验证，进行关系对齐是十分有必要的，因为它不仅可以完成自身的任务，同时可以反过来改善实体对齐的结果。因此，本章提出了一个以 VR-GCN 作为网络嵌入模型的对齐框架 AVR-GCN，以支持实体对齐和关系对齐。

本节介绍基于 VR-GCN 的知识图谱对齐框架 AVR-GCN。如图 5.6 所示，给定两个知识图 KG_X 和 KG_Y，每个知识图谱都基于 VR-GCN 学习其嵌入表示，以捕获每个图的结构信息。将它们的嵌入分别表示为 VR-GCN_X 和 VR-GCN_Y。由于每个图都有唯一的嵌入空间，无法直接跨空间计算表示的相似程度，因此应用权重共享机制，将卷积层中的可训练参数 $\boldsymbol{W}$ 进行权重共享，用于将它们嵌入统一的空间，以进行对齐。通过共享权重矩阵 $\boldsymbol{W}^X$ 和 $\boldsymbol{W}^Y$，估计实体/关系对齐概率的问题被转换为在统一嵌入中计算实体/关系之间的空间距离的问题。

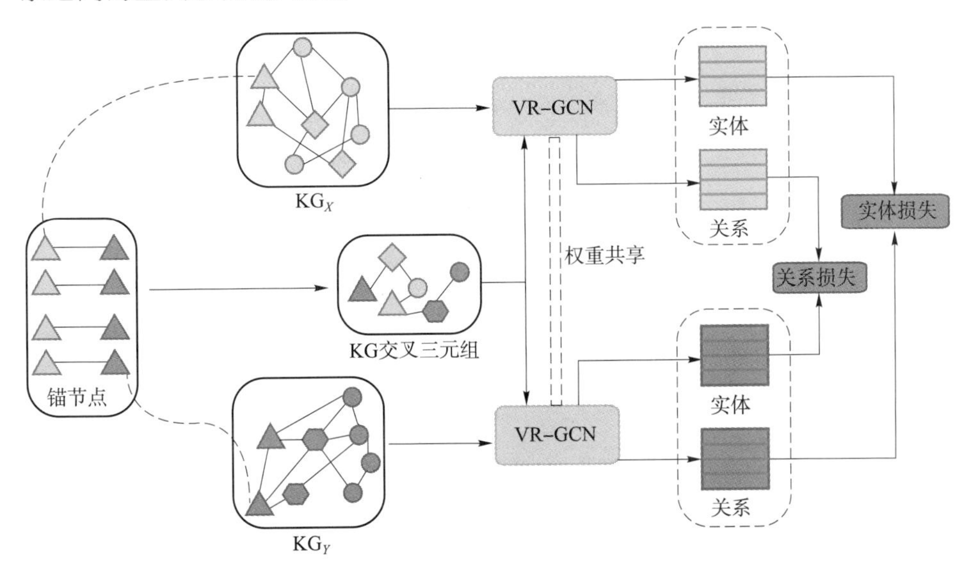

图 5.6　AVR-GCN 模型框架示意图（附彩图）

对齐信息（锚信息）是来自不同网络的已知对齐实体或关系对的知识。在此框架中，锚信息以两种方式被应用，以增强对齐性能，其中一种是用于监督对齐的目标函数。在共享的嵌入空间中，已知对齐实体/关系之间的嵌入式表示距离应最小化，而未对齐实体/关系之间的嵌入式表示距离应最大化。因此，目标函数为

$$O = \sum_{(e_x,e_y)\in E_a}\sum_{(e'_x,e'_y)\notin E_a}(d(\boldsymbol{e}_x,\boldsymbol{e}_y)+\xi-d(\boldsymbol{e}'_x,\boldsymbol{e}'_y)) + \alpha\sum_{(r_x,r_y)\in R_a}\sum_{(r'_x,r'_y)\notin R_a}(d(\boldsymbol{r}_x,\boldsymbol{r}_y)+\xi-d(\boldsymbol{r}'_x,\boldsymbol{r}'_y)) \tag{5.59}$$

式中，(e_x,e_y) 与 (r_x,r_y) 分别表示一对对齐的实体和关系，(e'_x,e'_y) 和

(r'_x, r'_y)表示其对应的实体和关系的未对齐（负）对。$\boldsymbol{e}_x, \boldsymbol{e}_y, \boldsymbol{r}_x, \boldsymbol{r}_y, \boldsymbol{e}'_x, \boldsymbol{e}'_y, \boldsymbol{r}'_x, \boldsymbol{r}'_y$表示 VR-GCN 针对上述图形元素获取的对应矢量化嵌入。对于未对齐的实体对和关系对，采用负采样的方式获得。具体而言，对于获取关于对齐实体对的负样本，给定对齐实体对(e_x, e_y)，分别对 e_x 和 e_y 在网络 Y 和网络 X 随机采样一个实体，组成一个未在对齐实体对集合中出现过的实体对(e'_x, e'_y)。对于获取关于对齐关系对的负样本，给定对齐关系对(r_x, r_y)，分别对 r_x 和 r_y 在网络 Y 和网络 X 随机采样一个关系，组成一个未在对齐关系对集合中出现过的关系对(r'_x, r'_y)。$d(\boldsymbol{x}, \boldsymbol{y}) = \|\boldsymbol{x} - \boldsymbol{y}\|_1$；$\xi$ 是分隔正向和负向对齐的边距超参数；α 也是在实体和关系对齐的重要性之间进行平衡的超参数。

另一种对齐信息的利用形式是使用现有的对齐实体对来生成新的跨网络三元组，以在不同知识图谱之间建立三元组级别的桥梁。令 T_x 和 T_y 分别为知识图 KG_X 和 KG_Y 的三元组，由对齐实体对产生的新的三元组与网络原有三元组相结合，形成新的更完整的三元组集合。根据对齐信息产生的三元组集合为

$$\begin{aligned} T_{\mathrm{a}} = & \{(e_y, r, t) \mid (e_x, r, t) \in T_x\} \cup \{(h, r, e_y) \mid (h, r, e_x) \in T_x\} \cup \\ & \{(e_x, r, t) \mid (e_y, r, t) \in T_y\} \cup \{(h, r, e_x) \mid (h, r, e_y) \in T_y\} \end{aligned} \tag{5.60}$$

将生成的三元组集合 T_{a} 注入两个知识图谱后，将 KG_X 和 KG_Y 展开为具有更多的共享边。生成的三元组中，头实体和尾实体来自两个不同的网络，使得两个网络的表示可以相互影响和更新。例如，三元组 $(e_y, r, t) \mid (e_x, r, t) \in T_x$，头实体 e_y 来自知识图谱 KG_Y，而关系 r 和尾实体 t 来自知识图谱 KG_X，在对这个三元组进行卷积更新的过程中，e_y 的表示会影响另一个网络的 r、t 的表示，而 r、t 的表示同样会影响 e_y 的表示。进一步，与 r、t 或者 e_y 相连的其他节点也会受到其二阶影响。因此，来自两个网络的与相同对齐节点相连的嵌入表示会彼此靠近，这将有助于提高对齐性能。将对齐信息的使用策略总结如下：

（1）在对齐的实体集合中随机选择一个对齐实体对的子集，按照公式来生成 T_{a}。生成新的三元组之后，将新生成的三元组加入原图的三元组，形成一个更完整的三元组集合。然后，通过 VR-GCN 在新的完整的三元组集合上进行学习，以获得实体和关系的表示。

（2）通过 VR-GCN 学习得到实体和关系的嵌入表示，使用对齐的锚信息来最小化对齐实体之间的距离和最小化对齐关系对之间的距离。

相较于以往的对齐框架，AVR-GCN 对齐框架采用深度学习中的图卷

积神经模型，具有更强的获取特征的能力；而且，所采用的图卷积网络模型克服了以往无法获得关系表示的限制，可以获得关系与实体的向量化表示，提升对齐的性能。关于对齐信息的利用，AVR-GCN 也创新性地提出两种策略相结合的方式，其对齐的有效性将在下一节验证。

5.6 知识图谱对齐实验设计

5.5 节详细介绍了基于关系向量化的图卷积网络 VR-GCN，以及将其扩展到网络对齐任务上的 AVR-GCN 框架。本节将在真实的数据上进行跨语言实体对齐和关系对齐任务，以证明其在多关系网络对齐方面的有效性；同时，为了验证关系对齐对实体对齐的重要性，测试不同的对齐关系比例下实体对齐的性能；另外，在真实数据上对 VR-GCN 模型进行链接预测任务实验，以验证其单独在多关系网络嵌入表示的有效性。

5.6.1 知识图谱对齐

1. 评价指标

Hits@ k[90] 和 MMR 是目前对于多网络对齐任务和单网络链接预测任务中普遍采用的评价指标，本节也采用公认的 Hits@ k 和 MMR 作为对齐与链接预测任务的评价指标。其中，Hits@ k 的定义为

$$\text{Hits@ }k^{X/Y\to Y/X}=\frac{|\text{Corr@ }N|^{Y/X}}{|\text{TestSet}|} \tag{5.61}$$

以 Hits@ $k^{X\to Y}$为例，其中分子 $|\text{Corr@ }N|^{Y}$ 代表的是关于给定在测试集中的网络 X 的实体（或关系），在网络 Y 中找到的在@ N 范围内对齐准确的实体（或关系）的数量。具体而言，经模型训练后得到实体和关系的向量化表示，给定测试集中出现在 X 网络中的实体（或关系）表示，计算给定表示与 Y 网络中所有实体（或关系）的表示的相似度，根据计算得到的相似度进行倒序排序。如果该实体（或关系）真正对齐的锚实体或者关系在前 N 名，则说明该测试集样本在@ N 范围内对齐准确；如果排名超过前 N，则说明对齐失败。|TestSet|代表测试集中所有测试样本的数量，通过二者的比例来度量前 N 位候选者中正确对齐的比例，以评估对齐的性能。

对于评价指标 MMR，其度量正确对齐实体（或关系）的平均倒数排名，可以很好地反映正确对齐实体（或关系）的具体排名情况。网络对齐具有双向性，这意味着可以将任何一个网络作为源开始对齐，$X\to Y$ 代表将

网络 X 作为源网络，而 $Y \to X$ 代表将网络 Y 作为源网络。

2. 实验数据集

网络对齐任务包含实体对齐与关系对齐，该任务在四种语言的真实知识图谱数据集上进行。其中，数据集是从知识图谱数据集 DBpedia 抽取的，组成了多语言版本 DBP_{ZH-EN}（中文-英语）、DBP_{JA-EN}（日语-英语）和 DBP_{FR-EN}（法语-英语）。表 5.1 中列出了每个网络的实体、关系、三元组，以及对齐实体和关系的具体数目。

表 5.1 数据集统计信息

数据集	DBP_{ZH-EN}	DBP_{JA-EN}	DBP_{FR-EN}
对齐实体	15 000	15 000	15 000
对齐关系	891	592	814
实体	19 388（ZH） 19 572（EN）	19 814（JA） 19 780（EN）	19 661（FR） 19 993（EN）
关系	1 701（ZH） 1 323（EN）	1 298（JA） 2 451（EN）	1 174（FR） 1 208（EN）
三元组	70 414（ZH） 95 142（EN）	77 214（JA） 93 484（EN）	105 998（FR） 115 772（EN）

3. 参数设置

对于模型参数的设置，将实体和关系的输入特征向量进行服从高斯分布的随机初始化，向量维度为 300 维，然后输入 2 层 VR-GCN，以更新嵌入，参数的更新方式是随机梯度下降。在实验中的负采样数目为 25，生成新三元组的锚实体的比例为 0.5，超参数为 $\xi=3$、$\alpha=1$。

4. 对比方法

采用目前流行的模型 MTransE、ITransE、NTAM[89] 等，与 AVR-GCN 在网络对齐任务上进行比较。

1） MTransE

MTransE 首先采用 TransE 将不同语言的多源知识图谱嵌入各自的低维空间，保留了网络三元组的结构特性，得到单个知识图谱的向量化表示；然后，定义不同的映射方法将多源知识图谱的嵌入式向量映射到同一空间中，根据此空间中节点之间的距离进行用户对齐。

2） ITransE

ITransE 采用 PTransE 嵌入式模型对知识图谱进行知识嵌入，PTransE

相较于 TransE 模型增加了多条路径的信息。为了实现将多个网络嵌入相同的空间，ITransE 通过对齐的锚节点进行联合嵌入，提出了 3 种不同的联合嵌入方法，分别是基于翻译的方法、线性转换方法和参数共享方法。并在训练的过程中，将相似度超过阈值的实体对加入锚信息，迭代地增加对齐信息来提高性能。

3）NTAM

NTAM 不是利用 TransX 的方法来学习网络表示，而是利用概率模型来学习网络嵌入表示并进行对齐，因为 TransX 的强约束目标函数会丢失网络中的其他结构（如三角形结构、平行四边形结构等），所以 NTAM 提出应用概率的方法进行对齐。NTAM 模型由两个模块组成，一个模块利用优化的 MNE 的概率表示方法学习不同的知识图谱表示，另一个模块利用对齐信息使得对齐的实体和关系的表示重合。

4）AlignE

AlignE 也是基于翻译的方法，先基于 TransE 方法学习节点的表示，之后使用参数交换将知识图谱在同一向量空间编码。参数交换机制是在不同的知识图谱间建立一个桥梁，使得不同网络嵌入相同空间，是 BootEA 去除迭代部分的模型，因为迭代部分模型可以在所有对齐方法上进行扩展。

5）GCN（SE）

GCN（SE）使用图卷积网络（GCN）将来自不同语言的实体嵌入同一向量空间，因为图神经网络模型无法对关系进行利用，该模型将关系视为实体之间的影响权重。之后在同一向量空间中，采用对齐实体应尽可能接近的思想作为目标函数，将预定义的距离函数应用于实体的 GCN 表示来进行预测。

6）GCN（SE）*

GCN（SE）* 是本节对 GCN（SE）模型的扩展。本节提出了新的关于对齐信息利用框架，一是将对齐信息监督目标函数，二是用于生成新的三元组在不同网络间建立桥梁，而 GCN（SE）模型仅利用对齐信息监督目标函数。将 GCN（SE）应用于本节提出的对齐框架上可以公平比较对齐框架的有效性以及嵌入式模型 VR-GCN 模型的有效性。

7）AVR-GCN（rl. exl.）

AVR-GCN（rl. exl.）是 AVR-GCN 的一种变体，该模型的目标函数去除了 AVR-GCN 中关于对齐关系表示之间的距离最小化部分，它既可以用来区分关系对齐对实体对齐的影响基准，也可以用来验证 AVR-GCN 在没有对齐关系信息情况下模型的有效性。

5.6.2 实体对齐

现实生活中可用的对齐信息往往非常少。所以在实体对齐实验中，我们应用较少的先验对齐信息来验证，即使训练数据很少，模型也能够取得较好的结果。在对每个数据集中的对齐信息进行训练集与测试集的划分时，将其中的30%作为训练集，将剩余的70%作为测试集。此外在测试过程中，对于给定的实体，寻找与给定实体真正对齐的候选者查找范围应该是整个网络，而不仅是测试集本身。目前一些现有的模型在查找过程中仅包含测试集中已知一定会对齐的锚实体，这个查找范围是不切实际的，也会导致结果不准确。因为只将查找范围锁定在测试集中，那么它将隐式地假设所有锚点都是已知的且准确的。为了与现实的应用场景匹配，在本实验中全部采用整个网络作为候选者的查找范围。

表5.2和表5.3所示为关于实体对齐的实验结果。

表5.2 实体对齐性能比较 %

模型	DBP_{ZH-EN}、DBP_{EN-ZH}		DBP_{JA-EN}、DBP_{EN-JA}		DBP_{FR-EN}、DBP_{EN-FR}	
	Hits@1	Hits@5	Hits@1	Hits@5	Hits@1	Hits@5
MTransE	13.46	31.44	13.02	29.45	7.00	21.76
ITransE	21.94	45.90	17.02	39.95	12.46	34.10
NTAM	25.01	53.45	22.10	50.00	20.43	51.10
AlignE	31.78	59.21	30.34	58.25	32.60	63.54
GCN(SE)	26.00	54.88	27.05	56.47	27.25	56.84
GCN(SE)*	31.02	60.12	32.03	59.83	32.20	61.79
AVR-GCN(rl. exl.)	33.20	61.54	32.34	60.33	33.43	64.96
AVR-GCN	**37.96**	**64.60**	**35.15**	**61.66**	**36.06**	**66.11**

表5.3 实体对齐性能比较 %

模型	DBP_{ZH-EN}、DBP_{EN-ZH}		DBP_{JA-EN}、DBP_{EN-JA}		DBP_{FR-EN}、DBP_{EN-FR}	
	Hits@10	MRR	Hits@10	MRR	Hits@10	MRR
MTransE	41.45	23.22	38.80	21.88	31.81	14.64
ITransE	54.77	32.88	48.74	27.57	43.51	22.50
NTAM	62.55	33.02	58.28	28.23	62.30	27.34
AlignE	69.43	45.25	69.88	43.30	74.92	46.65
GCN(SE)	64.69	38.96	66.10	40.03	67.96	40.58

续表

模型	DBP_{ZH-EN}、DBP_{EN-ZH}		DBP_{JA-EN}、DBP_{EN-JA}		DBP_{FR-EN}、DBP_{EN-FR}	
	Hits@ 10	MRR	Hits@ 10	MRR	Hits@ 10	MRR
GCN(SE)*	69.37	43.87	69.63	46.78	72.45	45.51
AVR-GCN(rl. exl.)	70.50	48.26	69.36	44.81	74.51	47.45
AVR-GCN	**73.27**	**50.19**	**72.15**	**47.03**	**75.14**	**49.46**

实验结果表明，AVR-GCN 在所有多语言数据集上的表现均优于其他方法。

（1）AVR-GCN 比大多数基于翻译的方法（如 MTransE、ITransE）的结果要高出很多。事实证明，与基于翻译的表示学习模型相比，AVR-GCN 在捕获多关系网络中的复杂结构信息方面具有更好的支持。同时，基于翻译的对齐模型通常需要拆分为网络表示学习与网络对齐两部分，而 AVR-GCN不仅融合了深度学习的获取特征的优势，而且 VR-GCN 是一个端到端的学习模型。此外，利用概率模型进行网络嵌入的 NTAM 的性能也优于 MTransE 和 ITransE，从而也支持了 TransX 的 $\boldsymbol{h}+\boldsymbol{r}\approx\boldsymbol{t}$ 的强约束能使得基于翻译的方法无法有效捕获复杂网络信息的论点。

（2）GCN（SE）* 性能比 GCN（SE）更好，二者唯一的区别在于对齐信息的利用策略。GCN（SE）仅利用对齐信息来监督对齐的目标函数，而 GCN（SE）* 应用本节所提出的对齐框架，一方面监督目标函数，另一方面生成三元组在两个网络之间架起桥梁。结果表明，GCN（SE）* 的性能优于 GCN（SE），这说明本节所提出的对齐框架对于网络对齐任务具有很大的帮助。

（3）AVR-GCN（rl. exl.）即使在对齐阶段未应用任何关系锚信息，其性能也优于其他基准方法。特别地，AVR-GCN（rl. exl.）与 GCN（SE）* 的对齐框架相同，区别在于 AVR-GCN（rl. exl.）应用 VR-GCN 进行网络的嵌入，而 GCN（SE）* 应用的是没有关系表示的 GCN 模型进行嵌入，这表明对关系明确的向量化表示有助于改善实体对齐的性能。

（4）AVR-GCN 优于 AVR-GCN（rl. exl）。它们之间的唯一区别是在对齐阶段是否包含对齐关系信息的利用。实验结果证明，对齐的关系信息可以提高实体对齐的准确性，这也验证了进行关系对齐实验的必要性，而由于 GCN（SE）模型无法获得关系的表示，所以也无法进行关系对齐的任务。

（5）与同样使用 GCN 和相同对齐框架的 GCN（SE）* 相比，AVR-GCN 将性能提高了 22%，证明了向量化的关系表示对于对齐任务很有价值。

为了评估实体对齐方式和关系对齐方式之间的相关性，以及验证关系对齐的必要性，我们在数据集 $DBP_{ZH \rightarrow EN}$ 上进行了实验。该实验在训练过程中以无关系对齐信息为基准，逐步增加已知对齐关系信息的比例，增加比例的步长是 0.2。已知对齐关系信息是我们使用的训练集的对齐关系对，而不是全部的关系信息。在训练过程中逐步增加已知对齐关系的比例，相当于从不包含关系对齐方式的 AVR-GCN（rl. exl.）演变为具有所有关系对齐方式的 AVR-GCN 时的变化。从表 5.4 中的实验结果来看，随着关系对齐信息的增加，实体对齐的性能也不断提升。观察结果证实了包含的先前已知的对齐关系越多，实体对齐的性能就越好，证明了关系对齐的重要性，然而对于关系对齐任务的关注尚未引起足够的重视。换言之，AVR-GCN 能够在卷积过程中获得关系的表示，可以利用关系的表示进行关系对齐任务，所以 AVR-GCN 不仅支持关系对齐任务，还能提高实体对齐的性能。

表 5.4　对齐关系比例对实体对齐性能的影响　　%

评价指标 \ 比例	0	0.2	0.4	0.6	0.8	1.0
Hit@ 1	34.30	34.41	35.16	37.72	38.77	39.34
Hit@ 5	61.97	62.39	62.87	64.89	65.53	66.13
Hit@ 10	70.25	70.61	71.55	73.13	73.87	75.06

5.6.3　关系对齐

为了验证 AVR-GCN 对齐框架对于关系对齐任务的性能，我们在数据集 $DBP_{ZH \rightarrow EN}$ 以及 $DBP_{JA \rightarrow EN}$ 上进行了关系对齐的实验。图 5.7 所示为关系对齐性能比较，结果表明 AVR-GCN 在所有评价指标上始终优于其他对比方法。由于数据集中的候选关系数量相对于实体数量是比较少的，因此图 5.6 中报告了 Hits@ 1~Hits@ 5 的评价指标。应该注意的是，传统的 GCN 由于缺乏对关系嵌入的支持而无法执行关系对齐任务，因此它们不包括在比较范围之内。与基于翻译的模型 MTransE、ITransE 和基于概率模型的 NTAM 相比，AVR-GCN 受益于其在卷积过程中实体与关系之间的交互建模，在关系对齐任务上具有更优的表现。

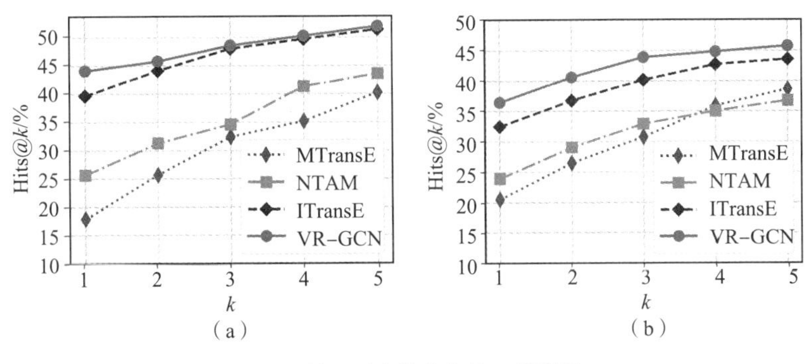

图 5.7　关系对齐性能比较（附彩图）

(a) DBP_{ZH-EN}；(b) DBP_{JA-EN}

5.6.4　链接预测

我们目前所使用的网络中包含的数据往往是不完整的、不完备的，使用链接预测技术可以将潜在存在关系的实体进行链接，增加网络中边的数目，使网络更加完整。链接预测任务被广泛用于评估网络表示嵌入模型的有效性，我们在真实数据集上进行链接预测实验来验证 VR-GCN 模型对于单网络表示学习的有效性。具体地，链接预测任务使用单个知识图谱进行训练和测试。它的目标是对部分知识图谱中的三元组集合进行训练，预测给定知识图谱中三元组(h,r,t)缺少的 h 或 t，以提高知识图谱的完整性。

实验的数据集选用的是标准数据集 WN18 和 FB15k-237，数据从丰富、成熟的 WordNet 以及 Freebase 的大型知识库抽取得到。知识库 WordNet 最初被设计用于产生可使用的字典和词典，可以很好地支撑自动文本分析任务。每一个实体代表着单词，每一个关系代表着单词之间的关系。Freebase 是一个日益增长的描述客观事实的知识图谱，目前已经有 12 亿的元组和超过 8 千万的实体。数据集具体包含的实体、关系和三元组数目如表 5.5 所示。

表 5.5　链接预测任务数据集

Dataset	ENTITIES	RELATIONSHIPS	TRAIN. EX	VALID. EX	TEST. EX
WN18	40 943	18	141 442	5 000	5 000
FB15k-237	14 951	1 345	483 142	50 000	59 071

对于链接预测任务的评价指标同样采用 Hits@ k 与 MRR，与对齐任务

不同的是，该任务计算的排名是给定知识图谱测试集中缺少 t（或 h）的二元组 (h,r) 或者 (r,t)，对测试集中包含的实体进行得分函数的计算，根据得分函数值进行逆序排序，以寻找缺失的 t 或 h。虽然通过得分函数计算组成的三元组没有在测试集中出现，但这不代表它不成立，它有可能出现在训练集之中。因此，对于排序又划分为 RAW 和 Fliter 两个指标，RAW 是最初计算的排序结果，而 Fliter 代表的是经过训练集过滤一遍后的结果。

链接预测模型遵循 R-GCN 中对链接预测任务的设计，我们也采用图形自动编码器模型，该模型由一个实体关系编码器和一个得分函数（解码器）组成。VR-GCN 充当编码器，应用 VR-GCN 模型以映射每个实体和关系到低维的向量空间中。由于得分函数需要支持卷积过程中的非线性和平移特性，因此类比 DistMult 中提出的评分函数，使用 $\boldsymbol{h}+\boldsymbol{r}$ 和 $\boldsymbol{t}-\boldsymbol{r}$ 来替换 $\boldsymbol{t}$ 和 $\boldsymbol{h}$，然后得分函数转变为

$$f(h,r,t)=(\boldsymbol{h}+\boldsymbol{r})\boldsymbol{M}(\boldsymbol{t}-\boldsymbol{r}) \tag{5.62}$$

出现在数据集中的三元组 (h,r,t) 被作为正样本，而负样本则是通过对正样本 (h,r,t) 中的头实体 h 或尾实体 t 随机破坏，从实体集合中随机采样一个新的实体组成一个不存在于训练集中的负样本。式（5.62）中的 $\boldsymbol{M}$ 为权重矩阵。最终的目标函数是约束正样本的得分尽可能高而负样本得分尽可能低，利用交叉熵损失函数来限制正样本的得分高于负样本：

$$O=\sum_{(h,r,t)\in T} y\log\sigma(f(h,r,t))+(1-y)\log(1-\sigma(f(h,r,t))) \tag{5.63}$$

式中，T——正样本和负样本的集合；

$\sigma(\cdot)$——激活函数；

y——标签，对于正样本是 1，对于负样本为 0。

用于比较的具有代表的链接预测模型是 TransE、DistMult 和 R-GCN。

（1）TransE 对于每一个三元组 (h,r,t) 将关系 r 的向量 $\boldsymbol{r}$ 作为头实体 h 和尾实体 t 的平移，$\boldsymbol{h}+\boldsymbol{r}\approx\boldsymbol{t}$，这直接建立了实体与关系间的联系，保留知识图谱的网络结构。

（2）DistMult 是一种双线性模型，双线性模型通过定义实体与关系的得分函数来判断在嵌入式空间中实体与关系存在着语义关系的概率。DistMult 定义了三元组的得分函数为 $f_r(h,t)=\boldsymbol{h}^{\mathrm{T}}\boldsymbol{M}_r\boldsymbol{t}$，其中关系是一个对角矩阵。通过实体与关系之间的矩阵运算，实体和关系的向量可以更好地交互。

（3）R-GCN 是一种基于图卷积网络利用关系信息进行节点嵌入的模型，用来处理多关系的网络结构。R-GCN 中的卷积公式是一种基于网络关系的变换，其中不同节点之间的影响权重取决于节点间的关系类型。

表 5.6、表 5.7 所示的实验结果显示了在数据集 WN18、FB15k-237 上各个模型的链接预测结果，VR-GCN 在两个数据集上都有一定程度的改进。其中，VR-GCN 和 R-GCN 的性能均优于 TransE 模型，这表明深度模型比 TransX 具有更强的结构信息获取能力。VR-GCN 优于对比方法 DistMult，相比于 DistMult，二者的编码器不同而解码器相同，证明了 VR-GCN 作为编码器获取网络结构信息的有效性。同时，VR-GCN 的性能也优于同为图卷积网络的R-GCN模型，VR-GCN 相比于 R-GCN 的卷积函数，获得了关系的向量化表示，这突出了向量化关系表示的重要性。

表 5.6　单网络链接预测任务性能比较（WN18 数据集）

模型	MRR-Raw	MRR-Filter	Hits@ 1	Hits@ 3	Hits@ 10
TransE	0. 335	0. 454	0. 064	0. 803	0. 916
DistMult	0. 540	0. 829	0. 726	0. 923	0. 940
R-GCN	0. 526	0. 773	0. 650	0. 889	0. 944
VR-GCN	0. 565	0. 847	0. 764	0. 929	0. 946

表 5.7　单网络链接预测任务性能比较（FB15k-237 数据集）

模型	MRR-Raw	MRR-Filter	Hits@ 1	Hits@ 3	Hits@ 10
TransE	0. 143	0. 210	0. 146	0. 222	0. 330
DistMult	0. 127	0. 220	0. 144	0. 238	0. 369
R-GCN	0. 138	0. 225	0. 133	0. 249	0. 423
VR-GCN	0. 155	0. 248	0. 159	0. 272	0. 423

5.7　基于关系卷积的注意力图神经网络模型

5.7.1　目的与动机

5.6 节详细介绍了基于关系向量化的图神经网络对齐模型 AVR-GCN。

相比于现存的方法，AVR-GCN 可以同时获得实体和关系的向量化表示，充分挖掘语义关系所携带的有效信息，在多网络实体/关系对齐以及单网络链接预测任务上都显示出卓越的性能，验证了关系向量化的有效性。本节将继续秉承关系向量化的核心动机，在此基础上增加关系卷积以及注意力机制的思想，进一步提升模型的性能。具体的基于关系卷积的注意力图卷积神经网络模型包含两个子模块，一个子模块对关系进行卷积，另一个子模块加入关系的注意力机制。

5.7.1.1 关系卷积

在 VR-GCN 模型中，为了实现关系与实体同时向量化的目标，设计了对应的新的关于实体表示的卷积公式。实体的卷积包含三部分，分别为作为头实体角色、尾实体角色、自我连接层。实体表示的更新公式为

$$\boldsymbol{h}_i^{l+1} = \sigma\left(\left(\frac{1}{d_i}\left(\sum_{r\in N_{\mathrm{r}}}\sum_{t\in N_{\mathrm{t}}^{r}}(\boldsymbol{h}_{\mathrm{t}}^{l} - \boldsymbol{h}_{\mathrm{r}}^{l}) + \sum_{r\in N_{\mathrm{r}}}\sum_{h\in N_{\mathrm{h}}^{r}}(\boldsymbol{h}_{\mathrm{h}}^{l} + \boldsymbol{h}_{\mathrm{r}}^{l})\right) + \boldsymbol{h}_i^{l}\right)\boldsymbol{W}^{l}\right) \tag{5.64}$$

从式（5.64）可以看出，实体在扮演头实体角色与尾实体角色时，更新公式 $\boldsymbol{h}+\boldsymbol{r}$ 及 $\boldsymbol{t}-\boldsymbol{r}$ 全部与关系的表示密切相关。所以在实体表示更新的过程中，关系的表示也会随之进行更新。在网络对齐任务中，关系的表示更新主要源于两方面：一方面是参与实体卷积公式的计算，随着实体表示的更新而更新；另一方面是目标函数中需要最小化对齐关系之间的距离，最大化非对齐关系之间的距离，因而关系的表示会进行更新。因此可知，在 VR-GCN 模型中仅包含实体进行卷积的更新公式，没有具体的关系进行卷积的更新公式。网络中，关系携带重要的语义信息，同时关系与关系之间也具有一定的关联性，所以设计关于关系卷积的更新函数来获得关系与关系之间的非线性关系是非常有必要的。所以本节将在 VR-GCN 模型的基础上增加关系的卷积函数，使得模型同时具有实体卷积公式与关系卷积公式，可以更好地捕捉实体与实体之间、关系与关系之间、实体与关系之间的非线性复杂的关系，从而提升模型的性能。

对于设计关系的卷积更新函数，核心的环节是对于给定关系 r_i，确定其对应的关系邻居集合 N_{r_i}，然后对其邻居集合中关系的表示进行聚合，使得自身的表示更新。对于关系的邻居选定，模型主要从显性邻居、隐性邻居两个方面对关系邻居进行确定。

1）显性邻居

在网络中，关系的显性邻居是可以通过网络之间的连接结构而直接观

察得到的。具体而言，连接了相同实体的关系存在着一定的相似程度，例如在图 3.1 中，关系“国籍”与关系“母语”同时链接了头实体“吴京”，关系“国籍”与关系“母语”具有一定的联系，因为二者都刻画着一个人的具体属性信息，因此关系“国籍”与关系“母语”可以互为邻居，相互影响。综上所述，可以通过网络的连接信息统计连接相同头实体或尾实体的关系对，挖掘出的关系对互为彼此的邻居，二者的向量化表示在关系的卷积过程中会相互影响更新。

2）隐性邻居

显性邻居是通过实体建立关系之间的桥梁，但是关系之间并不存在真正的链接关系；同时，由于关系之间的复杂性，可能没有链接相同的头实体或尾实体，但是彼此同样具有一定的关联性与相似性。因此，通过网络结构直接获取到的关系邻居往往是不够的。为了弥补显性关系的不足，我们提出隐性邻居来作为补充。隐性邻居是指在关系表示的向量空间中，计算关系向量化表示之间的相似程度，根据其相似程度进行逆序排序，取排序在前 k 位的关系作为其邻居，从而获得在向量隐空间中关系的隐性邻居。

本节将对关系进行卷积操作，从隐性邻居、显性邻居两方面获取给定关系的邻居集合，捕捉关系与关系之间的非线性关系。

5.7.1.2　关系注意力机制

注意力机制已经在自然语言处理、计算机视觉等领域中显示出了卓越的性能。注意力机制的思想来源于人类在观看物体时，不会将物品全部都看一遍，而是重点看自己感兴趣的那部分。简单来说，注意力机制是一种对权重参数进行重新分配的机制，越感兴趣的那部分所对应的权重越高，反之亦然。根据注意力机制，可以更准确地捕捉对模型影响的重要信息。在保留网络结构的过程中，把所有邻居节点设置为相同的权重是不合理的，因为不同的邻居节点对自身的影响程度是不同的，根据其影响程度设置对应的参数可以更精准地刻画节点之间的相互影响。在图神经网络模型中，注意力机制也被应用在 GAT 模型中，GAT 模型采用注意力机制来区分不同邻居节点对其中心节点的影响程度。

注意力机制已经在图神经网络中成功应用，但是 GAT 模型针对的是单关系的网络结构，无法适用于多关系网络结构。在多关系网络结构中，由于关系的多样性，因此不仅要考虑节点的重要程度，还要考虑关系的重要程度。本节提出了新的解决方案，考虑了关系的重要程度，而且注意力系数公式可以兼顾多关系网络的结构特性。

为此，本节提出两种基于注意力机制的算法。第一种算法为基于三元组的注意力机制，即在计算注意力系数的过程中，同时应用关系与实体的向量化表示进行计算，获得以三元组为计算粒度的注意力权重系数。第二种为基于关系的注意力机制，应用关系表示计算影响权重的一个重要原因是邻居实体对中心实体的影响程度在很大程度上是由所链接的关系类型决定的。例如，关于实体“中国”的知识图谱，由关系“首都”连接了实体“北京”，由关系“包含的城市”连接了其他城市。实体“北京”相比于其他城市实体对于实体“中国”具有更重要的影响，而这重要的影响来自关系“首都”这一类型。因此，应用关系类型来计算实体之间相互影响的重要程度具有现实意义，并且是高效的。

5.7.2 模型设计

本节将对基于关系卷积的注意力图神经网络模型进行详细介绍。基于关系的注意力图神经模型是在 VR-GCN 模型的基础上，秉持关系向量化的核心思想，继续增加关系卷积与注意力机制两部分，形成对关系信息充分利用的统一框架，提升网络对齐任务的性能。

模型的第一步是增加关系的卷积，设计关系卷积的更新公式，其核心步骤是对关系的邻居选定。关系的邻居来源于两方面：通过网络结构信息直接获取到的显性邻居；在向量空间中通过计算获取到的隐性邻居。对于给定关系，显性邻居与给定关系连接了相同的头实体（或尾实体），显性邻居可以通过统计网络结构来显性获得。同时，根据连接相同头实体（或尾实体）的数目，可确定关系之间连接的权重，共同连接的头实体（或尾实体）的数目越多，那么关系之间对应的权重就越大，反之亦然。符号化的显性关系邻居之间的权重计算公式如下：

$$\text{Explicit}_{\text{h}}(r_i,r_j)=\frac{\#(\text{Head\_Entities\_of\_r}_i)\cap(\text{Head\_Entities\_of\_r}_j)}{\#(\text{Head\_Entities\_of\_r}_i)\cup(\text{Head\_Entities\_of\_r}_j)} \tag{5.65}$$

$$\text{Explicit}_{\text{t}}(r_i,r_j)=\frac{\#(\text{Tail\_Entities\_of\_r}_i)\cap(\text{Tail\_Entities\_of\_r}_j)}{\#(\text{Tail\_Entities\_of\_r}_i)\cup(\text{Tail\_Entities\_of\_r}_j)} \tag{5.66}$$

式中，$\#(\text{Head\_Entities\_of\_r}_i)\cap(\text{Head\_Entities\_of\_r}_j)$ 代表关系 r_i 与关系 r_j 连接的相同的头实体数目，$\#(\text{Head\_Entities\_of\_r}_i)\cup(\text{Head\_Entities\_of\_r}_j)$

代表关系 r_i 与关系 r_j 连接的所有头实体数目；二者的比值 $\mathrm{Explicit_h}(r_i, r_j)$ 代表着关系 r_i 与关系 r_j 之间因头实体而建立邻居关系之间的权重，同理，$\mathrm{Explicit_t}(r_i, r_j)$ 代表着关系 r_i 与关系 r_j 之间因尾实体而建立邻居关系之间的权重。如果共同连接的实体数目为 0，得到的权重值为 0，则说明彼此不具有邻居关系。最终的关系之间的权重由头实体与尾实体的权重共同决定，即

$$\mathrm{Explicit}_{ij} = \mathrm{Explicit_h}(r_i, r_j) + \mathrm{Explicit_t}(r_i, r_j) \tag{5.67}$$

在现实应用中，没有连接相同实体的关系对也很有可能具有相似性，为了使模型能涵盖这种情况，本节提出了隐性邻居的概念。隐性邻居无法通过网络的连接结构直接观察到，而是通过在低维的向量空间中根据关系之间的表示相似度计算得到。隐性邻居虽然在网络结构中没有显性的关联，但是它们在表示的向量空间中往往具有一定的相似度。对于隐性邻居的获取，首先是得到关系的向量化表示，进而计算表示的相似度。对于关系的向量化表示，在初始状态时，关系的向量化表示是随机初始化的，在迭代过程中，关系的向量化表示是通过卷积函数更新获得的。接下来，给定关系 r_i，根据其向量化表示 $\boldsymbol{h}_{r_i}$ 与其他关系 r_j 的向量化表示 $\boldsymbol{h}_{r_j}$ 进行相似度计算，计算公式为

$$\mathrm{sim}_{ij}(r_i, r_j) = \frac{\boldsymbol{h}_{r_i}\boldsymbol{h}_{r_j}}{\|\boldsymbol{h}_{r_i}\|\|\boldsymbol{h}_{r_j}\|} \tag{5.68}$$

根据计算得到的相似度 $\mathrm{sim}_{i1}, \mathrm{sim}_{i2}, \cdots, \mathrm{sim}_{im}$ 进行逆序排列，取得前 k 个相似度最高的关系作为关系 r_i 的邻居，并保留计算得到的对应相似度值，采用 Softmax 函数计算得到选取的 k 个关系中每个关系对关系 r_i 影响的权重，隐性邻居之间的影响权重计算公式为

$$\mathrm{Implict}_{ij} = \frac{\exp(\beta \mathrm{sim}_{ij})}{\sum_k \exp(\beta \mathrm{sim}_{ik})} \tag{5.69}$$

式中，β——超参数。

根据显性邻居与隐性邻居，可以获得最终的邻居集合，公式为

$$r_{ij} = \mathrm{Explicit}_{ij} + \mathrm{Implict}_{ij} \tag{5.70}$$

通过观察网络结构中可以观察到的关系邻居，以及挖掘在隐空间中未在网络中相连的关系对，将二者互相补充，就全面地刻画关系与关系之间的影响。在获得关系邻居后，可以对关系进行卷积操作，其核心思想与实体卷积相同，即将邻居表示的加权求和到自身。具体设计的卷积公式包含

两部分：一部分是关系邻居对其的影响，包含了显性关系与隐性关系；另一部分是自我连接层，即来自上一层自身的表示。符号化的关系卷积公式为

$$h_{r_i}^{l+1} = \sigma\Big(\Big(\sum_{r_j \in \mathrm{Explicit}N_{r_i}} \mathrm{Explicit}_{ij} h_{r_j}^{l} + \sum_{r_k \in \mathrm{Implict}N_{r_i}} \mathrm{Implict}_{ik} h_{r_k}^{l} + h_{r_i}^{l}\Big) W_{\mathrm{r}}^{l}\Big) \tag{5.71}$$

式中，$\mathrm{Explicit}N_{r_i}$，$\mathrm{Implict}N_{r_i}$——关系 r_i 的显性邻居集合与隐性邻居集合。

以上部分在 GCN 模型的基础上增加了关系的卷积，接下来在模型中增加第一个基于三元组的注意力机制。在 VR-GCN 模型中，实体对实体的影响都是平等对待的，即所有邻居实体对中心实体的影响权重相等，为了区分不同实体之间的重要程度，在 VR-GCN 模型中添加基于三元组的注意力机制。基于关系的注意力机制是指实体根据连接的关系类型和邻居实体表示来重新分配对应的权重。

给定一个三元组 (v_i, r_k, v_j)，对应的 h_i、h_j 与 h_{r_k} 代表实体 v_i 与 v_j 的向量化表示、关系 r_k 的向量化表示。在 VR-GCN 模型中应用了知识图谱的翻译特性，为了实现一致性，在计算注意力权重时同样使用适用于多关系网络结构的翻译特性。具体而言，当对头实体 v_i 进行卷积时，需要根据对应的关系 r_k 与尾实体 v_j 的向量化表示，计算它通过关系 r_k 连接的邻居尾实体 v_j 对它的影响权重。其中，关系 r_k 与邻居节点 v_j 的组合公式为

$$c(h_j, h_{r_k}) = (h_j - h_{r_k}) \tag{5.72}$$

在得到中心实体的表示、关系与邻居实体组合的表示后，可计算通过关系 r_k 连接的尾实体 v_j 对它的影响权重，公式如下：

$$b_{ijk} = \mathrm{LeakyReLU}(W(h_i(h_j - h_{r_k}))) \tag{5.73}$$

$$\alpha_{ijk} = \frac{\exp(b_{ijk})}{\sum_{r \in N_{\mathrm{r}}} \sum_{n \in N_r^{\mathrm{t}}} \exp(b_{inr})} \tag{5.74}$$

式中，W——可训练的参数；

$\mathrm{LeakyReLU}(\cdot)$——激活函数；

b_{ijk}——计算得到的 (r_k, t) 与头实体 h 的相似程度；

N_{r}——实体 v_i 所连接的关系集合；

N_r^{t}——通过关系 r 连接的尾实体集合；

α_{ijk}——通过 Softmax 函数标准化的注意力系数。

同样地，当以尾实体 v_j 作为中心节点进行卷积时，计算的注意力系

数为

$$b_{jik} = \text{LeakyReLU}(W(\boldsymbol{h}_j(\boldsymbol{h}_i + \boldsymbol{h}_k))) \tag{5.75}$$

$$\alpha_{jik} = \frac{\exp(b_{jik})}{\sum_{r \in N_r} \sum_{n \in N_r^h} \exp(b_{jnr})} \tag{5.76}$$

在计算得到对于卷积中心实体的邻居实体与关系类型对其的注意力参数之后，就可以通过在卷积公式中将注意力系数乘在对应的邻居实体表示与关系表示的组合之前，体现出对应邻居的重要程度。根据关系卷积模块与注意力机制模块，可以将实体与关系的卷积公式定义如下：

$$\boldsymbol{h}_i^{l+1} = \sigma\left(\left(\frac{1}{d_i}\left(\sum_{r_k \in N_r} \sum_{v_j \in N_{r_k}^t} \alpha_{ijk}(\boldsymbol{h}_j^l - \boldsymbol{h}_{r_k}^l) + \sum_{r_k \in N_r} \sum_{v_j \in N_{r_k}^h} \alpha_{jik}(\boldsymbol{h}_j^l + \boldsymbol{h}_{r_k}^l)\right) + \boldsymbol{h}_i^l\right)\boldsymbol{W}^l\right) \tag{5.77}$$

以上基于三元组的注意力机制模型，可以精确到每个三元组的权重，粒度非常小，在面对大规模数据集时，会面临计算复杂度和空间复杂度的灾难，导致程序无法运行。为此，第二种基于关系注意力机制模型将三元组粒度改变为以关系为粒度，因为三元组之间的重要程度往往是由关系来决定的，因此应用关系类型来计算实体之间相互影响的重要程度是具有现实意义并且高效的，可以很好地解决内存溢出的问题。

在基于关系注意力机制的模型中，计算关系所对应的注意力系数。其中，定义网络的查询向量 $\boldsymbol{q}$，即注意力机制中的 Query。与对应的关系 r_i 的向量 $\boldsymbol{h}_{r_i}$ 进行计算，得到关系 r_i 的注意力系数 α_{r_i}，公式为

$$\alpha_{r_i} = \frac{\exp(\boldsymbol{q}\boldsymbol{h}_{r_i})}{\sum_{r_j \in R} \exp(\boldsymbol{q}\boldsymbol{h}_{r_j})} \tag{5.78}$$

在得到对应关系的注意力系数之后，将其乘在对应的卷积项前面，得到如下的实体卷积公式：

$$\boldsymbol{h}_i^{l+1} = \sigma\left(\left(\frac{1}{d_i}\left(\sum_{r_k \in N_r} \sum_{v_j \in N_{r_k}^t} \alpha_{ik}(\boldsymbol{h}_j^l - \boldsymbol{h}_{rk}^l) + \sum_{r_k \in N_r} \sum_{v_j \in N_{r_k}^h} \alpha_{jk}(\boldsymbol{h}_j^l + \boldsymbol{h}_{r_k}^l)\right) + \boldsymbol{h}_i^l\right)\boldsymbol{W}^l\right) \tag{5.79}$$

通过以上关于实体卷积公式（式（5.79））与关系卷积公式(式（5.71）)，模型不仅可以同时得到关系与实体的向量化表示，而且可以同时捕捉实体

与实体、实体与关系、关系与关系之间的复杂关联，且注意力机制的加入使得模型更具有表达力。

5.7.3 实验设计

上一节详细介绍了如何在 VR-GCN 模型上增加关系卷积模块与注意力机制模块，形成一个对关系信息充分挖掘的统一框架——AVR-GCN。本节将在真实的数据集上进行网络对齐任务，以分别验证关系卷积与注意力模块的有效性。

第一个实验用于验证关系模型模块的有效性，其中关系卷积模块包含显性邻居与隐性邻居两部分，所以分别验证这两部分的性能。实验的数据集为 3.3 节所采用的 DBpedia 多语言知识图谱数据集 DBP_{ZH-EN}（中文-英语）、DBP_{JA-EN}（日语-英语）和 DBP_{FR-EN}（法语-英语）。评价指标同样采用公认的 Hits@ k 与 MRR 两个评价指标进行评估，对比方法除 3.3 节所描述的 MTransE、ITransE、AlignE 等以外，增加对齐模型 AVR-GCN_{ex}和 AVR-GCN_{im}。

1）AVR-GCN_{ex}

该对齐方法在对齐目标函数与锚信息的利用方面与 AVR-GCN 对齐框架一致，其不同点在于该方法在获得网络表示学习的过程中，不仅可以获得关系的向量化表示，还会添加显性关系卷积模块，用于与 AVR-GCN 对比验证显性关系卷积模块的有效性。

2）AVR-GCN_{im}

该对齐方法在对齐目标函数与锚信息的利用方面，与 AVR-GCN 对齐框架一致，不同点在于该方法在获得网络表示学习的过程中，不仅可以获得关系的向量化表示，还会添加隐性关系卷积模块，用于与 AVR-GCN 对比验证隐性关系卷积模块的有效性。

表 5.8 中列出了关系卷积模块对于实体对齐任务的性能结果比较。

表 5.8 关系卷积模块性能比较 %

数据集	评价标准	AVR-GCN	AVR-GCN_{ex}	AVR-GCN_{im}
DBP_{ZH-EN}、DBP_{EN-ZH}	Hits@ 1	37.96	9.71	**38.10**
	Hits@ 5	64.60	17.65	**64.93**
	Hits@ 10	73.27	20.35	**73.62**
	MRR	50.19	13.89	**50.45**

续表

数据集	评价标准	AVR-GCN	$AVR-GCN_{ex}$	$AVR-GCN_{im}$
DBP_{JA-EN}、DBP_{EN-JA}	Hits@ 1	35.15	6.96	**35.32**
	Hits@ 5	61.66	14.85	**62.00**
	Hits@ 10	72.15	19.89	**72.48**
	MRR	47.03	11.32	**47.38**
DBP_{FR-EN}、DBP_{EN-FR}	Hits@ 1	36.06	7.84	**36.20**
	Hits@ 5	**66.11**	17.35	65.76
	Hits@ 10	75.14	21.26	**75.54**
	MRR	49.46	13.48	**49.82**

从实验结果可以看出隐性关系模块实现了最佳性能。特别表现在以下几方面：

（1）$AVR-GCN_{im}$与 AVR-GCN 的唯一区别为是否加入了隐性关系卷积模块。从实验结果来看，$AVR-GCN_{im}$优于 AVR-GCN，因为 $AVR-GCN_{im}$的隐性关系模块在关系向量化的基础上可以进一步捕捉关系与关系之间的关联性，验证了在网络结构中关系与关系之间的相互影响，可以提升模型的性能。

（2）$AVR-GCN_{ex}$的实验结果明显低于 AVR-GCN 模型与 $AVR-GCN_{im}$模型，其原因是关系在网络结构中本身不具有连接结构，连接相同实体的两个关系有可能具有相似性，但是 $AVR-GCN_{ex}$强制地将所有的连接相同实体的关系建立连接，而且在模型的训练过程中连接结构不会被更新，这在一定程度上为模型引入负信息，降低模型性能，由此也验证了$AVR-GCN_{im}$在隐空间中寻找关系邻居的必然性。

（3）隐性关系在关系向量化的表示空间中寻找对应的邻居，因为表示彼此相近的关系在一定程度上是彼此相近的，同时关系的隐性邻居在每一次迭代的过程中都是更新变化的，即使为关系计算出的隐性邻居是错误的，在下一次更新迭代过程中也会被更新，从而克服了显性邻居引起负反馈的缺陷，能实现良好的性能。

根据以上实验结果与原因分析可知，显性关系在真实实验中与隐性关系相比具有非常不理想的性能，因此在关系卷积模块中将移除显性邻居，即在式（5.71）中仅包含隐性邻居的部分。在接下来与关系卷积模块对比的实验中，以隐性关系卷积模型为主。

接下来，对注意力机制模型的性能进行实验验证。由于三元组粒度过小，造成内存溢出、计算时间过长等问题，所以此处注意力机制模型指代的是基于关系的注意力机制模型。其中，评价指标、数据集等均与验证关系卷积模块的实验一致。另外，增加了方法AVR-GCN*，该方法是在AVR-GCN_{im}模型的基础上，继续添加了基于关系的注意力机制，形成最终的统一框架，用于与AVR-GCN_{im}做比较，验证注意力模块的有效性。表5.9列出了对于实体对齐任务的性能比较，从实验结果可以看出，最终的统一框架AVR-GCN*在所有数据集上均显示出了最优的性能。具体而言，模型效果最终的模型框架AVR-GCN*的结果高于AVR-GCN_{im}，AVR-GCN*通过注意力机制为不同的邻居节点分配不同的权重，使得模型可以更专注于重点节点，以提高模型的表达力。同时，模型性能高于所有的基于翻译、基于概率、基于图神经网络的对比方法，从而验证了本节提出的模型的有效性与合理性。

表5.9 注意力机制模块性能比较 %

数据集	评价标准	AVR-GCN	AVR-GCN_{im}	AVR-GCN*
$\text{DBP}_{\text{ZH-EN}}$、$\text{DBP}_{\text{EN-ZH}}$	Hits@1	37.96	38.10	**38.20**
	Hits@5	64.60	64.93	**65.32**
	Hits@10	73.27	73.62	**73.88**
	MRR	50.19	50.45	**50.68**
$\text{DBP}_{\text{JA-EN}}$、$\text{DBP}_{\text{EN-JA}}$	Hits@1	35.15	35.32	**35.53**
	Hits@5	61.66	62.00	**62.15**
	Hits@10	72.15	72.48	**72.80**
	MRR	47.03	47.38	**47.96**
$\text{DBP}_{\text{FR-EN}}$、$\text{DBP}_{\text{EN-FR}}$	Hits@1	36.06	36.20	**36.39**
	Hits@5	66.11	65.76	**66.25**
	Hits@10	75.14	75.54	**75.74**
	MRR	49.46	49.82	**49.96**

5.8 小结

5.2节详细介绍了MNE，它通过对网络中复杂的结构进行保留、利用概率建模，使多关系网络能更准确、更有效地表示到低维向量空间。受多关系网络嵌入式表示方法 MNE 的启发，5.3 节提出了两个基于非翻译方法的算法模型——NTAM* 与 NTAM+，其中，NTAM+改进了 NTAM* 的不足，并从数学优化的角度详细展开了两个基于非翻译方法的多关系网络对齐模型在学习过程中各参数的更新细节。

5.4 节和 5.5 节提出了一个面向多关系网络的关系向量化的图卷积网络模型（VR-GCN）同时学习图中实体和关系的嵌入式表示，且卷积函数的设计遵循了实体角色区分特性与知识图谱中的翻译特性。此外，在 VR-GCN模型的基础上，将其扩展到多关系网络对齐框架 AVR-GCN，AVR-GCN 框架中应用权重共享机制将多个网络的表示嵌入统一的空间。对齐框架中对齐信息的利用包含两方面：一方面，为监督对齐的目标函数，即最小化锚节点之间的距离；另一方面，为产生新的跨网络的三元组在多个知识图谱中建立三元组层次的桥梁。为了验证模型的有效性，在真实的数据集上运行了实体对齐、关系对齐与链接预测的实验。实验结果显示，AVR-GCN与 VR-GCN 在所有任务上的效果都优于目前最好的方法。

5.6 节介绍了在基于关系向量化的图卷积网络模型（VR-GCN）的基础上如何增加关系卷积与注意力机制两个模块。对关系进行卷积模块的核心是确定关系的邻居，本节提出了显性邻居与隐性邻居两个概念，可以全面地捕捉关系与关系之间的影响。注意力机制模块根据关系的表示计算出邻居实体对中心实体的影响程度，使得对中心节点重要的邻居节点对应较高的权重。上述模型通过加入关系卷积与注意力机制，形成对关系信息充分利用的统一框架，可提升网络对齐任务的性能。为了分别验证关系卷积与注意力机制的有效性，本课题组在真实数据集上进行了实验，实验结果显示，关系卷积与注意力机制均对于网络对齐有提升作用。

第6章

基于表示学习的电子健康记录挖掘

6.1 引　　言

在过去的几十年里，互联网数据、传感器数据和健康医疗数据等急速增长。这些数据来源广、规模大，且冗杂信息多，所以有价值的信息占比很小。因此，随着数据的爆炸式增加，如何提取数据信息并利用数据创造更大的价值成为值得研究的热点问题。2016 年 6 月，国务院办公厅印发《关于促进和规范健康医疗大数据应用发展的指导意见》，推动了互联网+健康医疗的服务。随着大量医疗数据的数字化，医疗领域有了数据的支持，疾病的控制与预防、健康监测、医药研发等方向获得了更大的助力。另外，百度、腾讯、阿里巴巴三大企业也在积极进行医疗领域的战略布局，这也使各种医疗领域的数据信息得到广泛应用。

医疗领域的数据信息应用最广泛的就是 EHR（electronic health record，电子健康记录）数据。EHR 记录患者电子化的个人健康信息。EHR 数据由异构的数据元素组成，对患者的过敏史、药物处方、临床住院记录、疾病、遗传史、医学图像等信息都有完备的记录。大数据在医疗领域应用的兴起，使得 EHR 数据迅速普及，越来越多的研究者对 EHR 中的数据价值进行挖掘，开发关于 EHR 数据的机器学习框架，完成疾病预防、健康预测等任务。由于患者单次住院约能产生 15 万条数据，因此从 EHR 数据中能获取的有效信息与优势是十分明显的。值得注意的是，EHR 数据上的大多数工作都聚焦在重症监护数据库（MIMIC）中，它拥有大量的重症监护病房（ICU）内的患者数据。与普通的 EHR 数据相比，MIMIC 数据集来源多样，所反映的内容也更加全面。

然而，受数据和标签的可用性、数据质量以及数据类型的异构性影响，从 EHR 数据创建准确的分析模型是一项挑战，由此产生的模型通常在数据集或机构之间的通用性有限。深度学习是一种特殊的机器学习，它强大的学习能力和逼近任意函数的能力使它能更深入地挖掘数据中的特征信息和数据内部的逻辑信息。将深度学习应用于医疗保健领域数据的原因在于，对于医疗研究人员来说，深度学习模型比传统的机器学习方法在许多任务中能产生更好的性能，并且需要的手动特征工程更少。另外，大型复杂数据集（如纵向事件序列和连续监测数据）可用于医疗保健，并支持复杂深度学习模型的训练。

深度学习在 EHR（电子健康记录）数据上的应用主要包括 EHR 中的结构化数据（如诊断码、药物码等）和非结构化数据（如文本临床笔记）等。基于 EHR 数据和深度学习框架可以完成疾病预测、药物推荐、健康评估等任务，而提升这些模型性能的关键是学习到医学概念的好的嵌入式表示，将输入的数据与信息转化为有效的特征进行训练，这种学习嵌入式表示的过程称为表示学习。

表示学习可避免人工手动提取特征，使计算机在学习使用特征的同时学习如何提取特征。机器学习任务（如分类问题）通常要求输入在数学（或计算）上便于处理。基于这样的前提，就产生了特征学习（即表示学习）。然而，现实世界中的数据（如图像、视频、传感器的测量值）往往复杂、冗余且多变。因此，如何有效提取特征并将其表达出来就显得非常重要。传统的手动提取特征需要大量人力且依赖于非常专业的知识，还不便于推广。这就要求表示学习技术的整体设计非常有效，能自动化，并且易于推广。表示学习中最关键的问题是如何评价一个表示比另一个表示更好，表示的选择通常取决于随后的学习任务，即一个好的表示应该使随后的任务的学习变得更容易。在医疗领域中，学习医学代码的可解释性低维表示已经成为将机器（深度）学习模型应用于各种任务的关键技术之一。

6.2 基于医疗知识的疾病预测模型

Choi 等[91] 在 2016 年提出了 Med2vec 方法，这是一种类似于 Word2vec[1]的方法。Med2vec 模型通过考虑基于 Skip-gram 的 EHR 数据中临床概念的共现信息来学习特征和就诊记录的低维表示，以用此表示来预测未来的就诊信息，但这种方法忽略了医疗代码在就诊之间的长期依赖性。还有一些方法利用 EHR 数据中的序列信息并结合深度学习框架来学习医疗概念的表示，如 RETAIN[92]、Dipole[93]、MiME[94] 等都采用递归神经网络，以端到端的学习方式进行，在外部预测任务的指导下对医学概念之间的关系进行建模。

然而，这些模型依赖于采用大量数据来进行有效训练。为了缓解数据稀疏的问题，人们开发了额外的知识源（如医学本体）来学习一些在现有的 EHR 数据中很少出现的用于学术研究的医疗概念，以提高学习表示的质量和预测性能。例如，GRAM[95]模型首先提出基于图的医疗表示学习注意模型，它使用医学本体来学习鲁棒性表示，并使用 RNN 来建模患者就诊；MMORE[96]通过为每个医学概念引入多个嵌入来扩展 GRAM，以解决本体和 EHR 之间不一致的问题；KAME[97]扩展了 GRAM，开发了更复杂的知识级注意机制，该机制更关注本体树中的祖先节点，以获得更多通用知识，从而提高了性能；G-BERT[98]集成了 BERT 和医学本体信息，以提高预测精度。

在对有关医疗概念嵌入式表示和疾病预测任务的前沿算法进行研究后，本节提出一种基于图注意力机制的时域卷积概念表示学习与预测模型（GAMT），在对 EHR 数据和医疗本体结构信息进行调研后，结合 EHR 与医疗本体结构中医疗码的关系信息构建知识有向无环图，通过注意力机制自适应地结合其祖先节点来决定医学概念的表示，同时利用带注意力机制的时域卷积网络来学习患者就诊的嵌入表示。另外，本模型基于表示学习后的特征执行疾病序列预测任务，即给定患者前 t 次就诊的信息来预测患者第 $t+1$ 次就诊时包含的诊断码。本模型可在有限的 EHR（即电子健康记录）数据的条件下更大限度地获取医疗码间的关系和结构信息，学习到医学概念的有效表示，以应对数据缺乏的情况。

本节的灵感主要来源于 GRAM[95]，GRAM 是首个结合医疗本体结构信息构建外部知识图来学习医学概念表示的模型。然而 GRAM 中使用的 RNN/LSTM/GRU结构在过远的距离传播中会损失大量信息，继而可能导致准确率有所降低，且 RNN 结构无法实现很好的并行、占用内存高。为了解决这些问题，本节提出的模型 GAMT 引入了时域卷积网络[32]（TCN），该结构可以捕捉任意长度的信息且没有信息遗漏，且它的并行计算使得模型学习的效率增高。此外，考虑到由于时域卷积网络（TCN）提取序列信息时共享同一个卷积核，单独的 TCN 可能无法捕捉同一个序列中的不同次就诊之间的关系，如不同的历史患病情况对当前的不同影响是无法在简单的卷积核中体现的（例如，一个月前诊断出的感冒与一年前诊断出的肿瘤，这两次就诊对当前就诊的影响程度是不同的），因此在时域卷积网络的基础上，本模型在就诊嵌入表示学习过程中引入了注意力机制层来学习不同的历史就诊对当前的影响程度，以便更大限度地捕捉历史就诊和当前就诊间的关系。

本节提出的模型 GAMT 是参考 GRAM 模型并针对 GRAM 模型的不足进行改进得到的。GRAM 和 GAMT 都结合了 ICD-9 码医疗本体结构信息构建知识图谱，并通过注意力机制学习医疗码的嵌入表示；然而，在就诊的嵌入表示学习中，GRAM 通过 RNN 结构输出隐含层信息，得到就诊的嵌入表示，而 GAMT 利用了带注意力机制的时域卷积网络学习就诊的嵌入表示，GAMT 可捕捉任意长度的信息且没有信息遗漏，从而提升疾病序列预测任务的性能。

GAMT 模型实验中通过疾病序列预测任务的准确率来评估学习到的嵌入式表示的好坏，并通过将医疗码的嵌入表示降维可视化来评估医疗本体的可解释性。实验结果验证了本模型在训练数据缺少（即模拟数据缺乏）的情况下也有较高的准确率，且可解释性分析的结果也印证了“医疗本体上同一个祖先节点的医疗码在嵌入空间上离得更近”这一说法，说明了带注意力机制的时域卷积网络的有效性、模型的鲁棒性和本研究的价值。

6.2.1　问题定义

本节介绍的模型 GAMT 主要是将深度学习技术应用于医疗概念的嵌入式表示和医疗序列诊断预测任务中。该模型主要利用公开的电子病历记录数据集（即 EHR 数据），通过端到端的学习方法分别在两个层次进行研究：面向医疗概念的嵌入式表示；医疗任务辅助预测（如序列诊断预测），即预测用户下一次就诊的疾病。

下面对模型的基本符号与任务进行说明。EHR 中所有医疗码的集合表示为 $c_1, c_2, \cdots, c_{|C|} \in C$，词汇量大小为 $|C|$。EHR 包含多位患者的多次就诊记录，每位患者的所有就诊记录都可表示为一个就诊序列 $V_1, V_2, \cdots, V_T$，其中每次就诊包含的医疗码都属于 C 的子集，即 $V_t \in C$。V_t 可表示为二进制向量，即多热向量编码形式 $\boldsymbol{x}_t$。显然，$\boldsymbol{x}_t \in \{0,1\}^{|C|}$。只有当 V_t 包含医疗码 c_i 时，$\boldsymbol{x}_t$ 的第 i 个元素才为 1，否则为 0。为了简便与避免混乱，下述所有算法都针对单个患者提出。模型所使用的医疗本体 G 以父子关系的形式表达各种医学概念（即医疗码）间的层次结构信息，其中医疗码 C 构成医疗本体的叶节点。医疗本体 G 被表示为一个有向无环图（DAG），医疗本体中的所有节点构成集合 D，$D=C+C'$。其中所有非叶节点构成集合 C'，$C' = \{c_{|C|+1}, c_{|C|+2}, \cdots, c_{|C|+|C'|}\}$，$|C'|$表示非叶节点的数量。在 G 中的父节点代表子节点上的一个相关更广义的概念，因此，G 提供了一个多分辨率的医学概念视图，具有不同程度的特异性。

针对上述符号定义，对模型所要解决的问题作以下描述：给出患者的前 t 次就诊信息 $V_1, V_2, \cdots, V_t$ 的多热向量编码式 $\boldsymbol{x}_1, \boldsymbol{x}_2, \cdots, \boldsymbol{x}_t$，在对医疗码与就诊作嵌入式表示的基础上，预测患者第 $t+1$ 次就诊时诊断的医疗码集合 $\hat{\boldsymbol{x}}_{t+1}$，这里用 $\hat{\boldsymbol{y}}_t$ 表示，而对应的标签（即患者第 $t+1$ 次的真实诊断医疗码集合）用 $\boldsymbol{y}_t$ 表示，最后通过减小两者的误差来端到端地训练模型。接下来，用一个例子来说明。假如整个数据集中的医疗码（这里指 ICD-9 诊断码）有 3 种，分别为 307.2（抽搐）、307.5（饮食障碍）、298.9（精神病），即 $|C|=3$。若患者第 1 次就诊包含的医疗码为 307.5 和 298.9，则 $\boldsymbol{x}_1=[0,1,1]$，第 2 次就诊所包含的医疗码为 307.2 和 307.5，则 $\hat{\boldsymbol{x}}_2=[1,1,0]$。若患者一共只有两次就诊信息，则模型通过第 1 次就诊的信息来预测第 2 次就诊的诊断码 $\hat{\boldsymbol{y}}_t$。在这种情况下，模型的输入为第 1 次就诊序列信息$[0,1,1]$。关于标签值的计算，由于ICD-9 码为层次结构，标签选取 ICD-9 码的前 3 位整数部分，因此编码 307.2 与编码 307.5 是在同一分类下，则标签 $\boldsymbol{y}_t$ 为$[1,0]$。

6.2.2 模型总体框架

模型框架如图 6.1 所示，展示了医疗概念表示学习与疾病预测的整个过程。该模型主要分为医疗码的嵌入式表示、就诊的嵌入式表示、疾病序列预测三个部分。医疗码和就诊的嵌入式过程使医疗本体结构中同一祖先节点的医疗码尽可能在嵌入后的向量空间聚集。嵌入式表示学习将输入的信息转化为有效的特征进行训练，以此提升疾病序列预测任务的性能。模型中的疾病序列预测为多分类任务，模型的整个训练过程为端到端的。

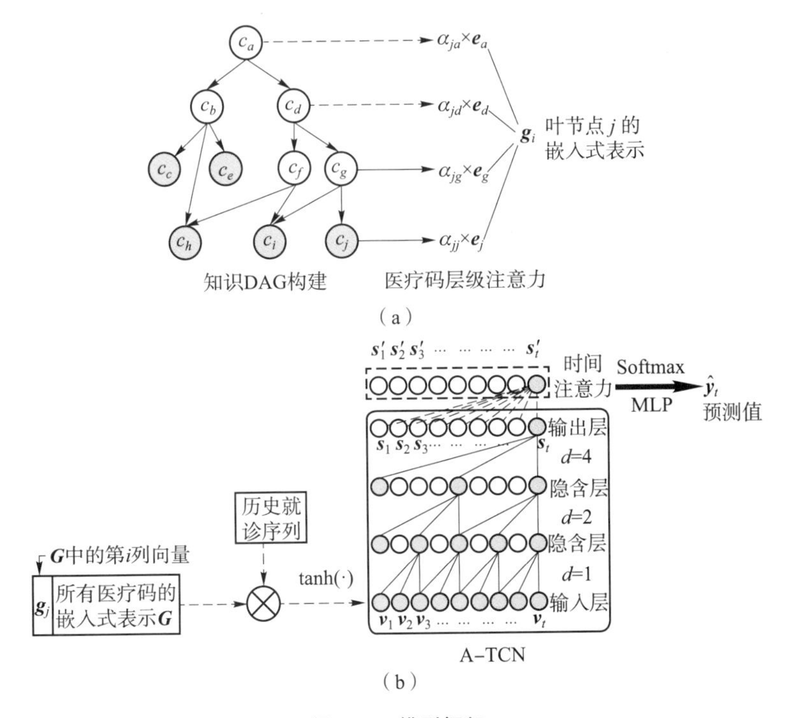

图 6.1　模型框架

(a) 医疗码和就诊的嵌入式表示；(b) 疾病序列预测

首先，根据 EHR 数据集中的医疗码与医疗本体结构内提取的对应医疗码的祖先节点构建知识的有向无环图，图 6.1 中知识 DAG 构建部分的灰色圆圈表示叶节点（即医疗码），白色圆圈表示从医疗本体结构中提取的对应医疗码的祖先节点。越靠近根节点的节点表示的医疗概念越抽象，而越靠近叶节点的节点表示的医疗概念越具体。其次，对每个叶节点（即医疗码）都需基于层级的注意力机制计算出它自身及其所有祖先节点的基本嵌入表示的凸组合，得到该叶节点的最终嵌入式表示。图 6.1 中的知识 DAG 构建模块与注意力机制模块表示的是医疗码 c_j 的嵌入式表示过程，针对它自身及其他祖先节点 c_j、c_g、c_d、c_a 计算出注意力系数 α_{jj}、α_{jg}、α_{jd}、α_{ja} 作为权重，则叶节点 c_j 的最终嵌入式表示 $\boldsymbol{g}_j$ 为基本嵌入式表示 $\boldsymbol{e}_j$、$\boldsymbol{e}_g$、$\boldsymbol{e}_d$、$\boldsymbol{e}_a$ 的加权和。所有叶节点（即医疗码）的嵌入式表示计算完成后，按列拼接成矩阵 $\boldsymbol{G}$，矩阵的第 i 列向量即 c_i 的嵌入式表示 $\boldsymbol{g}_i$。矩阵 $\boldsymbol{G}$ 与患者的历史就诊序列做点积运算后，经过激活函数 tanh 得到就诊的初始嵌入式表示

$\{\boldsymbol{v}_1,\boldsymbol{v}_2,\cdots,\boldsymbol{v}_t\}$，这也作为时域卷积网络（temporal convolutional network，TCN）层的输入。时域卷积网络层的输出$\{\boldsymbol{s}_1,\boldsymbol{s}_2,\cdots,\boldsymbol{s}_t\}$经过注意力机制层得到就诊的最终嵌入式表示$\{\boldsymbol{s}'_1,\boldsymbol{s}'_2,\cdots,\boldsymbol{s}'_t\}$。图中展示的是第 t 次就诊的嵌入式表示（即 $\boldsymbol{s}'_t$）的学习过程。最后，就诊的最终嵌入式表示经过一个全连接层和 Softmax 层分类器得到预测值 $\hat{\boldsymbol{y}}_t$，$\hat{\boldsymbol{y}}_t$ 是长度为$|C|$的向量，向量中每个位置的值都在 0 到 1 的区间里，表示该模型所预测出的患者在下一次就诊中诊断出所对应的疾病的概率。

6.2.3 医疗码嵌入式表示

本部分是医疗码的嵌入式表示过程，分为知识有向无环图的构建、基本嵌入表示的初始化与注意力机制三部分。知识有向无环图是根据 EHR 与医疗本体构建的，注意力机制是用于集合医疗码及其祖先节点的特征，进而获得医疗码的嵌入式表示。

6.2.3.1 构建知识有向无环图

该模型利用医疗本体 G 的父子关系来构建知识有向无环图，以此学习医疗概念（即医疗码）在数据量缺乏时的稳定性表示。模型平衡了本体信息与数据量的关系，当一个医学概念在数据中观察到的数据量较少时，会给它的祖先节点赋予更多权重，因为它们可以更准确地学习到关于其子代的一般（粗粒度）信息。通过提取祖先节点的信息来学习医疗概念（即医疗码）的嵌入式表示的过程可以通过图 6.1 中描述的注意力机制和端到端训练来实现自动化。在知识有向无环图中，叶节点是根据 EHR 数据中的医疗码确定的，而叶节点的所有祖先节点是提取的该节点在医疗本体中的祖先节点信息。需要注意的是，在提取祖先节点信息的过程中要保持医疗本体所具有的所有父子关系，比如图 6.1 中 c_h 的祖先节点不仅包含 c_b 和 c_a，还有 c_f、c_d 和 c_a。在构建过程中，有向无环图中的每个叶节点和祖先节点 c_i 都被分配一个基本嵌入式向量 $\boldsymbol{e}_i \in \mathbf{R}^m$，其中 m 代表维度。那么，$\boldsymbol{e}_1,\boldsymbol{e}_2,\cdots,\boldsymbol{e}_{|C|}$是医疗码 $c_1,c_2,\cdots,c_{|C|}$的基本嵌入表示，而 $\boldsymbol{e}_{|C|+1},\boldsymbol{e}_{|C|+2},\cdots,\boldsymbol{e}_{|C|+|C'|}$是非叶节点（即祖先节点）$c_{|C|+1},c_{|C|+2},\cdots,c_{|C|+|C'|}$的基本嵌入表示，这些基本嵌入表示的初始化过程将在 6.2.3.3 节描述。

6.2.3.2 面向医疗码嵌入的层级注意力

对每个叶节点来说，每个祖先节点对它的贡献是不同的，因此引入注意力机制来根据祖先节点与它自身对它的影响程度计算一个注意力系数。

因此，一个叶节点的最终嵌入表示为它自身及其所有祖先节点的基本嵌入表示的凸组合，即

$$\boldsymbol{g}_i = \sum_{j \in \text{ancestor}(i)} \alpha_{ij}\boldsymbol{e}_j, \quad \sum_{j \in \text{ancestor}(i)} \alpha_{ij} = 1, \alpha_{ij} \geqslant 0 \tag{6.1}$$

式中，$\boldsymbol{g}_i$——医疗码 c_i 的最终嵌入式表示，$\boldsymbol{g}_i \in \mathbf{R}^m$；

ancestor(i)——医疗码 c_i 和 c_i 的祖先节点的索引；

$\boldsymbol{e}_j$——节点 c_j 的基本嵌入表示；

α_{ij}——计算 $\boldsymbol{g}_i$ 时 $\boldsymbol{e}_j$ 的注意力系数，$\alpha_{ij} \in \mathbf{R}$，$\alpha_{ij}$ 由 Softmax 函数计算，即

$$\alpha_{ij} = \frac{\exp(f(\boldsymbol{e}_i, \boldsymbol{e}_j))}{\sum_{k \in \text{ancestor}(i)} \exp(f(\boldsymbol{e}_i, \boldsymbol{e}_k))} \tag{6.2}$$

Softmax 函数的指数部分 $f(\boldsymbol{e}_i, \boldsymbol{e}_j)$ 是一个标量值，表示基本嵌入表示 $\boldsymbol{e}_i$ 与 $\boldsymbol{e}_j$ 之间的兼容性，两个节点的兼容程度越高，其对应的注意力系数越大，在计算嵌入式表示时的权重越高。这里通过一个最简单的单隐含层的前馈网络（MLP）计算 $f(\boldsymbol{e}_i, \boldsymbol{e}_j)$，公式如下：

$$f(\boldsymbol{e}_i, \boldsymbol{e}_j) = \boldsymbol{u}_{\mathrm{a}}^{\mathrm{T}} \tanh\left(\boldsymbol{W}_{\mathrm{a}} \begin{bmatrix} \boldsymbol{e}_i \\ \boldsymbol{e}_j \end{bmatrix} + \boldsymbol{b}_{\mathrm{a}}\right) \tag{6.3}$$

式中，$\boldsymbol{W}_{\mathrm{a}}$——$\boldsymbol{e}_i$ 与 $\boldsymbol{e}_j$ 的拼接后的权重矩阵，$\boldsymbol{W}_{\mathrm{a}} \in \mathbf{R}^{l \times 2m}$；

$\boldsymbol{b}_{\mathrm{a}}$——偏差向量，$\boldsymbol{b}_{\mathrm{a}} \in \mathbf{R}^l$；其中 l 表示 MLP 的隐含层的维度大小。

$\boldsymbol{u}_{\mathrm{a}}^{\mathrm{T}}$——生成的标量值的权重向量，$\boldsymbol{u}_{\mathrm{a}}^{\mathrm{T}} \in \mathbf{R}^l$。

另外，在拼接 $\boldsymbol{e}_i$ 与 $\boldsymbol{e}_j$ 时，需要严格按照孩子节点-祖先节点的顺序拼接。

6.2.3.3　初始化基本嵌入表示

在注意力机制的运算过程中，需要知识有向无环图中所有节点的基本嵌入表示 $\boldsymbol{e}_i$，然而，祖先节点的基本嵌入表示相比叶节点而言很难准确地初始化，因为它们往往没有在 EHR 数据中出现。为了正确地初始化它们，本模型使用共现信息来学习医学码及其祖先的基本嵌入。事实证明，在学习单词或医学概念的表示时，共现率是一个重要的信息来源[1,91]。为了训练基本嵌入，本模型采用 GloVe[99] 方法使用单词的全局共现率矩阵来学习其嵌入式表示。在本模型中，医疗码和祖先代码的共现矩阵是通过计算每次就诊 V_t 中的共现矩阵来生成的，而医疗码的祖先节点增强了对应的就诊。

基于图 6.1 中的知识图谱，通过一个具体例子来描述初始化算法的细节。给定一次就诊 V_t，$V_t=\{c_c,c_i,c_j\}$，根据所有医疗码的祖先节点对进行扩展，得到扩展后的访问 V'_t，$V'_t=\{c_c,\underline{c_b},\underline{c_a},c_i,\underline{c_f},\underline{c_g},\underline{c_d},\underline{c_a},c_j,\underline{c_g},\underline{c_d},\underline{c_a}\}$。其中，扩展后加入的祖先码用下划线标注。注意，一个祖先节点可以在扩展后的就诊中多次出现，越靠近根节点的祖先节点出现的次数越多。计算两个节点在 V_t 中的共现次数的方法是计算出两个节点分别出现的次数后再相乘，公式如下：

$$\text{co-occur}(c_i,c_j,V'_t)=\text{count}(c_i,V'_t)\times\text{count}(c_j,V'_t) \tag{6.4}$$

式中，$\text{count}(c_i,V'_t)$——节点 c_i 在 V'_t 中出现的次数。例如，叶节点 c_i 与根节点 c_a 的共现次数为 3，而其祖先节点 c_g 与根节点 c_a 的共现次数为 6。

该算法使更高的祖先节点在就诊中的参与度更高，这在医疗领域中是很自然的，因为越靠近根节点的节点表示的概念更通用、更一般，这些往往是更可靠的。针对所有患者的所有次就诊中所有医疗码都进行同样的运算，得到共现矩阵 $\boldsymbol{M}$，$\boldsymbol{M}\in\mathbf{R}^{|D|\times|D|}$。根据 GloVe 中的方法，将最小化下述函数 J 作为训练基本嵌入向量 $\boldsymbol{e}_i$ 时的目标：

$$J=\sum_{i,j=1}^{|D|}f(M_{ij})\,(\boldsymbol{e}_i^{\mathrm{T}}\boldsymbol{e}_j+b_i+b_j-\log M_{ij})^2 \tag{6.5}$$

式中，权重函数 $f(M_{ij})$ 的计算如下：

$$f(x)=\begin{cases}\left(\dfrac{x}{x_{\max}}\right)^{\alpha}, & x<x_{\max}\\ 1, & \text{其他}\end{cases} \tag{6.6}$$

式（6.6）是一个非减函数，当共现次数过高时，权重不会过分增大。式中的 $x_{\max}$ 和 α 分别设置为 100 和 0.75，这组最优值由 GloVe[99] 作者团队确定。初始化基本嵌入表示后，在模型的训练过程中也可进行微调。

6.2.4 时序诊疗信息嵌入式表示

本节介绍诊疗信息的嵌入式表示学习过程，主要分为诊疗信息表示的初始化与时间注意力时域卷积两部分。为了提取 EHR 数据中就诊序列的有效特征，模型将进一步利用带时间注意力机制的 TCN 层学习就诊的嵌入表示，以提高序列预测任务的性能。诊疗信息的基本嵌入表示是通过医疗码的嵌入式表示计算得到的，它作为 TCN 层的输入。TCN 层的输出经过注意力机制层后，得到诊疗信息的最终嵌入表示。

6.2.4.1　初始化诊疗序列表示

通过将所有医疗代码的最终表示 $\boldsymbol{g}_1, \boldsymbol{g}_2, \cdots, \boldsymbol{g}_{|C|}$ 拼接，得到医疗码的嵌入矩阵 $\boldsymbol{G} \in \mathbf{R}^{m \times |C|}$，其中 $\boldsymbol{g}_i$ 是矩阵 $\boldsymbol{G}$ 的第 i 列。给出患者的前 t 次就诊信息 $V_1, V_2, \cdots, V_t$ 的多热向量编码式 $\boldsymbol{x}_1, \boldsymbol{x}_2, \cdots, \boldsymbol{x}_t$。矩阵 $\boldsymbol{G}$ 与输入的历史就诊序列 $\boldsymbol{x}_1, \boldsymbol{x}_2, \cdots, \boldsymbol{x}_t$ 做点乘运算。运算后得到患者的诊疗向量的序列，诊疗向量中若包含某医疗码，则对应位置为该医疗码的嵌入式表示，若不包含某医疗码，则该位置的值为 0。这里举一个简单例子，假定整个数据集中的医疗码（这里指 ICD-9 诊断码）只有 3 种，分别为 307.2（抽搐）、307.5（饮食障碍）、298.9（精神病），即 $|C|=3$。若患者的某一次就诊包含的医疗码为 307.5 和 298.9，则 $\boldsymbol{x}_1 = [0,1,1]$。若医疗码嵌入表示矩阵 $\boldsymbol{G}$ 为[1.2, 2.3, 3.4]，则此次就诊的向量表示为[0, 2.3, 3.4]。

就诊的向量表示经过激活函数 tanh 得到 $\boldsymbol{v}_t$，$\boldsymbol{v}_t \in \mathbf{R}^m$ 表示第 t 次诊疗信息的初始嵌入表示。公式如下：

$$\boldsymbol{v}_1, \boldsymbol{v}_2, \cdots, \boldsymbol{v}_t = \tanh(\boldsymbol{G}[\boldsymbol{x}_1, \boldsymbol{x}_2, \cdots, \boldsymbol{x}_t]) \tag{6.7}$$

式中，tanh 函数也称为双曲正切函数，将输出的诊疗序列初始嵌入表示 $\boldsymbol{v}_t$ 的值的范围限定在-1 到 1 之间。$\boldsymbol{v}_t$ 同时也作为时间注意力时域卷积模块的输入。

6.2.4.2　时间注意力时域卷积

时域卷积网络（temporal convolutional network，TCN）是一种能够处理时间序列数据的网络结构。与基于 RNN 的递归序列建模方法不同，TCN 能够捕获更长的历史序列信息，不泄漏任何从过去到未来的信息，而且并行计算效率高。随着网络层的加深，TCN 的扩张因子和感受野均呈指数增长，使用更深的网络或更大的内核大小可以捕获更长的历史序列信息。TCN 中的零填充用于确保后续层的长度与先前层的长度相同。

对于具有扩张因子 u 和核 $\boldsymbol{f} \in \mathbf{R}^{1 \times k}$ 的每一层，将输入的一维诊疗信息序列 $\boldsymbol{v}$ 的膨胀卷积运算 F 定义为

$$F(t) = (\boldsymbol{v} \ast_d \boldsymbol{f})(t) = \sum_{i=0}^{k-1} f(i) \cdot \boldsymbol{v}_{t-d \cdot i} \tag{6.8}$$

式中，d——扩张因子；

k——滤波器大小；

$\boldsymbol{v}_{t-d \cdot i}$——第 $t-d \cdot i$ 次的就诊信息；

$f(i)$——卷积核中的第 i 个元素。

TCN 的输出 $\boldsymbol{s}_t \in \mathbf{R}^r$ 是对第 t 次就诊前的所有历史就诊表示序列 $\boldsymbol{v}_1$，

$\boldsymbol{v}_2, \cdots, \boldsymbol{v}_t$ 的编码。

然而，传统的 TCN 中的卷积核是共享的，这意味着整个序列中的特征是通过同一个卷积核提取的。相同的卷积核无法捕获在 EHR 数据中就诊之间频繁出现的更复杂的情况，即不同的患病情况对当前的影响是不同的，比如一年前的就诊所诊断出的糖尿病比一星期前的就诊所诊断出的感冒对当前的影响更大，这些恰恰是在简单的卷积核中无法体现的。为了解决这个问题，本模型在 TCN 最后一层的输出上进一步使用注意力机制，学习到历史患病信息对当前的不同影响程度，公式如下：

$$\boldsymbol{s}'_t = \sum_{i=0}^{t} \alpha_{ti} \cdot \boldsymbol{s}_i, \quad \sum_{i=1}^{t} \alpha_{ti} = 1, \alpha_{ti} \geqslant 0 \tag{6.9}$$

式中，$\boldsymbol{s}'_t$——第 t 次就诊的最终嵌入表示，$\boldsymbol{s}'_t \in \mathbf{R}^r$；

α_{ti}——注意力系数，$\alpha_{ti} \in \mathbf{R}^+$，它是通过 Softmax 函数计算得到的，即

$$\alpha_{ti} = \frac{\exp(g(\boldsymbol{s}_t, \boldsymbol{s}_i))}{\sum_{k=0}^{t} \exp(g(\boldsymbol{s}_t, \boldsymbol{s}_k))} \tag{6.10}$$

式中，$g(\boldsymbol{s}_t, \boldsymbol{s}_i)$——第 t 次就诊与第 i 次就诊的兼容性函数，这里通过一个单隐含层的前馈网络计算兼容性函数，即

$$g(\boldsymbol{s}_t, \boldsymbol{s}_k) = \boldsymbol{u}^{\mathrm{T}} \tanh(\boldsymbol{W}(\boldsymbol{s}_t \cdot \boldsymbol{s}_k) + \boldsymbol{b}) \tag{6.11}$$

式中，$\boldsymbol{W}$——$\boldsymbol{s}_t$ 与 $\boldsymbol{s}_k$ 的内积和的权重矩阵；

$\boldsymbol{u}^{\mathrm{T}}$——权重向量；

$\boldsymbol{b}$——偏差向量。

这三个参数都是可训练的。兼容性函数 $g(\cdot)$ 是多层感知机（MLP），因为 MLP 是任意函数的充分近似器，而且经过验证，$\boldsymbol{s}_t$ 与 $\boldsymbol{s}_k$ 的内积和比将两者拼接的方案效果更好。

6.2.5 疾病序列预测

根据患者的历史就诊数据对患者未来的临床事件（如诊断）进行顺序预测是一项核心研究任务，其动机包括一系列预测模型，包括深度学习。现有的研究主要采用一个分类框架，将观察到的和未观察到的事件分为正类和负类；本模型的序列预测模型同样为多分类任务，将就诊的嵌入式表示作为输入传递给预测模型；全连接层作为分类器，将学到的特征表示映射到样本的标记空间，之后经过 Softmax 层将输出值映射到$(0,+\infty)$，最后

归一化到(0,1)，其中每一个(0,1)的值表示每个类别对应的概率。这里的类别数量即医疗码的词汇量大小$|C|$。预测模块的具体公式如下：

$$\hat{\boldsymbol{y}}_t = \text{Softmax}(\boldsymbol{W}'\boldsymbol{s}'_t + \boldsymbol{b}') \tag{6.12}$$

式中，$\boldsymbol{s}'_t$——第 t 次就诊的最终嵌入表示，作为全连接层的输入；

$\boldsymbol{W}'$——权重矩阵，$\boldsymbol{W}' \in \mathbf{R}^{|C| \times r}$；

$\boldsymbol{b}'$——Softmax 函数的偏置向量，$\boldsymbol{b}' \in \mathbf{R}^{|C|}$。

训练过程采取端到端的训练方式，利用二元交叉熵计算序列中所有就诊的预测损失，公式如下：

$$L(\boldsymbol{x}_1, \boldsymbol{x}_2, \cdots, \boldsymbol{x}_T) = -\frac{1}{T-1}\sum_{t=1}^{T-1}(\boldsymbol{y}_t^{\mathrm{T}}\log(\hat{\boldsymbol{y}}_t) + (1-\boldsymbol{y}_t)^{\mathrm{T}}\log(1-\hat{\boldsymbol{y}}_t)) \tag{6.13}$$

式中，$\hat{\boldsymbol{y}}_t$——预测值，损失计算时将$\hat{\boldsymbol{y}}_t$的所有时间戳的交叉熵误差相加；

$\boldsymbol{y}_t$——标签值（即真实值）；

T——就诊序列的就诊次数。

这里需要注意的是，上述损失的计算是针对单个患者的预测损失。在实际对多个患者的预测损失计算时，需将多个患者的单个损失求平均值得到最终的损失。本节提出模型 GAMT 的整体训练过程见算法 6.1。

算法 6.1　GAMT 模型

1：**repeat**
2：　利用 GloVe 初始化医疗码的基本嵌入表示（参考 6.2.3.3 节）
3：**until convergence**
4：**repeat**
5：　随机从数据集里选出患者 X
6：　　**for** V_t（就诊）in X **do**
7：　　　**for** c_i（医疗码）in V_t **do**
8：　　　　遍历 G（医疗本体），找到 c_a（c_i 的所有祖先节点）
9：　　　　**for** c_j（祖先节点编码）in c_a **do**
10：　　　　　计算注意力系数 α_{ij}（式（6.2）、式（6.3））
11：　　　　**end for**
12：　　　　得到医疗码 c_i 的最终嵌入表示 $\boldsymbol{g}_i$（式（6.1））
13：　　　**end for**
14：　　　$\boldsymbol{v}_t \leftarrow \tanh\left(\sum_{i:\, c_i \in V_t}\boldsymbol{g}_i\right)$

（续）

15：　end for
16：　获得就诊的最初嵌入表示 $\boldsymbol{v}_1, \boldsymbol{v}_2, \cdots, \boldsymbol{v}_t$
17：　经过 TCN 层得到 $\boldsymbol{s}_1, \boldsymbol{s}_2, \cdots, \boldsymbol{s}_t$（式（6.8））
18：　**for** s_t in $s_1, s_2, \cdots, s_t$ **do**
19：　　**for** s_k in $s_1, s_2, \cdots, s_{t-1}$ **do**
20：　　　计算注意力系数 α_{tk}（式（6.10）、式（6.11））
21：　　**end for**
22：　　获得第 i 次就诊的最终嵌入表示 $\boldsymbol{s}'_t$
23：　　得到预测值 $\hat{\boldsymbol{y}}_t$（式（6.12））
24：　**end for**
25：　计算预测的损失 L（式（6.13））
26：　根据损失 L 的梯度更新超级参数
27：**until convergence**

6.2.6　实验设计

6.2.6.1　数据集

所有实验使用的 EHR 数据都是公开的 MIMIC-III 数据集[100-101]，数据集由 7500 名重症监护室（ICU）患者 11 年以上的医疗记录组成。为了获得充足的数据来进行序列预测任务，将实验数据在预处理时移除少于两次就诊的患者的记录，这也是现有模型中常采取的措施。清洗后的数据集具体的统计数据如表 6.1 所示，其中患者总数为 6487 人，就诊的总次数为 34 610 次，平均每个患者的就诊次数为 5.34 次，而同一名患者的最大就诊次数为 42 次。另外，数据集中的诊断码一共有 4699 种，作为模型中医疗码的词汇量大小。

表 6.1　MIMIC-III 统计信息

项目	数量	项目	数量
患者总数	6 487	患者的最大就诊次数	42
就诊总次数	34 610	诊断码的词汇量大小	4 699
平均每个患者的就诊次数	5.34		

实验中提取 MIMIC-III 数据集的诊断码（ICD-9 码）作为模型的医疗

码。ICD-9 诊断码的编码方式为三位整数码和两位小数码，是层次结构。例如，缺血性心脏病（ICD-9 码 41）可分为 5 个子类别(ICD-9 码 410, 411,…,414)，急性心肌梗死（ICD-9 码 410）可进一步分为 10 个子类别(ICD-9 码 410. 0,410. 1,…, 410. 9)。为了提高训练速度和预测性能以便于分析，同时为每个诊断保留足够的粒度，训练时的真实标签选取 ICD-9 码的前三位整数部分，将 ICD-9 码分成 920 组。例如，腹腔积液（慢性）的 ICD-9 码为 568. 82，则选取整数部分 568 作为标签。

6. 2. 6. 2　医疗本体

在医疗码的嵌入式表示学习过程中，首先需要构建知识图谱，而知识有向无环图谱是基于 EHR 数据与医疗本体信息构建的。实验选取 CCS (clinical classifications software，临床分类软件) 多级诊断层次结构作为医疗本体来构建知识图谱，它折叠了 ICD-9 码中的诊断码和程序码。由于实验时模型的医疗码只选取了 EHR 数据中的诊断码，因此医疗本体也同样选取多级 CCS 中诊断码的医疗本体。多级的 CCS 有四个诊断级别，也为层次结构，只有叶节点上的诊断编码与 ICD-9 码中的疾病对应，即从根节点出来最多经过四个分支到达医疗概念节点。举个例子，编码 7 为循环系统疾病，编码 7. 1 为高血压，编码 7. 1. 2 为原发性高血压，编码 7. 1. 2. 1 为高血压心脏病，编码 7. 1. 2. 1 的子节点即叶节点，叶节点的编码为ICD-9诊断码。该医疗本体为父子层次结构，越靠近根节点的节点表示越抽象的医疗概念，而越靠近叶节点的节点则表示越具体的医疗概念；其叶节点可对应 MIMIC-III 数据集中的 ICD-9 诊断码，进而可方便提取诊断码间的结构信息。

针对处理后的 MIMIC-III 数据集中 4699 个唯一的医疗码，对医疗本体中对应医疗码的祖先节点信息进行提取，进而构建知识有向无环图。实验过程中统计得到的祖先节点编码一共有 729 种。

6. 2. 6. 3　实验细节

实验前，将清洗后的 MIMIC-III 数据集按照 7 : 1 : 2 的比例划分训练集、验证集和测试集，对于 6487 名患者，训练集包含 4541 人，验证集包含 649 人，测试集包含 1297 人。模型使用验证集来调节超参数。采用 Python 编写代码，编写框架为 PyTorch 1. 1. 0，开发环境为 GPU，端到端地训练模型时使用了 AdaDelta 优化器。模型嵌入式表示的向量维度与隐含层的维度都为 100 维，所有对比方法的向量维度都为 100。训练时以 100

位患者为一个小批次。

对比实验前，需要对各个超参数进行调整，以找到最优的情况。TCN为改变感受野大小提供了更多灵活性，通过堆叠更多的卷积层、使用更大的扩张因子及增大滤波器大小，可以根据不同的任务、不同的特性灵活定制，而这些操作可以更好地控制模型的记忆长短。对 TCN 的卷积层数、扩张因子和滤波器大小进行不断调整，得到最优参数对，即 TCN 的核扩张因子为 2、卷积层数为 5、滤波器大小为 4。对于注意力机制，模型中一共用到了两次注意力机制，第一次是在学习医疗码的嵌入式表示中利用层级注意力机制计算医疗码的不同祖先节点的权重，第二次是在学习就诊的嵌入式表示中根据历史就诊信息计算历史就诊对当前就诊的影响系数。两次注意力机制都是通过 Softmax 函数计算注意力系数（即权重），其区别在于它们的 Softmax 函数的指数部分不一样。医疗码嵌入过程的注意力指数部分是基本嵌入表示拼接后再经过带单隐含层的 MLP 层，而就诊嵌入表示计算过程中的注意力指数部分是 TCN 输出（即所有历史就诊表示序列的编码）的点积再经过带单隐含层的 MLP 层。以上两种注意力机制的选取都是通过实验选出的最优情况，评价指标选取的是下一小节介绍的 Accuracy@ k。

6.2.6.4 评价指标

模型经过充分训练后，使用最优的参数对在测试集上进行疾病序列预测的任务实验，即根据患者前 t 次就诊的所有诊断码信息来预测患者第 $t+1$ 次就诊时的诊断码。模型输入的就诊序列信息为多热编码格式，疾病序列预测的预测值为 $|C|$ 个 $(0,1)$ 的值，每个值表示对应索引的诊断码出现的概率。评价指标 Accuracy@ k 的定义为

$$\text{Acc@}\,k=\frac{|V_c|}{\min(k,|\boldsymbol{y}_t|)} \tag{6.14}$$

式中，$|V_c|$——在前 k 个值中预测正确的诊断码的个数；

$|\boldsymbol{y}_t|$——患者在第 $t+1$ 次就诊时真实的诊断码个数。

将模型输出的预测值中 $|C|$ 个概率按照从大到小的顺序排列，如果目标诊断在前 k 个预测中就得到 1，否则得到 0。

由于本任务中患者的正确标签的个数范围很大，因此没有选取传统的 top-k 作为实验的评价指标。传统的 top-k 与该实验选取的评价指标 Accuracy@ k 的区别在于，top-k 计算公式的分母为 k，而并非 k 与 $|\boldsymbol{y}_t|$ 的最小值。显然，模型的性能越好，疾病序列预测过程中预测正确的诊断码个

数就越多，评价指标的分子 $|V_c|$ 就越大，因此 Acc@ k 就越大。

在实验环节，一共进行了两个实验。第一个实验通过改变 k 的大小计算Acc@ k，以证明模型的准确性和有效性，k 的取值为{5,10,15,20,25}；第二个实验在验证集和测试集大小不变的情况下改变训练集的大小来计算 Acc@ 25，以模拟数据缺乏的情况，验证模型在数据缺乏情况下的有效性与鲁棒性。

6.2.6.5 对比方法

本实验选择了两种优秀的医疗概念表示及预测模型和一种本模型的变体作为对比方法。

1）RETAIN[92]

该模型使用诊断级别的注意力和变量级别的注意力来捕获不同就诊的影响，以计算上下文向量实现预测任务，其并未使用外部医疗本体结构，仅使用深度学习方法构建医疗概念表示学习模型。

2）GRAM[95]

该模型结合了本体结构（ICD-9 码）和注意力机制学习医疗概念的表示，在疾病序列预测部分使用 RNN 的隐含层输出作为分类器的输入。这也是本模型的参考方法。

3）GAMT

这是本节提出的基于图注意力机制的时域卷积表示学习模型。

4）GAMTwa

这是 GAMT 模型的变体，在 GAMT 模型的基础上去掉了就诊嵌入表示学习模块的注意力机制。

6.2.7 实验结果及分析

实验结果如表 6.2 和表 6.3 所示。

表 6.2 疾病序列预测结果，改变 k 值计算准确率 %

模型	Acc@ 5	Acc@ 10	Acc@ 15	Acc@ 20	Acc@ 25
RETAIN	55.65	47.90	46.87	48.57	53.55
GRAM	56.00	48.45	48.33	51.32	55.25
GAMTwa	56.44	49.16	48.73	51.77	55.63
GAMT	**56.85**	**49.48**	**49.04**	**51.88**	**55.81**

表 6.3 疾病序列预测结果，变换训练集大小计算准确率 %

模型	20%	40%	60%	80%
RETAIN	43.84	46.70	47.46	49.51
GRAM	51.67	52.78	53.90	54.58
GAMTwa	52.52	54.36	54.83	55.41
GAMT	**52.65**	**54.38**	**54.99**	**55.49**

表 6.2 所示为通过改变 k 值的大小计算 Acc@ k 的对比实验结果。由于 MIMIC-III 数据集中 92%的就诊记录中诊断码种类超过了 5 种，58%的就诊记录中诊断码种类超过了 10 种，因此 Acc@ 5 和 Acc@ 10 的数值有可能高于 $k \geq 15$ 的准确率。从表 6.2 可以看出，当 k 为 5、10、15、20、25 时，本节提出的模型 GAMT 及其变体 GAMTwa 的准确率都高于其他对比方法，证明了 GAMT 模型的准确性和鲁棒性。又由于 GAMT 的准确率总是高于 GAMTwa 的，GAMTwa 在 GAMT 模型的基础上去掉了就诊嵌入表示学习模块的注意力机制，因此实验结果可以证明就诊嵌入表示学习中注意力机制模块确实能够捕捉到历史就诊信息对当前就诊的不同影响因子，同时证明了注意力机制模块的有效性。

表 6.3 所示为改变训练集大小计算 Acc@ 25 的对比实验结果，实验中测试集与验证集的大小不变，只变化训练集大小，以模拟就诊数据缺乏的情况来验证模型在这种情况下的有效性。表 6.3 中的训练集大小百分比表示的是新的训练集占原训练集的比例。举个例子，训练集中包含 100 位患者的就诊信息，训练集大小百分比为 20%、40%、60%、80%时分别对应 20、40、60、80 位患者的就诊信息，同时测试集与验证集包含的患者数不发生变化。实验结果显示，GAMT 及其变体 GAMTwa 的准确率明显高于其他对比方法，而 GAMT 相较于 GAMTwa 而言也有所提升，证明就诊嵌入表示学习中的注意力机制模块在数据缺乏时同样有效。通过对比两个实验结果可以发现，在训练集大小变化时，RETAIN 模型的准确率有明显下滑，且幅度很大。这是由于 RETAIN 没有像 GRAM 与本节提出的模型 GAMT 一样结合外部的医疗本体知识，而仅根据患者就诊的记录来学习医疗概念的表示。因此当训练数据缺乏时，RETAIN 模型的深度学习框架无法根据仅有的就诊数据预测新的疾病，导致准确率大幅度下降。

本节提出的模型 GAMT 是参考 GRAM 模型并针对 GRAM 模型的不足进行改进得到的。GRAM 和 GAMT 都结合了 ICD-9 码医疗本体结构信息构建知识图谱，并通过注意力机制学习医疗码的嵌入表示，而在就诊的嵌入表示学习中，GRAM 通过 RNN 结构输出隐含层信息得到就诊的嵌入表示，而 GAMT 利用了带注意力机制的时域卷积网络学习就诊的嵌入表示，GAMT 可捕捉任意长度的信息且没有信息遗漏，提升了疾病序列预测任务的性能。结合表 6.2 和表 6.3 的实验结果可知，GAMT 在疾病序列预测任务上的准确率明显高于 GRAM 模型，尤其是在变换训练集大小模拟数据缺乏的情况下，以此可以证明 GAMT 模型的有效性。

6.2.8 可解释性评估

为了评估医疗本体表示的可解释性，本节采用 t-SNE 图[102]来可视化从医疗本体中学习到的医疗码（即诊断码）的嵌入式表示。t-SNE 是一种用于降维的机器学习算法，它可以将多个维度的数据映射到适合我们观察并研究的两个（或多个）维度上，最重要的一点是它在降维的同时能保留大量的原始数据信息。

参考 MMORE[96]中的方法，随机选择 CCS 本体上 49 个距离根节点第 3 层的祖先节点，将这 49 个祖先节点下面的所有诊断码的嵌入式表示可视化（共有 1039 个诊断码）。对于本节的模型，可视化的嵌入表示即 $\boldsymbol{g}_i$。由于 RETAIN 模型没有用到医疗本体，因此本节只选取 GRAM 模型与本节提出的模型 GAMT 进行比较并分析，GRAM 模型同样选取的是从医疗本体中学习到的医疗码的嵌入表示。模型希望在医疗本体结构中同一祖先节点的医疗码尽可能在嵌入后的向量空间里聚集，即同一个类目下诊断码的嵌入表示是相似的。由于每个类目在 t-SNE 图中的颜色相同，因此相同颜色的节点聚在一起的效果越明显，则证明模型能够在学习医疗码嵌入表示中提取更多医疗本体中的结构信息，实现同一个类目下诊断码嵌入表示相近。

图 6.2 所示为从 GRAM 和 GAMT 模型中诊断码的嵌入表示的 t-SNE 图。每个点表示一个诊断码的嵌入表示，不同的颜色表示 CCS（即医疗本体）的类目，即具有相同祖先节点的诊断码的颜色是相同的。t-SNE 图生成时的参数设置是相同的，困惑度（perplexity）设置为 50，学习率（learning rate）设置为 0.01。图中的每个点都表示一个诊断码，通过不同的颜色来区分不同的类目。很显然，图 6.2（b）中的聚簇更明显，与医疗本体结构对齐得更好，不同的类目间分隔得更好，但图 6.2（a）中的一些节点很分散。由此可知，本节提出的模型 GAMT 能更好地体现同一类目下

诊断码的嵌入表示的相似，说明本模型比 GRAM 能在学习医疗码嵌入表示过程中提取更多医疗本体中的结构信息。

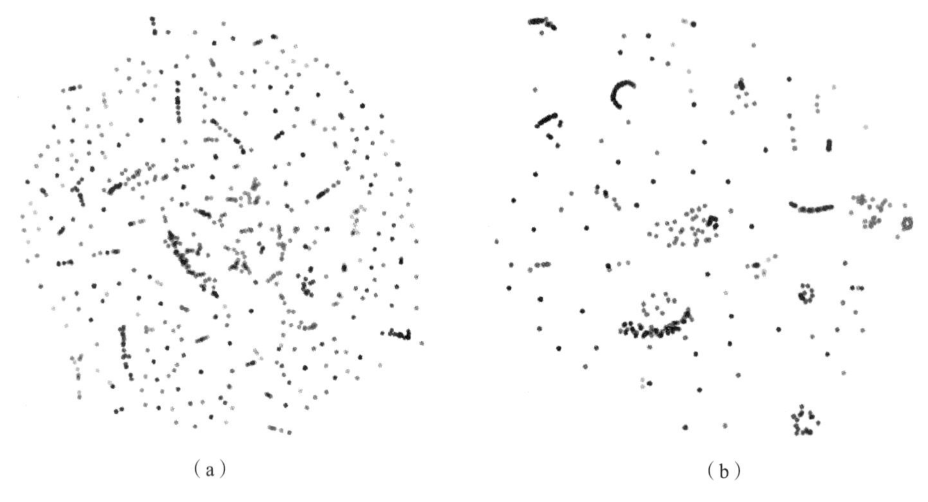

(a)　　(b)

图 6.2　医疗码嵌入表示的散布图（附彩图）
(a) GRAM；(b) GAMT

6.3　融合时间卷积网络和通道注意力机制的医疗预测模型

6.3.1　整体架构

传统的机器学习模型依赖于人工设计的特征，特别是在重症监护室（ICU）这种对专业知识要求高的领域。深度学习相关技术的发展为解决人工提取特征这种不客观的方式提供了新的研究思路。在单一任务模式下对数据建模时，梯度回传过程中可能陷入局部最小值且泛化能力比较弱，为此研究者提出了多任务的学习模式。通常，研究者会选择循环神经网络（RNN）来建模 ICU 数据在时间上的依赖关系。然而，由于 RNN 本身结构的特点（当前的输出结果依赖于上一次的输出结果，存在等待时间），所以不能充分利用计算机并行计算的性能，计算时间消耗较大。此外，ICU 数据复杂且数目巨大，若能从如此复杂且规模巨大的数据中选择与任务相关的特征，将对提高模型的性能十分有益。为此，本节提出融合时间卷积网络和通道注意力机制的医疗预测模型，模型的整体框架如图 6. 3 所示。

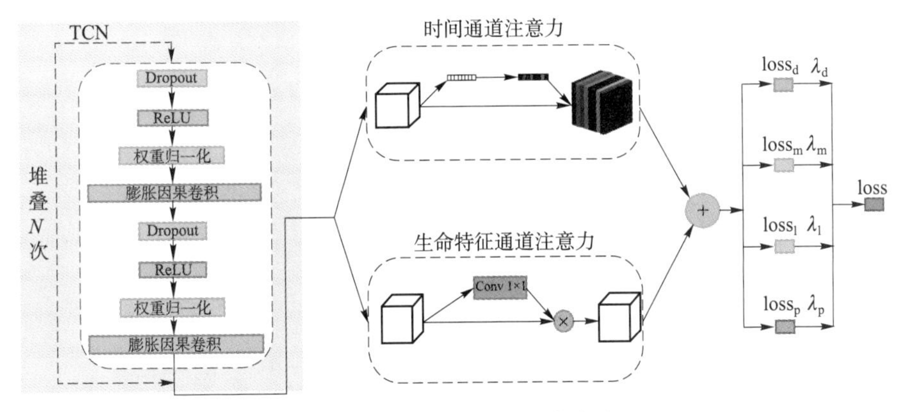

图 6. 3　模型的整体框架（附彩图）

融合时间卷积网络和通道注意力机制的医疗预测模型是建立在多任务学习的模式之上的，将住院死亡情况预测、失代偿预估、住院时长估计、急性护理表型分类四个不同且相关的任务放在一起共同学习，采用医疗时间卷积网络（TCN）建模 ICU 数据，利用计算机并行计算的能力缩短模型的计算时间，同时结合时间通道注意力机制和生命特征通道注意力机制从规模巨大的数据中选择和预测任务相关的数据特征，以提高模型的表现性能。下面将对该算法展开详细的介绍。

6. 3. 2　医疗时间卷积网络

循环神经网络在处理数据的过程中，每次只能读入一个数据（也就是一个 timestep）并对其处理，下一次处理必须等到上一次处理完才可以开始，在处理数据的过程中存在等待的过程，不能利用计算机并行处理能力，即未能充分发挥计算机的优势，因此存在计算时间长、效率低下的问题。

为了解决循环神经网络效率低下的问题，研究者将注意力焦点转移到卷积神经网络上。大量研究成果证明，特定的卷积神经网络能够成功建模序列数据，并取得了很好的实验效果，如音频合成、词语层面上的语言模型、机器翻译等[103-107]。Bai 等[32]结合各种卷积神经网络以适应序列建模的任务，在以循环神经网络及其变体的主场任务上取得很好的效果。

本节将各种卷积神经网络结合，形成医疗时间卷积网络，从而完成对医疗序列数据的建模任务。

6.3.2.1 医疗时间卷积网络的建模任务

医疗序列建模任务可以描述为：给定医疗输入序列 $\boldsymbol{x}_0,\boldsymbol{x}_1,\cdots,\boldsymbol{x}_t$，预测相应的输出 $\boldsymbol{y}_t$，输出可能为疾病、死亡情况等。为了很好地建模医疗数据，需要对序列模型做一定的限制：当对 $\boldsymbol{y}_t$ 预测时，相应的输入为 $\boldsymbol{x}_0,\boldsymbol{x}_1,\cdots,\boldsymbol{x}_t$，也就是当前的输出结果仅与当前时刻及以前的输入有关，与未来的输入无关（区别于双向 LSTM 建模序列数据）。整个序列建模表示为一个函数的形式 $f:(\boldsymbol{x}_0,\boldsymbol{x}_1,\cdots,\boldsymbol{x}_t)\rightarrow\boldsymbol{y}_t$，公式如下：

$$\hat{\boldsymbol{y}}_t = f(\boldsymbol{x}_0,\boldsymbol{x}_1,\cdots,\boldsymbol{x}_t) \tag{6.15}$$

对医疗序列建模任务做出限制是考虑到对患者的监控数据只能记录到当前时刻，并不能记录到患者未来的数据，该限制符合医疗数据的实际采集情况。

6.3.2.2 医疗时间卷积网络的网络结构

图 6.4 所示[32]的残差块（residual block）是医疗时间卷积网络的主要组成模块，从图中可以看出该模块的输入和输出维度是相同的。残差块使用了零填充的方式来保证输入和输出的维度相同。

医疗时间卷积网络可能包含一个或者多个残差块。医疗时间卷积网络的网络结构如图 6.5 所示，从图中可以看出医疗时间卷积网络并没有采用和 LSTM 一样的门控结构。

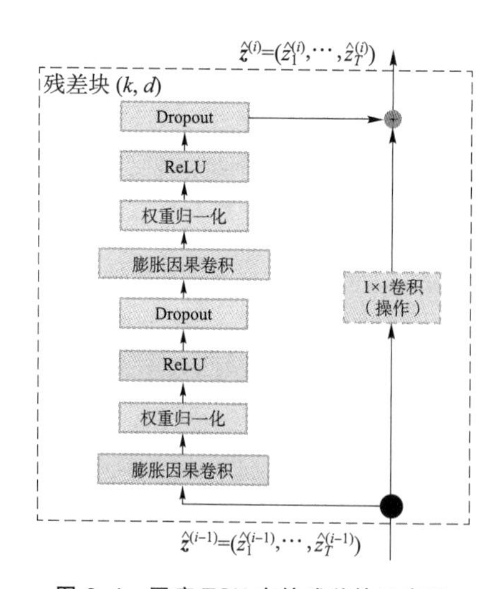

图 6.4 医疗 TCN 中的残差块示意图

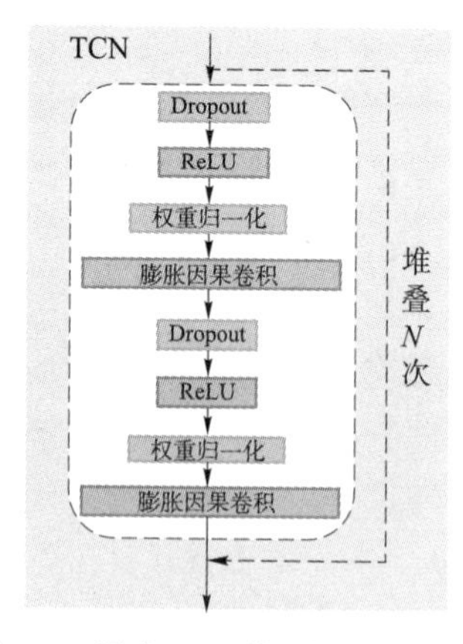

图 6.5 医疗 TCN 的网络结构示意图

医疗 TCN 的残差块中包含两层的膨胀因果卷积和非线性转换（该模块使用 ReLU 非线性转换)。为了达到正则化的效果，将权重归一化应用到膨胀因果卷积[108]之后；同时，引入空间随机失活（spatial dropout)[109]。最终，残差块需要将一系列转换操作 $F(\cdot)$ 和输入 $\boldsymbol{x}$ 加和。向量加和操作的前提条件是 $F(\cdot)$ 和 $\boldsymbol{x}$ 的维度相同，因此引入了 1×1 的卷积，在图 6.4 中表示为⊗。

医疗时间卷积网络就是融合了因果卷积、膨胀卷积以及残差连接，同时加入 Dropout、非线性变换以及权重归一化的卷积神经网络。其中，Dropout、非线性变换以及权重归一化是卷积神经网络的常见操作，在此不做过多介绍。本小节着重于介绍医疗卷积网络中的其他组成部分：一维卷积、因果卷积、膨胀卷积以及残差连接。

1）一维卷积

一维卷积主要用于自然语言处理的相关任务中，用于提取序列的局部特征，相关的数学表达式已经在第 2 章中做了介绍。医疗时间卷积网络需要借助于一维卷积对与时间相关的医疗数据建模。

2）因果卷积

为了满足医疗序列建模任务的限制，将因果卷积加入模型。因果卷积首先被应用到音频合成任务[103]。图 6.6[103]所示为因果卷积结构示意图，因果卷积当前的预测结果仅依赖于当前及以前的输入，与未来的输入无关。

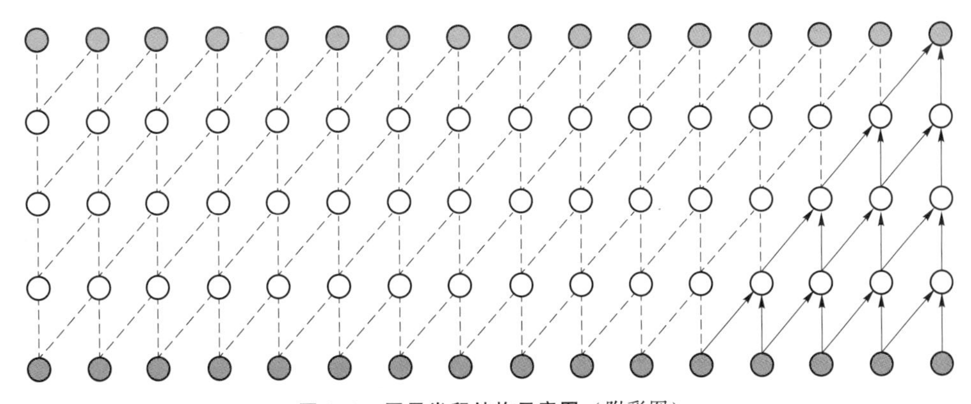

图 6.6　因果卷积结构示意图（附彩图）

3）膨胀卷积

因果卷积能够保证当前时刻 t 的输出结果仅依赖于当前时刻 t 及时刻 t 之前的输入，不依赖于未来的输入信息。然而，在医疗数据集中可能包含较长的监测数据，因此需要考虑距离当前时刻很久的历史信息，如果仅依靠因果卷积，就需要增加卷积层；而卷积层增加直接带来的后果就是梯度消失、计算量增大等问题。为此，本节将膨胀卷积加入模型，保证在不增加卷积层数量的前提下获得更大的感受野，从而可以将距离当前时刻更久远的历史信息纳入考虑范围之内。

膨胀卷积（dilated convolutions），又称空洞卷积。文献[103]将膨胀卷积应用到音频合成任务中，以期获得更大的感受野。以比较规范的数学表达式将医疗时间卷积网络中的膨胀卷积描述为：对于一个一维的医疗序列输入 $\boldsymbol{x} \in \mathbf{R}^n$，使用卷积一个卷积核 $\boldsymbol{f}:\{0,1,\cdots,k-1\} \to \mathbf{R}$，在依赖输入序列上 s 的膨胀卷积操作被定义如下：

$$F(s) = (\boldsymbol{x} \underset{d}{*} \boldsymbol{f}) = \sum_{i=0}^{k-1} f(i) \cdot \boldsymbol{x}_{s-d\cdot i} \tag{6.16}$$

式中，d——扩张因子，扩张因子决定了当前时刻需要考虑的序列长度；

k——卷积核大小；

$s-d \cdot i$——卷积位置。

在医疗输入为 $\boldsymbol{x}_0,\boldsymbol{x}_1,\cdots,\boldsymbol{x}_T$ 上使用膨胀卷积，如图 6.7 所示[32]。

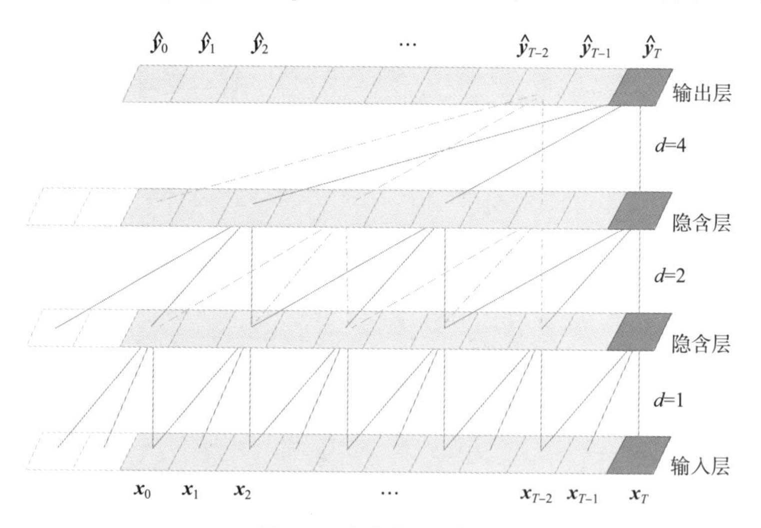

图 6.7　膨胀卷积示意图

从图 6.7 中可以看出，$d=1$ 的膨胀卷积和普通的一维卷积没有差别；当 $d>1$ 时，并不是对所有的隐含状态卷积，而是每 d 个隐含状态选择一个，然后施加卷积操作。因而，膨胀卷积增加了感受野，从输入的医疗数据中获得更多历史信息。

引入膨胀卷积的医疗时间卷积网络（TCN）有两种增大感受野的方式：选择更大的卷积核 k；增大扩张因子 d。在这种情况下，医疗时间卷积网络（TCN）能够获取到的有效历史信息为$(k-1)d$。在实践的过程中，d 通常是以指数的方式增长的（也就是说，网络中的第 i 层对应的 $d=2^i$），如图 6.7 所示。

为了保证医疗时间卷积网络能够具有很深的网络结构，将残差连接引入医疗 TCN。一个标准的残差块包含产生一系列转换的分支，转换 F 的输出结果和该模块的输入 $\boldsymbol{x}$ 做加和作为残差块的输出结果，公式如下：

$$\boldsymbol{o} = \text{Activation}(\boldsymbol{x} + F(\boldsymbol{x})) \tag{6.17}$$

该结构允许网络去学习对输入的修正（即残差）而不是整个转化。残差块的结构如图 6.8 所示。

医疗时间卷积网络（TCN）的感受野和网络的深度 n、卷积核大小 k 以及扩张因子 d 有关，因此需要一个又大又深的网络。举个例子来说，假如当前的预测结果需要考虑一条长为 2^{12} 历史记录，那么就需要一个 12 层的网络，这样深的网络如果使用普通的卷积网络就一定导致梯度消失，为了解决此问题，引入残差结构以取代普通的卷积结构。

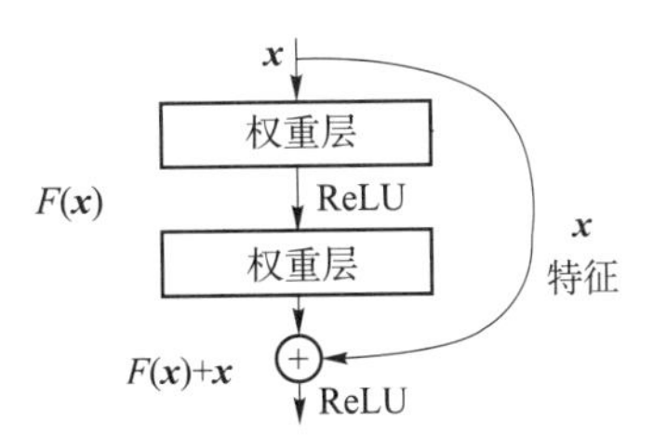

图 6.8　医疗时间卷积网络中的残差块示意图

6.3.2.3　医疗时间卷积网络的输入

重症监护室（ICU）的数据包含多种序列数据，如呼吸率、血压、体温等。本节将在同一时间点下不同种的测量数据拼接作为该时间点的数据特征，如图 6.9 所示。该数据包含 9 个时间点（t_1, t_2, t_3, t_4, t_5, t_6, t_7, t_8, t_9），不同种类的重症监护室的监测数据（m_1, m_2, m_3, m_4, m_5, m_6），共同构成时间点的特征。这种方式下的输入和词向量有很多共同之处：不同的时间点类似于句子中的单词，每个单词都有对应的向量表示，每种测量数据相当于词向量的不同维度。使用一维卷积对该数据特征卷积，将卷积后的结果作为时间卷积网络的输入。

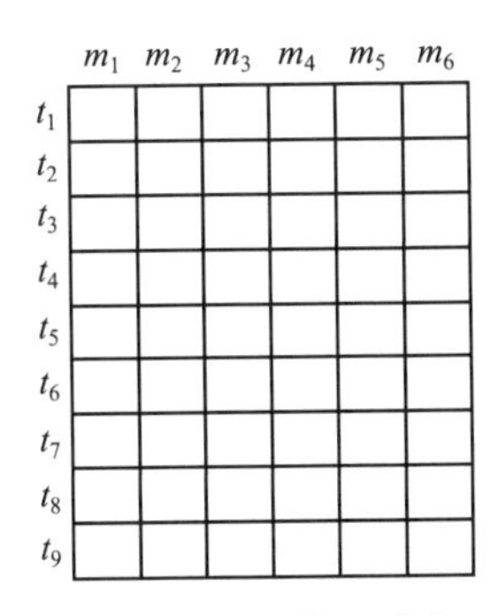

图 6.9　数据输入形式

为了获得较大的感受野，本节将 9 个残差块组合使用，每个模块对应的膨胀率以 2 的指数的形式增长，相同模块中的膨胀率是相同的。

6.3.3 面向医疗领域的通道注意力机制

对同一名患者在多任务的学习模式下利用医疗时间卷积网络抽取相应的数据特征，然而并不是从网络中学得的数据特征对当前预测的任务都是有效的，加之重症监护室数据通常是复杂且规模可观的，因此在这种情况下，模型对特征的选择就十分重要。

注意力机制通过给特征分配不同的“注意力”，进而能选择重要的数据信息，同时具备良好的解释性。因此，本节将注意力机制加到模型上，用于从众多数据特征中选择有用的部分。

具体来说，本节引入时间通道注意力来自动选择时间线上的关键信息，引入生命特征注意力来自动选择关键的生命特征。

6.3.3.1 时间通道注意力

考虑到通道之间的相互关系，Hu 等[110]在 CNN 中引入一种全新的结构单元——SE 模块（squeeze-and-excitation）。时间通道注意力机制受 SE 模块的启发，将一般意义下的通道注意力机制应用到时间戳上，时间通道注意力记为 time-SE 模块。

假定医疗时间卷积网络（TCN）的变换为 $\boldsymbol{U}=F_{\mathrm{tr}}(\boldsymbol{X}),\boldsymbol{U}\in\mathbf{R}^{T\times N\times C}$。若 $\boldsymbol{X}$ 是输入，则$\boldsymbol{X}\in\mathbf{R}^{T\times N}$；若 $\boldsymbol{X}$ 为中间层的输出结果，则 $\boldsymbol{X}\in\mathbf{R}^{T\times N\times C'}$。其中，$T$ 为序列长度，N 为生命体征的测量项数，C' 和 C 是通道数。为了方便叙述，本小节使用的 $\boldsymbol{X}$ 为中间层的输出结果，$\boldsymbol{X}$ 为输入的情况可做类比。$\boldsymbol{V}=[\boldsymbol{v}_1,\boldsymbol{v}_2,\cdots,\boldsymbol{v}_C]$ 表示卷积中使用的所有卷积核，其中，$\boldsymbol{v}_c$ 代表第 c 个卷积核的参数。卷积结果记作：$\boldsymbol{U}=[\boldsymbol{u}_1,\boldsymbol{u}_2,\cdots,\boldsymbol{u}_C]$，第 c 个卷积核的卷积结果为

$$\boldsymbol{u}_c = \boldsymbol{v}_c * \boldsymbol{X} \tag{6.18}$$

式中，$*$ 是卷积操作。为方便叙述，此处省去了偏置。

从式（6.18）中可以看出，单纯依靠时间卷积网络（TCN）中的变换并不能做到有“重点”地关注数据中与任务相关的在时间上的信息。因此，使用时间通道注意力 time-SE 来解决该问题。

time-SE 模块示意如图 6.10 所示。给定 TCN 的变换方式为 $\boldsymbol{U}=F_{\mathrm{tr}}(\boldsymbol{X})$，$\boldsymbol{X}\in\mathbf{R}^{T\times N\times C'}$，$\boldsymbol{U}\in\mathbf{R}^{T\times N\times C}$，构建 time-SE 模块包含两个步骤：首先，构建 Squeeze 模块，用于提取时间“通道”上的全局信息；然后，Excitation 模块依据 Squeeze 模块提供的全局信息计算并重新分配注意力机制到对应的时间戳上。

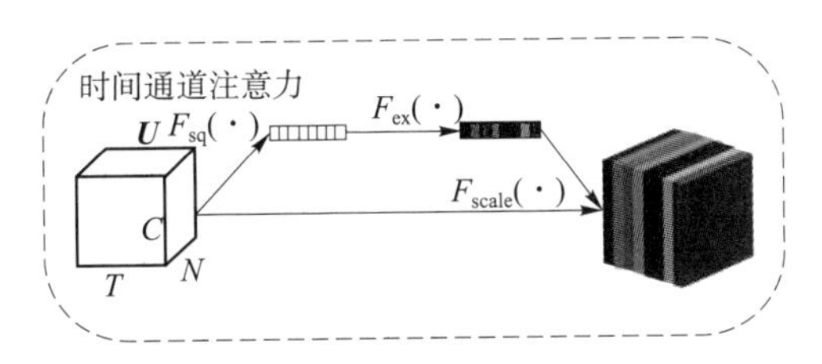

图 6.10　time-SE 模块示意图

1）Squeeze 模块

Squeeze 模块将 TCN 的某一个卷积结果在时间戳上的信息压缩成一个时间描述器。时间描述器是通过取全局平均池化的操作来生成与时间相关的统计量实现的。形式上，一个统计量 $\boldsymbol{z} \in \mathbf{R}^{c}$ 通过在维度 $N \times C$ 压缩 $\boldsymbol{U}$ 来实现，$\boldsymbol{z}$ 的第 t 个元素通过下式计算得到：

$$z_t = F_{sq}(\boldsymbol{v}_t) = \frac{1}{N \times C}\sum_{i=1}^{H}\sum_{j=1}^{W} v_t(i,j) \tag{6.19}$$

式中，$\boldsymbol{v}_t$——在时间 t 上的卷积结果，$\boldsymbol{v}_t = U_{(t,:,:)}$。

2）Excitation 模块

Excitation 模块的作用在于利用 Squeeze 模块得到全局信息，计算时间通道注意力，给予不同时间戳不同的“重视度”。为了实现该功能，将门控机制应用到 Excitation 模块中，该操作的形式化表示如下：

$$\boldsymbol{s} = F_{ex}(\boldsymbol{z},\boldsymbol{W}) = \sigma(g(\boldsymbol{z},\boldsymbol{W})) = \sigma(\boldsymbol{W}_2\sigma(\boldsymbol{W}_1\boldsymbol{z})) \tag{6.20}$$

式中，$\sigma(\cdot)$ 为 ReLU 激活函数；$\boldsymbol{W}_1 \in \mathbf{R}^{\frac{t}{r}\times T}$，$\boldsymbol{W}_2 \in \mathbf{R}^{\frac{t}{r}\times T}$；$\boldsymbol{s}$ 为时间通道注意力机制。

Excitation 模块在进行非线性变换前，经过了两个激活函数为 ReLU 的全连接层（FC）。这样不仅能限制模型的复杂度，而且能增强模型的泛化能力。

time-SE 模块的最终输出结果是将时间通道注意力和在时间 t 上的卷积结果相乘，即

$$\tilde{\boldsymbol{x}}_t = F_{scale}(\boldsymbol{v}_t, s_t) = s_t \cdot \boldsymbol{v}_t \tag{6.21}$$

式中，$\tilde{\boldsymbol{x}}_t \in \tilde{\boldsymbol{X}} = [\tilde{\boldsymbol{x}}_1, \tilde{\boldsymbol{x}}_2, \cdots, \tilde{\boldsymbol{x}}_T]$；$s_t$ 是对时间 t 分配的时间通道注意力项；$\boldsymbol{v}_t \in \mathbf{R}^{N\times C}$是数据在时间 t 上卷积后的结果。

综上，time-SE 模块实则包含一个全局池化层（global pooling）、两个全连接层（FC）。其中，两个全连接层分别配以 ReLU 激活函数和 Sigmoid

激活函数，如图 6.11所示。为了便于使用，将其进行封装。time－SE 可用于 TCN 的任意一个卷积变换之后。

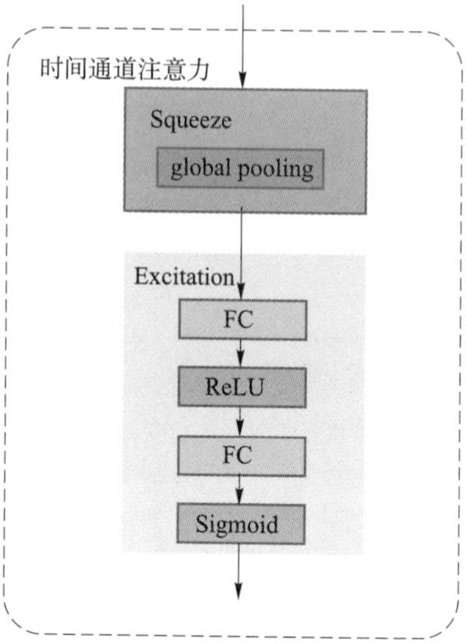

事实上，time-SE 模块引入了以输入为条件的动态（时间通道注意力会随着输入的不同而产生变化），因而有助于提高模型对数据在时间上的特征区别能力。

图 6.11　time-SE 模块组成

6.3.3.2　生命特征通道注意力

医疗数据集中混合着复杂的有关患者生命特征的监测数据，如体温、呼吸率、心率等。这些监测数据能很好地反映患者的生命体征变化，是患者生命体征的一种量化显示方式。

在多任务学习模式下，通过医疗时间卷积网络（TCN）提取到的数据特征并不是都与住院死亡情况预测、失代偿预估、住院时长估计以及急性护理表型分类四项任务相关，因此需要模型能够“自主地”选择与任务相关的测量数据，体现模型在生命特征上的选择性。为了解决该问题，本章使用生命特征通道注意力机制，通过给不同的生命特征数据分配不同权重达到“自主地”选择与任务相关的生命特征。接下来对该模块展开介绍。

生命特征通道注意力机制如图 6.12 所示。

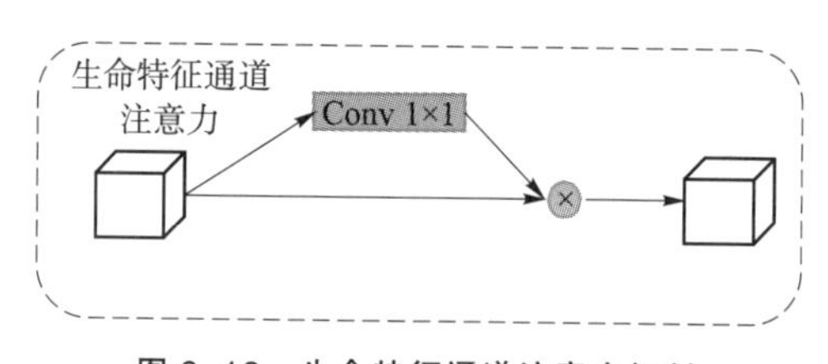

图 6.12　生命特征通道注意力机制

同样地，假定 TCN 中的变换方式为 $\boldsymbol{U}=F_{\mathrm{tr}}(\boldsymbol{X})$，$\boldsymbol{U}\in\mathbf{R}^{T\times N\times C}$。若 $\boldsymbol{X}$ 是输入，则 $\boldsymbol{X}\in\mathbf{R}^{T\times N}$；若 $\boldsymbol{X}$ 为中间层的输出结果，则 $\boldsymbol{X}\in\mathbf{R}^{T\times N\times C'}$。为了叙述方便，以下描述中使用$\boldsymbol{X}\in\mathbf{R}^{T\times N\times C'}$，$\boldsymbol{X}$ 作为输入的操作和其作为中间层的输出操作过程相似。其中，T 为序列长度，N 为生命体征的测量项数，C'和 C 是通道数。

首先，在原始卷积结果 $\boldsymbol{U}$ 使用 1×1 的卷积，得到生命特征通道的注意力，即

$$\boldsymbol{m} = \boldsymbol{V}_{1\times1} * \boldsymbol{U} \tag{6.22}$$

式中，$\boldsymbol{m} \in \mathbf{R}^{T\times N}$，是学得的生命特征注意力；$\boldsymbol{V}_{1\times1}$ 是一个 1×1 的卷积核；$\boldsymbol{U} \in \mathbf{R}^{T\times N\times C}$ 是 TCN 中的一种变换；$*$ 是卷积操作。

假设经过 TCN 的卷积后的结果为 6×8×3，如图 6.13 所示。1×1 的卷积核的卷积过程相当于将图中的红色区域相加，最终得到 8×6 的结果，即在每个时间点下的生命特征通道注意力。

从例子中可以看出，通过 $\boldsymbol{V}_{1\times1}$ 的卷积核，生命特征注意力机制巧妙地将不同生命体征在不同通道下（这里的通道即一般意义上的通道）的卷积结果综合考虑，实则是进行了加和操作。

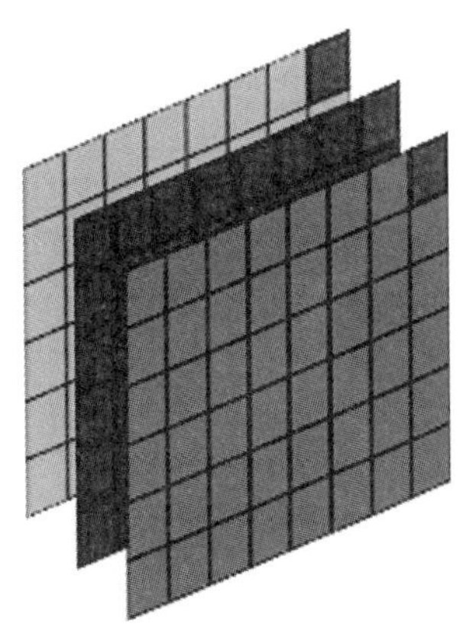

图 6.13 1×1 卷积过程示意图（附彩图）

最终，将生命特征通道注意力和卷积结果相乘作为结果输出，即

$$\bar{\boldsymbol{x}}_c = \boldsymbol{m} \cdot \boldsymbol{u}_c \tag{6.23}$$

生命特征通道注意力矩阵大小和原始的卷积结果相同，将生命特征通道注意力矩阵分别与不同通道下的结果相乘，作为结果输出。其中，$\bar{\boldsymbol{x}}_c \in \bar{\boldsymbol{X}} = [\bar{\boldsymbol{x}}_1, \bar{\boldsymbol{x}}_2, \cdots, \bar{\boldsymbol{x}}_C]$，$\boldsymbol{u}_c$ 为卷积结果 $\boldsymbol{U}$ 在第 c 个通道下的结果。

6.3.3.3 基于时间和生命特征通道注意力机制的医疗数据特征提取

正如前面所说，同一名患者在多任务学习模式下利用医疗时间卷积网络抽取相应的数据特征。然而，并不是所有从网络中学得的数据特征对当前预测的任务都是有效的，加之重症监护室（ICU）数据通常是复杂且规模可观的，因此要求模型具备自主选择相关数据特征的能力。

本节提出的时间通道注意力模块能够选择在不同时间点下与任务相关的信息；而生命特征注意力模型能够选择不同测量指标下的与任务相关的数据特征。为了让模型选择特征的能力更加强大，就需要将时间通道注意力机制和生命特征通道注意力机制组合，以提取更多与任务相关的特征，进一步提升模型的性能。具体的组合方式如图 6.14 所示。

在卷积的结果上分别计算时间通道注意力和生命特征注意力，然后分别与卷积结果相乘，得到不同注意力机制下的输出结果。最后，将两种注意力机制下相乘的结果相加，作为提取到的特征输出。

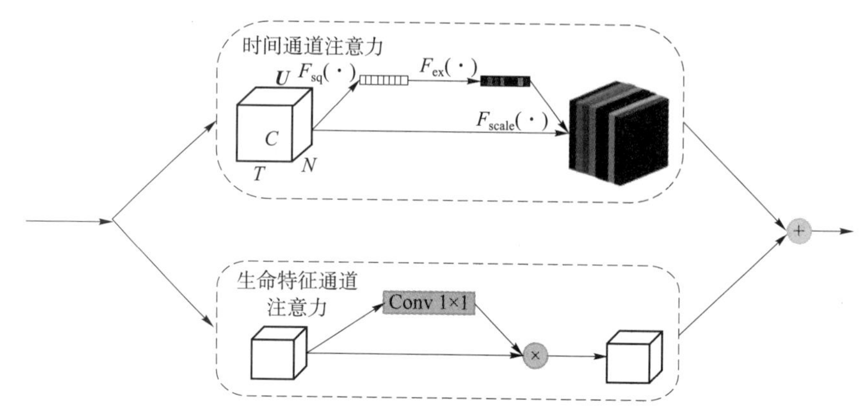

图 6.14　时间和生命特征通道注意力机制组合示意图

医疗时间卷积网络（TCN）不是一种新的网络结构，而是选择特定的卷积神经网络组合形成的一个框架，其与普通卷积神经网络的区别有以下两点：

（1）医疗 TCN 使用的不是一般的卷积而是因果卷积，意味着没有未来的信息泄漏到过去（当前的输出结果仅依赖于当前及以前的输入数据，与未来数据无关）。

（2）该卷积神经网络能够像循环神经网络一样捕捉到长序列数据在时间和空间上的依赖关系，而普通卷积神经网络在加大感受野和网络的层数情况下，捕捉长序列数据的依赖关系的能力依然是有限的，同时伴随计算量增大的问题。

6.3.4　测试与评估

6.3.4.1　医疗领域数据集

MIMIC-Ⅲ是一个大型的能免费获取的数据集，该数据集收集了2001—2012 年在 The Beth Israel Deaconess Medical Center 就诊过的 38 645 名成年人和 7875 名新生儿的 58 000 余次就诊记录。这些数据都是从 ICU 病房获取到的。为了保护患者隐私，去除了病历数据中包含患者的隐私信息。例如，使用一串数字编号代替患者姓名；对日期数据随机加减数字，但是保持日期数据的前后关系。最终数据集形成了 26 个 CSV 格式的数据文件。

MIMIC-Ⅲ数据库中包含患者的人口统计学特征、生命体征数据（临床记录获得，每隔一个小时记录一次）、实验室测量结果（如 pH、红细胞数、白细胞数等）及用药记录等。数据中包含丰富的图表数据，数据间存在复杂的关联关系，因而分析难度比较大，但是丰富的医疗数据背后蕴藏着巨大的研究价值和实用价值。

1. 数据统计分析

MIMIC-III 数据库中，在住院期间患者的死亡情况如图 6.15 所示。在 42 276名患者中，有 4493 名患者在住院期间死亡，约占总数据的 11%。从图 6.15 可以看出，两个类别的数据分布十分不平衡，标签为未死亡的数据量约为标签为死亡的数据量的 9 倍。

同时，对患者的住院时长进行了数据统计，如图 6.16 所示。其中，图 6.16（a）和图 6.16（c）分别对应原始数据和分段处理后的患者住院时长；图 6.16（b）和图 6.16（d）分别对应原始数据和分段处理后患者的剩余住院时长分布。从图 6.16 可以看出，无论是住院时长还是剩余住院时长，MIMIC-III 数据都呈长尾分布。

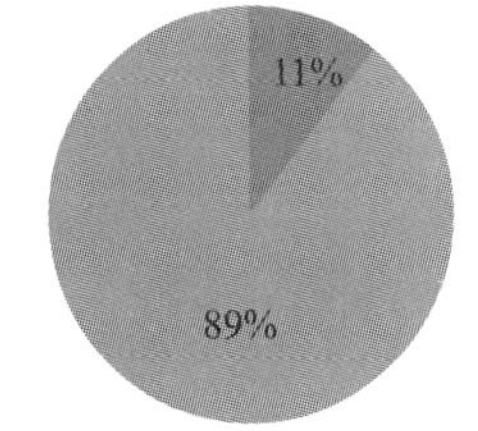

图 6.15　住院死亡率统计饼状图

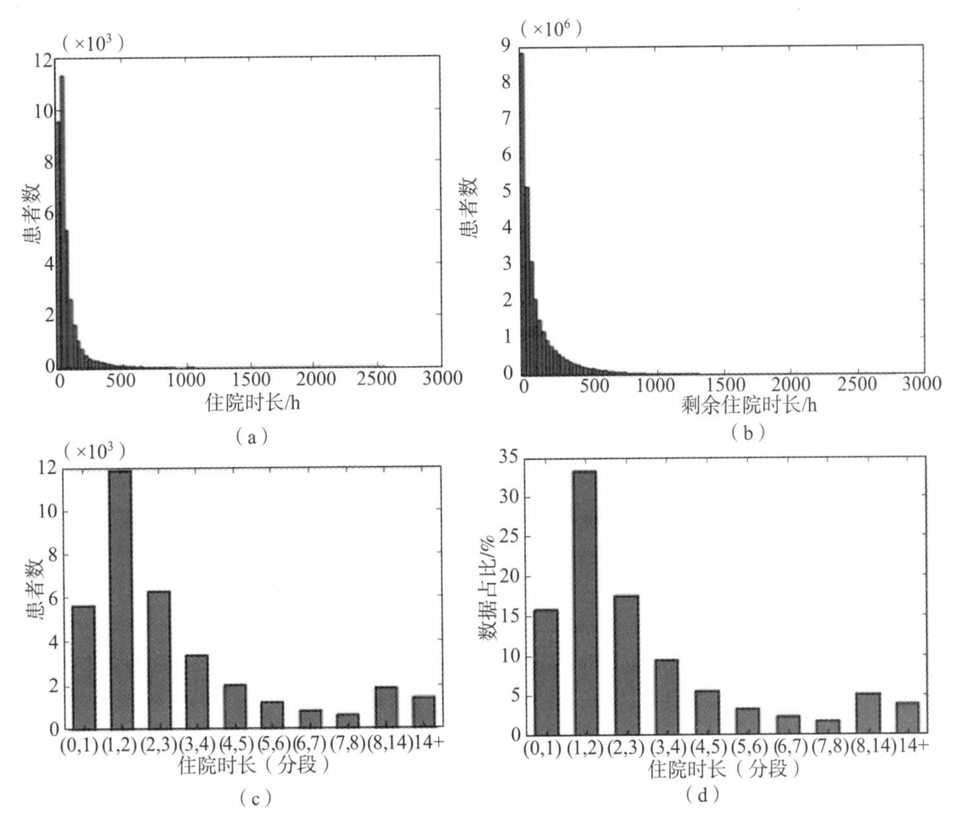

图 6.16　住院时长统计柱状图

（a）原始患者住院时长；（b）原始患者剩余住院时长；
（c）分段后患者住院时长；（d）分段后患者剩余住院时长

事实上，在最接近医院结算的那天，患者在重症监护室（ICU）停留的时间超过 1~2 周就被认为是异常值，采用数据挖掘的技术对患者住院时长进行预测，依据预测结果触发相应的干预措施，就可以有效减少重症监护室（ICU）的开销[111]。将原始住院时长分成 10 段。分别为：少于一天、多于一周且少于两周、多于两周（14 天）以及一周之内每天为一段。根据患者住院时间的长短，将其划分到不同时间段内。在这种情况下，将回归问题转换为多分类问题。

MIMIC-III 中 25 种 ICU 常见表型的统计如表 6.4 所示。

表 6.4　MIMIC-III 中 25 种表型所占比例

表型	占比/%
Acute and unspecified renal failure	21
Acute cerebrovascular disease	8
Acute myocardial infarction	11
Cardiac dysrhythmias	37
Chronic kidney disease	15
Chronic obstructive pulmonary disease	13
Complications of surgical/medical care	27
Conduction disorders	8
Congestive heart failure; nonhypertensive	40
Coronary atherosclerosis and related	53
Diabetes mellitus with complications	14
Diabetes mellitus without complication	19
Disorders of lipid metabolism	29
Essential hypertension	42
Fluid and electrolyte disorders	35
Gastrointestinal hemorrhage	8
Hypertension with complications	13
Other liver diseases	13
Other lower respiratory disease	5
Other upper respiratory disease	5
Pleurisy; pneumothorax; pulmonary collapse	10

续表

表型	占比/%
Pneumonia	15
Respiratory failure; insuffciency; arrest	19
Septicemia (except in labor)	24
Shock	8

从表中可以看出，冠状动脉粥样硬化及相关疾病（Coronary atherosclerosis and related）所占比例较高（为 53%），而急性脑血管病（Acute cerebrovascular disease）、传导障碍（Conduction disorders）、胃肠道出血（Gastrointestinal hemorrhage）、其他下呼吸道疾病（Other lower respiratory disease）、其他上呼吸道疾病（Other upper respiratory disease）以及休克（Shock）占比不足 10%，数据集类别数目差异比较明显，存在数据不平衡的问题。

2. 数据预处理

MIMIC-III 数据集中的数据是不完整的数据，无法直接在该数据集上建模，而且数据中包含复杂的数据，因此有必要对数据集进行预处理。

首先，删除一部分数据。从数据集中删除所有新生儿科和儿科患者（住院时年龄在 18 岁或者以下）数据，其原因在于儿科和新生儿科重症监护室的病人的生理特征有着明显的差别；去除拥有多条重症监护室记录的数据；排除在不同种重症监护室单元或在重症监护室和普通病房之间转移的数据。此后，总计有 33 798 名患者的 42 276 条重症监护室记录。在划分训练集和测试集之后，测试集包含 5070 条患者的住院记录数据。

将数据集中的患者死亡日期（DOD）与患者住院时长和出院时间相比较，得到患者在住院期间的死亡情况，为相应数据记录添加住院死亡情况的标签。观察数据集中患者对应的死亡时长（DOD）是否出现在下一个 24 小时内的滑动窗口内，为每个时间点标记相应的失代偿标签。在MIMIC-III 原始数据集中包含总住院时长（LOS）字段，由于本节是对患者剩余住院时长进行估计，因此使用一个滑动窗口在每个时间点将总住院时长（LOS）转换为剩余住院时长。

表型类别的标签基于 ICD-9 编码和 HCUP CCS 软件，已经在上一节中介绍过。ICD-9 为国际疾病组织发行的第 9 版编码列表，具体内容如表 6.5 所示。

表 6.5　ICD-9 编码列表

ICD-9 编码范围	疾病名称
001～139	传染病和寄生虫疾病
140～239	衍生物
240～279	内分泌、营养、新陈代谢及免疫系统疾病
280～289	血液及造血器官疾病
290～319	精神失常
320～359	神经系统疾病
360～389	感官器官疾病
390～459	循环系统疾病
460～519	呼吸系统疾病
520～579	消化系统疾病
580～629	泌尿生殖系统疾病
630～679	妊娠、分娩和产后合并症
680～709	皮肤及皮下组织疾病
710～739	肌肉骨骼系统及结缔组织疾病
740～759	先天畸形
760～779	怀孕期间的疾病
780～799	症状体征不明确的疾病
800～999	损伤和中毒
E	其他外力损伤
V	补充疾病分类

对于表型标签，首先将每个代码映射到其 HCUP CCS 类别，仅保留表 6.4中的 25 个类别；然后使用患者的住院标识符匹配患者的 ICU 记录，原因在于在 MIMIC-Ⅲ 数据集中，ICD-9 码和医院就诊记录在一张表格中，而不是和 ICU 相关数据记录在一起。通过排除拥有多次 ICU 记录的患者，减少表型标签的模糊性，因为 ICD-9 码并不与 ICU 记录相关，因此无法确定该编码属于哪次 ICU 记录。

6.3.4.2　医疗多任务训练

1. 医疗预测任务

本节使用 Harutyunyan 等[112]提出的 4 项任务作为预测目标，对本节提出的模型性能进行评估。这四项任务涉及比较专业的医学术语和医疗概念，因此接下来将对此展开介绍。

1）住院死亡情况预测

这一项任务是依据从 ICU 病房收集到的数据预测患者在住院期间的死亡情况。该任务有助于早期识别风险升高的患者以及状态可能稳定或改善的患者，在此基础之上，医院可以根据患者的具体情况采用合适的治疗方案和分配医疗资源，如对于情况可能恶化的患者及早指定治疗和护理方案。Harutyunyan 等[112]将住院死亡情况视为一种二分类任务，在患者入院后的第 48 小时对患者进行预测，其目标标签是患者在出院之前的死亡情况（0 表示死亡，1 表示生存）。

2）失代偿预估

第二项任务是检测生理失代偿或者病情急剧恶化的患者。失代偿是指机体对身体的变化不能做出代偿，失代偿会造成机体平衡被打破。为了改善失代偿患者的治疗效果，许多医院正在部署“跟踪和触发”计划。对于每位患者，医院会定期计算早期预警分数，使用预警分数来评估病人的生理状态。患者的整体或者某些类别的低分将触发警报，该警报就会传递给一个快速反应的急症护理专家小组，然后由他们接管患者，采取紧急措施，挽救患者的生命。

“跟踪和触发”计划的关键之处就在于早期预警分数的计算，依靠医生的经验计算得来的分数不仅会耗费大量的人力，而且不具客观性。最客观的预估早期预警分数的方式基于一个固定的时间窗口精准地预估患者的失代偿情况，如 24 小时。Harutyunyan 等[112]将失代偿预估任务视为与时间序列相关的二分类问题，在患者入院后，每隔一个小时预测一次，其标签表示该患者在当前时刻的 24 小时之内的死亡情况。

3）住院时长估计

第三项任务是估计患者住院时间（LOS），该因素是影响整个医院成本的最重要因素之一。住院时间长的患者不仅需要更多医院资源，而且通常这些患者具有复杂且持久的病症，难以治疗，但是这些病症不会危及患者的生命。减少医疗保健支出的主要措施之一就是尽早识别这些高成本患者[111]。

自然地，LOS 属于一个回归任务。Harutyunyan 等[112]在患者入院后的每个小时预估该患者的剩余住院时长。他们认为，这样的模型将有助于医院和护理单位定期（例如在每天开始时或者换班时）决定人员和资源的配置。

4）急性护理表型分类

最后一项任务是对急性护理表型分类：给定 ICU 中从出院到入院的所有数据，估计那些患者所共同具备的状态。急性护理表型分析在临床研究、发病率检测、风险调整等有应用。Harutyunyan 等[112]选择了 25 种在成人重症监护室常见的表型，其中包含 12 项严重的类别（可能危及生命）（如呼吸衰竭和败血症）、8 种在重症监护室常见的慢性表型（如糖尿病和代谢紊乱）、5 种混合型的表型。表 6.6 展示了这 25 种常见表型，并标明了其对应的类别。

表 6.6　常见的 ICU 表型

表　型	类　别
Acute and unspecfied renal failure	acute
Acute cerebrovascular disease	acute
Acute myocardial infarction	acute
Cardiac dysrhythmias	mixed
Chronic kidney disease	chronic
Chronic obstructive pulmonary disease	chronic
Complications of surgical/medical care	acute
Conduction disorders	mixed
Congestive heart failure; nonhypertensive	mixed
Coronary atherosclerosis and related	chronic
Diabetes mellitus with complications	mixed
Diabetes mellitus without complication	chronic
Disorders of lipid metabolism	chronic
Essential hypertension	chronic
Fluid and electrolyte disorders	acute
Gastrointestinal hemorrhage	acute
Hypertension with complications	chronic
Other liver diseases	mixed
Other lower respiratory disease	acute
Other upper respiratory disease	acute
Pleurisy; pneumothorax; pulmonary collapse	acute
Pneumonia	acute
Respiratory failure; insuffciency; arrest	acute
Septicemia (except in labor)	acute
Shock	acute

2. 多任务框架下的损失函数

给定 ICU 病房 T 小时的住院记录，该记录形式化表示为 $\{\boldsymbol{x}_t\}_{t\geqslant 1}^{T}$，其中，$\boldsymbol{x}_t$ 是一个向量，包含着各种测量结果，如体温、血压、pH 等。

每位患者都有一些具体的预测目标：$\{d_t\}_{t\geqslant 1}^{T}$，其中 $d_t\in\{0,1\}$ 是一个二分类标签的集合，集合中的每个元素表示一个小时的失代偿预估情况；$m\in\{0,1\}$ 是一个单标签，代表一名患者在住院期间是否死亡；$\{l_t\}_{t\geqslant 1}^{T}$，$l_t\in\mathbf{R}$ 是一个实数集合，每个实数值表示每位患者还需在医院停留的时长（即从现在到出院所需的时间）；$\boldsymbol{p}_{1:K}\in\{0,1\}^K$ 是一个长度为 K 的向量，每个维度表示一种表型特征。这些任务目标和上述所述的四项任务目标是一致的。为了方便训练，将住院时长估计问题转换为分类问题，依据时长的长短划分为 10 段，分别是 $(0,1)$，$(1,2)$，$(2,3)$，$(3,4)$，$(4,5)$，$(5,6)$，$(6,7)$，$(7,8)$，$(8,14)$ 以及 14^+（单位：天），也就对应着 10 个标签：$\{l_t\}_{t\geqslant 1}^{T}$，$l_t\in\{1,2,\cdots,10\}$。

记网络在 t 时刻对数据特征的提取结果为 h_t，在其后紧随的是输出层来对四项任务预测，即 $\{\hat{d}_t\}_{t\geqslant 1}^{T}$，$\hat{m}$，$\{\hat{l}_t\}_{t\geqslant 1}^{T}$，$\hat{p}_1,\hat{p}_2,\cdots,\hat{p}_K$，其公式如下：

$$\begin{cases}\hat{d}_t = \sigma(\boldsymbol{w}^{(d)}h_t + b^{(d)}) \\ \hat{m} = \sigma(\boldsymbol{w}^{(m)}h_{48} + b^{(m)}) \\ \hat{l}_t = \mathrm{Softmax}(\boldsymbol{w}^{(l)}h_t + b^{(l)}) \\ \hat{p}_i = \sigma(\boldsymbol{w}_{i,\cdot}^{(p)}h_T + b_i^{(p)})\end{cases} \tag{6.24}$$

式中，$\boldsymbol{w}^{(\mathrm{d})}$，$\boldsymbol{w}^{(\mathrm{m})}$，$\boldsymbol{w}^{(\mathrm{l})}$，$\boldsymbol{w}_{i,\cdot}^{(\mathrm{p})}$——权重矩阵；

$b^{(\mathrm{d})}$，$b^{(\mathrm{m})}$，$b^{(\mathrm{l})}$，$b^{(\mathrm{p})}$——偏差。

对于所有的二分类任务（住院死亡情况预测、失代偿预估及急性护理表型分类），使用交叉熵损失函数，即

$$\mathrm{CE}(y,\hat{y}) = -(y\cdot\log\hat{y} + (1-y)\cdot\log(1-\hat{y})) \tag{6.25}$$

在预测住院时长时，使用多类交叉熵损失，定义如下：

$$\mathrm{MCE}(y,\hat{y}) = -\sum_{k=1}^{B} y_k\log(\hat{y}_k) \tag{6.26}$$

式中，B——类别数。

综上，对每个任务的损失函数总结如下（针对每位患者）：

$$\begin{cases} \text{loss}_{\text{d}} = \dfrac{1}{T}\sum_{t=1}^{T}\text{CE}(d_t, \hat{d}_t) \\ \text{loss}_{\text{l}} = \dfrac{1}{T}\sum_{t=1}^{T}\text{MCE}(l_{tk}, \hat{l}_{tk}) \\ \text{loss}_{\text{m}} = \text{CE}(m, \hat{m}) \\ \text{loss}_{\text{p}} = \dfrac{1}{k}\sum_{i=1}^{K}\text{CE}(p_k, \hat{p}_k) \end{cases} \tag{6.27}$$

式中，$\text{loss}_{\text{d}}, \text{loss}_{\text{l}}, \text{loss}_{\text{m}}, \text{loss}_{\text{p}}$——失代偿预估、住院时长估计、住院死亡情况预测以及急性护理表型分类四项任务的损失函数。

为了适应多任务学习过程，本节模型采用权重损失函数，公式如下：

$$\text{loss}_{\text{mt}} = \lambda_{\text{d}} \cdot \text{loss}_{\text{d}} + \lambda_{\text{l}} \cdot \text{loss}_{\text{l}} + \lambda_{\text{m}} \cdot \text{loss}_{\text{m}} + \lambda_{\text{p}} \cdot \text{loss}_{\text{p}} \tag{6.28}$$

式中，$\lambda_{\text{d}}, \lambda_{\text{m}}, \lambda_{\text{l}}, \lambda_{\text{p}}$——权重系数。

6.3.4.3 评价指标

为了更好地比较模型，本节使用文献[112]中所使用的评价指标。在接下来介绍的评价指标中，很多指标以 ROC 曲线和 PR 曲线为基础，因此有必要先介绍这两种曲线。通常，ROC 曲线用于评估分类结果的好坏，而 PR 曲线应用在类别不均衡的情况下。

在二分类任务中，将分类结构表示成一个混淆矩阵，如表 6.7 所示。

表 6.7　二分类混淆矩阵

混淆矩阵	真正例	真负例
预测正例	TP	FP
预测负例	FN	TN

其中，TP（true positive）是指本来为正例，被预测为正例的样本数；TN（true negative）是指本身为负例，被分类器预测为负例的样本数；FP 是指标记为负例但被预测为正例的样本总数；FN 是指标记为正例但被预测为负例的样本总数。机器学习中经常会使用以下指标公式：

$$\text{Recall} = \frac{\text{TP}}{\text{TP} + \text{FN}} \tag{6.29}$$

$$\text{Precision} = \frac{\text{TP}}{\text{TP} + \text{FP}} \tag{6.30}$$

$$\mathrm{TPR} = \frac{\mathrm{TP}}{\mathrm{TP} + \mathrm{FN}} \tag{6.31}$$

$$\mathrm{FPR} = \frac{\mathrm{FP}}{\mathrm{FP} + \mathrm{TN}} \tag{6.32}$$

ROC 曲线的横轴是实际负样本中被错误预测为正样本的概率（FPR），纵轴是实际正样本中被预测正确的概率（TPR）；而 PR 曲线指的是以召回率（recall）为横轴、以精度（precision）为纵轴的曲线。

1）AUROC

AUROC 是分类任务中的一个常用评价指标。该指标的含义是随机抽取一对样本（正样本和负样本），使用已经训练好的分类器分别对正样本和负样本预测一个概率值，正样本的概率大于负样本概率的概率即 AUROC，是 ROC 曲线下的面积，计算方式如下：

$$\mathrm{AUC} = \frac{\sum\limits_{\mathrm{ins}_i \in \mathrm{positiveclass}} \mathrm{rank}_{\mathrm{ins}_i} - \frac{M \times (M+1)}{2}}{M \times N} \tag{6.33}$$

式中，positiveclass——正样本；

$\mathrm{rank}_{\mathrm{ins}_i}$——第 i 条样本的序号（按概率得分从小到大排序）。

2）AUPRC

AUPRC 为 PR 曲线下方的面积，用于评估类别不平衡时模型的效果。

3）$\min(\mathrm{Se},\mathrm{P}^+)$

$\min(\mathrm{Se},\mathrm{P}^+)$ 是在 2012 年的 The PhysioNet/Computing in Cardiology 比赛中提出的一种新的衡量类别不平衡的指标，公式如下：

$$\begin{cases} \mathrm{Se} = \dfrac{\mathrm{TP}}{\mathrm{TP} + \mathrm{FN}} \\ P^+ = \dfrac{\mathrm{TP}}{\mathrm{TP} + \mathrm{FP}} \\ \min(\mathrm{Se},\mathrm{P}^+) = \min(\mathrm{Se}, P^+) \end{cases} \tag{6.34}$$

从式（6.34）可以看出，$\min(\mathrm{Se},\mathrm{P}^+)$ 其实是求召回率和精度的最小值。

4）Kappa

Kappa 指数是用来评价分类精度的一种方式，用于对分类结果的一致性判断，公式如下：

$$k = \frac{p_0 - p_1}{1 - p_e} \tag{6.35}$$

假设每一类的真实样本个数为 $a_1, a_2, \cdots, a_C$，C 为总类别数；分类器给出的每一类别的样本数为 $b_1, b_2, \cdots, b_n$，n 为总样本数；p_0 是总体分类精度；p_e 的计算公式如下：

$$p_e = \frac{a_1 \times b_1 + a_2 \times b_2 + \cdots + a_C \times b_C}{n \times n} \tag{6.36}$$

本书使用的是线性加权 Kappa（linear weighted kappa），当对住院时长进行预测时，将 0 类预测为 4 类的惩罚要比将 0 类预测为 1 类的惩罚大。

5）MSE 和 MAPE

MSE 和 MAPE 是回归任务的评价指标，公式如下：

$$\text{MSE} = \frac{1}{N}\sum_{t=1}^{N}(\text{observed} - \text{predicted})^2 \tag{6.37}$$

$$\text{MAPE} = \frac{100}{N} \times \sum_{t=1}^{N}\left|\frac{\text{observed} - \text{predicted}}{\text{observed}}\right| \tag{6.38}$$

式中，observed——观测值（真实值）；

predicted——预测值。

6）microAUC 和 macroAUC

microAUC 和 macroAUC 是多分类情况下的 AUC 计算方式。

7）weightedAUC

考虑到疾病的流行率，weightedAUC 使用加权 AUC（weightAUC）来评价模型[112]，公式如下：

$$\text{GAUC} = \frac{\sum_{i=1}^{n}\omega_i \cdot \text{AUC}_i}{\sum_{i=1}^{n}\omega_i} \tag{6.39}$$

式中，AUC_i——第 i 个样本的 AUC 值；

ω_i——第 i 个样本的权重。

住院死亡情况预测和失代偿预估任务使用的评价指标是 AUROC、AUPRC 以及 $\min(\text{Se}, \text{P}^+)$；住院时长估计使用 Kappa、MSE 和 MAPE 作为评价指标；而急性护理表型分类任务使用 microAUC、macroAUC 及 weightedAUC 评价模型。

6.3.4.4　实验

1. 对比算法

我们选用逻辑斯谛回归模型、LSTM 为对比算法。同时，为了验证模型模块的有效性，去除了模型的某些模块。

（1）LR：逻辑斯谛回归模型，将人工抽取的特征作为 LR 的输入。

（2）LSTM：普通的 LSTM 模型。

（3）TCN：普通的 TCN 模型。

（4）TF-TCN：模型使用时间卷积网络代替 RNN 对序列建模，同时融入基于时间通道和生命特征通道的注意力机制。

（5）T-TCN：只使用时间通道注意力机制的时间卷积网络模型。

（6）F-TCN：只使用生命特征通道注意力机制的时间卷积网络模型。

（7）TCN-multi：多任务学习框架下，使用 TCN 的模型。

（8）TF-TCN-multi：多任务学习框架下，使用基于时间通道注意力机制和生命特征通道注意力机制的模型。

2. 实验结果

对住院死亡情况预测、失代偿预估、住院时长估计以及急性护理表型分类四项任务的实验结果如表 6.8～表 6.11 所示。

表 6.8　住院死亡情况预测实验结果

评价指标	LR	LSTM	TF-TCN	T-TCN	F-TCN	TCN	TCN-multi	TF-TCN-multi
AUROC	0.844	0.854	0.857	0.855	0.853	0.853	0.854	**0.859**
AUPRC	0.471	0.516	0.518	0.513	0.515	0.512	0.514	**0.519**
min(Se, P^+)	0.469	0.491	0.500	0.486	0.483	0.481	0.484	**0.504**

表 6.9　失代偿预估实验结果

评价指标	LR	LSTM	TF-TCN	T-TCN	F-TCN	TCN	TCN-multi	TF-TCN-multi
AUROC	0.870	0.895	0.895	0.891	0.893	0.894	0.895	**0.901**
AUPRC	0.213	0.298	0.316	0.312	0.309	0.299	0.304	**0.327**
min(Se, P^+)	0.269	0.344	0.357	0.352	0.351	0.343	0.346	**0.358**

表 6.10　住院时长估计实验结果

评价指标	LR	LSTM	TF-TCN	T-TCN	F-TCN	TCN	TCN-multi	TF-TCN-multi
Kappa	0.402	0.427	**0.429**	0.421	0.416	0.427	0.427	0.428
MSE	63 385	42 165	40 373	41 531	40 854	42 155	42 101	**33 918**
MAPE	573.5	235.9	167.3	198.5	210.8	243.7	239.6	**157.8**

表 6.11　急性护理表型分类实验结果

评价指标	LR	LSTM	TF-TCN	T-TCN	F-TCN	TCN	TCN-multi	TF-TCN-multi
miroAUC	0.801	0.816	**0.821**	0.807	0.811	0.811	0.815	0.819
macroAUC	0.741	0.77	**0.771**	0.761	0.756	0.752	0.756	0.767
weightedAUC	0.732	0.757	0.754	0.751	0.753	0.750	0.751	**0.759**

由实验结果可以看到，基于 LSTM 以及 TCN 的模型在四项任务（住院死亡情况预测、失代偿预估、住院时长估计、急性护理表型分类）中的所有指标上都比线性模型 LR 的性能好。这样的实验结果和以往对住院死亡预测和急性护理表型分类[113]的研究中线性模型和神经网络模型对比的结果保持一致。其原因在于，仅依靠人工设计的特征没有与具体的任务目标联系，且受人的主观因素影响较大，所以效果不如依靠神经网络自动提取到的与任务相关的特征。

在四项任务（住院死亡情况预测、失代偿预估、住院时长估计、急性护理表型分类）中，TCN 模型的实验效果和 LSTM 模型的效果不相上下，从而证明了时间卷积网络在捕捉医疗数据在时间上依赖关系的有效性。

很明显地，在实验效果上，多任务的模型在住院死亡情况预测、失代偿预估任务中的表现要优于单任务的学习模式。在住院时长估计任务中，多任务时间卷积网络的结果在 Kappa 指数上的效果略逊于单任务的实验结果，但这种差别很小，几乎可以忽略。另一方面，在 MAPE 和 MSE 两项评价指标上，多任务学习方式的实验效果比单任务好，说明多任务学习方式对回归任务是有效的。分析其原因，可能在于多任务学习模式下，将住院死亡情况预测、失代偿预估、住院时长估计、急性护理表型分类四项彼此不同又相互关联的任务共同学习，有效避免了模型陷入局部最小值的危险，加之模型不相关的部分引入了噪声，提高了模型的泛化能力。

同样地，在急性护理表型分类任务中，多任务模式下时间卷积网络的实验效果也比单任务的效果差。分析其原因，可能在于急性护理表型分类任务本身属于多标签分类的任务，是一种多任务学习的方式，自身已经通过 25 种不同的表型在 TCN 的层上获得了正则化。

从表 6.8～表 6.11 可以看出，加入注意力机制的模型在实验效果上要优于基础模型 TCN，由此证明时间通道注意力机制和生命特征通道注意力机制在四项任务中是有效的。

在对住院死亡情况预测、失代偿预估、住院时长估计以及急性护理表型分类四项任务中，T-TCN 和 F-TCN 的实验效果都没有 TF-TCN 的效果好。其原因在于，单一注意力机制赋予模型自主选择特征的能力是有限的，为了使模型具有很好的选择数据特征的能力，就需要将时间通道注意力机制和生命特征通道注意力机制进行有效结合。

综上所述，本章所提出的模型有效的原因有以下几方面：

（1）使用了多任务学习模式，将四个相关且相同的任务放在一起共同学习，可提高模型的泛化能力，降低模型陷入局部最优值的风险。

（2）时间卷积网络在建模医疗时序关系上是有效的。

（3）时间通道注意力机制和生命特征通道注意力机制可以帮助模型选择和任务相关的数据特征。

6.4　小　　结

本章在 6.2 节提出了基于医疗本体时域卷积的概念表示及疾病预测的模型——GAMT，并分别从问题定义、模型总体框架和各部分的具体细节三方面对模型进行详细说明。模型包含医疗码的嵌入表示学习、就诊的嵌入表示学习、疾病序列预测三个模块，前两个模块完成了医疗概念的表示学习任务，第三个模块在学习到的医疗码和就诊的嵌入式表示的基础上构建了序列预测模型，预测患者未来一次就诊所诊断的疾病，以评估概念表示学习的好坏。模型训练为端到端的，在训练过程中采用二元交叉熵计算损失。随后，验证了模型 GAMT 在疾病序列预测任务中的性能，分别从数据集、医疗本体、参数设置、评价指标、对比方法五个方面介绍了实验的基本设置，接着对两个实验的结果进行了详细分析与评估。最后，利用 t-SNE 对医疗码嵌入表示的可视化评估了结合医疗本体学习医疗码嵌入表示的可解释性。实验结果表明，GAMT 及其变体模型都在两个实验中的评价指标上超过了对比的方法，说明带注意力机制的时域卷积网络能捕捉到患者多次就诊的特征与就诊间的关系，且本模型在训练数据缺少（即模拟数据缺乏）的情况下也有较好的准确率，也说明了本节提出模型的价值。

6.3 节通过医疗时间卷积网络（TCN）来捕捉重症监护室（ICU）数据在时间上的关联关系，并引入了时间通道注意力机制和生命特征注意力机制，使模型具备“自主”选择相关特征的能力。该小节将模型建立在多任务的学习模式之下，同时学习四个彼此不同且相互关联的任务，解决梯度回传过程中可能陷入局部最小值以及泛化能力较弱的问题，且模型能够自动选择与任务相关的时间维度和生命特征测量数据上的特征，从而提升模型的性能。最后，通过实验证实了本章涉及的研究和处理医疗数据的相关技术和方法能够挖掘数据内部的潜在价值，具有良好的实用价值和社会价值。

第7章

兴趣点（POI）推荐

7.1 引　　言

随着移动设备的发展和普及，社交网络（social network，SN）得到了迅猛发展，移动设备几乎都搭载的 BDS、GPS 等定位系统，使得人们分享位置变得更加容易，而且许多社交网络都增加了基于位置的服务和功能，位置社交网络（location-based social network，LBSN）应运而生。位置社交网络可以让用户在某个地点进行签到（check-in），即发布自己所在的位置并对该地进行评价，并在此基础上与其他用户分享和社交。LBSN 的出现将互联网和现实世界更加紧密地结合，用户的每次签到都为现实中的一个地点贴上一个标签，还有用户自己的评价和喜好，而数以亿计的签到次数可以让计算机进行分析，最后针对不同的用户来个性化地推荐他们感兴趣的地点，这便是兴趣点（point of interest，PDI）推荐。

兴趣点推荐是指通过对用户的历史签到记录和签到时的环境信息进行分析，挖掘用户对地点（或场所）的偏好，从而给出用户可能感兴趣的地点（或商家）。兴趣点推荐之所以成为一大研究热门，不仅在于它能够满足用户的个性需求，帮助广告商提供定制化推送业务，更因为对用户的行为模式进行建模，预测分析大众的宏观时空行为，是一个涉及统计分析、数据挖掘、深度学习等领域的富有挑战性的问题。兴趣点推荐不同于传统的推荐功能，由于兴趣点推荐成功后，用户会在短时间内到达推荐的兴趣点，因此推荐系统应具有实时性，而传统的好友、内容、广告等推荐没有这个要求。同时，地点间的距离也是影响地点推荐的关键因素，这也是兴趣点推荐所特有的属性。因此，传统的推荐系统很难直接应用到兴趣点推荐，而兴趣点推荐也成为 LBSN 研究热点之一。

早期的位置信息大多以 GPS 定位系统记录的移动轨迹为主，其特点是精度高、细节多、数据量大，导致信息量过于冗余，真正有价值的兴趣点信息被淹没在噪声中；而在位置社交网络中，用户的签到信息绝大部分都是有价值的兴趣点，并且包含了位置、时间、文字描述等签到时的背景环境，位置社交网络中还存在大量用户信息、好友关系等，有利于兴趣点推荐的研究。

在兴趣点推荐的基础上，还应考虑到用户的行为往往具有连续性。例如，用户在餐厅吃完饭后很少马上去另一家餐厅；在去健身房后通常回家或去餐厅吃饭，而非去看话剧。这种签到行为之间的序列特征以及兴趣点推荐的时间序列性引起了相关科研人员的广泛关注，即用户接下来前往的地点与当前位置（或当前的环境信息）有很大关系。基于这个假设，连续兴趣点推荐（successive point of interest recommendation）有时也称下一跳兴趣点推荐（next POI recommendation），成为热门的研究课题。连续兴趣点推荐是指根据用户的当前位置与情景信息，推荐其接下来将前往的兴趣点。连续兴趣点推荐系统一方面满足了用户的个性化需求，缓解了用户面临的信息过载问题；另一方面，帮助广告商实现了位置感知的广告推送，可增加广告商的营业收入。

从另一方面来看，对于连续兴趣点推荐的研究十分复杂，基于位置社交网络的连续兴趣点推荐是一个包含了人与人的关系、人与位置的关系和位置与位置的关系的复杂异构网络[114-115]。人与人之间的关系代表了用户之间的交互，是继承于传统社交网络的部分；人与位置之间的关系代表了人与地理位置之间的交互，如用户签到过该地点、用户评论过该地点等；位置与位置之间的关系表示位置之间的关联性，如位置之间的距离。这些关系会相互影响，产生影响最终连续兴趣点推荐任务的背景因素（如时间效应、兴趣点分类信息、社交影响、内容信息和流行度影响等），所以用户选择其下一个要访问的兴趣点的决策过程是极其复杂的。此外，签到数据稀疏性、异构数据的融合、冷启动及国内外习惯差异等问题也让连续兴趣点推荐充满挑战。

基于以上对背景的介绍和对问题的分析，下面将分别对基于隐模式挖掘的 POI 预测方法、基于签到时间间隔模式的连续兴趣点推荐方法、基于深度表示的 POI 预测方法进行介绍。

7.2 基于隐模式挖掘的POI预测

在大多数情况下，用户的签到行为是出于自愿的；由于签到涉及隐私，因此用户不会把所有位置记录都在位置社交网络中分享，用户也不会在每个兴趣点都签到；有时候，用户还会忘记签到。这便产生了前文所说的用户签到数据存在的稀疏问题，将现有数据集中的用户签到数据转化为用户-兴趣点签到矩阵，稀疏性明显高于经典推荐任务中的Netflix用户-项目评分矩阵。连续兴趣点推荐系统需要从成千上万的候选兴趣点中准确选出用户接下来要访问的兴趣点，与兴趣点推荐系统相比，连续兴趣点推荐系统所面临的签到数据稀疏性问题更为严峻，这导致连续兴趣点推荐成为一项更难的任务。之前用于经典推荐任务的协同过滤方法在数据稀疏的情况下效果不尽人意[116]，于是研究者开始通过研究用户行为的本身特点和影响用户兴趣的周围因素，以提高兴趣点推荐的性能。

7.2.1 隐模式

研究发现，用户的行为规律具有非常明显的周期性特征[117-119]，对于连续兴趣点推荐，本节更多地关注用户在兴趣点分类之间的周期性移动模式。用户在兴趣点分类之间的周期性移动模式是非常明显的，例如，用户通常在周末访问户外运动场所（Outdoors）。另一个有趣的观察是，夜店类兴趣点（Nightlife Spot）在周五的访问量最大，而在周日的访问量最少。

此外，用户下一步要访问的兴趣点很可能与当前所在的兴趣点存在很强的关联性。例如，在强烈的户外运动后，用户更可能去餐厅饱餐一顿，而不是到小酒吧吃下午茶；在工作日，很多人会买一杯咖啡后去办公室，这可以看作工作日早上从咖啡店到办公地点的周期性移动规律。如图7.1所示，使用Foursquare数据集中的LA数据集和NYC数据集的签到数据，分别展示了最受欢迎的四类兴趣点在每天的不同时间段和一周中每天的签到概率。图7.2展示了在Foursquare-NYC签到数据集中，用户在兴趣点分类之间按照星期的转移概率。其中的c指兴趣点的类别，包含{c_1: Art&Entertainment; c_2: College& University; c_3: Food; c_4: Outdoors; c_5: Work; c_6: Nightlife Spot; c_7: Shop; c_8: Travel Spot}。从中可以观察到，

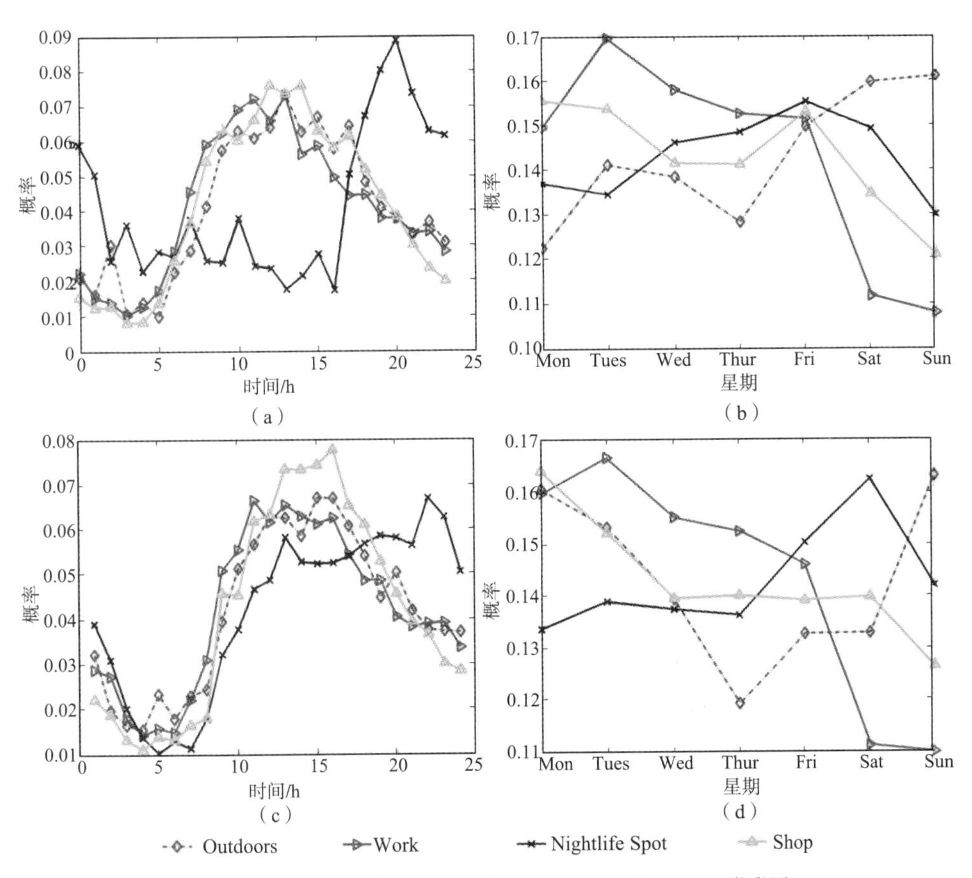

图 7.1　Foursquare 数据集的用户签到行为周期性分析（附彩图）

（a）LA 数据集在每天的不同时段的签到概率；（b）LA 数据集在一周中每天的签到概率；（c）NYC 数据集在每天的不同时段的签到概率；（d）NYC 数据集在一周中每天的签到概率

图 7.2（a）中的移动模式与图 7.2（b）中的移动模式非常相似，但图 7.2（a）中的移动模式与图 7.2（f）中的移动模式存在明显差异，这表明用户的签到行为模式存在若干潜在的行为模式，这种潜在行为模式对连续兴趣点推荐起着关键作用。

综上所述，用户的活动受时间、星期、当前所在地点、社交圈、流行度等因素的影响。此外，用户的活动规律具有明显的周期性特征，这些影响在此统称“隐模式”，在不同隐模式下，用户会表现出不同的移动模式和行为规律。本节介绍的便是基于隐模式挖掘的连续兴趣点推荐。

7.2.2　问题描述

令 $U=\{u_1,u_2,\cdots,u_M\}$ 代表位置社交网络中的一组用户，M 是用户的数

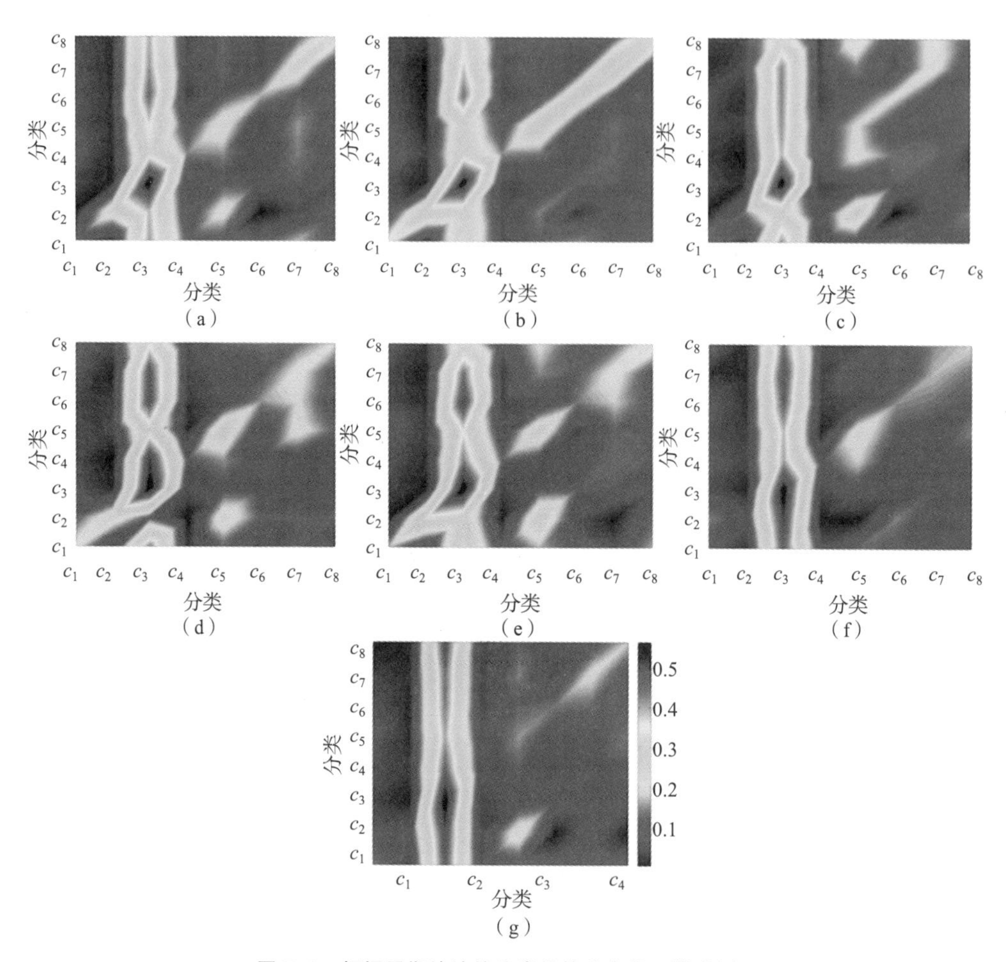

图 7.2 根据星期统计的分类间转移次数（附彩图）

(a) 周一；(b) 周二；(c) 周三；(d) 周四；(e) 周五；(f) 周六；(g) 周日

量。$L=\{l_1,l_2,\cdots,l_N\}$ 是位置社交网络中的一组兴趣点，其中每个兴趣点都具有唯一标识，且由{经度,纬度}进行地理编码，N 代表兴趣点的数量。用户 u 在时间 t 之前访问的一组兴趣点由 L_u^t 表示。$\boldsymbol{g}(\boldsymbol{c})=\{g_1(c_1),g_2(c_2),\cdots,g_F(c_F)\}$ 表示情景因素特征向量，这些特征向量来自一个特定的情景因素组合 $\boldsymbol{c}$，其中，F 表示情景因素的数量。情景因素 c_j 包括当前的兴趣点、小时、星期和当前兴趣点所属的分类等，$j=1,2,\cdots,F$。假设由情景因素可以确定 K 个潜在行为模式，那么潜在行为模式的分布可以表示为 $\boldsymbol{\Pi}=(\boldsymbol{\pi}_1,\boldsymbol{\pi}_2,\cdots,\boldsymbol{\pi}_K)$，且满足 $\sum_{k=1}^{K}\boldsymbol{\pi}_k=1$，其中 $\boldsymbol{\pi}_k$ 表示情景信息组合属于第 k 个潜在行为模式的概率。根据假设，用户的签到行为受潜在行为模式所影响，那么用户对接下来要访问的兴趣点的喜爱程度是用户在所有潜在行为模式下喜爱程度的加权求和，其中的权重系数是用户处于某种潜在行为模式的概率 π_k。本节所要解决的问题是计算潜在行为模式的概率分布 $\boldsymbol{\Pi}$ 和潜在行为模式级的用户偏好，然后根据权重将潜在行为模式级的用户偏好求和，估算用户实际的用户偏好，进而为用户提供连续兴趣点推荐。

7.2.3 基于隐模式挖掘的连续兴趣点推荐模型

本节所提出的模型首先计算用户 u 从兴趣点 i 移动到下一个兴趣点 l 的转移概率，然后根据转移概率对兴趣点进行排序，并将排在前 N 位的兴趣点推荐给用户。假设用户的签到行为满足一阶马尔可夫过程，那么转移概率为

$$x_{u,i,l} = P(Q_{u,l} \mid \boldsymbol{c}) \tag{7.1}$$

式中，$\boldsymbol{c}$——情景信息的特征向量；

$Q_{u,l}$——用户 u 下一个要访问的兴趣点是 l。

实际上，用户的历史签到数据就是用户 u 从当前兴趣点 i 移动到下一个兴趣点 l 的转移记录，可以把用户、当前兴趣点和下一个兴趣点看作张量 $\boldsymbol{\chi}$ 的三个维度，即 $\boldsymbol{\chi} = [0,1]^{|U|\times|L|\times|L|}$，张量中的非零元素 $\chi_{u,i,l}$ 表示观察到的转移记录。那么对转移概率的估算就等价于求张量 $\boldsymbol{\chi}$ 的一个近似。为了进一步提升推荐系统的性能，本节所提出的模型分别考虑了个性化偏好和地理距离偏好。

7.2.3.1 个性化偏好

由于张量 $\boldsymbol{\chi}$ 中只有一部分元素为非零元素，因此可以利用类似于矩阵分解中的低秩近似技术，将那些未观察到的转移项进行填充，从而可能发现一些有趣但尚未发生的转移模式。对于三阶张量 $\boldsymbol{\chi}$ 的近似，可以采用 Tucker 分解方法[120]或者正则分解（canonical decomposition）算法[121]。其中，正则分解方法可以看作 Tucker 分解方法的一个特例；正则分解方法只考虑张量中三个维度（即用户 U、当前兴趣点 I、下一个兴趣点 L）两两之间的交互（pairwise interaction），可以表示为

$$\hat{x}_{u,i,l} = \boldsymbol{u}_{U,L} \cdot \boldsymbol{l}_{L,U} + \boldsymbol{l}_{L,I} \cdot \boldsymbol{i}_{I,L} + \boldsymbol{u}_{U,I} \cdot \boldsymbol{i}_{I,U} \tag{7.2}$$

式中，$\boldsymbol{u}_{U,L}$——用户-下一个兴趣点关系矩阵中用户的潜在因素向量；

$\boldsymbol{l}_{L,U}$——用户-下一个兴趣点关系矩阵中下一个兴趣点的潜在因素向量；

$\boldsymbol{i}_{I,L}$——当前兴趣点-下一个兴趣点关系矩阵中当前兴趣点的潜在因素向量；

$\boldsymbol{l}_{L,I}$——当前兴趣点-下一个兴趣点关系矩阵中下一个兴趣点的潜在因素向量；

$\boldsymbol{u}_{U,I}$——用户-当前兴趣点关系矩阵中用户的潜在因素向量；

$\boldsymbol{i}_{I,U}$——用户-当前兴趣点关系矩阵中当前兴趣点的潜在因素向量。

由于分解模型中的因式项 $\boldsymbol{u}_{U,I} \cdot \boldsymbol{i}_{I,U}$ 与下一个兴趣点无关且并不影响转移概率的排名，因此可以将该项移除[122]。此时，转移概率估计值 $\hat{x}_{u,i,l}$的表达式为

$$\hat{x}_{u,i,l} = \boldsymbol{u}_{U,L} \cdot \boldsymbol{l}_{L,U} + \boldsymbol{l}_{L,I} \cdot \boldsymbol{i}_{I,L} \tag{7.3}$$

7.2.3.2 地理距离偏好

受文献［117］的启发，人们的移动行为受地理距离的限制，用户大部分的转移都是在一天之内完成的，并且随着用户与兴趣点之间地理距离的增大，用户访问该兴趣点的概率在减小。此外，用户签到过的兴趣点大多分布在其居住地、办公室和经常访问的兴趣点周围。现有的研究工作通常设定一个地理距离阈值，将阈值范围之外的兴趣点过滤，而本节模型则定义$\rho \cdot d_{i,l}^{-1}$为用户 u 访问相距 $d_{i,l}$千米的兴趣点的地理距离偏好，其中参数 ρ 的最优值将在模型优化阶段学习得到，这样与用户相距较远的兴趣点也有可能作为推荐对象。

在分析了个性化偏好和地理距离偏好之后，将二者线性相加，就得到了完整的计算转移概率估计值，公式如下：

$$\hat{x}_{u,i,l} = \boldsymbol{u}_{U,L} \cdot \boldsymbol{l}_{L,U} + \boldsymbol{l}_{L,I} \cdot \boldsymbol{i}_{I,L} + \rho \cdot d_{i,l}^{-1} \tag{7.4}$$

在模型中，对于与用户相距较远的兴趣点，当用户对该兴趣点的个性化偏好较大时，所提模型也可以将该相距较远的兴趣点推荐给用户。因此，本节模型可以解决在用户进行长距离远行情况下的连续兴趣点推荐问题。

7.2.4 融合隐模式级的用户偏好

假设用户的转移记录可以被分配到一些潜在行为模式之中，每个潜在行为模式都对用户的移动偏好有着不同程度的影响，此时用户对兴趣点的偏好程度就是将潜在行为模式级的用户偏好进行加权求和。本节所提出的模型首先计算潜在行为模式级的转移概率，然后将这些转移概率加权求和，得到最终的转移概率。令 s 代表用户所处的潜在行为模式，则 $x_{u,i,l}$和 s 的

联合概率可以表示为

$$p(Q_{u,l},s \mid \boldsymbol{c}) = p(Q_{u,l} \mid s,\boldsymbol{c})p(s \mid \boldsymbol{c}) \tag{7.5}$$

式中，$p(s|\boldsymbol{c})$——加权系数，即 $\boldsymbol{\pi}$。

隐模式级的转移概率可以定义为

$$\hat{x}^{s}_{u,i,l} = p(Q_{u,l} \mid s,\boldsymbol{c}) = \boldsymbol{u}^{s}_{U,L} \cdot \boldsymbol{l}^{s}_{L,U} + \boldsymbol{l}^{s}_{L,I} \cdot \boldsymbol{i}^{s}_{I,L} + \rho^{s} \cdot d^{-1}_{i,l} \tag{7.6}$$

通过边缘化潜在变量 s，转移概率的边缘分布可以写为

$$\hat{x}_{u,i,l} = \sum_{s} \hat{x}^{s}_{u,i,l}p(s \mid \boldsymbol{c}) \tag{7.7}$$

图 7.3 给出了本节所提模型的图示化说明。图中上方的张量包含用户的历史签到数据，即签到数据集中的转移张量 $\boldsymbol{\chi}$。张量中标记为“1”的项表示用户在对应的两个兴趣点之间实际发生过转移，张量中标记为“?”的项表示用户在对应的两个兴趣点之间尚未发生过转移。此外，用户在每个潜在行为模式下都对应不同的个性化偏好，图中下方的每个张量对应用户在不同潜在行为模式下的转移概率。转移张量 $\boldsymbol{\chi}$ 是由所有潜在行为模式级的转移张量按照权重系数 $p(s|\boldsymbol{c})$ 加权求和而得，因此本节的目标是近似求解潜在行为模式级的转移张量，并计算潜在行为模式的概率分布 $\boldsymbol{\Pi}$，将潜在行为模式级的转移张量按照概率分布 $\boldsymbol{\Pi}$ 进行加权求和得到张量 $\boldsymbol{\chi}$ 的近似，近似张量中各项的值就是用户在对应兴趣点之间的转移概率。

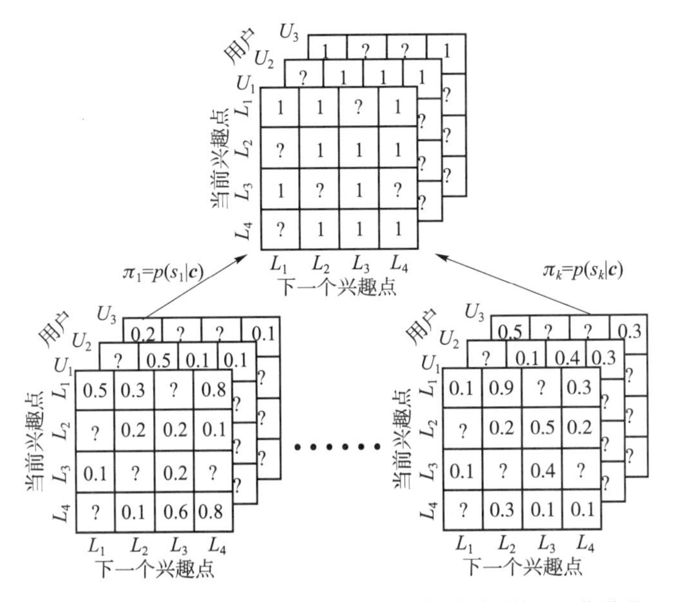

图 7.3　基于潜在行为模式的连续兴趣点推荐模型的图示化说明

本节使用Softmax函数$\frac{1}{S_c}\exp\left(\sum_{j=1}^{F}\alpha_j^s g_j(c_j)\right)$计算用户处于不同隐模式的概率$p(s|\boldsymbol{c})$。其中，$\alpha_j^s$是潜在行为模式$s$中第$j$个特征值的权重系数；$S_c$是将潜在行为模式的概率分布进行规则化的函数，即$S_c=\sum_{k=1}^{K}\exp\left(\sum_{j=1}^{F}\alpha_j^{s_k}g_j(c_j)\right)$；代表情景因素的特征向量$\boldsymbol{c}$可以用一组特征向量$\{g_1(c_1),\cdots,g_F(c_F)\}$来表示，$F$是特征向量的个数。将Softmax函数代入转移概率的边缘分布之后，$\hat{x}_{u,i,l}$可以表示为

$$\hat{x}_{u,i,l}=\frac{1}{S_c}\sum_s \hat{x}_{u,i,l}^s\exp\left(\sum_{j=1}^{F}\alpha_j^s g_j(c_j)\right) \tag{7.8}$$

连续兴趣点推荐的任务是向用户推荐排名在前N位的兴趣点，可以将其建模为一个对兴趣点的排序问题$>_{u,i}^s$。其中，$>_{u,i}^s\subset L\times L$，表示用户$u$在当前兴趣点$i$处于潜在行为模式$s$时对下一个兴趣点的偏好排序；$\hat{x}_{u,i,l}^s$表示当用户$u$处于潜在行为模式$s$时，从兴趣点$i$转移到兴趣点$l$的概率。

$$m>_{u,i}^s n\Leftrightarrow \hat{x}_{u,i,m}^s>\hat{x}_{u,i,n}^s \tag{7.9}$$

上式表示当用户u在当前兴趣点i处于隐模式s时，对兴趣点m的偏好程度大于对兴趣点n的偏好程度。

在标准贝叶斯个性化排序（Bayesian personalized ranking，BPR）算法的基础上[123]，本节推导出了顺序贝叶斯个性化排序（S-BPR）优化标准。当用户u处于隐模式s时，对兴趣点的偏好排序可以建模为：$p(\Theta|>_{u,i}^s)$。其中，Θ是模型的参数集合，即$\Theta=\{\boldsymbol{\alpha}^S,\boldsymbol{\rho}^S,\boldsymbol{U}_{U,L}^S,\boldsymbol{V}_{L,U}^S,\boldsymbol{V}_{L,I}^S,\boldsymbol{V}_{I,L}^S\}$。

然后，假设用户的每次签到行为之间是相互独立的，本节模型的最大后验概率可以表示为

$$\arg\max_{\Theta}\prod_{u\in U}\prod_{i\in L_u^t}\prod_{m\in l_u^t}\prod_{n\in L-l_u^t}\sum_s p(m>_{u,i}^s n|\Theta)\cdot p(s|\boldsymbol{c})p(\Theta) \tag{7.10}$$

式中，l_u^t——用户u在时间t访问的兴趣点。

用户对兴趣点的偏好排序可以进一步表示为

$$\begin{aligned}p(m>_{u,i}^s n|\Theta)&=p(x_{u,i,m}^s>x_{u,i,n}^s|\Theta)\\&=p(x_{u,i,m}^s-x_{u,i,n}^s>0|\Theta)\end{aligned} \tag{7.11}$$

与文献［122］类似，本节使用函数$\sigma(z)=\frac{1}{1+\mathrm{e}^{-z}}$计算用户$u$对兴趣点$m$和兴趣点$n$的偏好排序：

$$p(m >_{u,i}^{s} n \mid \Theta) = \sigma(x_{u,i,m}^{s} - x_{u,i,n}^{s}) \tag{7.12}$$

假设模型参数的初始值服从高斯分布 $p(\Theta) \sim N\left(0, \dfrac{2}{\lambda_{\Theta}}\boldsymbol{I}\right)$，那么模型目标方程的极大后验概率可以表示为

$$\arg\max_{\Theta} \prod_{u \in U} \prod_{i \in L_u^t} \prod_{m \in l_u^t} \prod_{n \in L - l_u^t} \left\{ \frac{1}{S_c} \sum_{s} \sigma(x_{u,i,m}^{s} - x_{u,i,n}^{s}) \exp\left(\sum_{j=1}^{F} \alpha_j^s g_j(c_j) \right) \cdot \mathrm{e}^{-\frac{\lambda_{\Theta}}{2} \|\Theta\|^2} \right\} \tag{7.13}$$

模型优化和参数求解：

参数集合 Θ 可以通过最大化目标方程的对数求得：

$$\arg\max_{\Theta} \prod_{u \in U} \prod_{i \in L_u^t} \prod_{m \in l_u^t} \prod_{n \in L - l_u^t} \ln \left\{ \frac{1}{S_c} \sum_{s} \sigma(x_{u,i,m}^{s} - x_{u,i,n}^{s}) \exp\left(\sum_{j=1}^{F} \alpha_j^s g_j(c_j) \right) \cdot \mathrm{e}^{-\frac{\lambda_{\Theta}}{2} \|\Theta\|^2} \right\} \tag{7.14}$$

本节使用期望最大化（expectation maximization，EM）算法迭代优化模型参数。

（1）在 E 步中，潜在变量 s 的后验分布可以表示为

$$\gamma(s) = P(s \mid >_{u,i}^{s}, \Theta, \boldsymbol{c}) = \frac{\sigma(x_{u,i,m}^{s} - x_{u,i,n}^{s}) \exp\left(\sum_{j=1}^{F} \alpha_j^s g_j(c_j) \right)}{\sum_{s} \sigma(x_{u,i,m}^{s} - x_{u,i,n}^{s}) \exp\left(\sum_{j=1}^{F} \alpha_j^s g_j(c_j) \right)} \tag{7.15}$$

（E 步结束）

（2）在 M 步中，参数 $\boldsymbol{\alpha}^S$ 和参数集合 $\{\Theta \mid \boldsymbol{\alpha}^S\}$（代表参数集合 Θ 中除了 $\boldsymbol{\alpha}^S$ 以外的其他参数）的最优解 $\boldsymbol{\alpha}_*^S$ 可以通过优化下式中的 Q 函数得到：

$$\boldsymbol{\alpha}_*^S = \arg\max_{\boldsymbol{\alpha}^S} \sum_{u \in U} \sum_{i \in L_u^t} \sum_{m \in l_u^t} \sum_{n \in L - l_u^t} \sum_{s} \gamma(s) \cdot \left\{ \ln\left(\frac{1}{S_c} \exp\left(\sum_{j=1}^{F} \alpha_j^s g_j(c_j) \right) \right) - \frac{\lambda_{\Theta}}{2} \|\Theta\|^2 \right\} \tag{7.16}$$

$$\{\Theta \mid \boldsymbol{\alpha}^S\}_* = \arg\max_{\{\Theta \mid \boldsymbol{\alpha}^S\}} \sum_{u \in U} \sum_{i \in L_u^t} \sum_{m \in l_u^t} \sum_{n \in L - l_u^t} \sum_{s} \gamma(s) \cdot \left\{ \ln \sigma(x_{u,i,m}^{s} - x_{u,i,n}^{s}) - \frac{\lambda_{\Theta}}{2} \|\Theta\|^2 \right\} \tag{7.17}$$

式（7.16）的含义是：最优参数 $\boldsymbol{\alpha}_*^S$ 是在所有可能的参数中，能够使得 $\sum_{u\in U}\sum_{i\in L_u^t}\sum_{m\in l_u^t}\sum_{n\in L-l_u^t}\sum_{S}\gamma(s)\left\{\ln\left(\frac{1}{S_c}\exp\left(\sum_{j=1}^{F}\alpha_j^s g_j(c_j)\right)\right)-\frac{\lambda_\Theta}{2}\|\Theta\|^2\right\}$ 取最大值的参数。式(7.17) 的含义是：最优参数集合$\{\boldsymbol{\Theta}\mid\boldsymbol{\alpha}^S\}_*$ 是在所有可能的参数集合中，能够使得 $\sum_{u\in U}\sum_{i\in L_u^t}\sum_{m\in l_u^t}\sum_{n\in L-l_u^t}\sum_{S}\gamma(s)\left\{\ln\sigma(x_{u,i,m}^s-x_{u,i,n}^s)-\frac{\lambda_\Theta}{2}\|\Theta\|^2\right\}$ 取得最大值的参数集合。模型的详细算法和参数更新规则如算法 7.1 所示。（M 步结束）

算法 7.1　基于潜在行为模式的连续兴趣点推荐算法

输入：潜在行为模式的数量 K，签到数据 D

输出：用基于潜在行为模式的连续兴趣点推荐模型训练得到的参数 Θ

1：将参数 Θ 根据 $N\left(0,\frac{2}{\lambda_\Theta}\boldsymbol{I}\right)$ 进行初始化

2：**while** 参数 Θ 未收敛 **do**

3：　E 步：

$$S_c\leftarrow\sum_{k=1}^{K}\exp\left(\sum_{j=1}^{F}\alpha_j^{s_k}g_j(c_j)\right)$$

$$p(s\mid\boldsymbol{c})\leftarrow\frac{1}{S_c}\exp\left(\sum_{j=1}^{F}\alpha_j^s g_j(c_j)\right)$$

$$\gamma(s)\leftarrow\frac{\sigma(x_{u,i,m}^s-x_{u,i,n}^s)\exp\left(\sum_{j=1}^{F}\alpha_j^s g_j(c_j)\right)}{\sum_s\sigma(x_{u,i,m}^s-x_{u,i,n}^s)\exp\left(\sum_{j=1}^{F}\alpha_j^s g_j(c_j)\right)}$$

4：　M 步：

$$\delta\leftarrow(1-\sigma(x_{u,i,m}^s-x_{u,i,n}^s))$$

$$u_{U,L}^s\leftarrow\frac{\sum_d\delta\cdot\gamma(s)\cdot(m_{L,U}^s-n_{L,U}^s)}{\lambda_\Theta\sum_d\gamma(s)}$$

$$i_{I,L}^s\leftarrow\frac{\sum_d\delta\cdot\gamma(s)\cdot(m_{L,I}^s-n_{L,I}^s)}{\lambda_\Theta\sum_d\gamma(s)}$$

$$m_{L,U}^s\leftarrow\frac{\sum_d\delta\cdot\gamma(s)\cdot u_{U,L}^s}{\lambda_\Theta\sum_d\gamma(s)}$$

（续）

$$n_{L,U}^{s} \leftarrow \frac{\sum_{d} \delta \cdot \gamma(s) \cdot (-u_{U,L}^{s})}{\lambda_{\Theta} \sum_{d} \gamma(s)}$$

$$m_{L,I}^{s} \leftarrow \frac{\sum_{d} \delta \cdot \gamma(s) \cdot i_{I,L}^{s}}{\lambda_{\Theta} \sum_{d} \gamma(s)}$$

$$n_{L,I}^{s} \leftarrow \frac{\sum_{d} \delta \cdot \gamma(s) \cdot (-i_{I,L}^{s})}{\lambda_{\Theta} \sum_{d} \gamma(s)}$$

$$\boldsymbol{\alpha}^{S} \leftarrow \frac{\sum_{d} \gamma(s) \cdot \boldsymbol{g}(\boldsymbol{c}) \cdot (1 - p(s \mid \boldsymbol{c}))}{\lambda_{\Theta} \sum_{d} \gamma(s)}$$

$$\boldsymbol{\rho}^{S} \leftarrow \frac{\sum_{d} \delta \cdot \gamma(s) \cdot (d_{i,m}^{-1} - d_{i,n}^{-1})}{\lambda_{\Theta} \sum_{d} \gamma(s)}$$

5：**end while**

6：返回：参数 Θ

7.2.5　实验分析

在实验部分，本节评估以下内容：

（1）与其他先进的推荐技术相比，本节所提模型的性能如何？

（2）潜在行为模式的数量如何影响模型的性能？

（3）不同情景信息如何影响模型的推荐性能？

7.2.5.1　评价指标

所有兴趣点按照对应的转移概率降序排列，将排名在前 N 位的兴趣点组成候选集合 $S_{N,u,\mathrm{rec}}$ 推荐给用户 u，本节采用精度评价指标来评估模型的性能，评价指标可以表示为

$$\mathrm{P@}N = \frac{1}{|U|} \sum_{u \in U} \frac{|S_{N,u,\mathrm{res}} \cap S_{\mathrm{visited}}^{u}|}{|S_{\mathrm{visited}}^{u}|} \tag{7.18}$$

式中，S_{visited}^{u}——用户 u 实际访问的兴趣点；

$|U|$——用户的数量；

N——候选兴趣点的数量。

7.2.5.2 对比算法和实验设置

将本节提出的模型与下述算法进行比较。

1）矩阵分解算法[124]

矩阵分解（matrix factorization，MF）算法是将用户-项目评分矩阵进行分解，已经被广泛应用于传统的推荐系统之中。

2）概率矩阵分解算法

概率矩阵分解（probabilistic matrix factorization，PMF）算法假设预测评分与真实评分之间存在高斯噪声，并假设用户特征矩阵和项目特征矩阵都服从均值为 0 的高斯分布[125]。

3）基于局部区域的个性化马尔可夫链分解算法

基于局部区域的个性化马尔可夫链分解（factorizing personalized Markov chains-localized regions，FPMC-LR）算法在文献［126］中被提出，是最早的连续兴趣点推荐算法和目前最权威的对比算法。

4）融合地理影响的个性化排序度量嵌入算法

融合地理影响的个性化排序度量嵌入（incorporating geographical influence into personalized ranking metric embedding，PRME-G）算法首先计算两个欧氏空间距离，一个是当前兴趣点向量与下一个兴趣点向量之间的欧氏距离，另一个是用户向量与下一个兴趣点向量之间的欧氏距离，然后加和这两个欧氏距离并融合地理距离影响进行连续兴趣点推荐。实验结果表明，该算法是目前最先进的连续兴趣点推荐算法[127]。

在本节提出的模型和 FPMC-LR 中，参数 λ_{Θ} 的值都被设置为 1，Gowalla 数据集和 Foursquare 数据集中隐模式的数量分别被设置为 4 和 6。在实验过程中，首先使用训练集优化求解模型参数的最优值，然后在测试集中使用这些参数进行推荐。

7.2.5.3 连续兴趣点推荐的实验结果和分析

表 7.1～表 7.3 所示为所有推荐算法在连续兴趣点推荐任务中的精度。

表 7.1 各推荐算法在 Foursquare-LA 数据集上的精度

评价指标	MF	PMF	FPMC-LR	PRME-G	本节模型
P@1	0.023	0.024	0.032	0.034	0.044
P@5	0.067	0.071	0.097	0.097	0.129

续表

评价指标	MF	PMF	FPMC-LR	PRME-G	本节模型
P@10	0.089	0.093	0.128	0.124	0.170
P@20	0.108	0.116	0.155	0.150	0.213

表 7.2　各推荐算法在 Foursquare-NYC 数据集上的精度

评价指标	MF	PMF	FPMC-LR	PRME-G	本节模型
P@1	0.011	0.015	0.022	0.034	0.044
P@5	0.034	0.041	0.068	0.092	0.123
P@10	0.051	0.062	0.096	0.115	0.163
P@20	0.072	0.083	0.124	0.137	0.202

表 7.3　各推荐算法在 Gowalla 数据集上的精度

评价指标	MF	PMF	FPMC-LR	PRME-G	本节模型
P@1	0.022	0.024	0.029	0.040	0.044
P@5	0.086	0.093	0.116	0.142	0.169
P@10	0.147	0.158	0.198	0.195	0.293
P@20	0.188	0.202	0.247	0.246	0.377

实验结果分析如下：

（1）本节提出的模型和 FPMC-LR、PRME-G 都优于 MF 和 PMF，这表明传统的兴趣点推荐算法在连续兴趣点推荐任务中效果较差。这是因为，MF 和 PMF 只是利用了用户偏好，而没有使用连续签到行为的序列信息。此外，本节所提模型的精度相比于 MF 和 PMF 分别至少提升了 91%和 81%，同时 FPMC-LR 和 PRME-G 的精度也高于 MF 和 PMF，这同样证明了地理距离在连续兴趣点推荐中起着重要作用。

（2）本节所提模型的精度始终优于 FPMC-LR 和 PRME-G，在 Foursquare 数据集和 Gowalla 数据集上的精度相比于 FPMC-LR 分别至少提升了 32%和 45%，在 Foursquare 数据集和 Gowalla 数据集上的精度相比于 PRME-G 分别至少提升了 29%和 10%。这表明融合潜在行为模式可以更好地建模用户的移动规律，从而帮助模型更准确地向用户推荐下一步要访问的兴趣点。

7.2.5.4 新兴趣点推荐的实验结果和分析

表 7.4~表 7.6 所示为所有推荐算法在连续新兴趣点推荐中的精度。实验结果表明，所提模型不仅可以准确预测用户的周期性转移，还可以为用户推荐尚未访问过的兴趣点。

表 7.4 各推荐算法在 Foursquare-LA 数据集上的精度（新兴趣点推荐）

评价指标	MF	PMF	FPMC-LR	PRME-G	本节模型
P@1	0.007	0.007	0.027	0.034	0.036
P@5	0.039	0.039	0.093	0.114	0.147
P@10	0.066	0.069	0.124	0.144	0.202
P@20	0.107	0.110	0.153	0.173	0.239

表 7.5 各推荐算法在 Foursquare-NYC 数据集上的精度（新兴趣点推荐）

评价指标	MF	PMF	FPMC-LR	PRME-G	本节模型
P@1	0.004	0.006	0.030	0.032	0.034
P@5	0.021	0.030	0.095	0.109	0.145
P@10	0.040	0.057	0.131	0.139	0.194
P@20	0.076	0.095	0.156	0.164	0.250

表 7.6 各推荐算法在 Gowalla 数据集上的精度（新兴趣点推荐）

评价指标	MF	PMF	FPMC-LR	PRME-G	本节模型
P@1	0.006	0.006	0.028	0.045	0.022
P@5	0.031	0.036	0.118	0.182	0.271
P@10	0.059	0.067	0.182	0.249	0.372
P@20	0.109	0.118	0.252	0.311	0.462

实验结果分析如下：

（1）MF 和 PMF 通过优化用户潜在因素向量和兴趣点潜在因素向量来解释观察到的签到记录，并预测尚未观察到的签到记录。然而，在没有利用情景信息的情况下，传统的推荐算法直接进行新兴趣点推荐是非常困难的。这是因为，与用户访问过的兴趣点相比，尚未访问过的兴趣点没有用户的偏好记录，拟合之后的评分值往往比较低。因此，传统的 MF 和 PMF 推荐算法的精度都比较低。

（2）虽然 FPMC-LR 和 PRME-G 都融合了地理距离影响来提高推荐的精度，但实验结果表明，在新兴趣点推荐任务中 PRME-G 优于FPMC-LR。这是因为，PRME-G 通过将兴趣点表示为潜在空间中的一个点进行建模，而 FPMC-LR 将兴趣点表示为潜在空间中的两个点，相比而言，FPMC-LR 的推荐性能略低于 PRME-G 的推荐性能。

（3）与其他所有推荐算法相比，本节提出的模型始终达到了最高的推荐精度，这表明潜在行为模式对新兴趣点的推荐具有重要作用。

另一个有趣的观察是，本节提出的模型在 Gowalla 数据集中 P@ 1 的精度低于 FPMC-LR 和 PRME-G。值得注意的是，在 Gowalla 数据集中不包含兴趣点的分类信息，因而无法利用分类信息计算用户所处的潜在行为模式。直观上讲，本节期望分类信息对于建模用户的兴趣偏好是有帮助的，特别是在新兴趣点推荐任务中将具有重要作用。

7.3　基于签到时间间隔模式的连续兴趣点推荐

7.3.1　引言

当前对连续兴趣点推荐的研究工作将每个用户的所有签到数据看作一个整体，这种方式只考虑了用户与兴趣点之间的签到关系，而忽视了用户连续访问的兴趣点之间的关系。在实际情况中，用户在不同兴趣点上对于接下来要访问的兴趣点会有不同的兴趣偏好，例如，人们下班离开办公室，接下来更有可能回家吃饭，而不是徒步远行。这种签到行为的序列模式[128]在兴趣点推荐任务中是非常重要的因素，用户接下来要访问的兴趣点与当前所在的兴趣点之间具有很强的相关性，因此在构建兴趣点推荐模型的过程中要基于用户当前所在的位置，此时的兴趣点推荐任务就是推荐用户接下来要访问的兴趣点，即连续兴趣点推荐。

在连续兴趣点推荐任务中，当前的研究工作通过融合位置社交网络中的各种情景信息（特别是时间效应）来建模用户对兴趣点的偏好，从而提高推荐的精度。在融合时间效应的连续兴趣点推荐系统中，主要有两类方法：一类方法是简单地探索用户移动模式在时间上的周期性规律，其依据的是用户往往在同一时间段内周期性地访问某种类型的兴趣点[117,129-130]。

例如，人们在工作日的早晨到办公室上班，晚上下班回家。另一类方法是考虑兴趣点之间的时间序列相关性，利用个性化马尔可夫链分解（factorizing personalized Markov chains，FPMC）模型[126]和个性化排序度量嵌入（personalized ranking metric embedding，PRME）算法[127]实现连续兴趣点推荐。特别地，文献［131］通过建模用户随着时间推移的兴趣偏好，在特定时间段内向用户推荐兴趣点，该方法可以通过枚举所有可能的时间间隔估计用户签到的具体时间。同时，该研究工作假设用户总会在给定的时间段内完成签到，对于没有在给定时间段内签到的用户，将直接删除[131]。

当前的研究工作主要利用了用户签到的时间戳（绝对时间）信息，例如星期一上午 9 点和星期五上午 9 点都在办公大楼签到，通过建模用户签到行为的周期性规律，提升推荐系统的性能。如文献［130］所述，用户的行为模式呈现出了明显的周期性特征，例如，白领们通常在上午 9 点到办公室上班；读书爱好者通常每周都会去书店。然而，这种将用户行为统一建模的方式，隐含地假设了所有用户的签到行为都遵循相同的模式。事实上，不同职业的用户有不同的办公时间，对应的行为模式也是不同的。例如，白领们的工作时间主要集中在白天，而医务工作者通常需要值夜班。当前的研究工作并没有考虑到用户行为模式的多样性。而连续签到之间的时间间隔对用户而言是相对固定的，例如，人们通常在工作 4 小时之后会去吃饭。因此，利用签到时间间隔可以对用户行为模式的多样性进行建模。

用户接下来要访问的兴趣点与从当前兴趣点移动到下一个兴趣点的时间间隔有关，即用户偏好是随着签到时间间隔长短的变化而变化的。例如，用户在餐厅吃饭之后，往往会在短时间内去商场购物，这可以被解释为从吃饭到购物的短期签到时间间隔模式。另外，用户对接下来要访问的兴趣点的偏好与签到时间间隔的长短具有高度相关性。例如，用户在结束了高强度的户外活动（如滑雪、登山等）之后，通常更乐意于去吃大餐，而不会在当天就去购物。如图 7.4 所示，根据 Foursquare-NYC 数据集中的签到数据，分析用户对兴趣点的偏好程度与时间间隔之间的关系。其中，图 7.4（a）所示为用户在访问工作场所（Work）之后，随着签到时间间隔的变化，访问餐厅（Food）和夜店（Nightlife Spot）的概率分布。从中可以发现，当签到时间间隔分别为 4 小时、12 小时和 23 小时的时候，用户从工作场所（Work）转移到餐厅（Food）的概率取得极大值。这个观察结果表明，人们通常在工作 4 小时之后吃午餐，工作 12 小时之后吃晚餐，并在工作前 1 小时吃早餐，这与现实情况是相符的。此外，用户签到夜店（Nightlife Spot）的极大概率值是在工作 10 个小时之后出现的，这表明大部分用户在工作 10 小时之后去夜店（Nightlife Spot）消费。总而言之，每个用户的上班时间可能是不同的，但是日常活动之间的时间间隔却遵循着相同的模式。图 7.4（b）统计了在访问工作场所（Work）之后，接下来去访问其他类型兴趣点的时间间隔累积分布函数，其中的签到时间间隔模式是显而易见的，例如，用户离开工作场所（Work）之后去室外活动类兴趣点（Outdoor）的时间间隔较短。

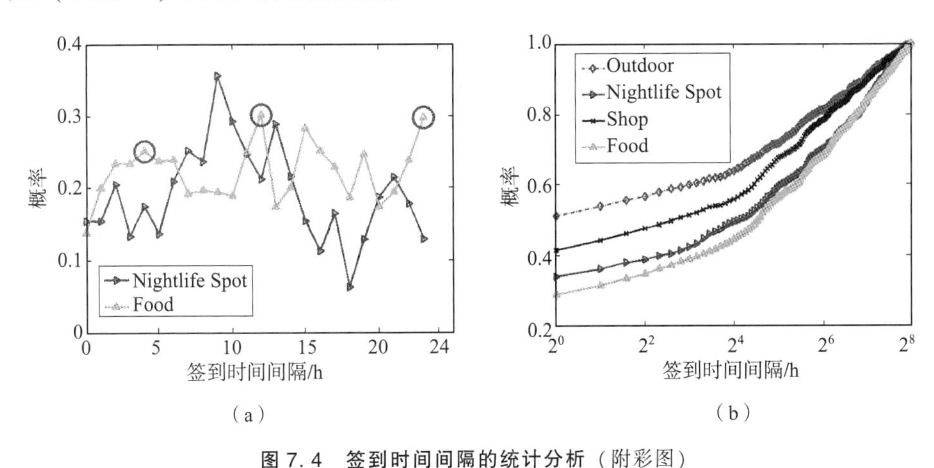

图 7.4 签到时间间隔的统计分析（附彩图）

（a）用户偏好随着签到时间间隔的变化；（b）签到时间间隔的累计分布函数

图 7.5 展示了用户在各分类之间的平均时间间隔，兴趣点分类包括 $\{c_1$：Arts & Entertainment；c_2：College & University；c_3：Food；c_4：Outdoors；c_5：Work；c_6：Nightlife Spot；c_7：Shop，c_8：Travel Spot$\}$。从中可以观察到，图 7.5（a）所示的签到时间间隔模式类似于图 7.5（b）所示的签到时间间隔模式，这表明用户的签到行为存在多个签到时间间隔模式，这种签到时间间隔模式对连续兴趣点推荐有着重要影响。

本节提出一个基于因子分析（factor analysis）的概率模型，通过融合签到时间间隔模式来提升连续兴趣点推荐的精度，在完成连续兴趣点推荐任务的同时，可以预测连续签到之间的时间间隔。签到时间间隔模式是从用户的历史签到数据中学习得到的，并用于建模用户对接下来要访问的兴趣点的偏好。具体来讲，本节通过综合三种类型的偏好来衡量用户对兴趣点的喜爱程度，即个性化偏好、地理距离偏好、时间间隔偏好，并采用三阶张量模型对用户的连续签到行为进行建模，在将时间间隔偏好作为潜在

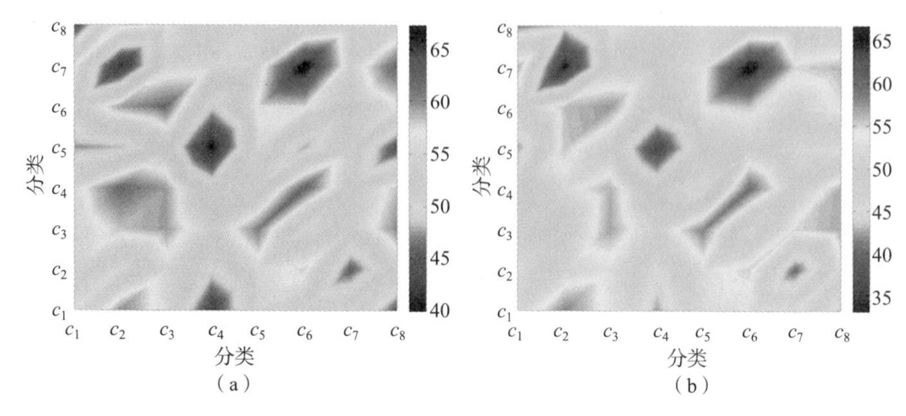

图 7.5 分类间平均签到时间间隔的统计（附彩图）

(a) Foursquare-LA 数据集；(b) Foursquare-NYC 数据集

变量的基础上，结合因子分析提出了基于签到时间间隔模式的连续兴趣点推荐模型。在参数学习阶段，期望最大化（expectation maximization，EM）算法被用于优化模型参数。本节的主要工作总结如下：

（1）本节提出一种基于因子分析的概率模型进行连续兴趣点推荐。据我们所知，本节所提模型首次使用基于因子分析的方法解决连续兴趣点推荐问题。

（2）本节在 3 个真实权威 LBSN 的大规模数据集上进行评测，实验结果表明，与其他先进的推荐算法相比，基于签到时间间隔模式的连续兴趣点推荐模型在连续兴趣点推荐任务中有着明显优势。

7.3.2 问题描述

令 $U=\{u_1,u_2,\cdots,u_M\}$ 代表位置社交网络中的一组用户，M 为用户的数量。$L=\{l_1,l_2,\cdots,l_N\}$ 是位置社交网络中的一组兴趣点，其中每个兴趣点具有唯一的标识，且由{经度,纬度}进行地理编码，N 为兴趣点的数量。用户 u 在时间 t 之前签到的兴趣点集合用 L_u^t 表示，即 $L_u^t=\{l_u^1,l_u^2,\cdots,l_u^G\}$，其中 G 表示用户 u 在时间 t 之前签到的兴趣点数量。

本节所要解决的问题是为用户 u 推荐接下来要访问的兴趣点集合，候选兴趣点集合中的每个兴趣点都要附带到达该兴趣点的时间间隔估计值。

7.3.3 基于签到时间间隔模式的连续兴趣点推荐模型

本节提出的算法首先计算用户 u 从兴趣点 i 以一定时间间隔移动到下一

个兴趣点j的转移概率，然后根据转移概率对兴趣点进行排序，将排在前N位的兴趣点推荐给用户。假设用户的签到行为满足一阶马尔可夫过程，那么转移概率可以表示为

$$x_{u,i,j} = p(Q_{u,j} \mid Q_{u,i}) \tag{7.19}$$

式中，$Q_{u,i}$——用户u当前访问的兴趣点是i；

$Q_{u,j}$——用户u下一个要访问的兴趣点是j。

因此，每个用户的签到数据都是用户u从当前兴趣点i移动到下一个兴趣点j的转移频率，可以把用户、当前兴趣点和下一个兴趣点看作张量$\boldsymbol{\chi} \in \mathbf{Z}^{|U| \times |L| \times |L|}$的三个维度，张量中的非零元素$\chi_{u,i,j}$表示观察到的转移频率。

本节模型通过建模三种类型的用户偏好提升推荐性能，这三种类型的用户偏好分别是个性化偏好、地理距离偏好和时间间隔偏好。

7.3.3.1　个性化偏好

转移张量$\boldsymbol{\chi}$中只有一部分元素为非零元素，可以利用类似矩阵分解中的低秩近似技术，将那些未观察到的转移项进行填充，从而计算用户对所有兴趣点的个性化偏好。对于三阶张量$\boldsymbol{\chi}$的近似，可以采用Tucker分解方法[120]或者正则分解（canonical decomposition）方法[121]，其中正则分解方法可以看作Tucker分解方法的一个特例。正则分解方法只考虑张量的三个维度（即用户U、当前兴趣点I、下一个兴趣点J）中两两之间的交互（pairwise interaction），可以表示为

$$\hat{\chi}_{u,i,j} = \boldsymbol{v}_u^{U,J} \cdot \boldsymbol{v}_j^{J,U} + \boldsymbol{v}_i^{I,J} \cdot \boldsymbol{v}_j^{J,I} + \boldsymbol{v}_u^{U,I} \cdot \boldsymbol{v}_i^{I,U} \tag{7.20}$$

式中，$\boldsymbol{v}_u^{U,J}$——用户-下一个兴趣点关系矩阵中用户的潜在因素向量；

$\boldsymbol{v}_j^{J,U}$——用户-下一个兴趣点关系矩阵中下一个兴趣点的潜在因素向量；

$\boldsymbol{v}_i^{I,J}$——当前兴趣点-下一个兴趣点关系矩阵中当前兴趣点的潜在因素向量；

$\boldsymbol{v}_j^{J,I}$——当前兴趣点-下一个兴趣点关系矩阵中下一个兴趣点的潜在因素向量；

$\boldsymbol{v}_u^{U,I}$——用户-当前兴趣点关系矩阵中用户的潜在因素向量；

$\boldsymbol{v}_i^{I,U}$——用户-当前兴趣点关系矩阵中当前兴趣点的潜在因素向量。

因式项$\boldsymbol{v}_u^{U,I} \cdot \boldsymbol{v}_i^{I,U}$可以被移除，因为其与下一个兴趣点无关，且不影响转移概率的排名[122]。此时个性化偏好的估计值$\hat{\chi}_{u,i,j}$可以表示为

$$\hat{\chi}_{u,i,j} = \boldsymbol{v}_u^{U,J} \cdot \boldsymbol{v}_j^{J,U} + \boldsymbol{v}_j^{J,I} \cdot \boldsymbol{v}_i^{I,J} \tag{7.21}$$

7.3.3.2 地理距离偏好

受文献［117］的启发，用户的移动行为受地理距离的限制，用户接下来要访问的兴趣点往往是在一天之内可以到达的区域，并且随着地理距离的增加，用户对该兴趣点的偏好程度会减少。由于用户访问的兴趣点大多分布在其居住地、工作场所和经常访问的兴趣点附近，因此可以在模型中融合地理距离偏好，以提升推荐性能。本节建模用户的地理距离偏好为 $\mathrm{sp}(d_{i,j})$，它表示用户在访问当前兴趣点 i 之后，接下来访问相距 $d_{i,j}$ 千米的兴趣点 j 的地理距离偏好，$\mathrm{sp}(d_{i,j})$ 可以表示为

$$\mathrm{sp}(d_{i,j}) = \rho \cdot d_{i,j}^{-1} \tag{7.22}$$

式中，参数 ρ 的最优值将在参数学习阶段确定。

7.3.3.3 时间间隔偏好

为了建模用户 u 对接来下要访问的兴趣点的时间间隔偏好，本节首先构建签到时间间隔张量 $\mathbf{Z}$。对于用户 u 连续访问的兴趣点之间的时间间隔，可以构造当前兴趣点-下一个兴趣点的签到时间间隔矩阵 $\mathbf{Z}_u$，所有用户的时间间隔矩阵就构成时间间隔张量 $\mathbf{Z} \in \mathbf{R}^{|U| \times |L| \times |L|}$，张量中的非零元素 $\hat{z}_{u,i,j}$ 表示用户 u 从当前兴趣点 i 移动到下一个兴趣点 j 的时间间隔估计值。与转移张量 $\boldsymbol{\chi}$ 的分解技术类似，为了填充时间间隔张量 $\mathbf{Z}$ 中的缺失值，构造张量 $\mathbf{Z}$ 三个维度（即用户 U、当前兴趣点 I、下一个兴趣点 J）中两两之间的交互：

$$\hat{z}_{u,i,j} = \boldsymbol{e}_u^{U,J} \cdot \boldsymbol{e}_j^{J,U} + \boldsymbol{e}_i^{I,J} \cdot \boldsymbol{e}_j^{J,I} \tag{7.23}$$

式中，$\boldsymbol{e}_u^{U,J}$——用户-下一个兴趣点关系矩阵中用户的潜在因素向量；

$\boldsymbol{e}_j^{J,U}$——用户-下一个兴趣点关系矩阵中下一个兴趣点的潜在因素向量；

$\boldsymbol{e}_i^{I,J}$——当前兴趣点-下一个兴趣点关系矩阵中当前兴趣点的潜在因素向量；

$\boldsymbol{e}_j^{J,I}$——当前兴趣点-下一个兴趣点关系矩阵中下一个兴趣点的潜在因素向量。

在日常生活中，用户在餐馆吃饭后，通常会在较短时间内去逛商场，或者在较长时间后去游泳。为了研究转移次数与转移时间间隔之间的关系，本节使用 Foursquare 数据集和 Gowalla 数据集，统计了转移次数与连续签到时间间隔之间的关系，如图 7.6 所示。图中的 a 与 k 均为幂律分

布（power law distribution）的常数项。从图 7.6 中可以发现，转移次数随着时间间隔的增大而减小，并且近似服从幂指数 $k \approx -1$ 的幂律分布。因此，本节定义 $z_{u,i,j}$表示用户 u 在访问兴趣点 i 之后转移到兴趣点 j 的时间间隔偏好，根据图 7.6 的统计发现，时间间隔偏好 $z_{u,i,j}$与时间间隔估计值 $\hat{z}_{u,i,j}$成反比。

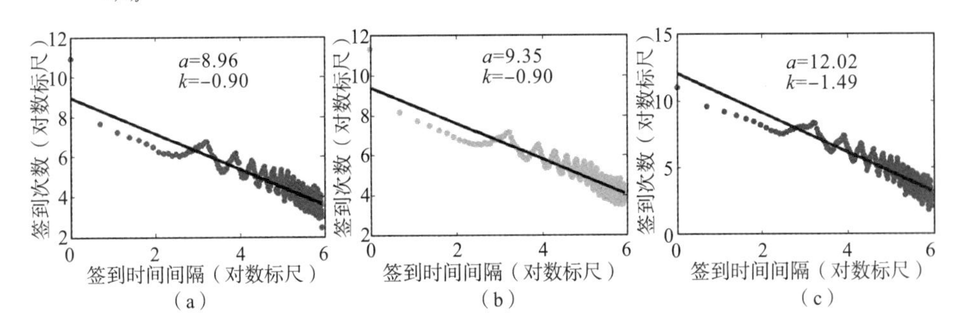

（a）　（b）　（c）

图 7.6　连续签到之间时间间隔的分布

（a）Foursquare-LA；（b）Foursquare-NYC；（c）Gowalla

为了建模用户签到行为的多样性，本节假设时间间隔偏好 $z_{u,i,j}$服从期望为 $\hat{z}_{u,i,j}^{-1}$、方差为 σ_1^2 的高斯分布，可以表示为

$$z_{u,i,j} \sim N(\hat{z}_{u,i,j}^{-1}, \sigma_1^2) \tag{7.24}$$

7.3.3.4　潜在变量模型和因子分析模型

潜在变量模型是将观测变量 x 与对应的潜在变量 z 以函数的方式相关联，可以表示为

$$x = y(z;w) + \varepsilon \tag{7.25}$$

式中，$y(z;w)$——潜在变量 z 与参数 w 的函数；

ε——独立于潜在变量 z 的噪声变量。

在定义潜在变量 z 和噪声变量 ε 的先验分布的基础上，式（7.25）中的观测变量 x 也服从相同的分布，此时可以使用期望最大化（expectation maximization，EM）算法迭代求解模型参数。这种模型可以称为生成模型，因为观测变量 x 可以通过潜在变量 z 和噪声变量 ε 抽样生成。

最常用的潜在变量模型是因子分析模型[132]。在因子分析模型中，$y(z;w)$是潜在变量 z 的线性函数，因此有：

$$x = w \cdot z + \mu + \varepsilon \tag{7.26}$$

式中，参数 w 是潜在变量 z 的权重；参数 μ 使得观测变量 x 具有非零的均值。

通常，潜在变量 z 被定义为单位方差的高斯分布，即 $z \sim N(0,1)$。令噪声变量 ε 服从高斯分布，即 $\varepsilon \sim N(0,\sigma^2)$，那么观测变量 x 也服从高斯分布，即 $x \sim N(\mu, w^2+\sigma^2)$。由于参数 w 和 σ^2 没有解析解，因此模型参数的最优值需要使用期望最大化算法迭代求解。

7.3.3.5 连续兴趣点推荐模型

由于签到时间间隔只有在签到行为发生之后才能得到，因此本节将时间间隔偏好作为潜在变量。通过定义参数 $\mu = \hat{\chi}_{u,i,j} + \rho \cdot d_{i,j}^{-1}$，本节提出一种基于因子分析的概率模型：

$$\hat{x}_{u,i,j} = w \cdot z_{u,i,j} + \hat{\chi}_{u,i,j} + \rho \cdot d_{i,j}^{-1} + \varepsilon \tag{7.27}$$

式中，w——时间间隔偏好的权重，其最优值将在模型优化阶段学习得到。

该模型的参数集合是 $\Theta := \{\rho, \omega, \sigma_1^2, \sigma_2^2, V_u^{U,J}, V_j^{J,U}, V_j^{J,I}, V_i^{I,J}, E_u^{U,J}, E_j^{J,U}, E_j^{J,I}, E_i^{I,J}\}$。

在连续兴趣点推荐任务中，噪声变量表示用户在移动过程中受到的非偏好性随机影响，如天气影响、社交关系影响等。假设噪声变量 ε 服从高斯分布，即 $\varepsilon \sim N(0,\sigma_2^2)$，下式表示给定潜在变量 $z_{u,i,j}$ 时，$x_{u,i,j}$ 的概率分布：

$$x_{u,i,j} \mid z_{u,i,j} \sim N(w \cdot z_{u,i,j} + \hat{\chi}_{u,i,j} + \rho \cdot d_{i,j}^{-1}, \sigma_2^2) \tag{7.28}$$

在确定了观测变量 $x_{u,i,j}$ 的条件概率分布之后，观测变量 $x_{u,i,j}$ 的边际分布就可以通过将潜在变量边缘化得到，且同样是高斯分布，表示如下：

$$x_{u,i,j} \sim N(w \cdot \hat{z}_{u,i,j}^{-1} + \hat{\chi}_{u,i,j} + \rho \cdot d_{i,j}^{-1}, w^2 \cdot \sigma_1^2 + \sigma_2^2) \tag{7.29}$$

当给定观测变量 $x_{u,i,j}$ 之后，潜在变量 $z_{u,i,j}$ 的条件分布可以使用贝叶斯法则计算得到，且潜在变量 $z_{u,i,j}$ 的条件分布也服从高斯分布：

$$z_{u,i,j} \mid x_{u,i,j} \sim N(C, M) \tag{7.30}$$

式中，C——后验均值，$C = \dfrac{\sigma_1^2 w(\chi_{u,i,j} - \hat{\chi}_{u,i,j} - \rho d_{i,j}^{-1}) + \hat{z}_{u,i,j}^{-1}\sigma_2^2}{w^2\sigma_1^2 + \sigma_2^2}$；

M——后验方差，$M = \dfrac{\sigma_1^2 \cdot \sigma_2^2}{w^2 \cdot \sigma_1^2 + \sigma_2^2}$。

7.3.3.6 参数学习

本节提出的概率模型的优化可以形式化为最大完全数据的对数似然函数。在本节模型中，将潜在变量 $z_{u,i,j}$ 作为缺失数据，那么完整的数据包括观测变量 $x_{u,i,j}$ 与相应的潜在变量 $z_{u,i,j}$。假设用户之间是相互独立的，用户的每次签到行为之间也是相互独立的，那么完全数据的对数似然函数可以表示为

$$L_C = \sum_{u \in U} \sum_{i \in L_u} \sum_{j \in L_u^t} \ln(p(x_{u,i,j}, z_{u,i,j}))$$
$$= \sum_{u \in U} \sum_{i \in L_u} \sum_{j \in L_u^t} \ln(p(x_{u,i,j} \mid z_{u,i,j}) p(z_{u,i,j})) \quad (7.31)$$

则

$$p(x_{u,i,j} \mid z_{u,i,j}) = (2\pi\sigma_2^2)^{-\frac{1}{2}} \cdot \exp\left(-\frac{(x_{u,i,j} - w \cdot z_{u,i,j} - \hat{X}_{u,i,j} - \rho \cdot d_{i,j}^{-1})^2}{2\sigma_2^2}\right) \quad (7.32)$$

$$p(z_{u,i,j}) = (2\pi\sigma_1^2)^{-\frac{1}{2}} \exp\left(-\frac{(z_{u,i,j} - \hat{z}_{u,i,j}^{-1})^2}{2\sigma_1^2}\right) \quad (7.33)$$

模型参数集合 Θ 的求解可以通过迭代方式将 L_C 最大化得到，在传统的因子分析模型中，常用的优化方法是期望最大化（EM）算法。EM 算法在 E 步和 M 步这两个步骤之间进行迭代，直至参数收敛，并且保证似然函数可以达到局部最大值。在 E 步中，根据潜在变量 $z_{u,i,j}$ 的后验分布，计算 L_C 的期望值；在 M 步中，通过最大化对数似然函数的期望，得到更新后的参数 Θ'。

（1）**E 步**：根据概率分布 $p(z_{u,i,j} \mid x_{u,i,j})$，得到 L_C 的期望为

$$\langle L_C \rangle = -\frac{1}{2} \sum_{u \in U} \sum_{i \in L_u} \sum_{j \in L_u^t} \left(\ln(2\pi\sigma_2^2) + \frac{(x_{u,i,j} - \hat{X}_{u,i,j} - \rho d_{i,j}^{-1})^2 + w^2 \langle z_{u,i,j}^2 \rangle}{\sigma_2^2} - \frac{2w\langle z_{u,i,j} \rangle (x_{u,i,j} - \hat{X}_{u,i,j} - \rho d_{i,j}^{-1})}{\sigma_2^2} + \ln(2\pi\sigma_1^2) + \frac{\langle z_{u,i,j}^2 \rangle - 2\langle z_{u,i,j} \rangle \hat{z}_{u,i,j}^{-1} + \hat{z}_{u,i,j}^{-2}}{\sigma_1^2} \right) \quad (7.34)$$

在移除了与期望无关的参数之后，剩余参数的期望为

$$\langle z_{u,i,j} \rangle = \frac{\sigma_1^2 w (x_{u,i,j} - \hat{X}_{u,i,j} - \rho d_{i,j}^{-1}) + \hat{z}_{u,i,j}^{-1} \sigma_2^2}{w^2 \sigma_1^2 + \sigma_2^2} \quad (7.35)$$

$$\langle z_{u,i,j}^2 \rangle = \frac{\sigma_1^2 \cdot \sigma_2^2}{\sigma_2^2 + w^2 \cdot \sigma_1^2} + \langle z_{u,i,j} \rangle^2 \quad (7.36)$$

式中，$\langle z_{u,i,j} \rangle$ 表示后验均值，通过结合后验方差，可以得到 $\langle z_{u,i,j}^2 \rangle$。需要注意的是，在计算这些期望值时，所使用的是更新之前的参数值。

(E 步结束)

(2) **M 步**：求解模型参数 Θ 的最优值，使得对数似然函数的期望 $\langle L_C \rangle$ 取得最大值。

在 M 步中，首先对所有参数求偏导数，然后令这些偏导数等于 0。为了对参数 $V_u^{U,J}, V_j^{J,U}, V_j^{J,I}, V_i^{I,J}, E_u^{U,J}, E_j^{J,U}, E_j^{J,I}, E_i^{I,J}$ 进行优化更新，本节模型使用随机梯度下降算法，逐步将这些参数的偏导数优化为零。更新规则如下：

$$\begin{aligned}\Theta' &= \Theta + \alpha\left(\frac{\partial}{\partial \Theta}\left(\frac{\partial}{\partial \Theta}\langle L_C \rangle\right)\right) \\ &= \Theta + \alpha\left(\frac{\partial^2}{\partial \Theta^2}\langle L_C \rangle\right)\end{aligned} \tag{7.37}$$

式中，α——学习率，$\alpha>0$。

(M 步结束)

为了最大化完全数据的对数似然函数，首先用 E 步计算潜在变量的期望，然后在 M 步中得到模型参数的更新公式，在 E 步和 M 步交替迭代的过程中，对数似然函数逐步收敛到局部最优值。

在本节模型中，用户在兴趣点之间的转移概率是观测变量 $x_{u,i,j}$ 的值，相应的签到时间间隔是潜在变量 $z_{u,i,j}$ 的值，当所有参数求得最优值后，$x_{u,i,j}$ 和 $z_{u,i,j}$ 通过简单的计算即可求得。本节模型不仅可以得到转移概率和签到时间间隔的估计值，还可以估算推荐结果的不确定性程度，用户 u 从兴趣点 i 到兴趣点 j 的转移概率是 $w \cdot \hat{z}_{u,i,j}^{-1} + \hat{X}_{u,i,j} + \rho \cdot d_{i,j}^{-1}$，推荐结果的不确定性程度是 $w^2 \cdot \sigma_1^2 + \sigma_2^2$，相应的签到时间间隔是 $\hat{z}_{u,i,j}$，预测结果的不确定性程度是 σ_1^2。

7.3.4 实验

在实验部分，评估以下几个问题：

(1) 与目前先进的连续兴趣点推荐算法相比，本节模型的推荐性能如何？

(2) 与其他预测时间间隔的算法相比，本节模型的预测性能如何？

本节选取了数据集 Foursquare 和 Gowalla 中三个大规模的数据集进行实验。本节将数据集分为两个不重叠的集合：对于每个用户，根据签到时间的先后将签到数据分为两个部分——将早期的 80% 签到数据作为训练集，将剩下的 20% 签到数据作为测试集。三个数据集的统计信息如表 7.7 所示。

表 7.7　数据集的统计信息

数据集	Foursquare-LA	Foursquare-NYC	Gowalla
用户数量	2 470	3 401	1 488
兴趣点数量	81 361	106 974	92 679
签到次数	123 782	178 143	226 116
平均签到次数	50.11	52.38	151.9

本节定义精度来评估连续兴趣点推荐和连续新兴趣点推荐的性能：

$$\mathrm{P@}N_{\mathrm{POI}} = \frac{1}{|U|}\sum_{u \in U}\frac{|S_{N,u}^{\mathrm{POI}} \cap S_{\mathrm{visited}}^{\mathrm{POI}}|}{|S_{\mathrm{visited}}^{\mathrm{POI}}|} \tag{7.38}$$

$$\mathrm{P@}N_{\mathrm{POI}}^{\mathrm{new}} = \frac{1}{|U|}\sum_{u \in U}\frac{|S_{N,u}^{\mathrm{POI}} \cap S_{\mathrm{visited}}^{\mathrm{newPOI}}|}{|S_{\mathrm{visited}}^{\mathrm{newPOI}}|} \tag{7.39}$$

式中，N^{POI}——连续推荐的前 N 个兴趣点；

$N_{\mathrm{POI}}^{\mathrm{new}}$——连续推荐的前 N 个新的兴趣点；

$S_{\mathrm{visited}}^{\mathrm{POI}}$——用户 u 访问过的兴趣点集合；

$S_{\mathrm{visited}}^{\mathrm{newPOI}}$——仅在测试集中被用户访问的兴趣点集合；

$|U|$——用户的数量；

N——候选兴趣点的数量。

对所有兴趣点按照对应的转移概率降序排列，将排名在前 N 位的兴趣点组成候选集合 $S_{N,u}^{\mathrm{POI}}$ 推荐给用户 u。

预测签到时间间隔是一个较新的研究课题，本节使用以下两个指标评估模型预测时间间隔的能力。

（1）平均绝对百分比误差（mean absolute percentage error，MAPE）。这个评价指标用于衡量全部签到数据中预测时间间隔 $\hat{z}_{u,i,j}$ 与实际时间间隔 $T_{u,i,j}$ 之间的差值：

$$\mathrm{P@MAPE} = \frac{1}{|N_d|}\sum_{N_d}\frac{|T_{u,i,j} - \hat{z}_{u,i,j}|}{T_{u,i,j}}。 \tag{7.40}$$

式中，N_d——测试集中的签到集合。

推荐算法的 MAPE 值可以通过计算求得。MAPE 值越小，表示该推荐算法在预测签到时间间隔的任务中性能越好。

（2）MAPE 值可能会受个别较大误差值的影响，当个别测试数据的

MAPE 值较大时，即使大部分测试数据的 MAPE 值较小，平均 MAPE 值也会比较大。为此，本节提出了另一个评价指标，以评价推荐算法在预测时间间隔任务中的性能，可以表示为

$$P@T=\frac{1}{|U|}\sum_{u\in U}\frac{\mathrm{sum}(\boldsymbol{S}_{T,u})}{|S_{\mathrm{visited}}^{\mathrm{POI}}|} \tag{7.41}$$

当预测时间间隔 $\hat{z}_{u,i,j}$ 与实际时间间隔 $T_{u,i,j}$ 之差的绝对值小于设定的阈值 T 时，即 $|\hat{z}_{u,i,j}-T_{u,i,j}|<T$ 时，$S_{T,u}$ 等于 1，否则 $S_{T,u}$ 等于 0。$\mathrm{sum}(\boldsymbol{S}_{T,u})$ 表示对向量 $\boldsymbol{S}_{T,u}$ 中的所有元素求和。

1. 连续兴趣点推荐任务

在连续兴趣点推荐任务中，将本节算法与下述算法进行对比。

（1）矩阵分解算法（matrix factorization，MF）。

（2）概率矩阵分解算法（probabilistic matrix factorization，PMF）。

（3）基于局部区域的个性化马尔可夫链分解模型（factorizing personalized Markov chains-localized regions，FPMC-LR）。

（4）融合地理影响的个性化排序度量嵌入算法（incorporating geographical influence into personalized ranking metric embedding，PRME-G）。

（5）基于潜在行为模式的连续兴趣点推荐模型（inferring a personalized next point - of - interest recommendation model with latent behavior patterns，LBP）：该算法采用三阶张量模型建模用户的连续签到行为，融合了位置社交网络中的分类信息、时间效应和地理影响等因素。

表 7.8～表 7.13 列出了连续兴趣点推荐的实验结果和连续新兴趣点推荐的实验结果。所有算法都使用训练数据优化模型参数，然后将参数的最优值用于测试集。

表 7.8　Foursquare-LA 数据集上连续兴趣点推荐的精度

评价指标	MF	PMF	FPMC-LR	PRME-G	LBP	本节模型
P@1	0.021	0.024	0.031	0.032	0.043	**0.044**
P@5	0.065	0.072	0.089	0.098	0.121	**0.129**
P@10	0.091	0.094	0.119	0.112	0.163	**0.172**
P@20	0.110	0.118	0.131	0.135	0.202	**0.218**

表 7.9　Foursquare-NYC 数据集上连续兴趣点推荐的精度

评价指标	MF	PMF	FPMC-LR	PRME-G	LBP	本节模型
P@1	0.019	0.023	0.030	0.031	0.043	**0.044**
P@5	0.058	0.071	0.087	0.096	0.122	**0.127**
P@10	0.092	0.092	0.116	0.111	0.161	**0.169**
P@20	0.109	0.121	0.128	0.132	0.201	**0.212**

表 7.10　Gowalla 数据集上连续兴趣点推荐的精度

评价指标	MF	PMF	FPMC-LR	PRME-G	LBP	本节模型
P@1	0.022	0.024	0.029	0.038	0.039	**0.041**
P@5	0.085	0.092	0.116	0.143	0.168	**0.181**
P@10	0.145	0.157	0.196	0.194	0.245	**0.292**
P@20	0.186	0.203	0.249	0.245	0.316	**0.379**

表 7.11　Foursquare-LA 数据集上连续新兴趣点推荐的精度

评价指标	MF	PMF	FPMC-LR	PRME-G	LBP	本节模型
P@1	0.01	0.011	0.026	0.031	0.032	**0.036**
P@5	0.039	0.042	0.091	0.112	0.129	**0.141**
P@10	0.065	0.069	0.122	0.138	0.181	**0.201**
P@20	0.106	0.111	0.151	0.172	0.218	**0.242**

表 7.12　Foursquare-NYC 数据集上连续新兴趣点推荐的精度

评价指标	MF	PMF	FPMC-LR	PRME-G	LBP	本节模型
P@1	0.012	0.013	0.025	0.029	0.033	**0.036**
P@5	0.037	0.041	0.089	0.109	0.128	**0.142**
P@10	0.067	0.071	0.119	0.134	0.182	**0.202**
P@20	0.104	0.112	0.152	0.169	0.216	**0.245**

表 7.13 Gowalla 数据集上连续新兴趣点推荐的精度

评价指标	MF	PMF	FPMC-LR	PRME-G	LBP	本节模型
P@1	0.006	0.007	0.013	0.015	0.017	**0.021**
P@5	0.032	0.034	0.174	0.198	0.204	**0.265**
P@10	0.057	0.066	0.237	0.276	0.298	**0.358**
P@20	0.106	0.114	0.316	0.342	0.386	**0.451**

实验结果分析如下：

（1）本节模型和 FPMC-LR、PRME-G、LBP 都显著优于 MF 和 PMF，表明地理距离影响在连续兴趣点推荐任务中起着重要作用。此外，本节模型始终优于 FPMC-LR、PRME-G 和 LBP，表明融合签到时间间隔模式的推荐模型可以更好地建模用户的行为模式和兴趣偏好。

（2）与其他推荐算法相比，本节模型在新兴趣点推荐任务中取得了良好的实验结果，表明签到时间间隔模式对于新兴趣点的推荐有着重要作用。由于个性化偏好$\hat{x}_{u,i,j}$建模了训练集中观察到的转移，用户仅在测试集中访问的兴趣点就无法用个性化偏好建模($\hat{x}_{u,i,j}\approx 0$)，因此在连续新兴趣点推荐任务中，$w \cdot z_{u,i,j}$部分导致了推荐性能的提升（FPMC-LR、PRME-G 和 LBP 都使用了与本节模型类似的方法建模地理距离偏好）。

2. 签到时间间隔预测任务

在签到时间间隔预测任务中，将本节算法与下述算法进行对比：

（1）矩阵分解算法（matrix factorization，MF）。

（2）概率矩阵分解算法（probabilistic matrix factorization，PMF）。

（3）个性化马尔可夫链分解模型（factorizing personalized Markov chains，FPMC）：该算法融合了用户偏好和个性化马尔可夫链进行时间间隔的预测，使用 BPR 算法进行模型优化，是我们所知的目前最先进的预测算法[122]。

本节模型在进行连续兴趣点推荐的同时，可以实现签到时间间隔的预测，而其他推荐算法（MF、PMF、FPMC）只能完成兴趣点推荐任务。为了进行对比，本实验中将用户-时间间隔矩阵进行分解，以达到预测签到时间间隔的目的。为此，分别将用户-签到矩阵和用户-时间间隔矩阵进行分解，在对齐实验结果的同时完成连续兴趣点推荐任务和签到时间间隔预测任务。图7.7和表7.14所示为所有算法在预测签到时间间隔任务中的实验结果。

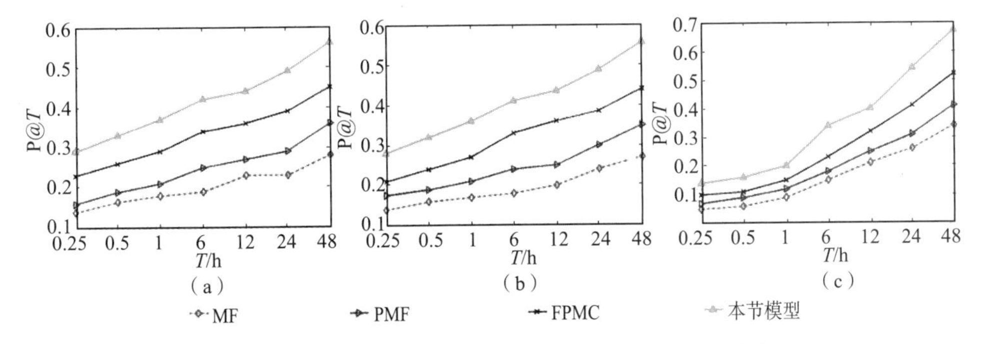

图7.7　预测签到时间间隔的精度随阈值 T 的变化情况（附彩图）

(a) Foursquare-LA；(b) Foursquare-NYC；(c) Gowalla

表7.14　各推荐算法的MAPE值

数据集	MF	PMF	FPMC	本节模型
Foursquare-LA	13.79	11.45	5.68	**1.75**
Foursquare-NYC	14.87	12.64	6.72	**1.84**
Gowalla	16.95	14.12	7.89	**2.15**

实验结果分析如下：

(1) 与其他算法相比，本节模型总是达到最高的精度，表明本节模型不仅能为用户提供连续兴趣点推荐服务，还能预测签到时间间隔。

(2) MAPE值越低，表示模型的预测性能越好。显然，本节模型明显优于其他推荐算法。

7.4　基于深度表示的POI预测

以往基于张量分解的兴趣点推荐算法能够比较好地完成推荐任务，但是也存在一些问题。首先，由于预测兴趣点种类和预测兴趣点这两步是分开的，因此兴趣点种类预测没有针对兴趣点进行"定向"训练。其次，使用候选种类集合来过滤候选兴趣点，使得种类不在候选种类集合中的候选兴趣点被移除，就不可能被推荐给用户，导致推荐结果缺乏多样性。此外，一些训练算法是不含可训练参数的迭代模型，模型缺少灵活性，很难根据实际条件对模型进行修改。

为了解决这些问题，本节提出基于深度学习技术的时空周期注意力模型 STCARNN（spatial temporal cyclic attention over recurrent neural network），跳过预测兴趣点种类，直接预测用户下一步签到的兴趣点。使用长短期记忆（long short-term memory，LSTM）网络来处理历史签到地点序列和时间属性序列，并计算时间、空间、周期注意力分布，用于给 LSTM 的输出进行加权，并结合用户的兴趣偏好来预测用户对候选兴趣点的评分。

7.4.1 模型概述与符号定义

本节提出的模型通过使用更多的用户签到历史来提高兴趣点推荐的性能。由于用户序号、兴趣点序号、时间属性等都是标量值，因此使用表示学习方法来得到向量化表示。在模型中，使用 LSTM 处理签到历史构成的序列数据，并通过修改 LSTM 的遗忘门得到随时间衰减的长短期记忆网络（time decay LSTM，TD-LSTM）。将签到历史数据输入 TD-LSTM，得到每个时刻的中间表示。签到历史中的某些记录可能对预测下一个签到兴趣点有比较大的贡献，因此需要提高这些记录的权重，这就需要使用注意力机制，本节所提的模型中建立了时间、空间注意力，分别用来寻找重要的时间信息和空间信息；还建立一个周期注意力，用来预测签到历史中的兴趣点再次出现的可能；再综合用户兴趣偏好、兴趣点特性以及时间、空间、周期注意力来计算候选兴趣点的评分，根据评分推荐兴趣点。

为介绍 STCARNN 模型，在此首先介绍本节需要使用的变量及其数学表示。使用 $U=\{u_1,u_2,\cdots,u_m\}$ 表示社交网络中的用户，使用 $Q=\{q_1,q_2,\cdots,q_n\}$ 表示兴趣点，使用 $\{\mathrm{lat}_j,\mathrm{lon}_j\}$ 表示兴趣点 q_j 的经度和纬度，用户 u 的签到历史构成兴趣点序列 $\boldsymbol{H}_{t_i}^u=\langle q_{t_1}^u,q_{t_2}^u,\cdots,q_{t_i}^u\rangle$，其中 $t_1,t_2,\cdots,t_i$ 表示用户 u 签到的具体时间。用户在不同的时间段会有不同的行为模式，为了更好地研究用户签到的时间模式，需要将签到时间分解为月份 M、每月的第几周 W、每周的第几天 D，以及时间段 T，这四种时间子属性构成时间属性 $S=\langle M,W,D,T\rangle$，如图 7.8 所示。

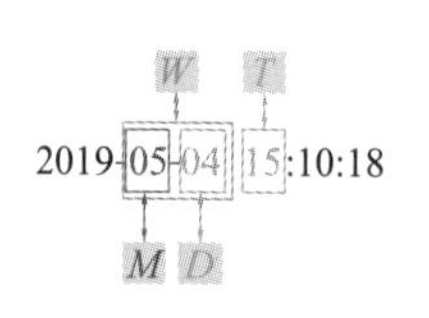

图 7.8 时间属性示意图

为预测用户 u 的下一个签到兴趣点 $q_{t_{i+1}}^u$，就需要使用用户最近的 K 个签到兴趣点序列 $\boldsymbol{F}_Q^u=\langle q_{t_{i-K+1}}^u,q_{t_{i-K}}^u,\cdots,q_{t_i}^u\rangle$，以及对应的时间属性序列 $\boldsymbol{F}_S^u=$

$\langle s^u_{t_{i-K+1}}, s^u_{t_{i-K}}, \cdots, s^u_{t_i} \rangle$，将这两个序列输入 STCARNN 模型，并预测用户下一个签到的兴趣点。

由于用户、兴趣点、时间属性都是表示序号的标量，标量本身不带额外的信息，因此需要使用表示学习将这些标量转换为向量，这一过程也叫作嵌入（embedding）。

嵌入式表示学习的方法有很多，如 Word2vec[19]、DeepWalk[6]、TransE[12]等。Word2vec 一般用于自然语言中词向量的构建，DeepWalk 一般用于社交网络等单关系网络中的节点向量化，TransE 是一种应用于知识图谱的实体、关系向量化方法。这些算法的相同之处在于使用 d 维向量来表示一个标量。本节使用随机初始化的向量作为嵌入向量，并在训练过程中学习用户、兴趣点、时间属性的向量表示，由此得到相应的嵌入向量矩阵。其中，用户的嵌入向量矩阵为 $\boldsymbol{E}_U \in \mathbf{R}^{m\times d}$，兴趣点的嵌入向量矩阵为 $\boldsymbol{E}_I \in \mathbf{R}^{n\times d}$，为了保证时间属性的隐向量维度与用户、兴趣点相同，需要将 4 个子属性的维度设置为 $d/4$，即

$$\begin{cases} \boldsymbol{E}_M \in \mathbf{R}^{12\times\frac{d}{4}} \\ \boldsymbol{E}_W \in \mathbf{R}^{5\times\frac{d}{4}} \\ \boldsymbol{E}_D \in \mathbf{R}^{7\times\frac{d}{4}} \\ \boldsymbol{E}_T \in \mathbf{R}^{5\times\frac{d}{4}} \end{cases} \tag{7.42}$$

在使用时间属性时，将 4 个子属性对应的向量取出，并通过拼接操作得到维度为 d 的向量，从而与用户、兴趣点的向量进行运算。

7.4.2　引入时间衰减因子的 LSTM 序列模型

STCARNN 模型的输入为兴趣点序列 $\boldsymbol{F}_Q$ 和时间属性序列 $\boldsymbol{F}_S$，序列数据前后之间一般都有关联，但传统的神经网络很难发现这些关联。递归神经网络是一类专门用于处理序列数据的神经网络，LSTM 网络能够根据任务来决定如何保留历史记忆和新增记忆信息，因此 LSTM 模型非常适合处理序列数据。

在本节的模型中，使用 LSTM 来处理用户签到序列数据。由于连续两个签到记录之间存在时间间隔，且时间间隔的长短通常表示这两个签到记录相关性的强弱，时间间隔较短时一般有较强的相关性，时间间隔较长时

往往没有相关性。传统的 LSTM 认为所有时间间隔都是相同的，因此传统的 LSTM 不能从签到序列的时间间隔中发现签到记录之间的相关性。

受 Time-LSTM[133] 的启发，本节通过修改 LSTM 内部的工作方式，加入时间间隔信息对 LSTM 记忆过程的影响，让 LSTM 能够利用时间间隔信息。综上，可以加入随时间衰减项，即

$$\boldsymbol{C}_t = \sigma(-w\Delta t + b) \cdot \boldsymbol{f}_t \odot \boldsymbol{C}_{t-1} + \boldsymbol{i}_t \odot \hat{\boldsymbol{C}}_t \tag{7.43}$$

式中，w——衰减系数，$w>0$；

b——偏置，表示 Δt 等于 0 时应该如何保留历史信息。

$\boldsymbol{f}_t$——遗忘门，用于控制对历史记忆的舍弃与保留；

$\boldsymbol{i}_t$——输入门，决定 LSTM 如何接受新的信息；

$\hat{\boldsymbol{C}}_t$——候选记忆模块，根据输入信息和历史信息生成新的记忆。

在时间衰减项 $\sigma(-w\Delta t+b)$ 的作用下，时间间隔 Δt 越大，上一个时刻的记忆遗忘得越多，对当前时刻的影响就越小。

时间衰减项作用于上个时刻记忆 $\boldsymbol{C}_{t-1} \in \mathbf{R}^d$ 的每个维度，为了不同隐含维度有不同的衰减系数，将该衰减项扩展为 d 维的衰减项 $\sigma(-\boldsymbol{w} \odot \boldsymbol{\Delta t}+\boldsymbol{b})$，即：

$$\boldsymbol{C}_t = \sigma(-\boldsymbol{w} \odot \boldsymbol{\Delta t} + \boldsymbol{b}) \odot \boldsymbol{f}_t \odot \boldsymbol{C}_{t-1} + \boldsymbol{i}_t \odot \hat{\boldsymbol{C}}_t \tag{7.44}$$

式中，$\boldsymbol{w}, \boldsymbol{b} \in \mathbf{R}^d$ 为 d 维向量；$\boldsymbol{\Delta t} \in \mathbf{R}^d$ 是将标量 Δt 复制 d 次堆叠而成的向量，由于不同的隐含维度有不同的衰减系数 $\boldsymbol{w}_i$ 和偏置 $\boldsymbol{b}_i$，因此每个维度具有不同的衰减比例系数。

将修改后的 LSTM 记为 TD-LSTM （time decay LSTM）。TD-LSTM 的输入为两个序列，第一个为序列数据 $\boldsymbol{\xi} = \langle \xi_1, \xi_2, \cdots, \xi_i \rangle$，第二个为时间间隔序列 $\boldsymbol{\Delta t} = \langle 0, t_2-t_1, t_3-t_2, \cdots, t_i-t_{i-1} \rangle$，TD-LSTM 的输出序列为 $\boldsymbol{h} = \langle h_1, h_2, \cdots, h_i \rangle$，这个过程简写为

$$\boldsymbol{h} = \text{TD} - \text{LSTM}(\boldsymbol{\xi}, \boldsymbol{\Delta t}) \tag{7.45}$$

下面将使用 TD-LSTM 来处理兴趣点推荐问题。

7.4.3 兴趣点序列与时间属性序列处理

根据用户最近的 K 个签到记录，构造用户最近签到的兴趣点序列 $\boldsymbol{F}_Q^u$，同时根据每个签到的时间戳可以计算出时间属性序列 $\boldsymbol{F}_S^u$。由于 $\boldsymbol{F}_Q^u$ 和 $\boldsymbol{F}_S^u$ 为标号的序列，因此需要先将其转换为每个标号对应的嵌入向量，再将嵌入向量序列转换为矩阵，即

$$\boldsymbol{E}_Q^u = \begin{pmatrix} \boldsymbol{E}_Q[q_{i-K+1}^u] \\ \boldsymbol{E}_Q[q_{i-K}^u] \\ \vdots \\ \boldsymbol{E}_Q[q_i^u] \end{pmatrix} \in \mathbf{R}^{K\times d} \tag{7.46}$$

式中，$\boldsymbol{E}_Q[q_{i-K+1}^u]$——根据兴趣点的标号 q_{i-K+1}^u 在嵌入向量矩阵 $\boldsymbol{E}_Q$ 中取出对应的嵌入向量，$\boldsymbol{E}_Q[q_{i-K+1}^u] \in \mathbf{R}^d$。

然后，将这 K 个嵌入向量组合成 $K\times d$ 的矩阵。

时间属性序列有 4 个子属性 M、W、D、T，需要先对每个子属性分别取出嵌入向量，再将嵌入向量序列转化为矩阵。由于每个子属性的嵌入向量维度为 $d/4$，因此其结果为 4 个 $K\times d/4$ 的嵌入向量矩阵 $\boldsymbol{E}_M^u$、$\boldsymbol{E}_W^u$、$\boldsymbol{E}_D^u$、$\boldsymbol{E}_T^u$。然后，将这 4 个矩阵拼接为一个时间属性矩阵，即

$$\boldsymbol{E}_S^u = \begin{pmatrix} \boldsymbol{E}_M^u[1] \oplus \boldsymbol{E}_W^u[1] \oplus \boldsymbol{E}_D^u[1] \oplus \boldsymbol{E}_T^u[1] \\ \boldsymbol{E}_M^u[2] \oplus \boldsymbol{E}_W^u[2] \oplus \boldsymbol{E}_D^u[2] \oplus \boldsymbol{E}_T^u[2] \\ \vdots \\ \boldsymbol{E}_M^u[K] \oplus \boldsymbol{E}_W^u[K] \oplus \boldsymbol{E}_D^u[K] \oplus \boldsymbol{E}_T^u[K] \end{pmatrix} \in \mathbf{R}^{K\times d} \tag{7.47}$$

式中，$\oplus$表示两个向量的拼接运算：

$$(a_1, a_2, \cdots, a_i) \oplus (b_1, b_2, \cdots, b_j) = (a_1, a_2, \cdots, a_i, b_1, b_2, \cdots, b_j) \tag{7.48}$$

拼接运算将向量$(b_1, b_2, \cdots, b_j)$拼接在向量$(a_1, a_2, \cdots, a_i)$后面，可以得到形状为 $K\times d$ 的时间属性矩阵 $\boldsymbol{E}_S^u$。

将兴趣点嵌入向量矩阵 $\boldsymbol{E}_Q^u$ 和时间属性嵌入向量矩阵 $\boldsymbol{E}_S^u$ 分别输入 TD-LSTM，并得到相应的输出：

$$\boldsymbol{h}_Q^u = \text{TD-LSTM}(\boldsymbol{E}_Q^u, \Delta \boldsymbol{t}) \in \mathbf{R}^{K\times d} \tag{7.49}$$

$$\boldsymbol{h}_S^u = \text{TD-LSTM}(\boldsymbol{E}_S^u, \Delta \boldsymbol{t}) \in \mathbf{R}^{K\times d} \tag{7.50}$$

式中，$\boldsymbol{h}_Q^u$ 和 $\boldsymbol{h}_S^u$ 为 TD-LSTM 输出的兴趣点和时间属性的中间表示，这两个中间表示不仅融合了历史信息，还会根据时间间隔的长短来保留之前的历史记忆，并切断过去久远记忆对后续状态的影响，将 K 个记录切分成多个小片段，每个小片段内部是连续的签到行为。

7.4.4　时空注意力

通过将兴趣点序列和时间属性序列分别输入 TD-LSTM，可得到兴趣点

序列和时间属性序列的中间表示 $\boldsymbol{h}_Q^u$ 和 $\boldsymbol{h}_S^u$，通常会将 TD-LSTM 最后时刻的输出作为序列数据的综合表示，但由于递归神经网络一般比较倾向于保存近期的记忆，因此将最后时刻的输出作为整个序列的表示往往会遗失早期的记忆。为了解决这个问题，通常综合考虑 TD-LSTM 在每个时刻的输出，例如对 K 个时刻的输出向量取均值，这种方法使每个历史时刻的输出都具有相同的权重。理想情况下，应该将权重分配给最能帮助预测下一次签到兴趣点的历史记录，通过引入注意力机制，可以实现权重的自动分配。

为了预测用户下一次签到的兴趣点，就需要计算在给定历史序列 $\boldsymbol{F}_Q^u$ 和 $\boldsymbol{F}_S^u$ 的条件下每个候选兴趣点 q 的评分，用户历史签到序列 $\boldsymbol{F}_Q^u$ 中的每个兴趣点都可能与候选兴趣点 q 存在相关性，这个相关性会提高候选兴趣点 q 在下一次签到出现的可能性。使用下面的方法来计算相关性：

$$a_{i,q} = (\boldsymbol{h}_Q^u[i])^{\mathrm{T}} \cdot \boldsymbol{W}_Q \cdot \boldsymbol{E}_Q[q] \tag{7.51}$$

式中，$a_{i,q}$——i 时刻的兴趣点与候选兴趣点 q 的相关性评分，$i=1,2,\cdots,K$；

$\boldsymbol{h}_Q^u[i]$——i 时刻兴趣点 TD-LSTM 输出向量；

$\boldsymbol{E}_Q[q]$——候选兴趣点 q 的嵌入向量；

$\boldsymbol{W}_Q$——$\boldsymbol{h}_Q^u[i]$ 如何与 $\boldsymbol{E}_Q[q]$ 产生相关性，$\boldsymbol{W}_Q \in \mathbf{R}^{d \times d}$。

采用这些相关性评分，可以产生一个权重分布，即

$$\alpha_{i,q} = \frac{\exp(a_{i,q})}{\sum_{j=1}^{K} \exp(a_{j,q})} \tag{7.52}$$

由于注意力系数 $\alpha_{i,q}$ 与兴趣点相关，因此称它为空间注意力（spatial attention）。

在得到空间注意力之后，可以给不同时刻的输出向量 $\boldsymbol{h}_Q^u[i]$ 赋予相应的权重 $\alpha_{i,q}$，并计算其加权和：

$$\boldsymbol{x}_q = \sum_{i=1}^{K} \alpha_{i,q} \cdot \boldsymbol{h}_Q^u[i] \tag{7.53}$$

式中，$\boldsymbol{x}_q$——针对候选兴趣点 q 的兴趣点序列的特有表示，整合每个时刻的兴趣点与候选兴趣点 q 的关联。

每当计算不同的候选兴趣点 q' 时，会得到不同的权重分布 $\alpha_{i,q'}$，从而得到不同的兴趣点序列综合表示 $\boldsymbol{x}_{q'}$。

与上述过程类似，候选兴趣点 q 和时间属性序列 $\boldsymbol{F}_S^u$ 的中间表示 $\boldsymbol{h}_S^u$ 之间也有相似的相关性，为了给每个时刻分配不同的权重，可使用相同的方

法来计算时间注意力。首先，计算时间属性和候选兴趣点 q 的相关性：

$$b_{i,q} = (\boldsymbol{h}_S^u[i])^{\mathrm{T}} \cdot \boldsymbol{W}_S \cdot \boldsymbol{E}_Q[q] \tag{7.54}$$

式中，$\boldsymbol{W}_S$——$\boldsymbol{h}_S^u[i]$ 如何与 $\boldsymbol{E}_Q[q]$ 产生相关性，$\boldsymbol{W}_S \in \mathbf{R}^{d \times d}$。

然后，计算时间注意力（temporal attention）权重：

$$\beta_{i,q} = \frac{\exp(b_{i,q})}{\sum_{j=1}^{K} \exp(b_{j,q})} \tag{7.55}$$

接下来，将时间注意力应用时间属性序列的中间表示 $\boldsymbol{h}_S^u$，可得

$$\boldsymbol{y}_q = \sum_{i=1}^{K} \beta_{i,q} \cdot \boldsymbol{h}_S^u[i] \tag{7.56}$$

式中，$\boldsymbol{y}_q$——针对候选兴趣点 q 的时间属性的特有表示，整体地表示了每个时刻的时间属性与候选兴趣点 q 的关联。

通过空间注意力可以得到关于候选兴趣点 q 的兴趣点权重分布 $\alpha_{*,q}$，将兴趣点权重分布应用于兴趣点序列的中间表示 $\boldsymbol{h}_Q^u$，从而得到关于候选兴趣点 q 的兴趣点序列 $\boldsymbol{F}_q^u$ 的特有表示 $\boldsymbol{x}_q$。同理，时间注意力是关于候选兴趣点 q 的时间属性权重分布，将时间属性权重分布应用于时间属性序列的中间表示 $\boldsymbol{h}_S^u$，得到关于候选兴趣点 q 的时间属性序列 $\boldsymbol{F}_S^u$ 的特有表示 $\boldsymbol{y}_q$。$\boldsymbol{x}_q$ 和 $\boldsymbol{y}_q$ 可以理解为将兴趣点序列 $\boldsymbol{F}_Q^u$ 和时间属性序列 $\boldsymbol{F}_S^u$ 中与候选兴趣点 q 比较相关的记录挑选出来，用于计算 q 作为下一次签到兴趣点的评分。

7.4.5　周期注意力

用户签到行为近似服从二八定律，即少量兴趣点签到数占大多数，剩下的很多兴趣点签到次数很少。这些少量的热门兴趣点一般是生活中常用的兴趣点（如公司、学校、住房、餐厅等），这些热门兴趣点签到行为存在近似的周期性，这是由于这些日常生活本身具有周期性。

为了利用这些热门兴趣点的周期性，假设每个兴趣点都有自己的固有周期，并根据用户签到历史中某个兴趣点 q_{t_k} 的签到时间 t_k 与下一个签到发生时间 t_{i+1} 的间隔 τ 来预测 q_{t_k} 再次出现的可能性，$\tau = t_{i+1} - t_k$。由于这些活动是周期性的，因此可以使用周期函数 sin(·) 来建模这个过程，即

$$p(q_{t_{i+1}} = q_{t_k} \mid u, \tau) \propto \sin(2\pi \cdot f \cdot \tau + \varphi) \tag{7.57}$$

式中，$p(q_{t_{i+1}} = q_{t_k} \mid u, \tau)$——未归一化的概率；

f——周期函数的频率；

φ——周期函数的相位。

然而，仅使用 sin(·) 函数来建模会存在一些问题。首先，sin(·) 函数是单纯的正弦波，无法表示其他形状的周期函数，因此与实际情况会有较大的偏差；其次，频率 f 和相位 φ 需要训练，但周期函数 sin(·) 会使得模型出现大量极值点，导致模型难以训练。图 7.9 所示为使用简单正弦函数模型来拟合数据的例子，图中为损失函数关于频率的函数，这个函数极其复杂且具有众多极值点，因此难以使用梯度来优化损失函数。

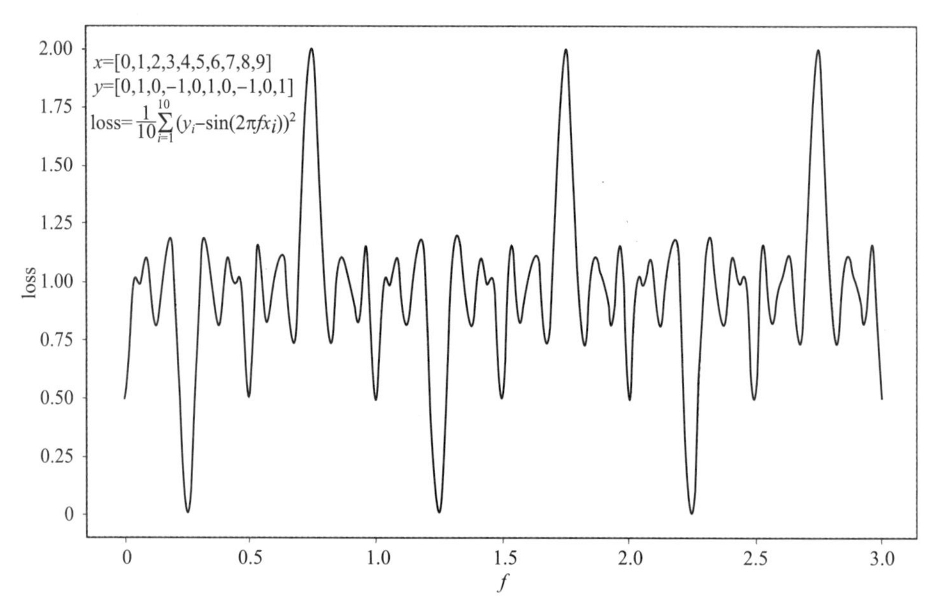

图 7.9　损失函数关于频率 f 的函数图像

为了解决这个问题，本节借用离散傅里叶变换的思想，使用一组不同频率的正余弦波来近似 $p(q_{t_{i+1}}=q_{t_k}\mid u,\tau)$，即

$$p(q_{t_{i+1}}=q_{t_k}\mid u,\tau)=\mu_0+\sum_{l=1}^{L}\left(\mu_s[l]\cdot\sin\left(\frac{l}{L}\tau\right)+\mu_c[l]\cdot\cos\left(\frac{l}{L}\tau\right)\right) \tag{7.58}$$

式中，μ_0——傅里叶变换的直流分量；

μ_s,μ_c——正弦波、余弦波的幅值。

使用傅里叶变换能很好地近似周期函数，同时将模型的参数转化为 μ_0,μ_s,μ_c，从而避免模型训练的问题。

为了计算用户签到兴趣点序列 $\boldsymbol{F}_Q^u$ 中每个兴趣点的周期影响，就需要计

算 $\boldsymbol{F}_Q^u$ 中每个兴趣点在 t_{i+1} 时出现的可能。为此，先计算每个签到记录的时间偏移 $\boldsymbol{\tau}=\langle t_{i+1}-t_1, t_{i+1}-t_2, \cdots, t_{i+1}-t_i\rangle$，再计算未归一化的概率，并将此作为周期注意力的评分：

$$c_k = p(q_{t_{i+1}} = q_{t_k} \mid u, \tau_k), k = 1, 2, \cdots, K \tag{7.59}$$

然后，根据周期注意力评分来计算周期注意力（cyclic attention）：

$$\gamma_k = \frac{\exp(c_k)}{\sum_{j=1}^{K} \exp(c_j)} \tag{7.60}$$

接下来，将周期注意力应用到兴趣点序列的中间表示 $\boldsymbol{h}_Q^u$，可得

$$z = \sum_{i=1}^{K} \gamma_i \cdot \boldsymbol{h}_Q^u[i] \tag{7.61}$$

式中，$\boldsymbol{z}$——在周期行为规律影响下的兴趣点特有表示，用于实现对周期性的签到行为的建模。

7.4.6　评分函数与损失函数

通过空间注意力权重分布 $\alpha_{*,q}$、时间注意力权重分布 $\boldsymbol{\beta}_{*,q}$ 以及周期注意力权重分布 $\boldsymbol{\gamma}_*$，得到历史签到数据的特有表示 $\boldsymbol{x}_q$、$\boldsymbol{y}_q$ 和 $\boldsymbol{z}$。为了向用户推荐下一步签到的兴趣点，需要计算在给定兴趣点序列 $\boldsymbol{F}_Q^u$ 和时间属性序列 $\boldsymbol{F}_S^u$ 的条件下候选兴趣点 q 的评分，评分定义为

$$\begin{aligned} s(u, \boldsymbol{F}_Q^u, \boldsymbol{F}_S^u, q) &= (\boldsymbol{u} + \boldsymbol{x}_q + \boldsymbol{y}_q + \boldsymbol{z})^{\mathrm{T}} \cdot \boldsymbol{q} \\ &= \boldsymbol{u}^{\mathrm{T}}\boldsymbol{q} + \boldsymbol{x}_q^{\mathrm{T}}\boldsymbol{q} + \boldsymbol{y}_q^{\mathrm{T}}\boldsymbol{q} + \boldsymbol{z}^{\mathrm{T}}\boldsymbol{q} \end{aligned} \tag{7.62}$$

式中，$\boldsymbol{u}$——用户 u 的嵌入向量，$\boldsymbol{u}=\boldsymbol{E}_U[u]$；

$\boldsymbol{q}$——候选兴趣点 q 的嵌入向量，$\boldsymbol{q}=\boldsymbol{E}_Q[q]$；

$s(u, \boldsymbol{F}_Q^u, \boldsymbol{F}_S^u, q)$——评分，可以看作 4 个部分对候选兴趣点 q 的影响；

$\boldsymbol{u}^{\mathrm{T}}\boldsymbol{q}$——用户 u 对候选兴趣点 q 的喜好程度；

$\boldsymbol{x}_q^{\mathrm{T}}\boldsymbol{q}$——历史兴趣点和候选兴趣点 q 之间的相关性；

$\boldsymbol{y}_q^{\mathrm{T}}\boldsymbol{q}$——时间属性和候选兴趣点 q 之间的相关性；

$\boldsymbol{z}^{\mathrm{T}}\boldsymbol{q}$——周期性兴趣点序列和候选兴趣点 q 之间的联系。

由于真实的下一步签到兴趣点只有一个，与多分类任务类似，这里将兴趣

点预测问题看成分类问题，计算所有候选兴趣点的评分 $s(u,\boldsymbol{F}_Q^u,\boldsymbol{F}_S^u,*)$，并通过 Softmax 函数将评分转化为概率分布：

$$p'(q_{t_{i+1}}=q_i)=\frac{\exp(s(u,\boldsymbol{F}_Q^u,\boldsymbol{F}_S^u,q_i))}{\sum_{j=1}^{n}\exp(s(u,\boldsymbol{F}_Q^u,\boldsymbol{F}_S^u,q_j))} \tag{7.63}$$

式中，$p'(q_{t_{i+1}}=q_i)$——STCARNN 模型预测用户下一步签到兴趣点为 q_i 的概率，并通过交叉熵来构建损失函数，即

$$J=\sum_{\text{case}\in D}\sum_{j=1}^{n}-p(q_{t_{i+1}}=q_j)\ln p'(q_{t_{i+1}}=q_j) \tag{7.64}$$

式中，$\text{case}\in D$——训练集 D 中的数据；

$p(q_{t_{i+1}}=q_j)$——真实数据中下一步签到兴趣点 $q_{t_{i+1}}$ 为 q_j 的概率，由于实际数据中下一步签到兴趣点只有一个取值，因此只有某一个兴趣点对应的概率值为 1，其他概率值为 0。

通过最小化交叉熵损失 J，使得正确的下一步签到兴趣点 $q_{t_{i+1}}=q^*$ 的概率 $p'(q_{t_{i+1}}=q^*)$ 得到提升，从而提高模型对真实兴趣点 q^* 的评分 $s(u,\boldsymbol{F}_Q^u,\boldsymbol{F}_S^u,q^*)$，提高真实兴趣点 q^* 在排序中的位置。

7.4.7 实验分析

本节提出的 STCARNN 模型是基于 TD-LSTM 和注意力机制的深度模型，对数据量的要求更高，因此在实验中将使用两个新的数据，并与其他兴趣点推荐算法进行对比实验，以验证 STCARNN 模型的有效性。通过与 STCARNN 的不同变体之间进行对比实验，来验证三种注意力机制的有效性，并通过实验来研究历史记录长度、隐向量维度等因素对模型性能的影响。

基于深度学习技术的 STCARNN 模型直接预测用户的下一步签到兴趣点，由于 STCARNN 模型的复杂度高，对训练数据的数量有更高的要求，因此本实验将使用 Yang 等[134]收集的两个大型数据集（TKY 和 NYC），记录了东京和纽约的用户在 2012 年 4 月—2013 年 2 月的签到数据，数据集的统计信息如表 7.15 所示。TKY 和 NYC 数据集中用户的平均签到次数很高，几乎都属于核心用户。为了减少冷门地点的影响，本节去除签到次数小于 5 的地点。在得到经过处理的数据集后，按照每个用户的签到时间轴切分训练集和测试集，其中前 70% 为训练集，后 30% 为测试集。

表 7.15　数据集统计信息

数据集	用户数	地点数	签到次数	签到次数/用户数	签到次数/地点数
TKY	2 293	61 858	573 703	250.20	9.27
NYC	1 083	38 333	227 428	210.00	5.93

本实验继续使用 P@ N 评价指标来评价模型的性能。同时引入一个新的评价指标——平均精度均值（mean average precision，MAP），MAP 指标的计算方式如下：

$$\text{MAP@}N = \frac{1}{m}\sum_{i=1}^{m}\frac{1}{N}\sum_{j=1}^{N}\frac{R_{i,j:j}\cap T_i}{|R_{i,1:j}|} \tag{7.65}$$

式中，m——测试样本的数量；

N——推荐的项目的数据；

T_i——第 i 个测试样本的真实结果；

$R_{i,1:j}$——第 i 个样本的前 j 个推荐结果。

MAP@ N 关注正确样本在推荐列表中的位置，更加贴合实际情况，但是其表达的含义不如 P@ N 指标简单易懂，因此通常将这两个评价指标一起使用，互相补充。

STCARNN 模型是基于递归神经网络和注意力机制的深度模型，为了验证该模型的有效性，将其和下述模型进行对比实验。

（1）NEXT[135] 模型：该模型将用户、当前兴趣点及候选兴趣点的嵌入向量输入神经网络，计算相应的评分，同时加入用户和兴趣点的辅助数据、时间间隔信息来提高模型性能，并使用 DeepWalk 算法来预训练用户和兴趣点的向量。

（2）ST-RNN[136] 模型：该模型利用 RNN 模型处理用户的历史签到记录，并根据不同的时间间隔和距离来学习不同的 RNN 参数，将 RNN 的输出作为用户历史签到记录的表示，并结合用户和候选兴趣点信息来预测评分。

（3）FPMC-LR[126] 模型：该模型通过分解三阶张量兴趣点转移概率张量来预测下一个兴趣点，并使用当前兴趣点和候选兴趣点的距离来过滤不合理的候选兴趣点。

为了验证时间、空间、周期注意力机制的有效性，将这 3 个模型与 STCARNN 模型的变体（TCARNN、SCARNN、STARNN）进行对比实验来验证时间、空间、周期注意力机制的有效性。

(1) TCARNN 模型是在 STCARNN 模型的基础上移除空间注意力项，使用用户、时间注意力项、周期注意力项及候选兴趣点属性来预测下一个签到兴趣点。

(2) SCARNN 模型是在 STCARNN 模型的基础上移除时间注意力项，使用用户、空间注意力项、周期注意力项及候选兴趣点属性来预测下一个签到兴趣点。

(3) STARNN 模型是在 STCARNN 模型的基础上移除周期注意力项，使用用户、空间注意力项、时间注意力项及候选兴趣点属性来预测下一个签到兴趣点。

以上三个模型都是移除 STCARNN 模型中的一个注意力项，保留其他两个注意力项得到的变体，通过与 STCARNN 模型对比，得到去掉某个注意力项后对性能的影响来反推该注意力项的作用。

为了验证 STCARNN 模型的有效性，本节将其与 ST-RNN、NEXT、FPMC-LR 模型进行对比实验，其中 ST-RNN 和 NEXT 模型为基于深度学习技术的模型，FPMC-LR 为传统兴趣点推荐模型。

实验结果如图 7.10 所示，由图中可知，STCARNN 模型的性能优于其他 3 个模型，说明使用序列数据和时间、空间、周期注意力的模型能够完成兴趣点推荐任务，且具有不错的性能。此外，深度模型的性能几乎都比 FPMC-LR 好，其原因在于深度模型能够利用更多的历史数据及辅助信息，且深度模型能够更好地发掘数据中隐含的特征。具体实验结果如表 7.16 所示。

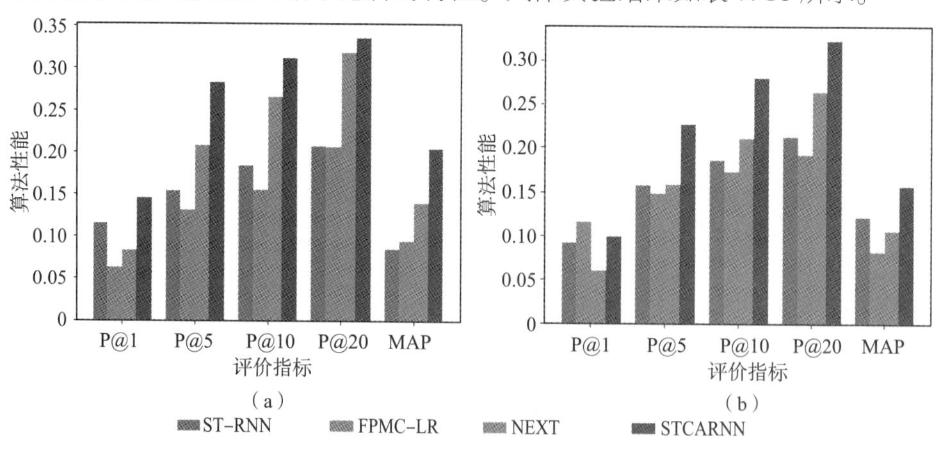

图 7.10 兴趣点推荐算法对比（附彩图）

(a) TKY-模型对比；(b) NYC-模型对比

表 7.16　兴趣点推荐算法对比

评价指标	TKY				NYC			
	ST-RNN	FPMC-LR	NEXT	STCARNN	ST-RNN	FPMC-LR	NEXT	STCARNN
P@1	0.1160	0.0628	0.0829	**0.1449**	0.0918	0.1151	0.0589	**0.0988**
P@5	0.1535	0.1308	0.2075	**0.2821**	0.1568	0.1478	0.1576	**0.2265**
P@10	0.1836	0.1548	0.2654	**0.3117**	0.1855	0.1723	0.2104	**0.2790**
P@20	0.2067	0.2054	0.3178	**0.3356**	0.2124	0.1919	0.2635	**0.3219**
MAP	0.0849	0.0942	0.1396	**0.2040**	0.1206	0.0814	0.1049	**0.1557**

在 STCARNN 模型中，时间注意力用来建模时间属性历史对下一步兴趣点的影响，空间注意力用来建模兴趣点历史对下一步兴趣点的影响，周期注意力则用来建模兴趣点自身的周期性质。为了研究这些注意力模块的有效性，本节通过 STCARNN 模型和其 3 个变体的对比实验来验证注意力模块的有效性。

实验结果如图 7.11 所示，其中 TCARNN 模型、SCARNN 模型、STARNN 模型分别为 STCARNN 模型去掉空间、时间、周期注意力得到的变体，从图中可知，STCARNN 模型的性能始终优于其变体。这说明去掉时间、空间、周期注意力模块都会降低模型的性能，从而证明时间、空间、周期注意力模块都对模型性能有一定的贡献，而且时间注意力在 TKY 和 NYC 数据集上的贡献差别很大，说明注意力模块的贡献与具体的数据集有关。具体实验结果如表 7.17 所示。

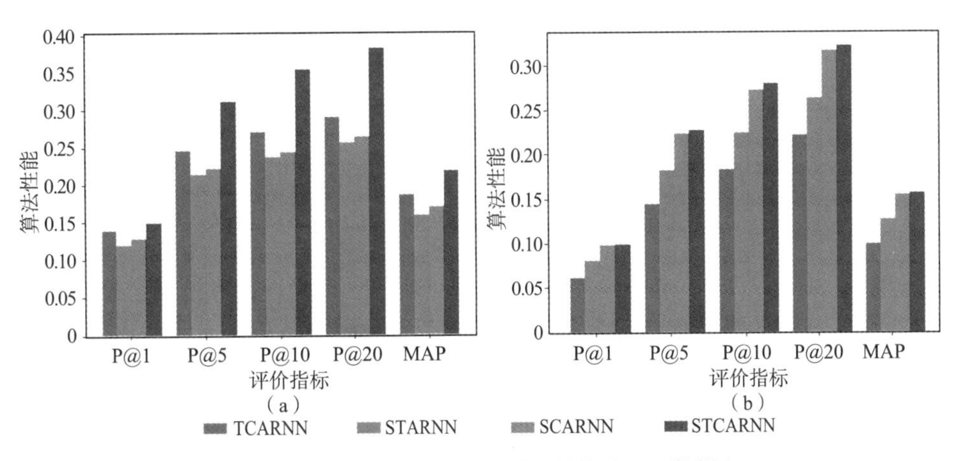

图 7.11　时间、空间、周期注意力模块对比（附彩图）

（a）TKY-注意力模块对比；（b）NYC-注意力模块对比

表 7.17 时间、空间、周期注意力模块对比

评价指标	TKY				NYC			
	TCARNN	SCARNN	STARNN	STCARNN	TCARNN	SCARNN	STARNN	STCARNN
P@1	0.1396	0.1195	0.1280	**0.1489**	0.0615	0.0810	0.0978	**0.0988**
P@5	0.2454	0.2138	0.2220	**0.3111**	0.1437	0.1819	0.2235	**0.2265**
P@10	0.2704	0.2372	0.2434	**0.3537**	0.1830	0.2246	0.2721	**0.2790**
P@20	0.2908	0.2567	0.2643	**0.3826**	0.2215	0.2626	0.3161	**0.3219**
MAP	0.1863	0.1588	0.1697	**0.2187**	0.0992	0.1266	0.1537	**0.1557**

STCARNN 模型使用历史签到序列数据来进行兴趣点预测，通常增加历史签到序列长度可以提供更多历史信息，从而提高模型性能。为了验证序列数据的有效性，本节针对不同的序列长度进行对比实验，研究序列长度对模型性能的影响。

实验结果如图 7.12 所示，从图中可知，随着序列长度的增加，模型性能整体上也提高，说明增加历史签到序列长度能够提升模型性能，从而证明序列数据的有效性。此外，当历史签到序列长度为 11、12 时，在两个数据集上出现性能下降的现象，可能是序列长度过长使得 TD-LSTM 模型变得复杂，模型有更多局部最优值，模型训练时更容易陷入局部最优，从而降低性能。而且，序列长度越长，模型训练时所需的时间、计算量、内存占用量也随之增加，因此需要合理选择序列长度。具体实验结果如表 7.18所示。

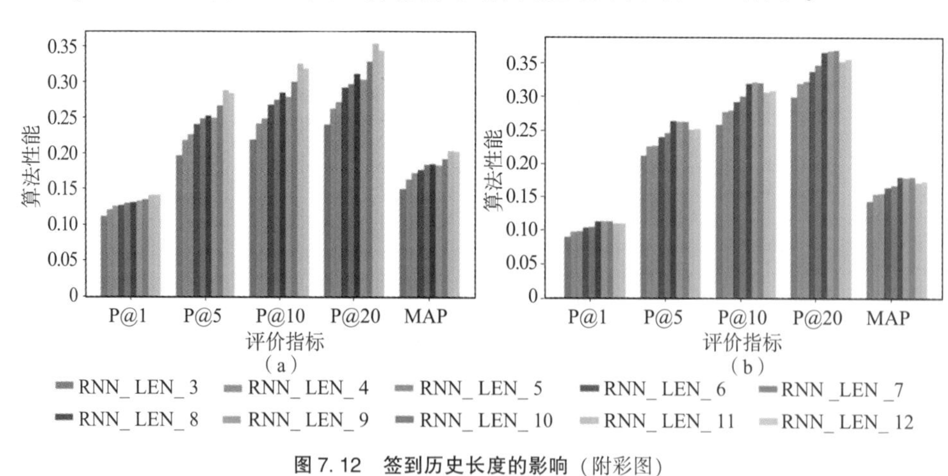

图 7.12 签到历史长度的影响（附彩图）

（a）TKY-签到历史长度；（b）NYC-签到历史长度

表 7.18　签到历史长度的影响

序列长度	TKY					NYC				
	P@ 1	P@ 5	P@ 10	P@ 20	MAP	P@ 1	P@ 5	P@ 10	P@ 20	MAP
3	0. 1121	0. 1967	0. 2185	0. 2404	0. 1502	0. 0907	0. 2116	0. 2581	0. 2994	0. 1438
4	0. 1211	0. 2178	0. 2410	0. 2625	0. 1636	0. 0972	0. 2250	0. 2767	0. 3194	0. 1542
5	0. 1254	0. 2260	0. 2482	0. 2711	0. 1727	0. 0988	0. 2265	0. 2790	0. 3219	0. 1557
6	0. 1271	0. 2397	0. 2679	0. 2916	0. 1766	0. 1037	0. 2389	0. 2918	0. 3369	0. 1641
7	0. 1303	0. 2483	0. 2747	0. 2965	0. 1844	0. 1052	0. 2450	0. 2999	0. 3462	0. 1671
8	0. 1312	0. 2527	0. 2849	0. 3113	0. 1852	0. 1139	0. 2628	0. 3195	0. 3651	0. 1795
9	0. 1326	0. 2493	0. 2790	0. 3030	0. 1840	0. 1132	0. 2619	0. 3210	0. 3671	0. 1792
10	0. 1348	0. 2660	0. 3002	0. 3281	0. 1923	0. 1137	0. 2619	0. 3206	0. 3689	0. 1800
11	0. 1408	0. 2873	0. 3246	0. 3537	0. 2041	0. 1107	0. 2505	0. 3062	0. 3522	0. 1718
12	0. 1406	0. 2835	0. 3178	0. 3437	0. 2024	0. 1104	0. 2515	0. 3089	0. 3548	0. 1733

最后，本节研究隐向量维度 d 对模型性能的影响。由于 STCARNN 模型中的时间属性由 4 个子属性构成，每个子属性的隐向量维度为 $d/4$，因此模型中参数的维度 d 必须是 4 的倍数，在实验中将维度从 28 开始，每组间隔 12，设置 11 组不同的维度对比实验，来探索维度对模型性能的影响规律。

实验结果如图 7. 13 所示，从图中可知，在 TKY 和 NYC 这两个数据集上，维度对模型性能的影响有相似的规律，在维度从 28 增加到 112 的过程

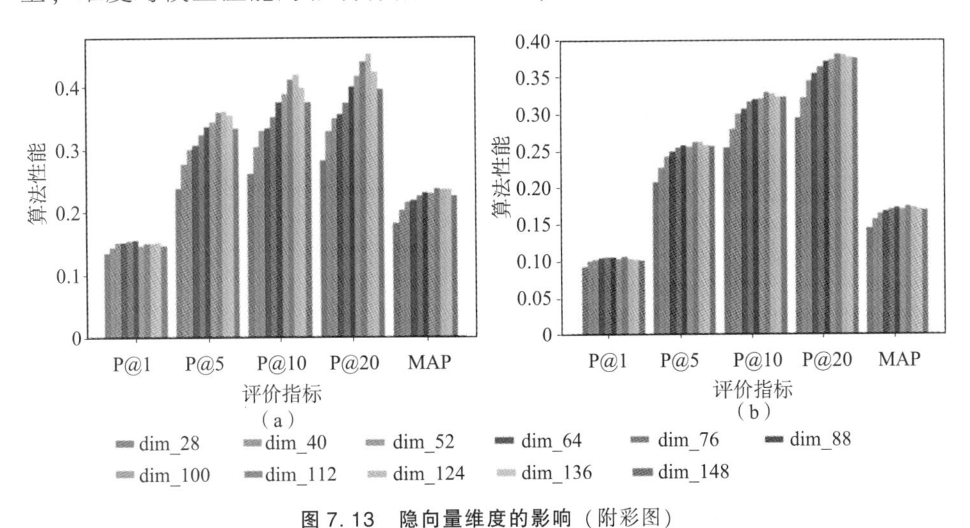

图 7. 13　隐向量维度的影响（附彩图）

（a）TKY-参数维度的影响；（b）NYC-参数维度的影响

中，模型的性能也随之增加，之后再增加参数的维度会使模型的性能下降。从理论上说，在隐向量维度较小时，模型的“容量”有限，无法学习训练集中的所有“规律”，因此提高参数的维度能提高模型的“容量”，从而提高模型的性能。当隐向量维度过高时，经过长时间的训练，模型在学习到所有“规律”后，会开始学习训练集中的噪声信息，这时模型就开始出现过拟合现象，并导致模型在测试集上的性能下降。具体而言，TKY 数据集上的维度取 124 时，P@5、P@10、P@20 等指标均为最优，而 P@1、MAP 虽然不是最优，但也非常接近最优，因此 TKY 数据集的最佳隐向量维度为 124；在 NYC 数据集上的维度取 112 时，所有评价指标均为最优，因此 NYC 数据集的最佳隐向量维度为 112。具体实验结果如表 7.19 所示。

表 7.19　隐向量维度的影响

维度	TKY					NYC				
	P@1	P@5	P@10	P@20	MAP	P@1	P@5	P@10	P@20	MAP
28	0.1353	0.2396	0.2619	0.2832	0.1812	0.0913	0.2073	0.2538	0.2948	0.1432
40	0.1441	0.2781	0.3058	0.3296	0.2020	0.0987	0.2265	0.2790	0.3218	0.1557
52	0.1512	0.3021	0.3310	0.3503	0.2156	0.1010	0.2416	0.2996	0.3448	0.1637
64	0.1513	0.3074	0.3349	0.3576	0.2181	0.1027	0.2486	0.3068	0.3544	0.1668
76	0.1539	0.3249	0.3535	0.3751	0.2264	0.1039	0.2542	0.3167	0.3647	0.1701
88	0.1559	0.3374	0.3770	0.4020	0.2316	0.1044	0.2569	0.3199	0.3718	0.1717
100	0.1470	0.3463	0.3903	0.4186	0.2304	0.1022	0.2550	0.3206	0.3739	0.1701
112	0.1498	0.3620	0.4137	0.4420	0.2382	0.1049	0.2611	0.3288	0.3821	0.1738
124	0.1507	0.3622	0.4216	0.4555	0.2365	0.1017	0.2611	0.3274	0.3805	0.1717
136	0.1520	0.3559	0.4010	0.4252	0.2367	0.1007	0.2568	0.3228	0.3779	0.1702
148	0.1461	0.3358	0.3766	0.3979	0.2254	0.0998	0.2559	0.3223	0.3765	0.1688

7.5　小　　结

本章介绍了社交网络的 POI 预测任务，介绍了该任务的背景和研究意义，然后给出了基于该任务的表示学习算法模型，即基于隐模式挖掘的

POI 预测模型、基于签到时间间隔模式的连续兴趣点推荐模型、基于深度表示的 POI 预测模型，并分别给出了与其他算法的对比结果。

基于隐模式挖掘的 POI 预测模型通过研究潜在行为模式级的用户偏好来建模用户的行为模式，而且推导出了基于 BPR 的优化标准，并使用期望最大化算法迭代求解模型参数。在三个真实权威 LBSN 的大规模数据集上进行充分实验，实验结果表明，与目前先进的推荐算法相比，该算法进一步提高了推荐精度。更重要的是，该模型能够预测用户较远距离和较长时间间隔的转移。

基于签到时间间隔模式的连续兴趣点推荐模型重点关注了用户在签到时间间隔模式影响下的移动模式和行为规律。该模型将时间间隔偏好作为潜在变量，是一种基于因子分析的概率模型。该模型在三个真实权威 LBSN 的大规模数据集上进行了评测，实验结果表明，该模型在连续兴趣点推荐任务和签到时间间隔预测任务中都取得了最好的性能。

基于深度表示的 POI 预测模型，首先将用户签到历史数据分割成兴趣点和时间属性两个序列数据，再使用递归神经网络来处理这两个序列数据。同时向递归神经网络加入时间间隔信息，根据相邻两次签到的时间间隔来控制历史信息的取舍，将序列“切分”成多个连续的签到子序列，从而得到多个子序列的表示。为了更好地推荐兴趣点，需要考虑所有子序列的影响，同时为了突出不同子序列的影响，需要给每个子序列赋予相应的权重，利用候选兴趣点和兴趣点子序列计算空间注意力权重分布，并对兴趣点子序列进行加权，从而得到空间注意力模块。同时，根据候选兴趣点和时间属性子序列计算时间注意力权重分布，对时间属性子序列进行加权，得到时间注意力模块。此外，为了研究每个兴趣点的周期特性，本章使用傅里叶级数来近似其周期函数，根据近似周期函数来计算周期注意力权重分布，对兴趣点子序列进行加权，从而得到周期注意力模块，并综合用户、地点以及时间、空间、周期注意力模块来进行兴趣点推荐。

参考文献

[1] MIKOLOV T, SUTSKEVER I, CHEN K, et al. Distributed representations of words and phrases and their compositionality [J]. arXiv preprint arXiv: 13104546.

[2] LE Q, MIKOLOV T. Distributed representations of sentences and documents [C]//The 31st International Conference on Machine Learning, Beijing, 2014: 1188-1196.

[3] IACOBACCI I, PILEHVAR M T, NAVIGLI R. SensEmbed: learning sense embeddings for word and relational similarity [C]//The 53rd Annual Meeting of the Association for Computational Linguistics and the 7th International Joint Conference on Natural Language Processing, Beijing, 2015: 95-105.

[4] ZHOU N N, ZHAO W X, ZHANG X, et al. A general multi-context embedding model for mining human trajectory data [J]. IEEE Transactions on Knowledge and Data Engineering, 2016, 28 (8): 1945-1958.

[5] ESTEBAN C, SCHMIDT D, KROMPAß D, et al. Predicting sequences of clinical events by using a personalized temporal latent embedding model [C]//The International Conference on Healthcare Informatics, Dallas, 2015: 130-139.

[6] PEROZZI B, AL-RFOU R, SKIENA S. DeepWalk: online learning of

social representations [C]//The 20th ACM SIGKDD International Conference on Knowledge Discovery and Data Mining, New York, 2014: 701-710.

[7] TANG J, QU M, WANG M Z, et al. LINE: large-scale information network embedding [C]//The 24th International Conference On World Wide Web, Florence, 2015: 1067-1077.

[8] YANG L, CAO X C, HE D X, et al. Modularity based community detection with deep learning [C]//The 25th International Joint Conference on Artificial Intelligence, New York, 2016: 2252-2258.

[9] AHMED A, SHERVASHIDZE N, NARAYANAMURTHY S, et al. Distributed large - scale natural graph factorization [C]//The 22nd International Conference on World Wide Web, Rio de Janeiro, 2013: 37-48.

[10] WANG D X, CUI P, ZHU W W. Structural deep network embedding [C]//The 22nd ACM SIGKDD International Conference on Knowledge Discovery and Data Mining, New York, 2016: 1225-1234.

[11] JENATTON R, LE ROUX N, BORDES A, et al. A latent factor model for highly multi-relational data [C]// The 25th International Conference on Neural Information Processing Systems, Lake Tahoe, 2012: 3176-3184.

[12] BORDES A, USUNIER N, GARCIA - DURÁN A, et al. Translating embeddings for modeling multi - relational data [C]//The 26th International Conference on Neural Information Processing Systems, Sydney, 2013: 2787-2795.

[13] BORDES A, GLOROT X, WESTON J, et al. A semantic matching energy function for learning with multi-relational data [J]. Machine Learning, 2014, 94 (2): 233-259.

[14] COLLOBERT R, WESTON J. A unified architecture for natural language processing: Deep neural networks withmultitask learning [C]//The 25th International Conference on Machine Learning, Helsinki, 2008: 160-167.

[15] WANG Z, ZHANG J W, FENG J L, et al. Knowledge graph and text jointly embedding [C]//The 2014 Conference on Empirical Methods in Natural Language Processing, Doha, 2014: 1591-1601.

[16] WANG Z, ZHANG J W, FENG J L, et al. Knowledge graph embedding by

translating on hyperplanes [C]//The 28th AAAI Conference on Artificial Intelligence, Québec City, 2014: 1112-1119.

[17] LIN Y K, LIU Z Y, SUN M S, et al. Learning entity and relation embeddings for knowledge graph completion [C]//The 29th AAAI Conference on Artificial Intelligence, Austin, 2015: 2181-2187.

[18] 涂存超，杨成，刘知远，等. 网络表示学习综述 [J]. 科学通报，1998, 43: 1681.

[19] GOLDBERG Y, LEVY O. Word2vec Explained: deriving Mikolov et al.'s negative - sampling word - embedding method [J]. arXiv preprint arXiv: 14023722.

[20] GROVER A, LESKOVEC J. Node2vec: Scalable feature learning for networks [C]//The 22nd ACM SIGKDD International Conference on Knowledge Discovery and Data Mining, San Francisco, 2016: 855-864.

[21] CAO S S, LU W, XU Q K. GraRep: Learning graph representations with global structural information [C]//The 24th ACM International on Conference on Information and Knowledge Management, Melbourne, 2015: 891-900.

[22] WANG X, CUI P, WANG J, et al. Community preserving network embedding [C]//The 31st AAAI Conference on Artificial Intelligence, San Francisco, 2017: 203-209.

[23] CHEN S, NIU S, AKOGLU L, et al. Fast, warped graph embedding: Unifying framework and one - clickalgorithm [J]. arXiv preprint arXiv: 170205764.

[24] BELKIN M, NIYOGI P. Laplacian eigenmaps and spectral techniques for embedding and clustering [C]//The 14th International Conference on Neural Information Processing Systems, Vancouver, 2001: 585-591.

[25] NIEPERT M, AHMED M, KUTZKOV K. Learning convolutional neural networks for graphs [J]. arXiv preprint arXiv: 160505273.

[26] DEFFERRARD M, BRESSON X, VANDERGHEYNST P. Convolutional neural networks on graphs with fast localized spectral filtering [J]. arXiv preprint arXiv: 160609375.

[27] KIPF T N, WELLING M. Semi - supervised classification with graph convolutional networks [J]. arXiv preprint arXiv: 160902907.

[28] YING R, HE R N, CHEN K F, et al. Graph convolutional neural networks for web - scale recommender systems [C]//The 24th ACM SIGKDD International Conference on Knowledge Discovery and Data Mining, London, 2018: 974-983.

[29] VELIČKOVIČP, CUCURULL G, CASANOVA A, et al. Graph attention networks [J]. arXiv preprint arXiv: 171010903.

[30] SAK H, SENIOR A, BEAUFAYS F. Long short - term memory based recurrent neural network architectures for large vocabulary speech recognition [J]. arXiv preprint arXiv: 14021128.

[31] CHO K, VAN MERRIËNBOER B, GULCEHRE C, et al. Learning phrase representations using RNN encoder - decoder for statistical machine translation [J]. arXiv preprint arXiv: 14061078.

[32] BAI S J, KOLTER J Z, KOLTUN V. An empirical evaluation of generic convolutional and recurrent networks for sequence modeling [J]. arXiv preprint arXiv: 180301271.

[33] LI X, HONG H T, LIU L, et al. A structural representation learning for multi-relational networks [J]. arXiv preprint arXiv: 180506197.

[34] SCHLICHTKRULL M, KIPF T N, BLOEM P, et al. Modeling relational data with graph convolutional networks [M]//GANGEMI A. ESWC 2018: The Semantic Web. Cham: Springer, 2018: 593-607.

[35] YE R, LI X, FANG Y J, et al. A vectorized relational graph convolutional network for multi-relational network alignment [C]//The 28th International Joint Conference on Artificial Intelligence, Macao, 2019: 4135-4141.

[36] KULLBACK S, LEIBLER R A. On information and sufficiency [J]. The Annals of Mathematical Statistics, 1951, 22 (1): 79-86.

[37] KRIZHEVSKY A, SUTSKEVER I, HINTON G E. ImageNet classification with deep convolutional neural networks [J]. Advances in Neural Information Processing Systems, 2012, 25: 1097-1105.

[38] BRUNA J, ZAREMBA W, SZLAM A, et al. Spectral networks and locally connected networks on graphs [J]. arXiv preprint arXiv: 13126203.

[39] ZACHARY WW. An information flow model for conflict and fission in small groups [J]. Journal of Anthropological Research, 1977, 33 (4): 452-473.

[40] HAMILTON W L, YING R, LESKOVEC J. Inductive representation

learning on large graphs [J]. arXiv preprint arXiv: 170602216.
[41] VASWANI A, SHAZEER N, PARMAR N, et al. Attention is all you need [J]. arXiv preprint arXiv: 170603762.
[42] QU M, TANG J, SHANG J, et al. An attention-based collaboration framework for multi-view network representation learning [C]//The 2017 ACM on Conference on Information and Knowledge Management, 2017: 1767-1776.
[43] 刘知远，孙茂松，林衍凯，等. 知识表示学习研究进展 [J]. 计算机研究与发展，2016，53 (2)：247-261.
[44] BORDES A, WESTON J, COLLOBERT R, et al. Learning structured embeddings of knowledge bases [C]// The 25th AAAI Conference on Artificial Intelligence, San Francisco, 2011: 301-306.
[45] SOCHER R, CHEN D, MANNING C D, et al. Reasoning with neural tensor networks for knowledge base completion [C]// The 26th International Conference on Neural Information Processing Systems, Lake Tahoe, 2013: 926-934.
[46] LIN Y, LIU Z, LUAN H, et al. Modeling relation paths for representation learning of knowledge bases [J]. arXiv preprint arXiv: 150600379.
[47] JIA Y, WANG Y, JIN X, et al. Path-specific knowledge graph embedding [J]. Knowledge-Based Systems, 2018, 151: 37-44.
[48] HE S Z, LIU K, JI G L, et al. Learning to represent knowledge graphs with Gaussian embedding [C]//The 24th ACM International on Conference on Information and Knowledge Management, Melbourne, 2015: 623-632.
[49] TROUILLON T, WELBL J, RIEDEL S, et al. Complex embeddings for simple link prediction [J]. arXiv preprint arXiv: 160606357.
[50] NICKEL M, TRESP V, KRIEGEL H P. A three-way model for collective learning on multi-relational data [C]//The 28th International Conference on Machine Learning, Bellevue, 2011: 809-816.
[51] YANG B S, YIH W T, HE X D, et al. Embedding entities and relations for learning and inference in knowledge bases [J]. arXiv preprint arXiv: 14126575.
[52] NICKEL M, ROSASCO L, POGGIO T. Holographic embeddings of knowledge graphs [J]. arXiv preprint arXiv: 151004935.

[53] NICKEL M, TRESP V, KRIEGEL H-P. Factorizing YAGO: scalable machine learning for linked data [C]//The 21st International Conference on World Wide Web, Lyon, 2012: 271-280.

[54] VASHISHTH S, SANYAL S, NITIN V, et al. Composition-based multi-relational graph convolutional networks [J]. arXiv preprint arXiv: 191103082.

[55] GUO L, SUN Z, HU W. Learning to exploit long-term relational dependencies in knowledge graphs [J]. arXiv preprint arXiv: 190504914.

[56] CEN Y K, ZOU X, ZHANG J W, et al. Representation learning for attributed multiplex heterogeneous network [C]//The 25th ACM SIGKDD International Conference on Knowledge Discovery and Data Mining, Anchorage, 2019: 1358-1368.

[57] MILLER G A. WordNet: a lexical database for English [J]. Communications of the ACM, 1995, 38 (11): 39-41.

[58] BOLLACKER K, EVANS C, PARITOSH P, et al. Freebase: a collaboratively created graph database for structuring human knowledge [C]//The 2008 ACM SIGMOD International Conference on Management of Data, Vancouver, 2008: 1247-1250.

[59] MILLER G A, BECKWITH R, FELLBAUM C, et al. Introduction to WordNet: an on-line lexical database [J]. International Journal of Lexicography, 1990, 3 (4): 235-244.

[60] KRUSH A. Want to be on the knowledge graph? Get listed in Google's Freebase [Full Guide] [EB/OL]. [2020-12-20]. https://www.link-assistant.com/blog/want-more-exposure-for-your-online-business-get-listed-in-googles-freebase-step-by-step-guide/.

[61] ZHANG J W, KONG X N, YU P S. Predicting social links for new users across aligned heterogeneous social networks [C]// IEEE 13th International Conference on Data Mining, Dallas, 2013: 1289-1294.

[62] LI A Q, AHMED A, RAVI S, et al. Reducing the sampling complexity of topic models [C]//The 20th ACM SIGKDD International Conference on Knowledge Discovery and Data Mining, New York, 2014: 891-900.

[63] HONG H T, LI X, WANG M Z. GANE: a generative adversarial network embedding [J]. IEEE Transactions on Neural Networks and Learning Systems, 2020, 31 (7): 2325-2335.

[64] HONG H T, LI X, PAN Y G, et al. Domain-adversarial network alignment [J]. arXiv preprint arXiv: 190805429.

[65] ARJOVSKY M, CHINTALA S, BOTTOU L. WassersteinGAN [J]. arXiv preprint arXiv: 170107875.

[66] GUTMANN M U, HYVÄRINEN A. Noise - contrastive estimation of unnormalized statistical models, with applications to natural image statistics [J]. Journal of Machine Learning Research, 2012, 13 (2): 307-361.

[67] GOODFELLOW I J, POUGET - ABADIE J, MIRZA M, et al. Generative adversarial nets [C]// The 27th International Conference on Neural Information Processing Systems, Montreal, 2014: 2672-2680.

[68] MIRZA M, OSINDERO S. Conditional generative adversarial nets [J]. arXiv preprint arXiv: 14111784.

[69] YU L T, ZHANG W N, WANG J, et al. SeqGAN: Sequence generative adversarial nets with policy gradient [C]//The 31st AAAI Conference on Artificial Intelligence, San Francisco, 2017: 2852-2858.

[70] WANG J, YU L T, ZHANG W N, et al. IRGAN: A minimax game for unifying generative and discriminative information retrieval models [C]//The 40th International ACM SIGIR Conference on Research and Development in Information Retrieval, Tokyo, 2017: 515-524.

[71] WANG H W, WANG J, WANG J L, et al. GraphGAN: Graph representation learning with generative adversarial nets [C]//The 32nd AAAI Conference on Artificial Intelligence, New Orleans, 2018: 2508-2515.

[72] RUMELHART D E, HINTON G E, WILLIAMS R J. Learning internal representations by error propagation [M]//COLLINS A, SMITH E E. Readings in Cognitive Science. San Francisco: Margan Kaufmann, 1985: 399-421.

[73] LIU L, CHEUNG W K, LI X, et al. Aligning users across social networks using network embedding [C]//The 25th International Joint Conference on Artificial Intelligence, New York, 2016: 1774-1780.

[74] HEINE M H. Distance between sets as an objective measure of retrieval effectiveness [J]. Information Storage and Retrieval, 1973, 9 (3): 181-198.

[75] BAEZA - YATES R, RIBEIRO - NETO B, et al. Modern information retrieval [M]. NewYork : ACM Press, 1999.

[76] HOTELLING H. Analysis of a complex of statistical variables into principal components [J]. Journal of Educational Psychology, 1933, 24 (6): 417.

[77] CORTES C, VAPNIK V. Support - vector networks [J]. Machine Learning, 1995, 20 (3): 273-297.

[78] GANIN Y, USTINOVA E, AJAKAN H, et al. Domain-adversarial training of neural networks [J]. The Journal of Machine Learning Research, 2016, 17 (1): 2096-2030.

[79] XIE Q, DAI Z, DU Y, et al. Controllable invariance through adversarial feature learning [J]. arXiv preprint arXiv: 170511122.

[80] TANG J, ZHANG J, YAO L M, et al. ArnetMiner: extraction and mining of academic social networks [C]//The 14th ACM SIGKDD International Conference on Knowledge Discovery and Data Mining, Las Vegas, 2008: 990-998.

[81] ZHANG J W, YU P S. Integrated anchor and social link predictions across social networks [C]//The 24th International Conference on Artificial Intelligence, Buenos Aires, 2015: 2125-2131.

[82] CAO X Z, YU Y. ASNets: A benchmark dataset of aligned social networks for cross-platform user modeling [C]//The 25th ACM International on Conference on Information and Knowledge Management, Indianapolis, 2016: 1881-1884.

[83] TAN S L, GUAN Z Y, CAI D, et al. Mapping users across networks by Manifold Alignment on Hypergraph [C]//The 28th AAAI Conference on Artificial Intelligence, Québec City, 2014: 159-165.

[84] MAN T, SHEN H W, LIU S H, et al. Predict anchor links across social networks via an embedding approach [C]//The 25th International Joint Conference on Artificial Intelligence, New York, 2016: 1823-1829.

[85] MU X, ZHU F D, LIM E P, et al. User identity linkage by latent user space modelling [C]//The 22nd ACM SIGKDD International Conference on Knowledge Discovery and Data Mining, San Francisco, 2016: 1775-1784.

[86] LI C Z, WANG S Z, WANG Y K, et al. Adversarial learning for weakly-supervised social network alignment [J]. Proceedings of the AAAI Conference on Artificial Intelligence, 2019, 33 (01): 996-1003.

[87] YANG C, LIU Z Y, ZHAO D L, et al. Network representation learning

with rich text information [C]// The 24th International Conference on Artificial Intelligence, Buenos Aires, 2015: 2111-2117.

[88] ADAI A T, DATE S V, WIELAND S, et al. LGL: creating a map of protein function with an algorithm for visualizing very large biological networks [J]. Journal of Molecular Biology, 2004, 340 (1): 179-190.

[89] LI S N, LI X, YE R. Non-translational alignment for multi-relational networks [C] // Proceedings of the 27th International Joint Conference on Artificial Intelligence (IJCAI), Stockholm, 2018: 4180-4186.

[90] PUJARA J, MIAO H, GETOOR L, et al. Knowledge graph identification [M]// ALANI H, KAGAL L, FOKOUE A , et al. The Semantic Web-ISWC 2013. Berlin: Springer, 2013: 542-557.

[91] CHOI E, BAHADORI M T, SEARLES E, et al. Multi-layer representation learning for medical concepts [C]//The 22nd ACM SIGKDD International Conference on Knowledge Discovery and Data Mining, San Francisco, 2016: 1495-1504.

[92] CHOI E, BAHADORI M T, KULAS J A, et al. RETAIN: an interpretable predictive model for healthcare using reverse time attention mechanism [J]. arXiv preprint arXiv: 160805745.

[93] MA F L, CHITTA R, ZHOU J, et al. Dipole: Diagnosis prediction in healthcare via attention-based bidirectional recurrent neural networks [C]//The 23rd ACM SIGKDD International Conference on Knowledge Discovery and Data Mining, Halifax, 2017: 1903-1911.

[94] CHOI E, XIAO C, STEWART W F, et al. MiME: multilevel medical embedding of electronic health records for predictive healthcare [J]. arXiv preprint arXiv: 181009593.

[95] CHOI E, BAHADORI M T, SONG L, et al. GRAM: graph-based attention model for healthcare representation learning [C]//The 23rd ACM SIGKDD International Conference on Knowledge Discovery and Data Mining, Halifax, 2017: 787-795.

[96] SONG L H, CHEONG C W, YIN K J, et al. Medical concept embedding with multiple ontological representations [C]//The 28th International Joint Conference on Artificial Intelligence, Macao, 2019: 4613-4619.

[97] MA F, YOU Q, XIAO H, et al. KAME: Knowledge-based attention

model for diagnosis prediction in healthcare [C]//The 27th ACM International Conference on Information and Knowledge Management, Torino, 2018: 743-752.

[98] SHANG J, MA T, XIAO C, et al. Pre-training of graph augmented transformers for medication recommendation [J]. arXiv preprint arXiv: 190600346.

[99] PENNINGTON J, SOCHER R, MANNING C D. GloVe: global vectors for word representation [C]//The 2014 Conference on Empirical Methods in Natural Language Processing, Doha, 2014: 1532-1543.

[100] JOHNSON A E W, POLLARD T J, SHEN L, et al. MIMIC-III, a freely accessible critical care database [J]. Scientific Data, 2016, 3 (1): 1-9.

[101] GOLDBERGER A L, AMARAL L A N, GLASS L, et al. PhysioBank, PhysioToolkit, and PhysioNet: components of a new research resource for complex physiologic signals [J]. Circulation, 2000, 101 (23): e215-e220.

[102] LAURENS V DM , HINTON G E. Visualizing Data using t-SNE [J]. Journal of Machine Learning Research, 2008, 9: 2579-2605.

[103] VAN DEN OORD A, DIELEMAN S, ZEN H, et al. WaveNet: a generative model for raw audio [J]. arXiv preprint arXiv: 160903499.

[104] KALCHBRENNER N, ESPEHOLT L, SIMONYAN K, et al. Neural machine translation in linear time [J]. arXiv preprint arXiv: 161010099.

[105] DAUPHIN Y N, FAN A, AULI M, et al. Language modeling with gated convolutional networks [C]// The 34th International Conference on Machine Learning, Sydney, 2017: 933-941.

[106] GEHRING J, AULI M, GRANGIER D, et al. A convolutional encoder model for neural machine translation [C]//The 55th Annual Meeting of the Association for Computational Linguistics, Vancouver, 2017: 123-135.

[107] GEHRING J, AULI M, GRANGIER D, et al. Convolutional sequence to sequence learning [C]// The 34th International Conference on Machine Learning, Sydney, 2017: 1243-1252.

[108] SRIVASTAVA N, HINTON G E, KRIZHEVSKY A, et al. Dropout: a simple way to prevent neural networks from overfitting [J]. The Journal of Machine Learning Research, 2014, 15 (1): 1929-1958.

[109] HE K M, ZHANG X Y, REN S Q, et al. Deep residual learning for

image recognition [C]//2016 IEEE Conference on Computer Vision and Pattern Recognition, Las Vegas, 2016: 770-778.

[110] HU J, SHEN L, SUN G. Squeeze-and-excitation networks [C]// IEEE Conference on Computer Vision and Pattern Recognition, Salt Lake City, 2018: 7132-7141.

[111] DAHL D, WOJTAL G G, BRESLOW M J, et al. The high cost of low-acuity ICU outliers [J]. Journal of Healthcare Management, 2012, 57 (6): 421-433.

[112] HARUTYUNYAN H, KHACHATRIAN H, KALE D C, et al. Multitask learning and benchmarking with clinical time series data [J]. Scientific Data, 2019, 6 (1): 1-18.

[113] LIPTON Z C, KALE D C, ELKAN C, et al. Learning to diagnose with LSTM recurrent neural networks [J]. arXiv preprint arXiv: 151103677.

[114] 翟红生，于海鹏. 在线社交网络中的位置服务研究进展与趋势 [J]. 计算机应用研究，2013，30 (11): 3221-3227.

[115] 刘树栋，孟祥武. 基于位置的社会化网络推荐系统 [J]. 计算机学报，2015，38 (2): 322-336.

[116] ADOMAVICIUS G, TUZHILIN A. Toward the next generation of recommender systems: A survey of the state-of-the-art and possible extensions [J]. IEEE Transactions on Knowledge and Data Engineering, 2005, 17 (6): 734-749.

[117] CHO E, MYERS S A, LESKOVEC J. Friendship and mobility: user movement in location-based social networks [C]//The 17th ACM SIGKDD International Conference on Knowledge Discovery and Data Mining, San Diego, 2011: 1082-1090.

[118] EAGLE N, PENTLAND A S. Eigenbehaviors: identifying structure in routine [J]. Behavioral Ecology and Sociobiology, 2009, 63 (7): 1057-1066.

[119] LI Z, DING B, HAN J, et al. Mining periodic behaviors for moving objects [C]//The 16th ACM SIGKDD International Conference on Knowledge Discovery and Data Mining, Washington, 2010: 1099-1108.

[120] TUCKER L R. Some mathematical notes on three-mode factor analysis [J]. Psychometrika, 1966, 31 (3): 279-311.

[121] CICHOCKI A, ZDUNEK R, PHAN A H, et al. Nonnegative matrix and tensor factorizations: Applications to exploratory multi-way data analysis and blind source separation [M]. New Jersey: John Wiley & Sons, 2009.
[122] RENDLE S, FREUDENTHALER C, SCHMIDT-THIEME L. Factorizing personalized Markov chains for next-basket recommendation [C]//The 19th International Conference on World Wide Web, Raleigh, 2010: 811-820.
[123] RENDLE S, FREUDENTHALER C, GANTNER Z, et al. BPR: Bayesian personalized ranking from implicit feedback [J]. arXiv preprint arXiv: 12052618.
[124] KOREN Y, BELL R, VOLINSKY C. Matrix factorization techniques for recommender systems [J]. Computer, 2009, 42 (8): 30-37.
[125] SALAKHUTDINOV R, MNIH A. Probabilistic matrix factorization [C]//The 20th International Conference on Neural Information Processing Systems, Vancouver, 2008: 1257-1264.
[126] CHENG C, YANG H, LYU M R, et al. Where you like to go next: Successive point-of-interest recommendation [J]. International Joint Conference on Artificial Intelligence, 2013: 2605-2611.
[127] FENG S S, LI X T, ZENG Y F, et al. Personalized ranking metric embedding for next new POI recommendation [C]//The 24th International Conference on Artificial Intelligence, Mexico City, 2015: 2069-2075.
[128] YE J H, ZHU Z, CHENG H. What's your next move: user activity prediction in location-based social networks [M]// GHOSH J, OBRADOVIC Z, DY J, et al. The 2013 SIAM International Conference on Data Mining. Society for Industrial and Applied Mathematics, 2013: 171-179.
[129] YUAN Q, CONG G, MA Z Y, et al. Time-aware point-of-interest recommendation [C]//The 36th International ACM SIGIR Conference on Research and Development in Information Retrieval, Dublin, 2013: 363-372.
[130] HE J, LI X, LIAO L J, et al. Inferring a personalized next point-of-interest recommendation model with latent behavior patterns [C]//The 30th AAAI Conference on Artificial Intelligence, Phoenix, 2016: 137-143.
[131] LIU Y C, LIU C R, LIU B, et al. Unified point-of-interest

recommendation with temporal interval assessment [C]//The 22nd ACM SIGKDD International Conference on Knowledge Discovery and Data Mining, San Francisco, 2016: 1015-1024.

[132] BASILEVSKY A T. Statistical factor analysis and related methods: theory and applications [M]. New Jersey: John Wiley & Sons, 2009.

[133] ZHU Y, LI H, LIAO Y, et al. What to do next: modeling user behaviors by time - LSTM [C]//The 26th International Joint Conference on Artificial Intelligence, Melbourne, 2017: 3602-3608.

[134] YANG D, ZHANG D, ZHENG V W, et al. Modelinguser activity preference by leveraging user spatial temporal characteristics in LBSNs [J]. IEEE Transactions on Systems, Man, and Cybernetics, 2015, 45 (1): 129-142.

[135] ZHANG Z, LI C, WU Z, et al. NEXT: a neural network framework for next POI recommendation [J]. Frontiers of Computer Science, 2020, 14 (2): 314-333.

[136] LIU Q, WU S, WANG L, et al. Predicting the next location: a recurrent model with spatial and temporal contexts [C]//The 30th AAAI Conference on Artificial Intelligence, Phoenix, 2016: 194-200.

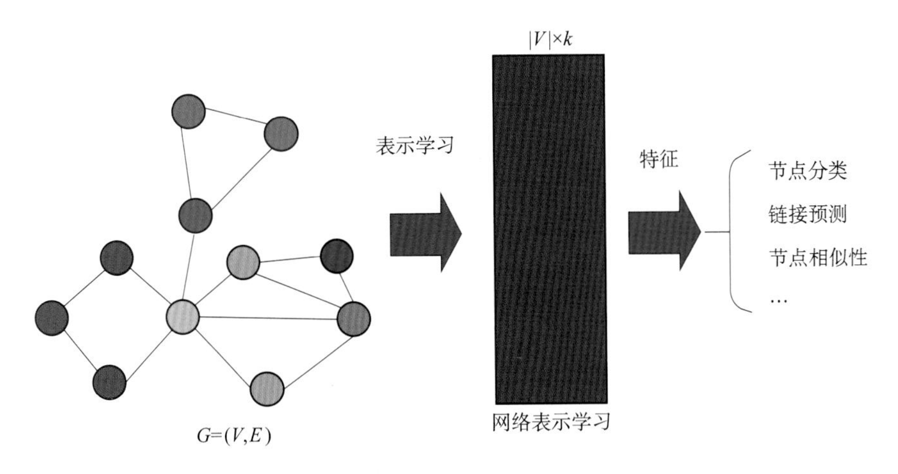

图 2.1　网络表示学习流程图

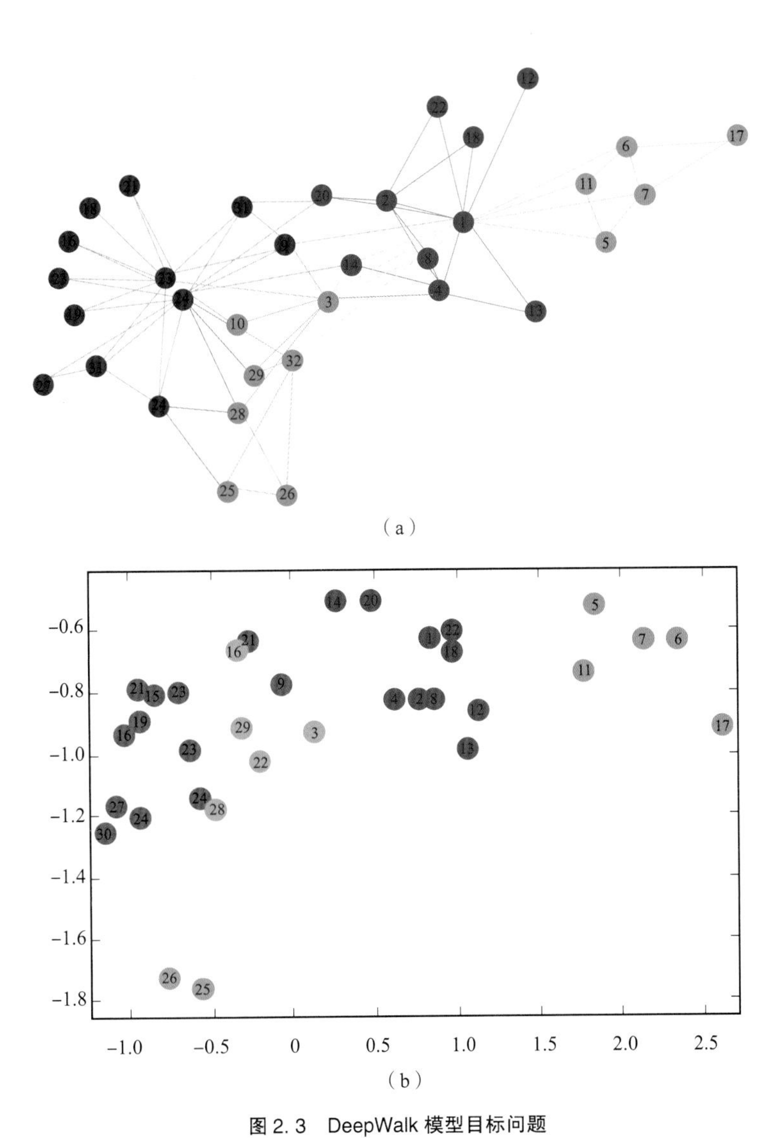

图 2.3　DeepWalk 模型目标问题

（a）输入：Karate 图网络；（b）输出：节点表示

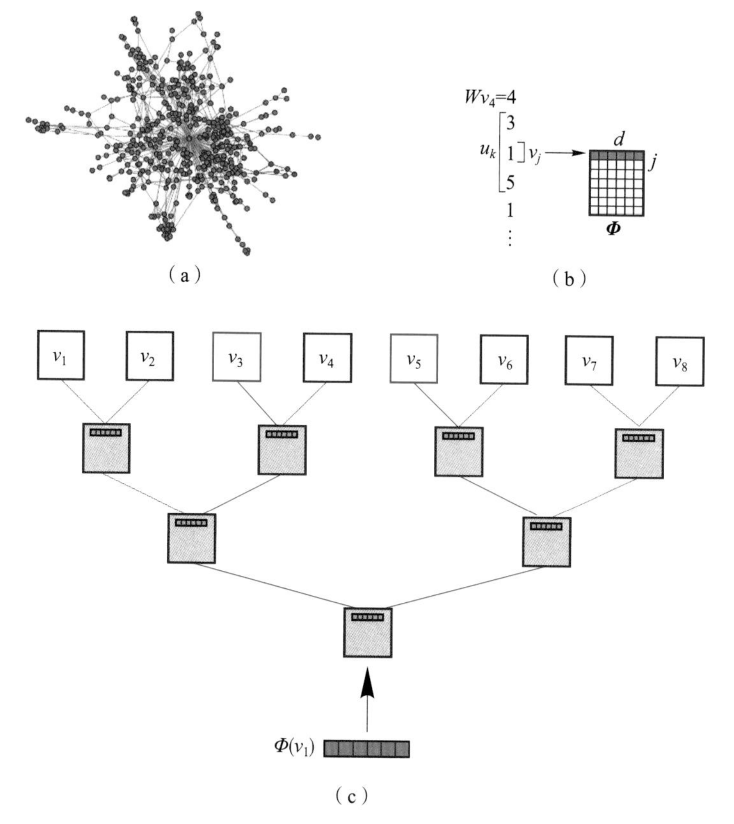

图 2.4　DeepWalk 模型框架示意图

(a) 随机游走生成器；(b) 表示映射；(c) 层次 Softmax

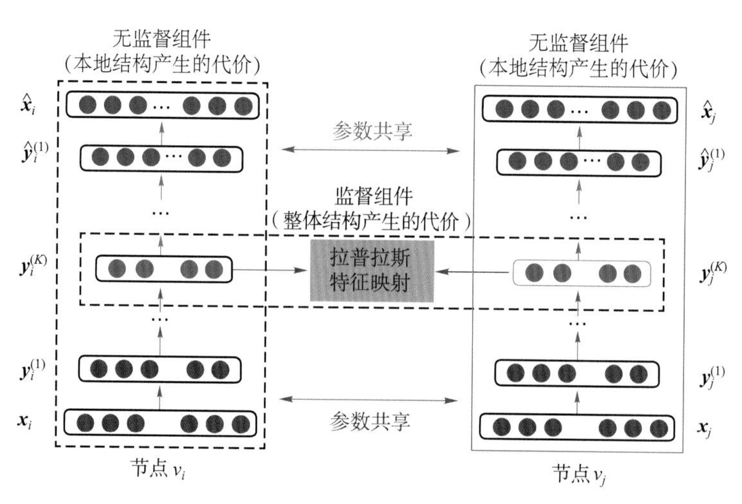

图 2.5　SDNE 模型的整体框架图

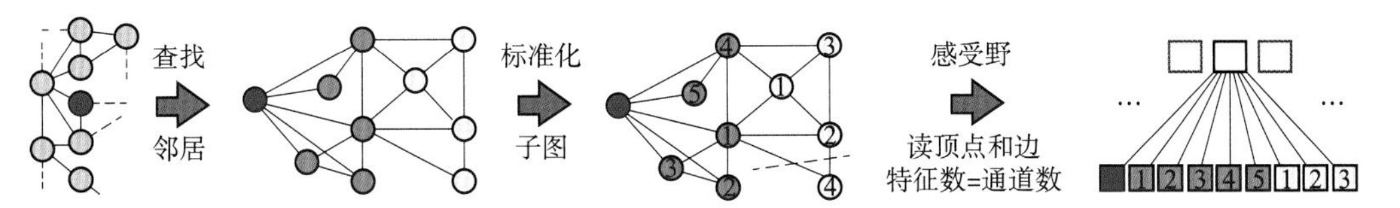

图 2.6　类比于 CNN 的图神经网络构建流程

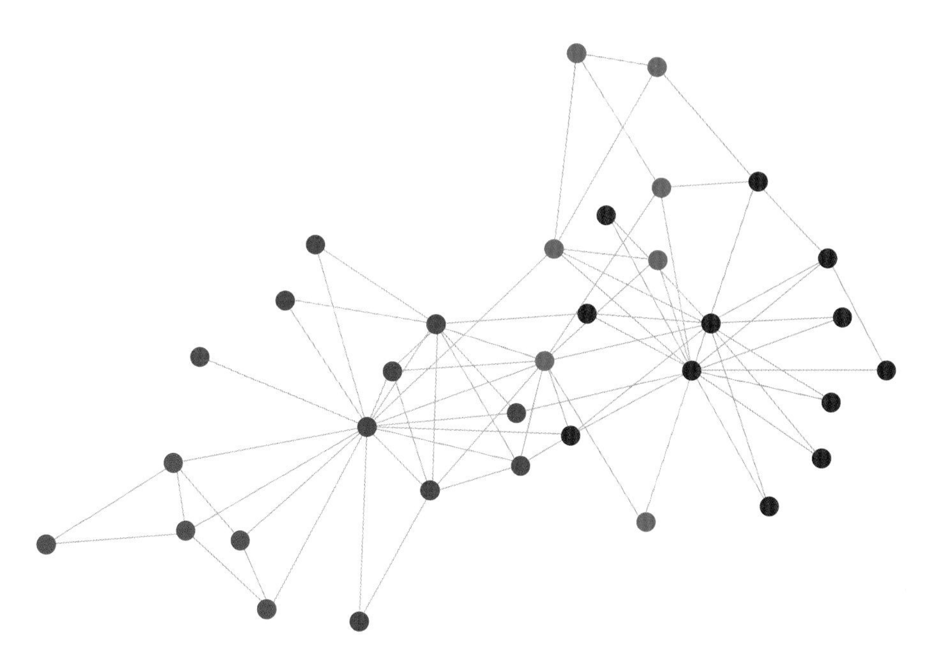

图 2.7　Zachary 的空手道俱乐部网络可视化图

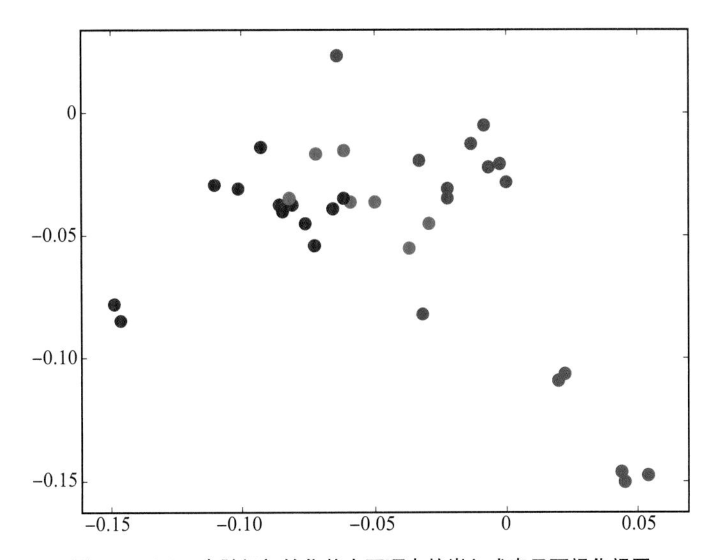

图 2.8　GCN 在随机初始化状态下顶点的嵌入式表示可视化视图

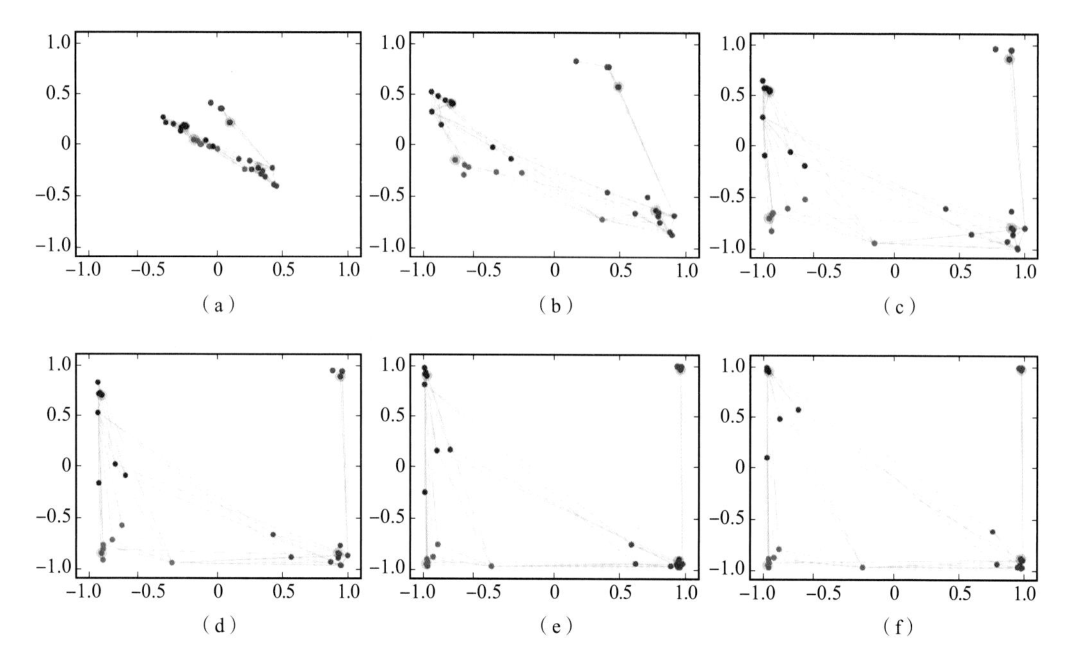

图 2.9　图卷积网络随着迭代训练的顶点嵌入式表示的演变过程

（a）第 25 次迭代；（b）第 50 次迭代；（c）第 75 次迭代；

（d）第 100 次迭代；（e）第 200 次迭代；（f）第 300 次迭代；

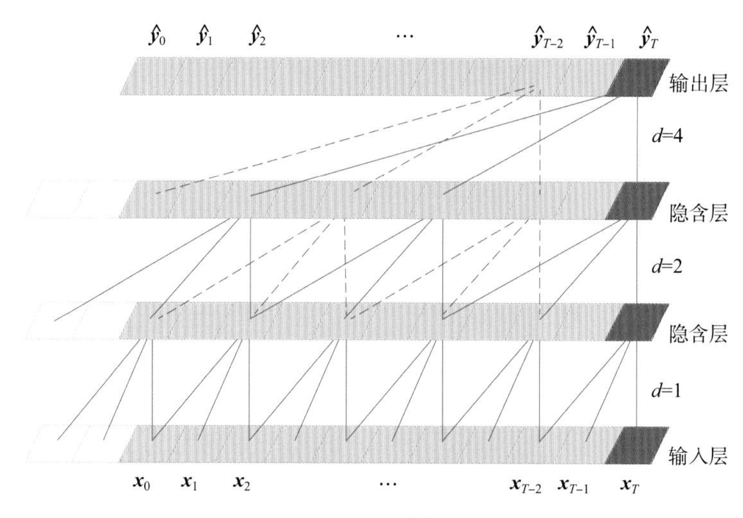

图 2.11　TCN 膨胀卷积

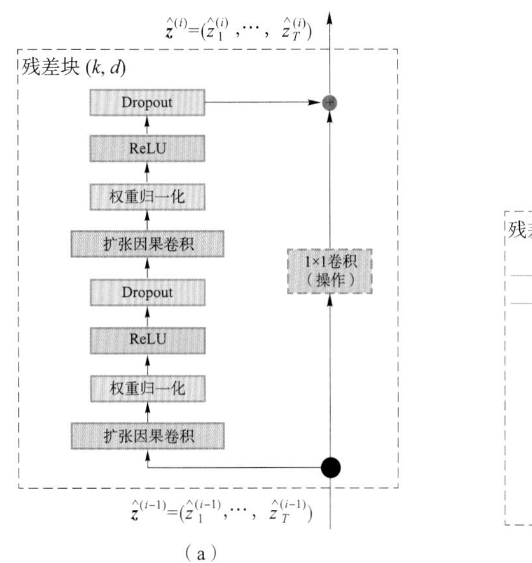

（a）

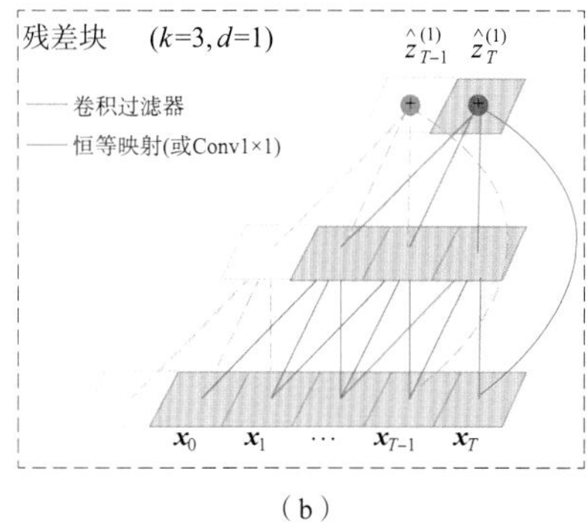

（b）

图 2.12　TCN 网络结构

（a）TCN 残差块；（b）TCN 残差连接

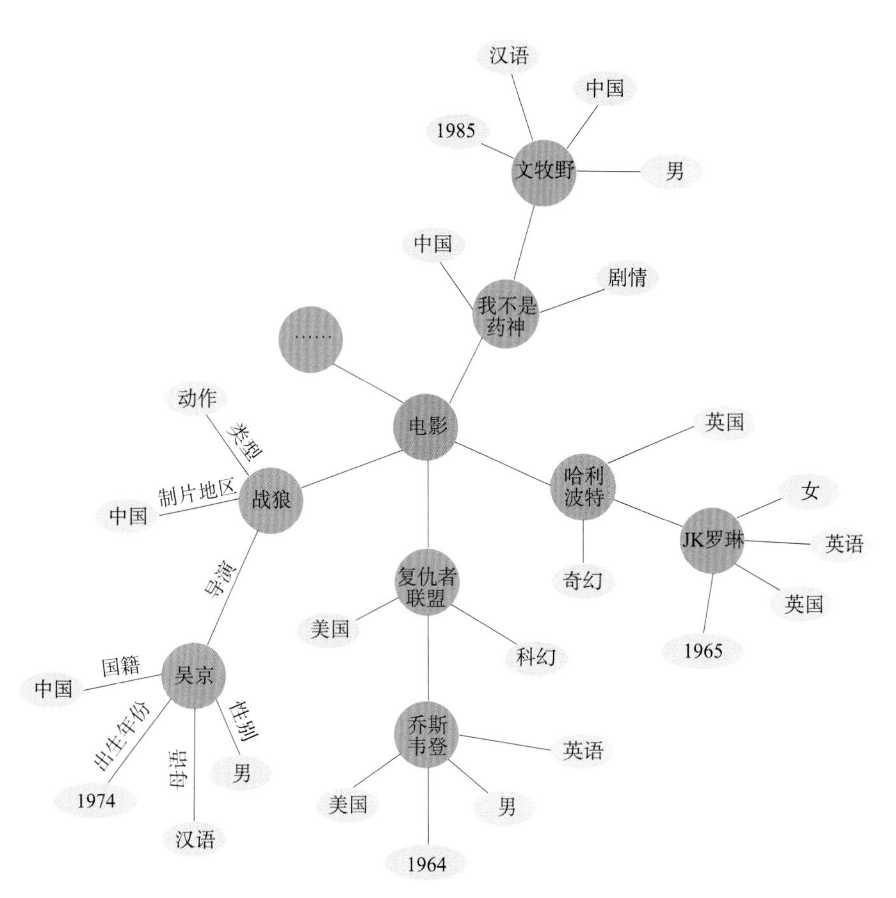

图 3.1　多关系网络的实例示意图

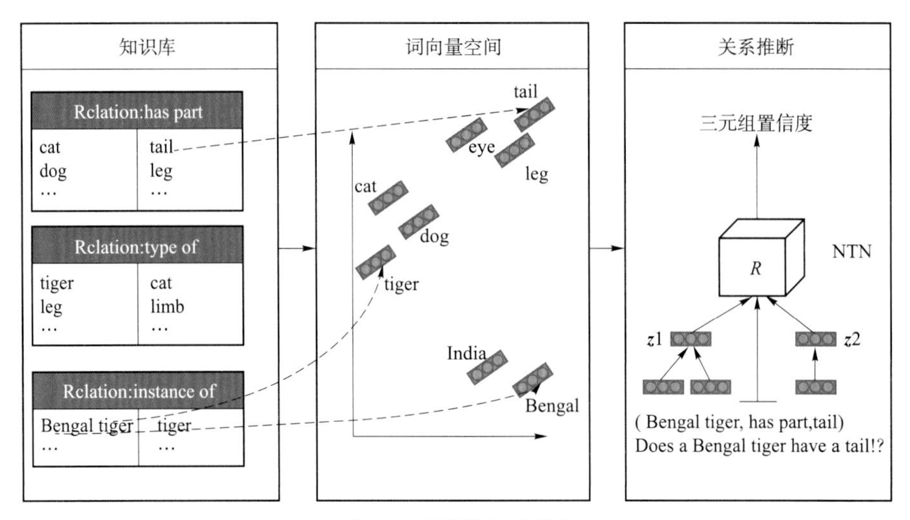

图 3.6　模型整体示意图

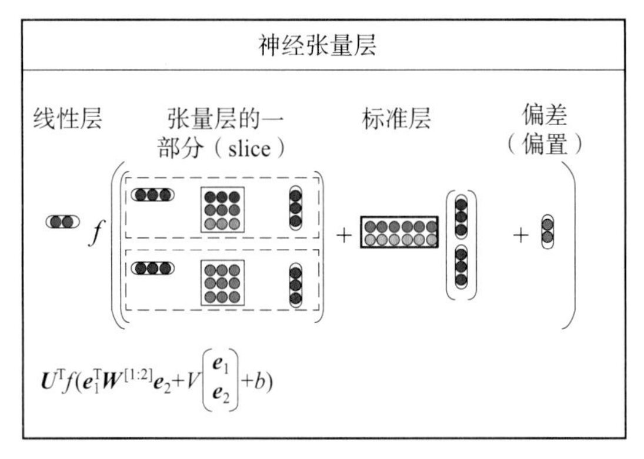

图 3.7　NTN 模型可视化

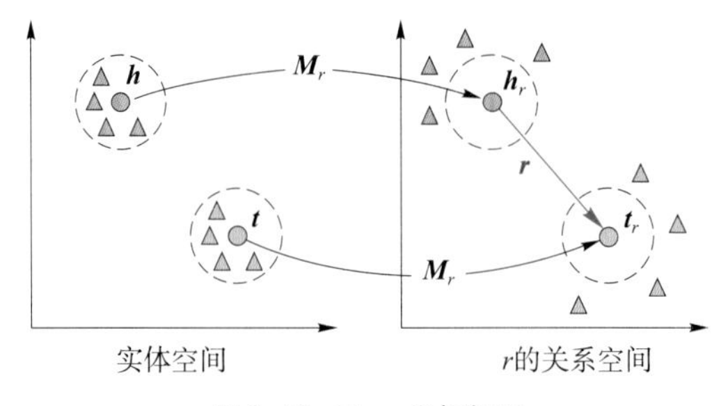

图 3.10　TransR 框架图

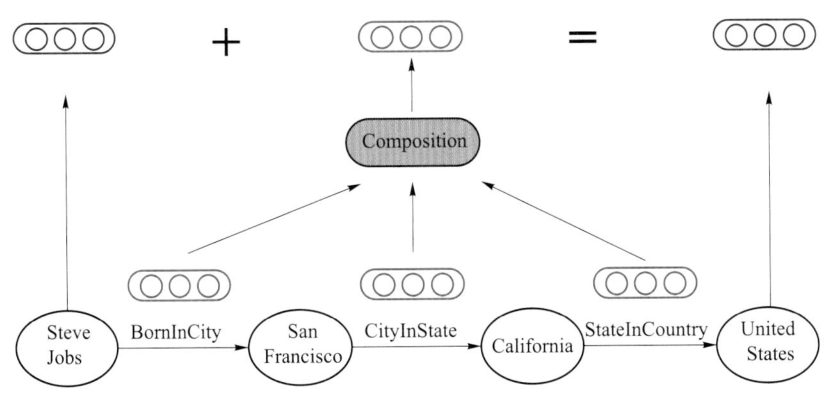

图 3.12　通过关系嵌入的语义组合计算路径表示

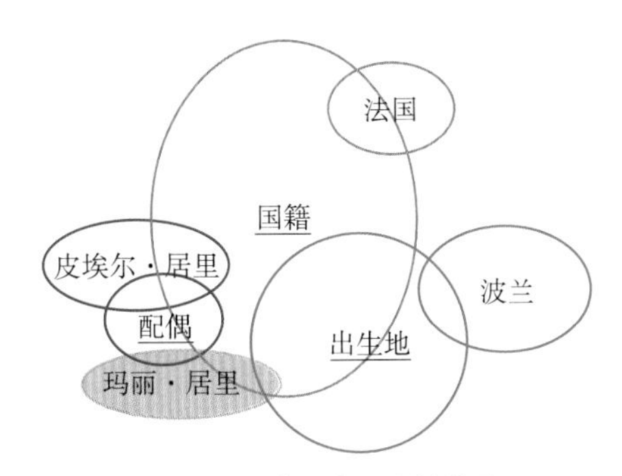

图 3.13　高斯嵌入实例说明

（带有相同颜色的圈表明是玛丽 · 居里的事实，带有下划线标签为关系，其余为实体）

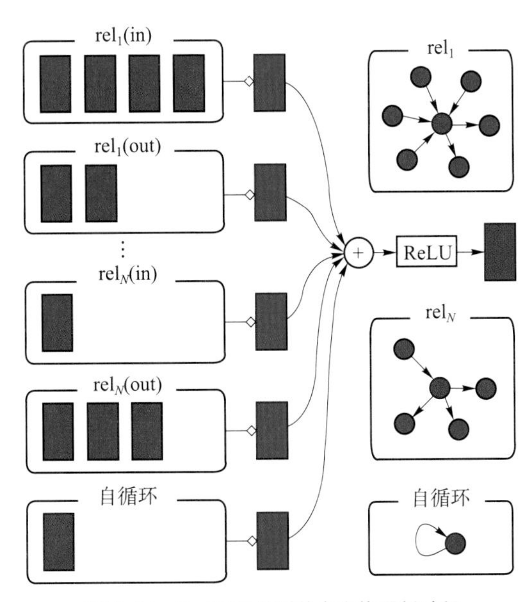

图 3.14　R-GCN 模型单个实体更新过程

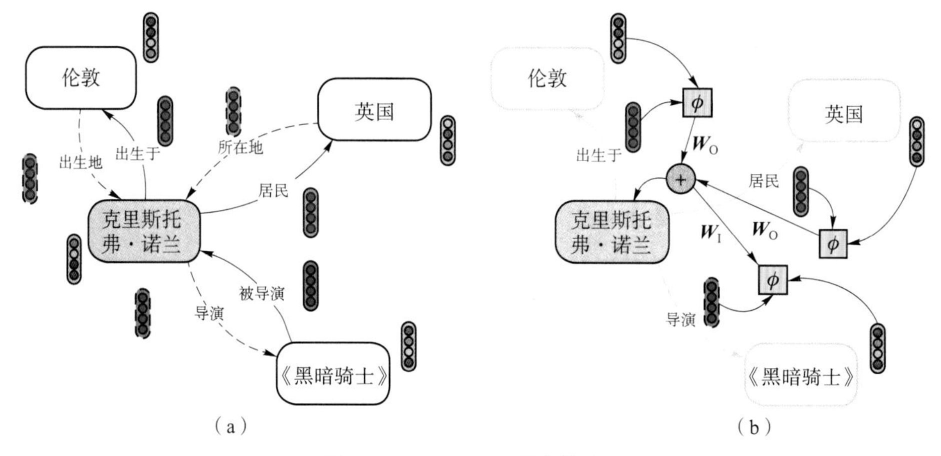

图 3.16　CompGCN 整体模型图

(a) 关系图嵌入；(b) 关系图更新

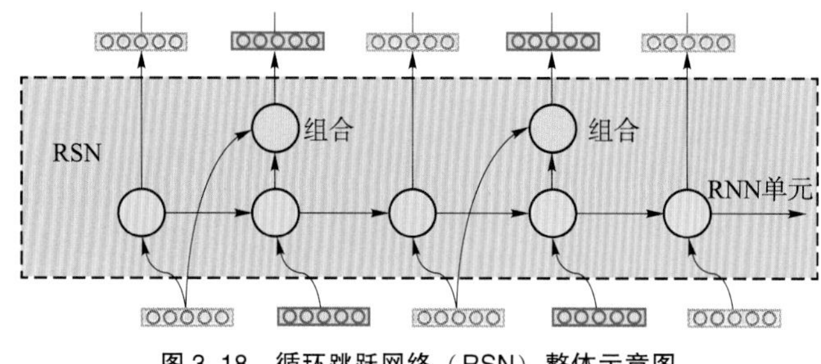

图 3.18　循环跳跃网络（RSN）整体示意图

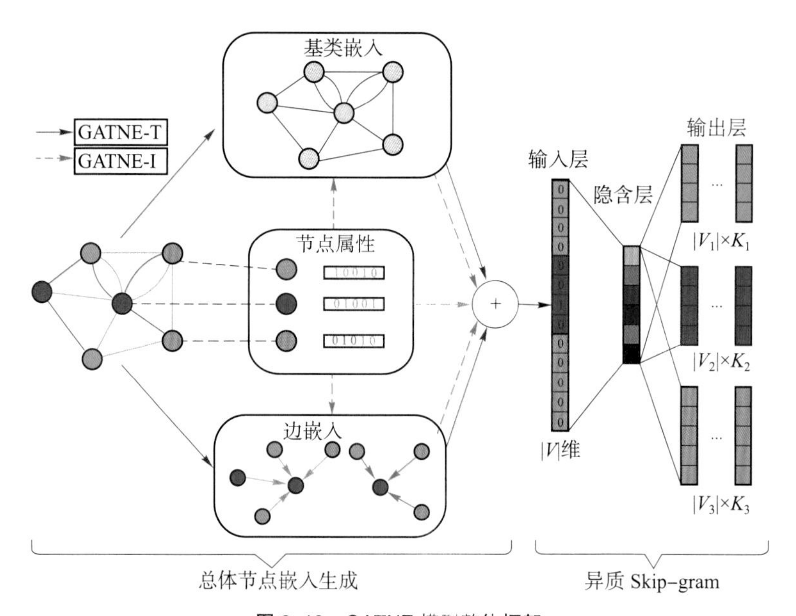

图 3.19　GATNE 模型整体框架

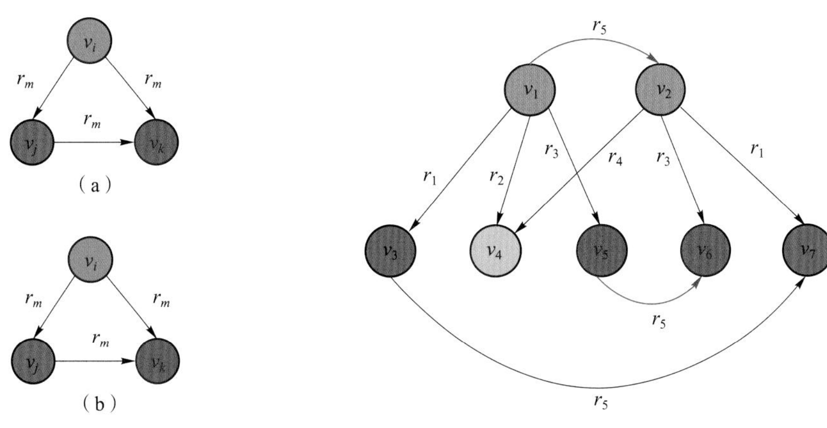

图 3.20　多关系网络中的三角形结构

图 3.22　平行四边形结构

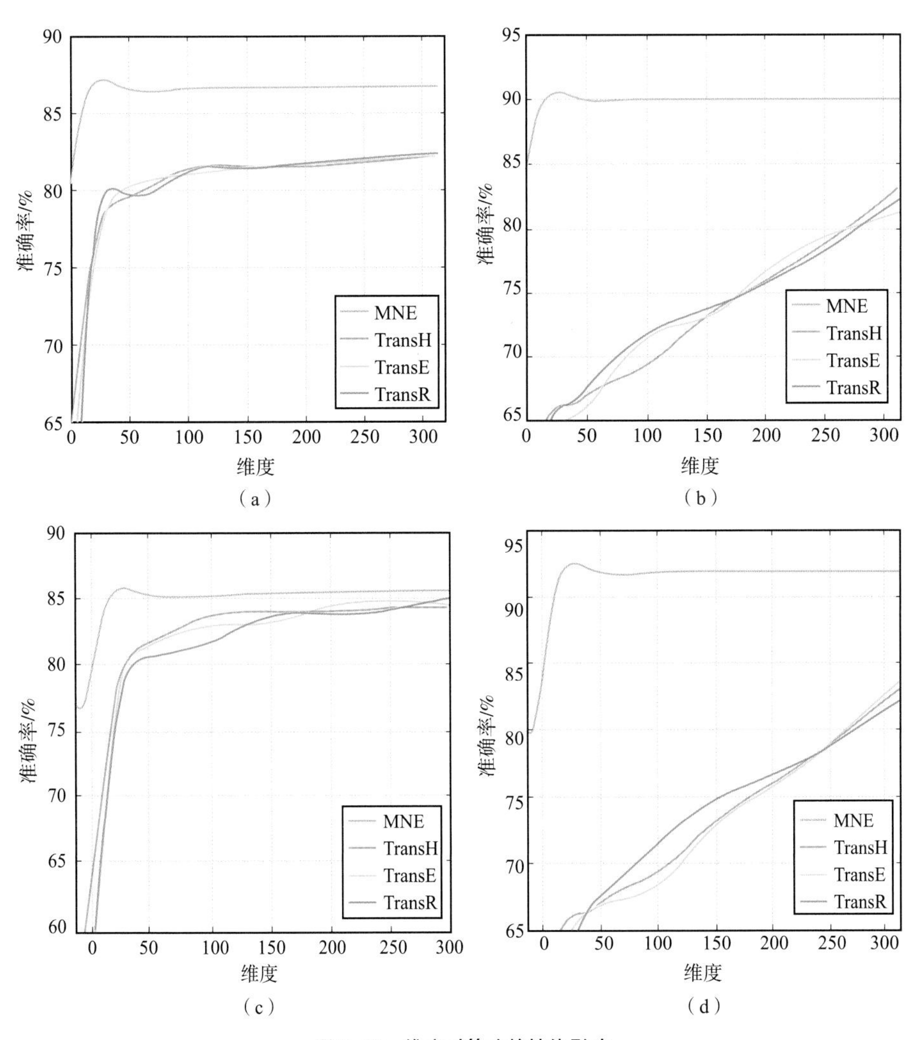

图 3.26　维度对算法的性能影响

(a) WN18 的三元组分类；(b) FB15k 的三元组分类；(c) WN18 的链接预测；(d) FB15k 的链接预测

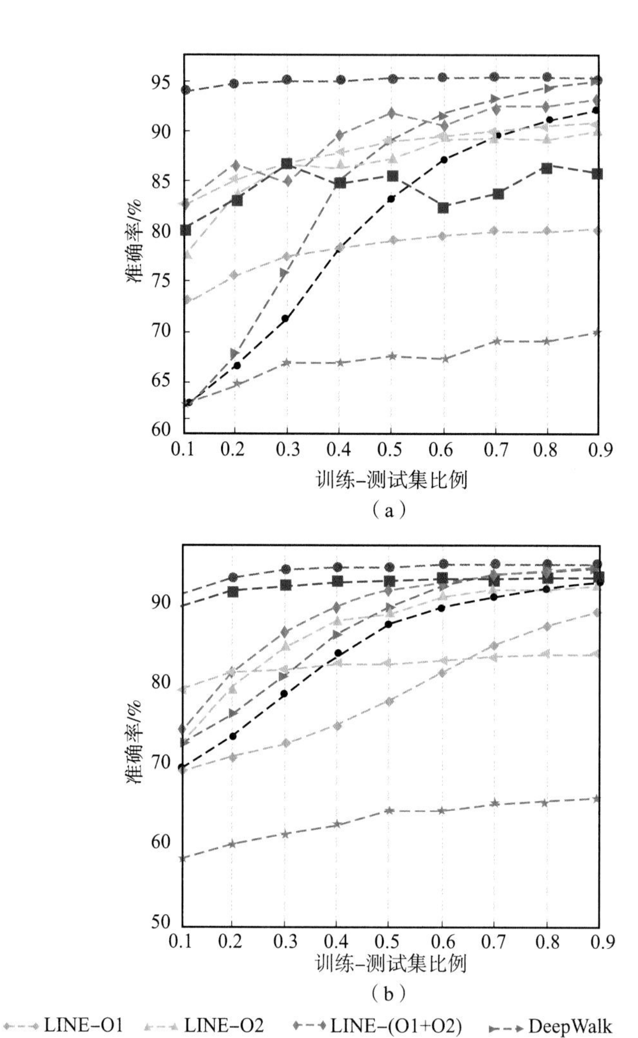

图 4.3　对比算法在链接预测二分类实验上的准确率结果

（a）DBLP；（b）arXiv

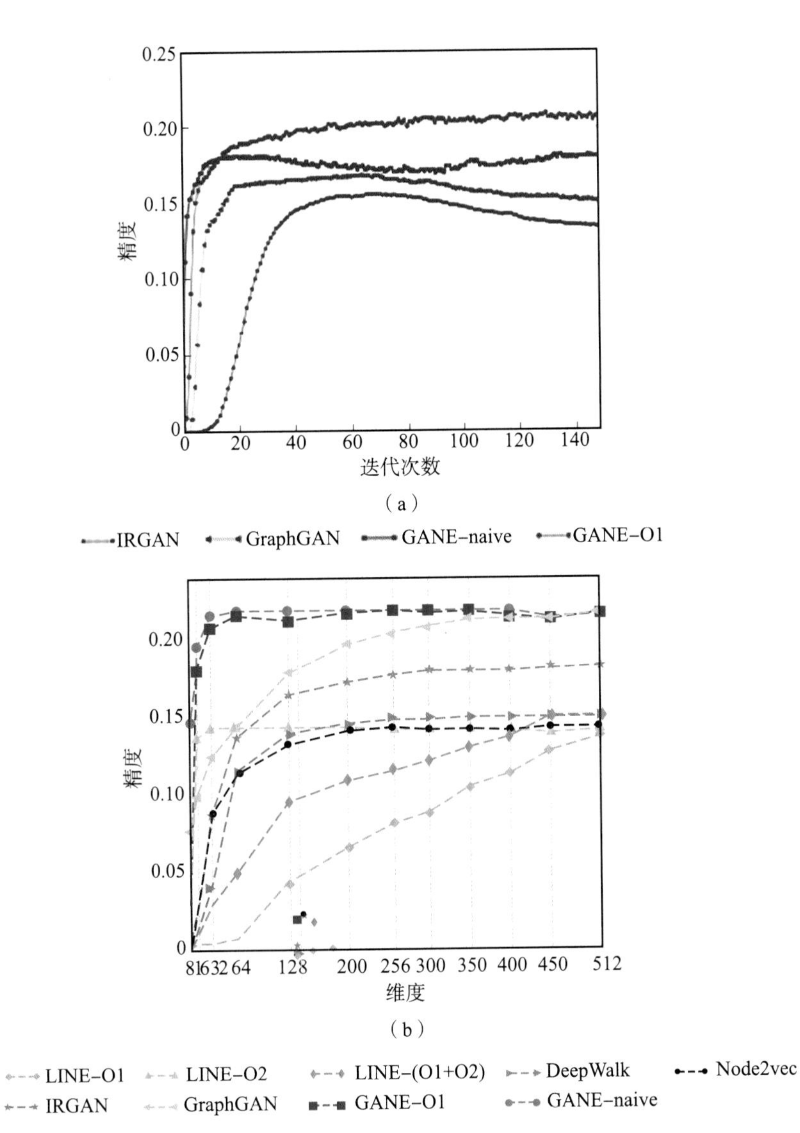

图 4.5 对比算法的稳定性评估（以 DBLP 数据集为例）

（a）训练曲线；（b）维度曲线

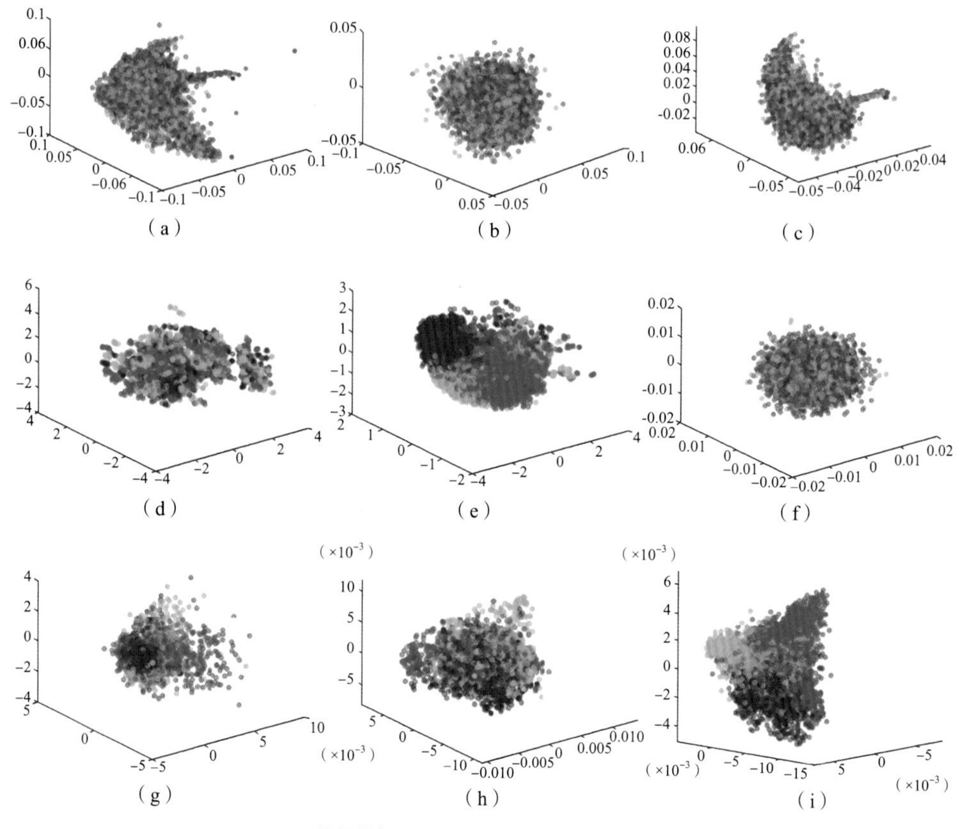

图 4.6　DBLP 聚类可视化效果

(a) LINE-O1；(b) LINE-O2；(c) LINE-(O1+O2)；(d) DeepWalk；(e) Node2vcc；(f) LRGAN；(g) GraphGAN；(h) GANE-O1；(i) GANE-naive

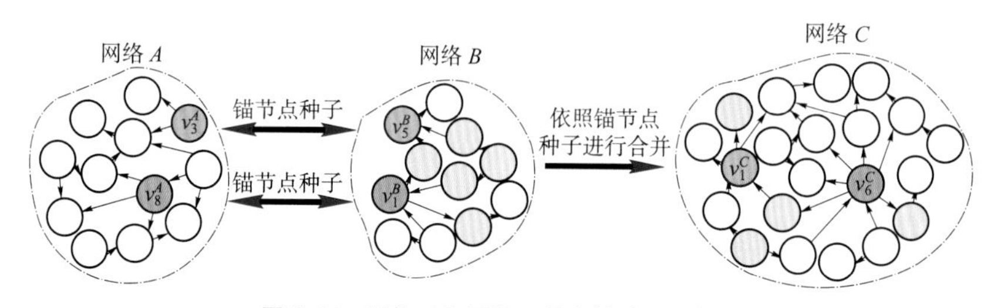

图 4.11　网络 A 和网络 B 的合并过程示意图

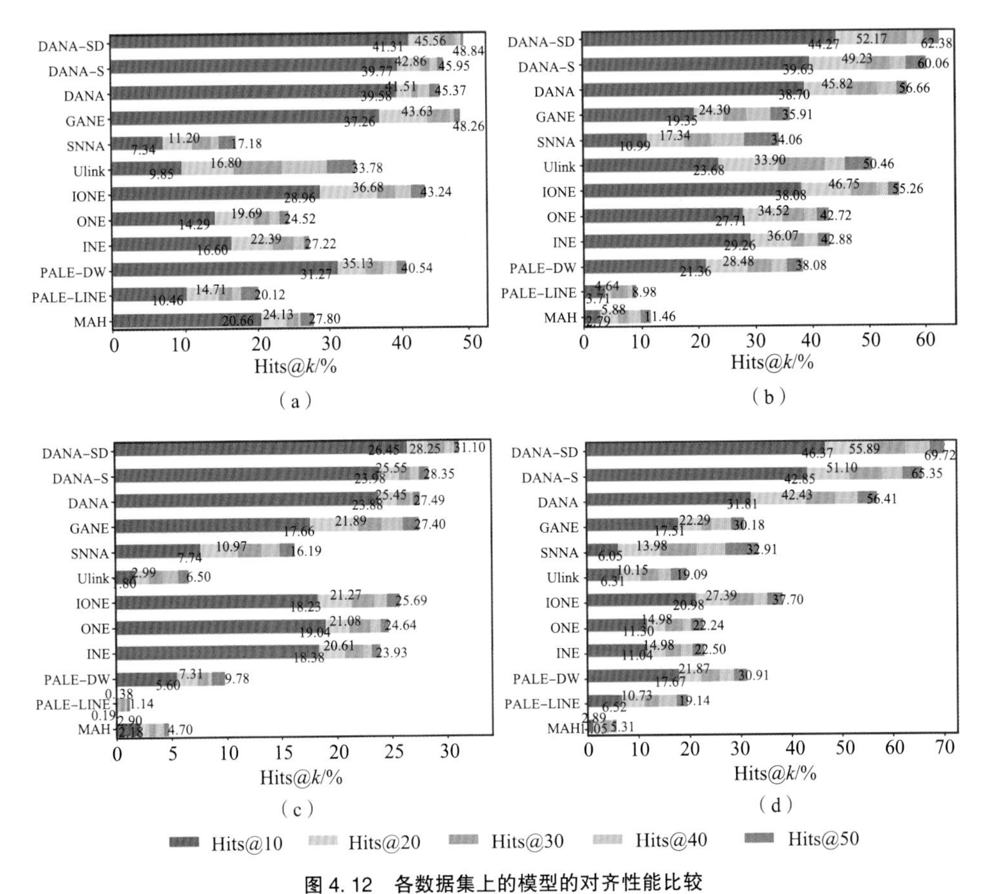

图 4.12 各数据集上的模型的对齐性能比较

（a）DBLP；（b）Fq-Tw；（c）Fb-Tw；（d）Db-Wb

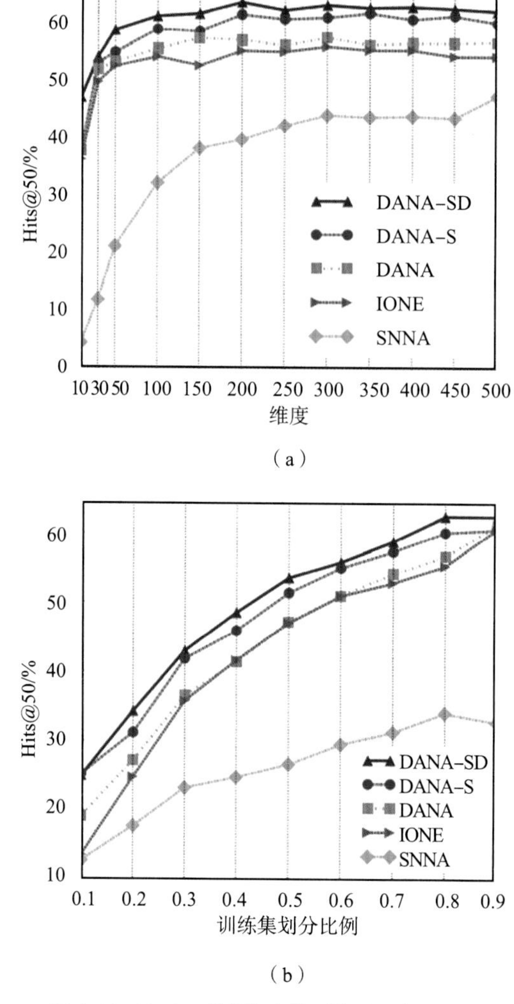

图 4.13 Fq-Tw 数据集上模型的对齐性能比较

(a) 不同维度的对齐性能比较；(b) 不同训练集划分比例的对齐性能比较

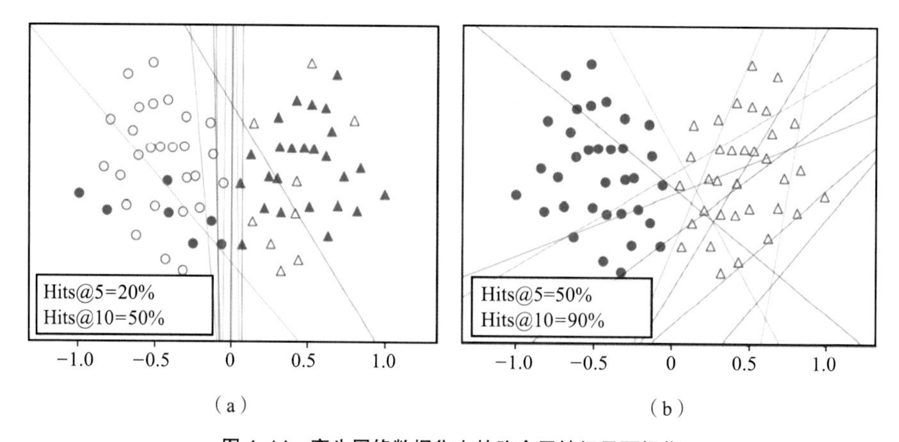

图 4.14 孪生网络数据集上的隐含层神经元可视化

(a) DNA-S；(b) DANA-S

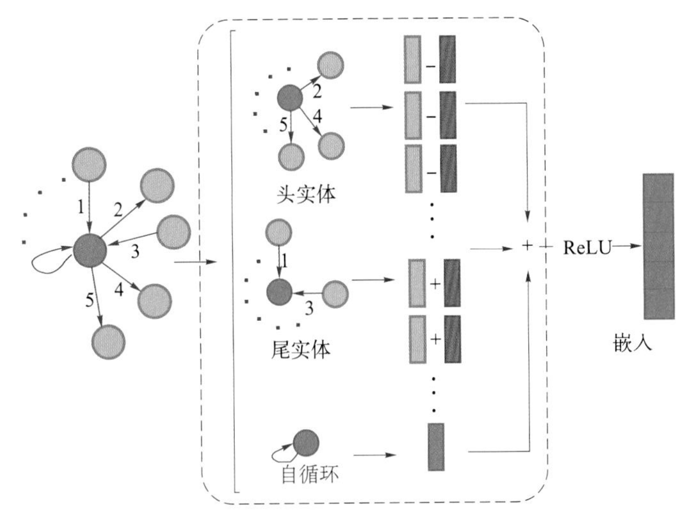

图 5.5　VR-GCN 模型框架示意图

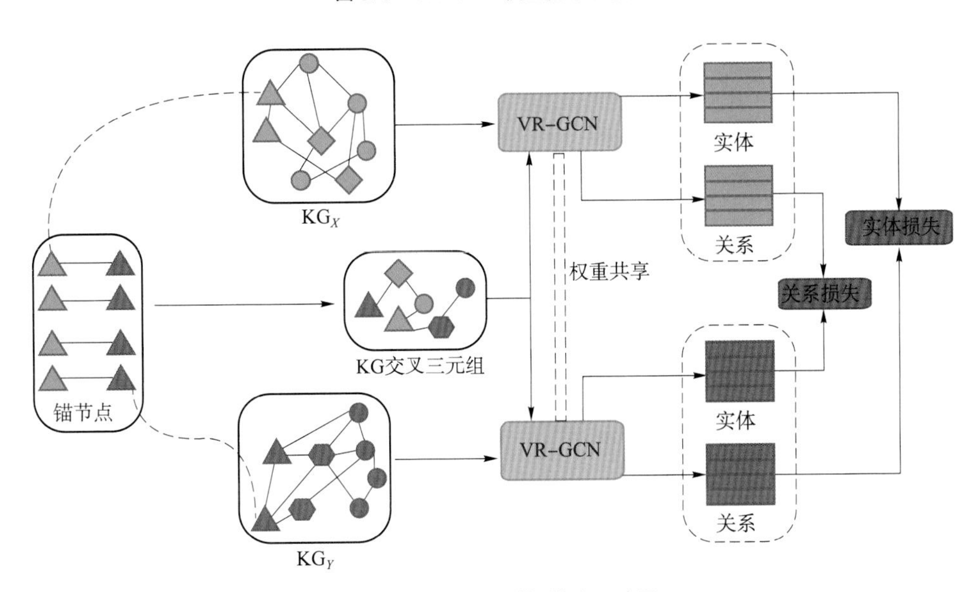

图 5.6　AVR-GCN 模型框架示意图

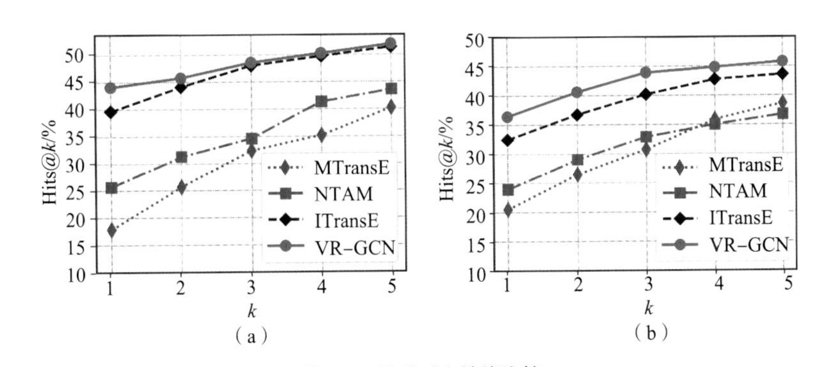

图 5.7　关系对齐性能比较

（a）DBP_{ZH-EN}；（b）DBP_{JA-EN}

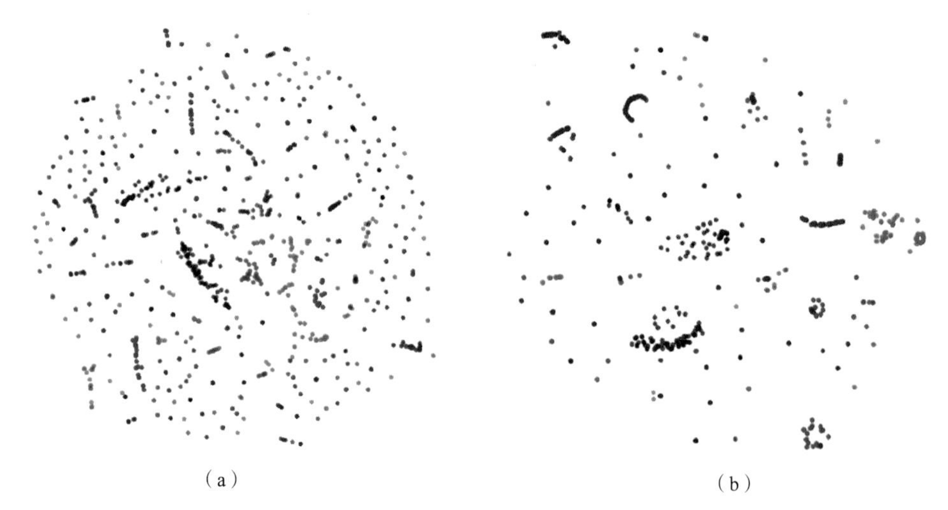

(a)　　(b)

图 6.2　医疗码嵌入表示的散布图

(a) GRAM；(b) GAMT

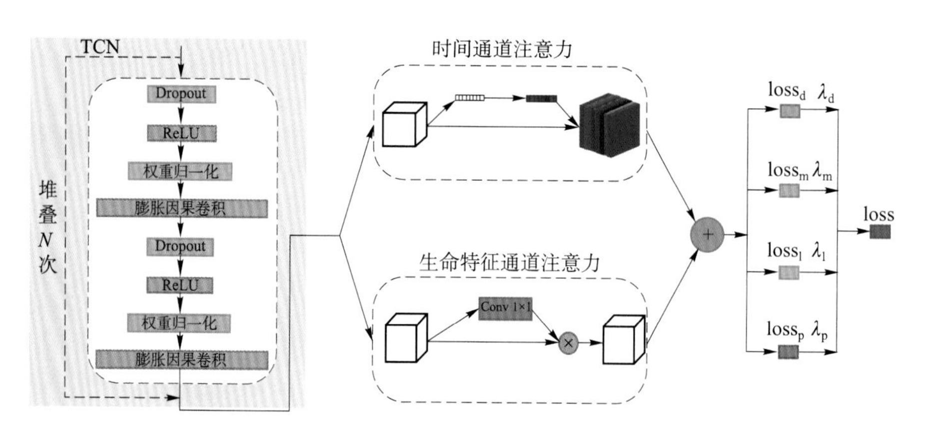

图 6.3　模型的整体框架

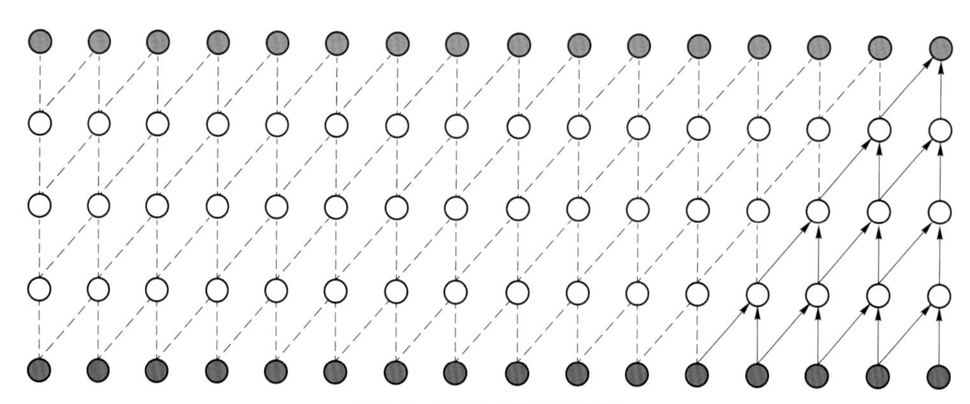

图 6.6　因果卷积结构示意图

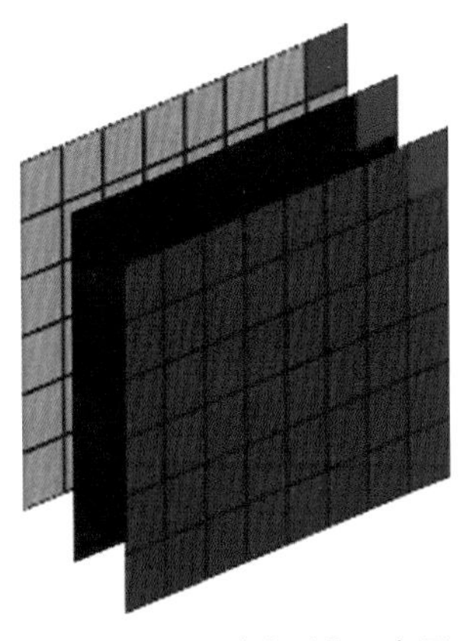

图 6.13　1×1 卷积过程示意图

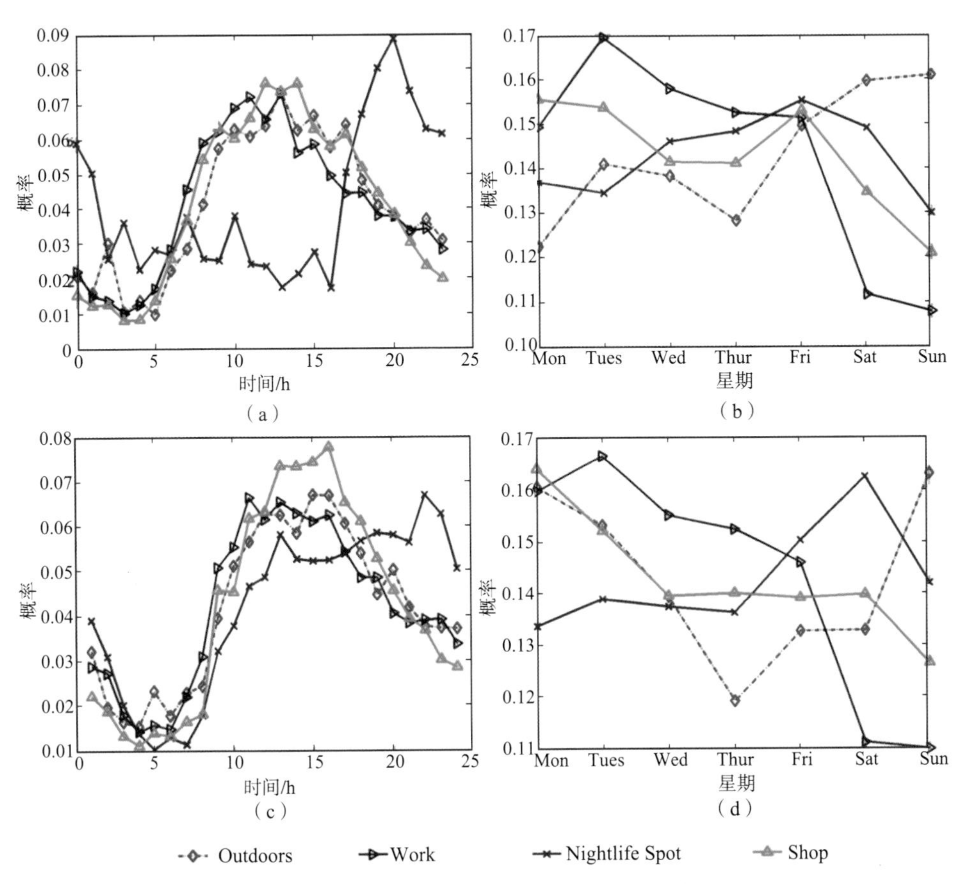

图 7.1　Foursquare 数据集的用户签到行为周期性分析

(a) LA 数据集在每天的不同时段的签到概率；(b) LA 数据集在一周中每天的签到概率；
(c) NYC 数据集在每天的不同时段的签到概率；(d) NYC 数据集在一周中每天的签到概率

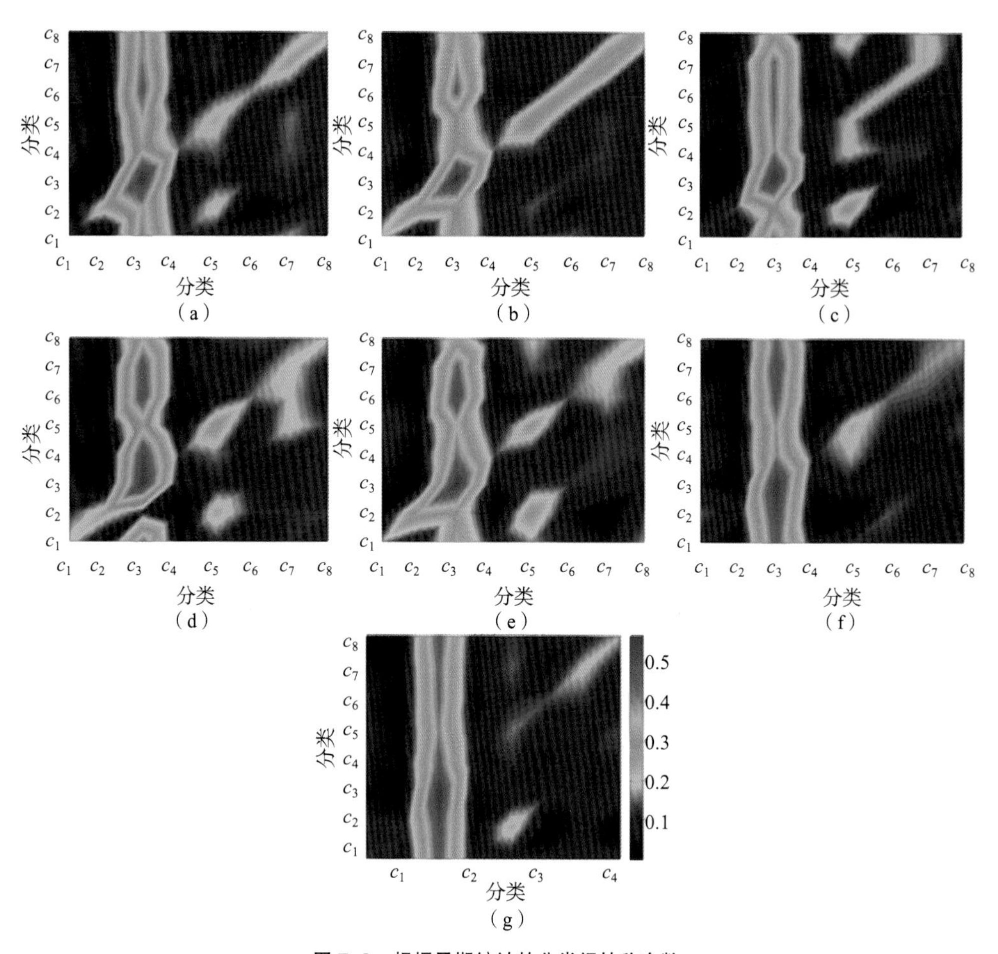

图 7.2　根据星期统计的分类间转移次数

(a) 周一；(b) 周二；(c) 周三；(d) 周四；(e) 周五；(f) 周六；(g) 周日

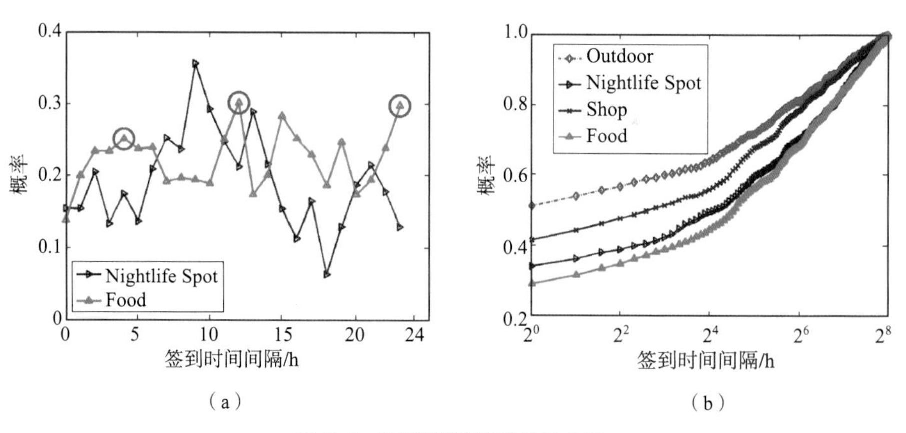

图 7.4　签到时间间隔的统计分析

(a) 用户偏好随着签到时间间隔的变化；(b) 签到时间间隔的累计分布函数

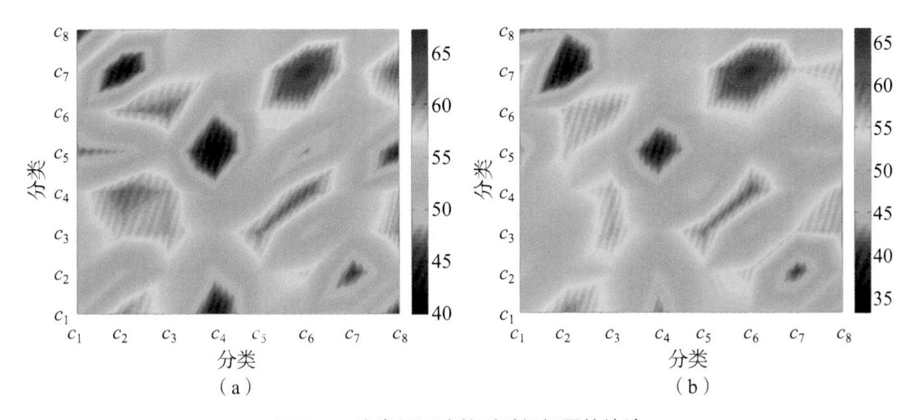

图 7.5　分类间平均签到时间间隔的统计

(a) Foursquare-LA 数据集；(b) Foursquare-NYC 数据集

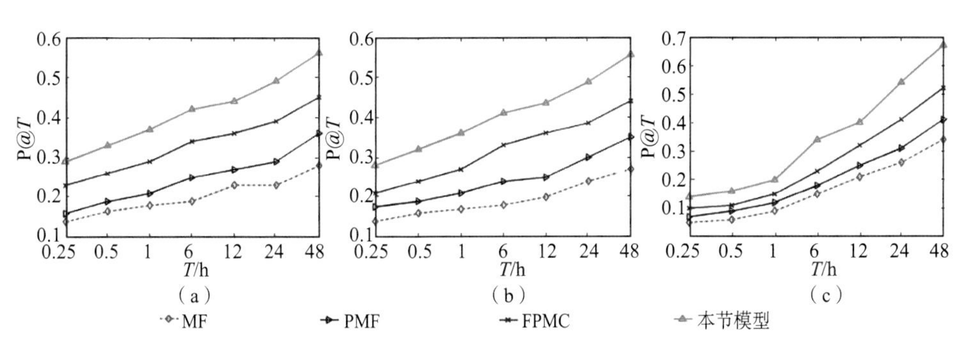

图 7.7　预测签到时间间隔的精度随阈值 T 的变化情况

(a) Foursquare-LA；(b) Foursquare-NYC；(c) Gowalla

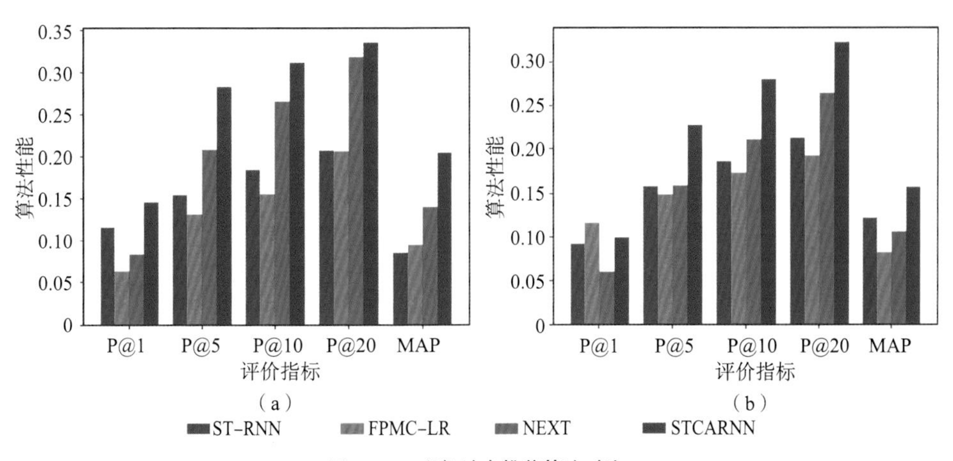

图 7.10　兴趣地点推荐算法对比

(a) TKY-模型对比；(b) NYC-模型对比

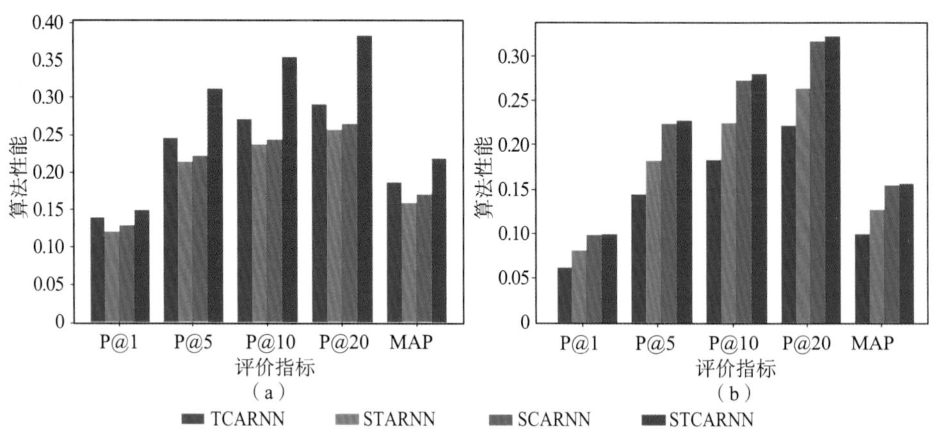

图 7.11 时间、空间、周期注意力模块对比

（a）TKY-注意力模块对比；（b）NYC-注意力模块对比

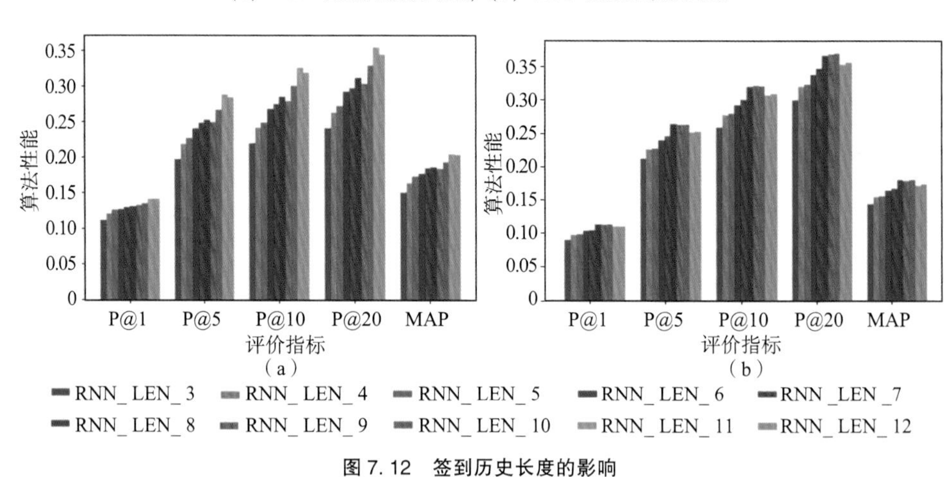

图 7.12 签到历史长度的影响

（a）TKY-签到历史长度；（b）NYC 签到历史长度

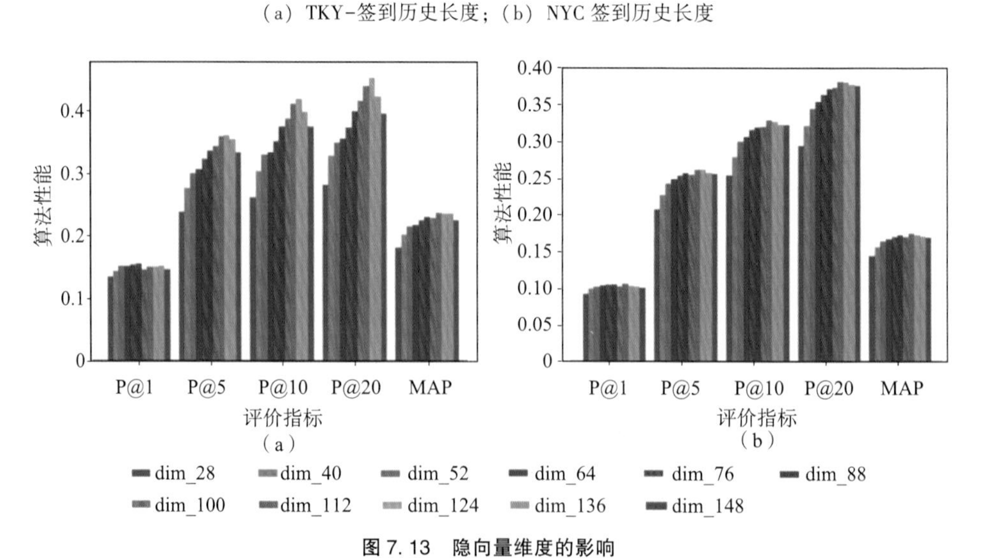

图 7.13 隐向量维度的影响

（a）TKY-参数维度的影响；（b）NYC-参数维度的影响